經營管理實務

管理學中做，做中學管理 第7版

莊銘國 著

五南圖書出版公司 印行

foreword

前行政院林副院長序

　　我認識莊教授有蠻長一段時間，他曾在汽機車後視鏡專業廠健生公司服務達 26 年，歷任外銷部經理、生產部廠長、副總經理、總經理，企業資歷十分完整，並推行了很多很好的管理制度，帶領公司團隊得過國家品質獎、日本 PM 優秀賞及全國團結圈金、銀、銅塔獎多座，實至名歸。我在中華汽車公司服務期間，莊教授曾任中華協力會副會長；而在車輛公會理事長任內，莊教授則是常務監事，這些合作經驗讓我認識到莊教授是位有知識、肯努力而態度積極的人。從健生公司退休後，莊教授轉至學界服務，目前除了作育英才外，更曾擔任國家品質獎評審及技術學院評鑑委員、彰化縣產業服務團團長，遊走產學，貢獻一己。

　　莊教授目前在各大學講授他最拿手的管理實務課程，我們知道對於缺乏工作經驗的年輕學子而言，管理理論往往廣泛而難以掌握，但莊教授在所講授的「經營管理實務」課程中，以「實地」、「實景」、「實物」的幻燈片，兼以「動聽」、「動心」、「動容」的講述，用一種「教中學」的方式，讓學生生動地體驗管理經營的要點。並要求沒有經驗者「玩中學」，有經驗者「做中學」，這麼用心的課程設計，難怪莊教授能被《管理雜誌》評為全國管理名師之一。

　　莊教授不藏私地將這些作品編輯成冊，印行出版，嘉惠廣大讀者，深受實業界及學術界之肯定，短短數月即銷售一空。今再增添新的內容及章

節，閱畢本書，相信有助於經營管理水準的提升，本人有幸為新版作序，
這是一本好書，我非常樂意把它推薦給大家！

林信義　謹識

2003.9.8 於行政院

foreword

前彰化縣翁縣長序

　　欣見莊銘國教授繼《觀世界‧世界觀》及《行銷戰略》等書之後，再出版《經營管理實務》專書，將專業知識與見聞貢獻於臺灣社會，實屬盛事。

　　莊教授任教於大葉大學國際企業管理學系，其教學方式生動活潑，深受校內學生好評；課暇之餘，並常至各地演講，聽者獲益匪淺。莊教授曾任職於專製車鏡及明鏡的優良大廠，也榮獲第二屆十大傑出經理，今莊教授以其縱橫商場二十餘年之教戰守則，付梓成書，其真知灼見實為產業界及社會大眾之指導方針。

　　本書以管理理論為基礎，配合實務經驗與實例舉證，以三大單元為架構精闢闡述：在「教中學」部分，由老師講授，學生吸取實務經驗；在「玩中學」部分，由學生在遊戲中印證「教中學」的理論；「做中學」則是由學生將所學帶回企業實施成果回溯。

　　因應全球化的趨勢，政府機構也必須有國際化的視野與企業化的思維，因此，彰化縣政府借重莊教授的管理長才，聘其擔任產業服務團團長，為本縣產業界把脈，提供諮詢。服務團成軍以來，在莊教授的領軍下，深入了解各行各業實際需求與面臨困境，並快速協助解決問題，與企

業建立良好的互動模式，在業界頗獲好評，我們希望能因此達到企業根留臺灣的目標，使產業繁榮的盛況重演。

彰化縣長　翁金珠

2002.9.9

前臺東大學洪教務長序
——學習者觀點的管理學專著

　　認識莊銘國教授已快三十年了。憶及我們服預官役，受完分科教育，同時分派到鳳山陸軍預校當教官。非常幸運能與銘國兄同寢室（二人一室）一年多。服役前銘國兄已到健生公司輔導（當時他已企管高考及格），經常可以聽到他談論顏色管理。他的座右銘是：「暢遊天下名山大川，廣交天下英雄豪傑，博覽天下奇文雋語，翰書天下悲歡離合。」這四句名言，銘國兄一直奉為圭臬，指引他認真地過著充實豐富的人生。

　　當我們退伍，銘國兄即進入健生公司，歷任專員、外銷經理、廠長、副總經理、總經理，從一而終。第一個十年，即 1984 年，在廠長任內，銘國兄獲選第二屆國家十大傑出經理。第二個十年，即 1996 年，在總經理任內，健生公司榮獲第七屆國家品質獎及全國團結圈（QCC）金銀雙塔獎，在企業的經營管理領域獲得極高的殊榮。

　　在健生公司任職滿 26 年，銘國兄從公司退休下來，進入大葉大學國際企業管理系所服務。在企業服務期間，銘國兄同時到靜宜大學、雲林科技大學兼課，將豐富的實務經驗搬上大學講堂，講授「經營管理實務」、「國際貿易實務」、「國際經營及投資實務」、「國家與區域研究」、「國際企業專題」、「大陸與東南亞經貿研究」等課程，並將授課講稿發展成一本本的專著。這種經營管理成功的實務智慧，經過「教中學」的口頭傳播，在完成的專著，大學層級的透過遊戲，即「玩中學」管理，有實務經驗的 EMBA 碩士們，則是「做中學」管理。「管理學中做，做中學

管理」是銘國兄的教育信念，他確實從論著與教學中做到了。忝為教育界的老兵，對銘國兄務實教學，深表激賞與肯定。

　　《經營管理實務》是銘國兄的第 12 本著作，真佩服銘國兄認真投入企業的經營管理，又動腦筋如何做到有趣、有效、有用的薪火相傳。銘國兄同時扮演成功的經營管理專家、優秀的教育家與傑出的作家。聽其演講，透過聲光俱佳的幻燈片教學，深入淺出談管理；讀其論著，行文流暢，可讀性高，容易理解，可以現學現賣。

　　最精彩的人生已走過，最美好的商戰已打過，銘國兄留下的豐功偉業，可令他仰不愧於天，俯不怍地，平生的心願都已達成，最後回到培育人才教育行業，散發的誠懇踏實、幽默風趣，當可塑造更多經營投資的專才。銘國兄在退伍近三十年後，來到臺東那魯灣飯店演講，叫好叫座。久別重逢，他鄉故知，蒙他不嫌棄，致贈《人生經營‧經營人生》、《觀世界‧世界觀》及《行銷策略——大魚吃小魚，小魚吃大魚》三書，並為新書所序，願著述不斷，並樂予推介。

洪文珍　序於臺東大學

2002.9.16

香港生產力促進局黎高級顧問序

　　與莊銘國教授相識於 1997 年，當時香港生產力促進局與蔣氏工業慈善基金合辦「中國機械製造業高級管理人員增訓班」，促進局籌辦這個培訓計畫已有十年時間，培訓人數達 4,500 多人，參加者來自內地各省市大型企業，包括：聯想電腦公司、中國科學院、神華集團、東風汽車等等，一直以來反應熱烈。為了再進一步提高課程水平，本局特意邀請臺灣企業家及專家學者到香港演講，加強交流兩岸企業管理經驗，特地情商產學兩棲的莊教授為內地製造業的高級管理人員做二場不同主題的專題演講。

　　不知不覺地與莊教授相識至今已有五年，回首當天到酒店接莊教授演講的情景仍歷歷在目。印象最深的就是背著大大的旅行袋，心想這位專程從臺灣來的教授，背著這麼大的旅行袋裡面裝什麼呢？一路上與莊教授的談話中，對莊教授的謙虛和樸實為人，悠然生敬。

　　抵達演講地點——香港理工大學，莊教授第一時間就打開那個大大的旅行袋，謎團終於打開，原來裡面有八大盤幻燈片。莊教授唱作俱佳的精彩演講，再加上一張張的幻燈片，其色澤鮮艷生動，極具聲光效果，富感染力，全場聚精會神，把大家帶到臺灣健生公司，只見公司裡每個車間、每項工作間都井井有條，可見管理者一絲不苟的工作態度，讓大家都大開眼界，理所當然會榮獲臺灣 NQA 及日本 PM 大賞。時間轉眼即逝，6 個小時的精彩演講，在全場熱烈的掌聲中結束，大家對莊教授的演講都感到獲益匪淺，進而開拓了思路。此後每年都邀請莊教授來港講座，佳評如

潮，回響不絕。

　　現在，莊教授能如此毫不保留地把他的人生經營經驗，融入企業管理，並寫成《經營管理實務》一書，透過簡單案例「教中學」——現身說法、立竿見影，與大眾分享，且與他的學生產生「玩中學」及「做中學」的互動教學相長。這種發揮光和熱的精神，是十分值得我們每個人學習借鑑。本書除了提供經營管理的參考，更能提供產業界及學術界更寬廣的思考空間。這是一部好書，我很樂意把它推薦給大家。

　　趁此機會，本人對莊教授一直以來對香港生產力及蔣氏工業基金的鼎力支持，致以衷心感謝及敬意。

香港生產力促進局高級顧問

黎偉華　謹上

2002.10

foreword

中國大陸山東正大企業管理顧問公司單總經理序

　　人生的意義，莫過於將智慧分享與人。莊銘國老師以他無私的品格，豐富的閱歷，以及「暢遊天下名山大川，廣交天下英雄豪傑，博覽天下奇文雋語，翰書天下悲歡離合」的遠大追求抱負，將他在人生經營中，企業經營管理實踐中總結出的先進管理理念、心得和實務經驗，毫無保留地奉獻給世人分享，此種精神、此種做法，值得所有知識人士敬佩和學習！

　　與莊老師相識，是一個機緣。2001 年 5 月，遵照老師陳定國博士的指示，山東正大企業管理顧問公司三位同仁，赴臺灣考察學習。5 月 13 日，在企經會理事尹建國先生陪同下，前往彰化健生工廠股份有限公司，專程拜訪莊老師。記得正好是星期天，莊老師從家中趕赴公司，初次見面，莊老師即給我們留下了難以抹滅的印象：正直、熱情、豪爽、謙虛、認真……，是既可以做老師又可以做朋友的人。

　　健生公司給人的印象更像一個藝術館。走過辦公場所、生產車間，那種步步有奇景、處處桃源境的感覺，若非親臨，難以感受。管理是科學，也是藝術，而將真正的藝術融入管理，健生公司堪稱典範。身處其境，處處賞心悅目，員工身心愉快地投入工作，必定幹勁十足。

　　2001 年 9 月，我邀請莊老師來大陸山東演講，向大陸企業家傳授他的企業管理經驗。四部分的演講內容：企業管理理念、情境管理、顏色管理、數字管理，淬鍊成八十餘頁的演講提綱，顯示出莊老師對每項工作的重視與認真。連續兩天的演講，精彩的內容，出口成章的講述，配合螢幕

上數百個光彩奪目的幻燈片，令人耳目一新。聽莊老師的課，不僅增長知識，更是一種享受，這是所有學員對莊老師的讚譽。

　　參觀健生，與莊老師交流，我深深體悟出管理之道非一朝一夕之功，乃是點點滴滴、經年累月積聚而成。從莊老師身上，我體悟到人生的真義。老子有三寶：一曰慈，二曰儉，三曰不敢為天下先。莊老師待人慈誠，做事認真，為人謙虛，其做人之道更值得我們學習。

　　謹此書序，以致對莊老師的謝忱與敬意。

　　　　　　　　　　　　山東正大企業管理顧問公司總經理
　　　　　　　　　　　　　單用祥　謹識
　　　　　　　　　　　　2002 年春於山東濟南

七版增序

2016.9

1. 本書在第七版增到第 15 章——企業人的自我成長，期許企業人能「紅海浪裡，藍山頂上」。

2. 本書初版迄今已過十多個年頭，從專任到屆齡退休、再受聘「榮譽教授」，不知不覺已逾七十。千帆看盡，人生是條不歸路。有人說 8 句話學了一輩子：「苦，才是生活」、「累，才是工作」、「變，才是命運」、「怒，才是歷練」、「容，才是智慧」、「靜，才是修養」、「捨，才會得到」、「做，才會擁有」。願您我共勉之。

自　序
——教中學·玩中學·做中學——

　　筆者在大學攻讀企業管理系生產管理組，到研究所則研習人事管理，在學中企管高考及格。自投身企業後，從專員、外銷經理、廠長、副總經理、總經理，從一而終，屆滿 25 年退休。在職中推出企業顏色管理、數字管理、看板管理及情境管理，騰蛟起鳳，績效斐然。筆者有幸在 1984年當選第二屆國家十大傑出經理，公司也在 1996 年榮獲國家品質獎、團結圈（QCC）全國金塔獎數次及日本 PM 優秀獎。任職中，為教學相長，亦在大學兼課，每年管理雜誌公布全國企管名師，年年上榜。

　　老子《道德經》有言：「功遂名就身退，天之道也！」於是從企業界轉戰教育界，先專任大葉大學國際企業管理系所及兼任雲林科技大學企研所、靜宜大學企研所，所開之科目有「經營管理實務」、「國際貿易實務」、「國際經營投資實務」、「國際企業專題」、「創意思考／創意行銷」、「國際經貿研究」等。並受聘嶺東科技大學、建國科技大學管理學院諮詢委員。為不與企業脫節，在公餘先後擔任臺中企業經理協進會理事、技術學院評鑑委員（教育部主辦）、國家品質獎評審（經濟部主辦）、企業職業訓練機構訪視評鑑委員（職訓局主辦）、高考及格人員培訓師（國家文官培訓所主辦）、彰化縣長聘任產業服務團團長，以及數家企業聘為顧問、獨立董事。時光飛逝，在大學又屆齡退休，受聘「榮譽教授」之職，上下學期各有兩門課，大多是「實務」課程，但願薪火相傳。

　　多年來，在企業的歷練、觀察及探討，一家企業成功與否，20% 靠

策略、50% 靠執行力、30% 靠運氣（命運），所以說「三分天註定，七分靠打拚」。策略是創造差異化（make it difference）、執行力是實踐（make it happen）、成功來自貫徹完美策略。英國邱吉爾首相說：「我從不為行動擔心，只擔心不行動。」至於「命」：「蜈蚣百足、行不及蛇；雞鴨兩翼，飛不及雉。」「運」：「劉邦柔弱、江山萬里；項羽英雄，烏江自刎。」所以策略、執行力、命運形成勝負關鍵。

在課程中，以選修開設之「經營管理實務」，主要是強調理論與實務的相結合。若在大四開課，由於上課人數較多且學生幾乎沒有企業實戰歷練，是一張大白紙。所以必須在課堂上課運用幻燈片解說實務案例，惟因幻燈片採靜止畫面，依教學需要停留適當時間，為了便於學生作觀察，也利於充分講述說明，幻燈片務求色澤鮮豔生動，高感染力，能引起聽者注意，眼見為真，深具臨場效果，在「教中學」下，可填補學生沒有經驗之缺失，並根據老師多年歷練，複製成教戰手冊。然後設計「玩中學」的教案，與「教中學」相互呼應，也有若干教學在學校廣場舉行，或找一家企業演練，戲稱「出外景」，學生由遊戲中蒐集相關資料，尋求解決方案，在上課時登臺報告，透過聽、做、互動、交叉學習方式，由「玩中學」寓教於樂得到之想法，激發創意之潛能，了解自己的才華，將來步入社會，極容易與生活接軌，減少摸索的浪費，對未來發展，大大增加學以致用的機會，從校園夢幻中走入實務的職場中。期許「畢業即就業，上班即上手」。

同一課程，若開在 EMBA 碩士班，因修課人數少了許多，他（她）們已有豐富之實務經驗，廣泛之社會人脈，所以除了用大學部「教中學」之模式外，再加上原理、原則、架構之梗概，將其精義帶回工作崗位演習印證，學期即將終了，找一家公司做「企業診斷」，將所學十八般武藝，現學現賣，讓課程更可接近社會脈動。把老師在課堂中實務之傳承與現實中的企業經營結合，很多知識是內隱的，必須歷經體驗才能獲得，在「做中學」中，由操練、演練、熟練終成教練，透過不斷的實踐，致力尋求真

理與答案，並要求作品在課堂中發表，「做中學」之經驗分享及交換，一群有實務經驗之 EMBA 群聚學習，獲得更多的價值，達到超乎預期的效果，即不斷由實務中驗證理論，由理論中轉換知識的發展方向，也了解不同的企業、不同的場合，相同的管理模式有不同之結果，透過實作、參與的方式，自然能培養將帥人才。所謂「一身技，一生翼」。

美國教育家戴爾（Edgar Dale）的經驗金字塔（The Cone of Experience），從具體的經驗到抽象的經驗來分類，共分十個階級，最底層的直接經驗最具體，愈往上升愈抽象，由金字塔頂點往下觀察，抽象性依次遞減：(1)口述；(2)視覺（投影片、板書）；(3)錄音、廣播、掛圖；(4)幻燈片、powerpoint（動畫）、電視、電影；(5)展覽；(6)參觀旅行；(7)教學演示；(8)戲劇經驗；(9)設計經驗；(10)直接、有目的的經驗。經驗金字塔提醒老師在教學上勿只用一種媒介物，且要妥善選擇各類教學媒體，供給各式各樣的經驗，使學生更透徹，學習更有興趣，並啟發學習動機和保持長久記憶，能將抽象複雜的東西變得易懂而直截了當，欲罷不能。反觀現在以升學領導的教育，教出了很多善於背誦、記憶和考試的學生，一畢業即全數置諸腦後，完全不能學以致用。讀書需融入所用功的內容中，與之合為一體，才能徹底理解其真相，若不深入其內，又是空殼子。以醫學教育為例，除了課堂中及平常所學的理論外，要常為病人臨床診療，藉由不斷練習，分析病因，知道病由，精通病理，才能將理論應用至更寬廣的領域。再如臺大 EMBA 與臺灣麥當勞共同推出企業實務課程，由麥當勞九位高階主管開講授課，還實地參觀麥當勞食品城，將教室的學習與實際工作融合；又如政大 EMBA 前進美國華盛頓大學研修及實地參觀星巴客及波音航空，體會美國知名企業的運作及文化，這些都不是光看課本可以學到的，古諺：「行萬里路勝讀萬卷書。」是也。另報載政大至荷蘭鹿特丹管理學院（RSM）的交換學生，除課堂的學習，更重視企業專案替知名企業做研究，期末有企業專案競賽，將實務融入。美國密西根大學 MBA 運用醫學院臨床醫學概念，開設實戰課程、讓學生開設

顧問公司、為企業解決疑難雜症；哈佛大學的做法則是學生在「研二」有50% 的時間走入企業，在教授協同下，對企業實際問題找出解決方案；史丹佛大學 MBA 由學生設計、生產、行銷一種產品，直接下海體驗。這種活生生的教學，各界讚譽有加，使教育效能更落實產業中，「Learning by Doing」的教學模式，對培育人才是一很好典範。每年英國《金融時報》公布的全球百大 MBA 排行，多達 58 所為美國大學，英國 14 所，加拿大 7 所，而法國、西班牙、中國各有 3 所。而前十大分別為哈佛大學、賓州大學華頓學院、哥倫比亞大學、史丹福大學、倫敦商學院（英）、芝加哥大學、達特茅斯學院、Insead（法）、紐約大學、耶魯大學、西北大學，除著重教學品質、國際化外，「實戰導向」已列為相當評比的教學模式。

　　清大儒顏元曾言：「心中醒、口中說、紙上作，不從身上習過皆無用也。」筆者所開之「經營管理實務課程」，採行「教中學、玩中學、做中學」，而「玩中學」是能將老師「教中學」輸入，在寓教於樂中輸出，使一般學生縮小理論與現實的差距，畢業後能立即融入企業中。又「做中學」是把「教中學」活用並且實踐它，對 EMBA 學生能真正做到「終身學習」及「回流教育」的學習模式，分享產學良好的互動，不少學生畢業後常來函或來電表示，短短一學期豐富之旅，卻經歷老師近三十年實戰的歷史長河，「臺上三分鐘，臺下十年功」，「千點萬點不如名師一點」，讓大家親眼看過照片實景（教中學）及親手摸過（玩中學、做中學），留下的是要用心去體會，個個帶著滿滿行囊回去，裡面有讚嘆、有感動、有領悟、有收穫，到了工作崗位上，更要全力以赴。老師為播種者，學生是種子，豈能怕土硬，要生根、要發芽、要開花、要結果，所謂「有陽光、有空氣、有滋潤水，有花草、有樹木、有大地春；有學識、有見識、有好膽識，有汗水、有歡呼、有尋夢園。」在教學方式採行「行動派、體驗派」，希望培育：(1)以市場為需求；(2)團隊合作；(3)領導能力；(4)全方位整合等四大核心能力，而不做傳統的個案教學，雖其能提升分析思考能

力，但流於紙上談兵，忽略實戰操作。這種「體驗式」管理教學必能「寒天飲冰水，點滴在心頭」。

為了再散播光與熱，特將「教中學」、「玩中學」及「做中學」之若干代表編輯成冊（如全數列出，豈不是洋洋巨書，且受篇幅所制，不少佳作須割愛了）。希望讀者也能歷經學而知之，困而知之，勉強而行之，必能體會其中無窮的樂趣。大凡趣味總是藏在深處，若想得到，則必發一番心血去尋覓。平心而論，今日的我，所擁有這些有形、無形的一切，遠的根源，是來自我成長的家庭，感謝我的雙親及妻兒，自始至終支持我為目標去努力；其中的根源，是因當初我進入了健生公司，放棄了高普特考及格分發較安定的公職生涯，在那裡，我找到了企業舞臺，讓我盡情熱力的演出，飲水思源，銘感肺腑。近的根源，感謝楊明璧老師的推薦（前系所主任），在職場退休後進入了大葉大學國企系所，使講臺變成了舞臺，唱作俱佳，每天上課如同趕赴盛宴的角色扮演，認真融入上課其中。生涯要在長生不死的假設下做長遠的規劃，但工作時需像生命沒有明日一樣地拚命。在此也要謝謝為本書寫序的前經濟部長、前行政院副院長林信義先生、彰化縣翁金珠前縣長、前臺東大學洪文珍教務長、香港生產力中心黎偉華高級顧問、中國山東正大企管顧問公司單用祥總經理，備增光彩。更要向參與「玩中學、做中學」的同學們及辛苦備至的參與群（名單後列），尤其邱淑蓉同學大力投入心血，深深致意！蒙五南圖書出版有限公司副總編輯張毓芬小姐為本書催生及本書編輯石曉蓉小姐、徐慧如小姐，謹表謝忱！

一晃已逾七旬，往後歲月，「老身要健、老伴要親、老本要保、老家要顧、老趣要養、老友要聚、老書要讀、老酒要品、老天要謝」，回首披荊斬棘的日子（月亮當太陽，下雨當沖涼；女人當男人用，男人當超人用），曾經意氣風發爬上企業高峰，在這段漫長的企業生涯，人定勝天的贏家少，辛酸無奈的眾生多。頻頻回首，記取教訓，並提供經驗和閱歷，讓後來者擁有更多的理想和無數的夢境。「企業環境瞬息萬變，經營理念

一貫不變，管理原則彈性可變！」「格局決定決局，態度決定高度，企圖決定版圖，思路決定出路！」「經營靠策略、管理靠制度、執行靠方法」願共勉之。

莊銘國

序於大葉大學國際企業管理系所

2002.8.14 滿 56 歲生日

2006.8.14 滿 60 歲改寫

2011.8.14滿 65 歲改寫

2016.8.14滿 70 歲改寫

introduction

本書原始「參與群」介紹

教中學： 大葉大學國企系所專任副教授

雲林科技大學企研所兼任副教授

靜宜大學企研所兼任副教授

帝寶工業、至興精機、輔祥實業、雷虎科技四上市公司獨立董事

玩中學： 大葉大學國企系四年級學生（2001 年 6 月畢業）

王信尹	鄭子豪	溫佳玲	周毓敏	葉錦泰
甄斾翊	蔡佩伶	李奐樑	何玉文	謝曉荔
林書弘	林品君	張禕婷	魏君玲	吳宜明
范曉雯	葉剛碩	朱建銘	吳嘉諺	范仕佳
劉乃華	游子威	徐子翔	王歆華	賴冠宇
邱耀銘	陳婉蓁	邱偉群	陳泓伸	黃冠華
葉雅蓉	江時賢	施淵耀	莊楚函	蘇智鈺
臧憶蕙	張雅菁	沈詩雯	林靜雯	鄭心怡
游志昇	張凱慧	陳俊宏	陳銘堅	潘秀絨
洪儷菁	陳麗如	陳千慧	詹素惠	賴睦晴
翁曉萱	賴世閔			

做中學：1. 大葉大學國企所 EMBA 學生（2002 年 6 月畢業）

- ・維豐橡膠公司董事長　　　　　　李正雄
- ・華成紙業公司總經理　　　　　　方崚峰
- ・伍倫醫院副院長　　　　　　　　陳俊傑
- ・第一產物保險公司區經理　　　　林維崧
- ・新光人壽保險公司專員　　　　　辛榮三
- ・考試院培訓委員會股長　　　　　陳霈山
- ・全興國際事業公司專員　　　　　李麗玲
- ・育達系列事業集團創辦人　　　　江達隆
- ・彰源鋼鐵公司財務經理　　　　　李文智
- ・新光金控專員　　　　　　　　　張惠珠
- ・百一有限公司總經理　　　　　　林漢森
- ・國泰人壽保險公司副理　　　　　李宗翰

2. 雲林科技大學企研所 EMBA 學生（2002 年 6 月畢業）

- ・仁達電腦資訊公司總經理　　　　周興倫
- ・慧國工業公司企劃經理　　　　　江瑞坤
- ・公路總局嘉義區監理所主任　　　黃萬益
- ・臺北醫院護理長　　　　　　　　薛美娥
- ・國泰人壽保險公司臺中區經理　　蔣金串
- ・臺灣羅門哈斯化工公司經理　　　吳永欽
- ・中華電信公司專員　　　　　　　邱竹山
- ・正隆紙業公司主任　　　　　　　林正茂
- ・希華晶體科技公司副理　　　　　白世杰
- ・家安耳鼻喉科診所醫師　　　　　蘇訓正

- ·亞太銀行襄理　　　　　　　　　殷世政
- ·台塑重工業公司專員　　　　　　陳秋景
- ·味丹企業公司業務處長　　　　　陳美津
- ·普愛亞細亞皮革公司襄理　　　　曾淑芬
- ·雲林科技大學 MBA 學生　　　　游雅茹

3. 靜宜大學企研所 EMBA 學生（2003 年 6 月或 2004 年畢業人數較多，不列公司及職稱）

江豐洲	劉佳哲	王傳慧	魏宛如	劉金明
林國豐	林本堂	林吉洋	林南助	林振豐
唐菁華	張國欽	張樹德	許世民	陳蕙貞
彭彥偉	王立民	王嘉慶	王貴珠	蕭文彬
簡得忠	王志鵬	陳威志	彭祺煒	劉宗洪
張雅靜	蔡全生	李朝成	王錦豐	顏永杰
賴清源	葉俊佑	莊太森		

（一學期上課最多 18 次，一次「教中學」，一次「玩中學」或「做中學」，故各班主題略有所不同。）

資料整理及碟片編輯：大葉大學國企系四年級學生
　　　　　　　　　（2002 年 6 月畢業）
　　　　　　邱淑蓉　謝玉芬　陳鈺琦
文字潤飾及校對：大葉大學國企所 MBA 學生（2003 年 12 月畢業）
　　　　　　廖雅玲

匈牙利的名言：「一隻燕子帶不來春天，一片落葉也不代表秋天。」

由於上述同學之參與，本書得以誕生，在經營管理實務教學相長、學以致用下，永誌芳名。

　　夜深人靜，走筆至此：

　　一枝禿筆，一帖紙稿，一盞茗茶；
　　一份靜穆，一份深情，一份感恩；
　　一個理想，一種追尋，一世執著。

目 錄

Chapter 1

顏色管理

教中學─由老師講授,學員(生)吸收實務經驗
(本章建議配合本書所附「教學光碟」學習)

壹、前 言

　　由於顏色有激發眼睛及腦波等作用,因此採用「顏色」來代表企業經營或員工工作的優劣,以及區別公司進貨的先後流程或識別員工的身分,比數字與文字更具管理的效果。同時公司若採用符合人類心理學的色彩搭配,將有助於營造一個良好的工作環境,進而提升工作效率,減少傷害。

　　好的管理應有下列幾個原則:

1.愈簡單的管理愈好。

2.愈能看見的管理愈佳。

3.愈早知曉成績愈能激勵。

4.運用小團隊的競賽效果越彰。

5.能信賞必罰的管理更能互相激勵。

基本上，顏色管理可分別達到上述五大原則。

「用顏色增加競爭力」，為企業顏色管理三大主要支柱，可分為顏色優劣法、顏色層別法、顏色心理法。

顏色優劣法是筆者來自交通標誌的靈感，以綠（優於）＞藍＞黃＞紅為基礎，用於企業經營，可表示績效的優劣。

顏色層別法是從東京地鐵得到的啟示，使用綠、藍、黃、紅四色，顏色本身不代表優劣好壞，只是便於區別與管理。

顏色心理法是來自裝潢設計的啟示，了解顏色的特色及配色的原理，以相關顏色作基本色，巧妙的變化，給予人們心理上不同的感受。

貳、顏色優劣法

對於交通上「綠燈行、紅燈停、黃燈快速通過」的號誌警語，想必大家都能琅琅上口，可以想像如果我們的市中心沒有紅綠燈管理時，交通秩序一定會大亂的。因此我們便在企業引用顏色管理，將顏色引用到管理來表示績效的優劣，綠色表示好的、黃色表示普通、紅色表示差的，則執行簡便，一目了然。又俚語中有句「命運的青紅燈」，青紅代表在人生旅途、在學業成績二種截然不同的遭遇，再加上有青（藍）燈，故決定依照好壞程度以綠、藍、黃、紅四種燈號來表示。以綠優於藍、藍優於黃，黃優於紅，來表示績效優劣之分，若是四種顏色不夠運用，可以加上代表優劣極端雙綠（白）、雙紅（黑）的黑、白兩道，即是白、綠、藍、黃、紅、黑，則能運轉自如了。

一、六正的應用

1982 年，筆者因任職健生股份有限公司，而有幸到日本大企業及其

衛星廠作考察，隨即發現日本人的工廠幾乎都採用「5S」的管理方式，做得有聲有色，且廠內四周環境非常乾淨、整齊，遂興起引進公司的念頭。所謂「5S」（整理、整頓、清潔、教導、維護），因採日語發音，均以 S 開頭（Seiri、Seiton、Seiso、Sokietsu、Sizke），故又稱為「5S 運動」。而後再構想延伸出來適合本公司的「六正」，此「六正」係指整理、整頓、整潔、整儀、整軍、整員等。為了使員工能更易於了解與運用，筆者均將其化為國字：整頓、整理、整潔、整儀、整軍（整軍待發，代表效率及遵守作業標準）、整員，因每一整字底下均有一「正」字，故取名為「六正競賽」。

　　整理是把要跟不要的東西分開，對於不要的東西須隨時處理掉；而整頓就是可以馬上找到需要的東西；整潔是保持乾淨狀況；整儀是工作人員要有制服或是正式服裝；整軍是整軍待發，代表工作效率好不好，是否有按照作業標準進行工作；整員是員工是否遲到早退及有否參與改善提案的情況。於是將「六正」配合顏色管理來進行施政，從整理、整頓、整潔、整儀、整軍、整員六項中，進行綠、青、黃、紅等評估。

1. 整理：隨時更換、清理庫存品、呆滯品、不良品及報廢品，不讓其堆積如山。只要能迅速處理掉，就貼上綠燈，否則，便給予紅燈。推行六正競賽後，公司通道顯得比以往暢通、整齊多了，物品、容器的報廢率亦隨之降低。

2. 整頓：企業的生財器具、文具用品、機械工具、辦公桌、飾品等都有定位，再也不會有文具用品尚未用完便失竊、機械工具用過之後沒有歸位的情況，或飾品時常不見蹤影等問題，而且可在企業節省成本開銷下，同時節省企業空間，以達到整頓的能力。

　　又如規定機車停車場中的機車手把一致向左四十五度排列，且整齊排列於停車格中，即使是停車場中的汽車也都井然有序地停放著，表現好就貼綠燈，未見改善時就給予紅燈，連公司廁所的小便池亦有規定。企業中生產機器的電源開關都貼有負責人的名稱，下班時必須

隨手關閉。機器重視保養上油，每一部機器都採工作人員責任制，任何地方若沒有處理好，便給予紅燈，表現很好就貼綠燈。

　　以往機器無專人負責，總是壞了才知道，修繕費用頗大。因此推行六正競賽後，每部機器均貼有專人負責維護及保養，發生故障之機率減低，且機器之使用率反而上升。

3. 整潔：廠內環境均能隨時保持乾淨，產品之灰塵減少，品質提高。有鑑於泰勞宿舍的棉被、毛巾、蚊帳都非常凌亂且不乾淨，最後便規定必須整理乾淨、排列整齊，表現不好就勞動服務，表現良好就給予水果鼓勵。

4. 整儀：廠內上上下下均穿著制服、別名牌，不可任意脫掉。無人著拖鞋、蓄長髮。預備鈴一響，即各就各位，正式鈴一響，則馬上開始工作。

5. 整軍：上班時間每位員工均埋首苦幹，工作效率大大提高，且主管亦開始注意機器的操作方法是否正確，完全沒浪費人力。下班後開夕陽會，檢討一天的得失。

6. 整員：為了使企業有溫暖的感覺，在打卡處貼著體貼員工的小牌子，早上的時候寫著：「早安，你好」，而辛苦了一天之後，再將牌子翻面，上面寫著：「辛苦你了」，讓員工有一種家的感覺，進而提升工作效率，另外，員工的出缺勤都將列入紀錄。

　　最後，在整員部分，需注意員工每天有沒有做改善提案，以增進工作效率。因為員工一旦習慣於工作環境之後，就會安於現狀，缺乏學習的意願，如果還不做改善提案，那麼不僅與高速公路上的收費員一樣，永遠都是做相同的動作，企業也不會有生產力、效率、成長力可言。員工的改善提案自己做即可，因為該工作人員最了解自己的工作內容。每一個部門假設有十二個人，那麼每一個月的標準提案數即是十二件，即是每一個人在每一個月內要有一個改善提案，若所提出的改善提案超過目標件數甚多給予綠燈，略超過給予藍燈，略低目標時給予黃燈，遠低目標時為紅燈。

另外，可透過照相來改進企業內的缺點，不僅一針見血且成本低、效果好。根據改善前與改善後的照片，做一個明顯的差異比較。若是沒有改善後的照片，即表示該部門沒有改善此問題。也可以藉由漫畫法，解決其企業中的問題，或是請大家集思廣益改進其劣勢。漫畫法除了提供一種寓教於樂的方式達到企業目標，因為那是每位員工幾乎都有的童年，而且也是最好的視覺教育。也能讓大家進行繪圖比賽，在潛移默化中，讓每位員工都參與企業的理念，予以視覺感官的激勵。透過六正方案，進而改善企業體系，接著請各部門經理配合執行「六正」，再藉著照相法、漫畫法來徹底改進企業的劣勢。此外，每週一句（將六正要領以一簡句，譯成中、日、英及手語）、視聽影帶、抽問法等，均可作為輔助之教育工具。

每個月月終，就須頒發前四名之獎狀及獎金，處分敬陪末座後四名單位，並懸掛「警告牌」，面壁改過。最重要的是，也要嘉獎進步最多的及處罰退步最多之單位，才能使整個團隊動起來。

二、安全管理

在安全管理方面，企業的員工有人發生車禍，也有可能企業發生火災，或者偷竊等人禍，那麼企業應該如何因應呢？對於企業內發生傷害的地方，標示出那裡是有危險的區域，且貼上紅燈表示警告，減少工作人員的傷害。安全管理可細分為交通安全、企業安全及工業安全。

(一)交通安全

1980 年代末期，在廣州拍攝的照片便有騎乘機車戴安全帽，就連東南亞的印尼、馬來西亞也是每個人都戴安全帽，但戴安全帽的觀念卻未在早期上下班騎車落實。公司內曾經有員工因為騎乘機車未戴安全帽，以致發生交通事故變成植物人或者死亡案例的情形發生，所以本公司決定全體員工都要戴安全帽，沒有安全帽的員工可以向公司直接訂購，此外，公司在警衛室也備有安全帽供人借用，若超過三天未歸還，公司會從個人薪資

中自動扣除，所有要進入廠區的汽機車，全部要申請通行證，同時再輸入電腦內做為管理之用，否則不可以進入廠區內，如有人心存僥倖，公司大門口裝有監視器，很難不被發現。若是要和別人共乘一部機車，後座乘客也要戴，如沒有遵守規定，公司就在年終時扣三天的年終獎金，以示警告，於是很快地全員都具備了騎乘機車要戴安全帽的觀念。

　　當健生公司推行全員騎乘機車要戴安全帽時，政府尚未執行這個法律規定，所以當時在鹿港的人，只要看到騎乘機車戴安全帽的騎士，馬上就知道是健生公司的員工。公司內有著「帽合神離」的標語，意思是安全帽戴著，「死神」才會離開你，公司不僅推行騎機車要戴安全帽，連汽車的安全帶都有「命之所繫」之說，凡是開車的人務必要繫上安全帶，如此不斷地推行，最後「思想改變行動，行動改變習慣，習慣改變性格，性格改變命運」。

(二)企業安全及工業安全

　　在工業安全方面，企業一旦遇上火災，不但所有的財物會因星火燎原而付之一炬，甚至造成人員的傷亡，這也是最讓人情何以堪的事情。因此企業的防火設施必須定期做檢驗保養，以備不時之需。滅火器的位置不要放得太高，應放置於垂手可得的地方。當「滅火器」紅底白字的醒目牌子被高懸在上，就好比教室的門牌一樣，一目了然，符合管理愈簡單愈好的原則。

　　很多企業裡總是會有吸菸者，吸菸為企業帶來無限的隱憂，可能因為員工吸菸而釀成火災。有鑑於此，健生公司基於工廠安全的原因，於是規定員工在特定時間、特定地點吸菸，早上十點至十點十分及下午三點至三點十分為開放抽菸時間，吸菸的員工不可以超出吸菸區以外，否則年終獎金扣三天給予懲罰，如果員工可以戒掉吸菸的習慣，公司即公開發給員工一千元獎金以示鼓勵。由於健生規定嚴格，漸漸地，吸菸者最後覺得上班時間吸菸很麻煩，而就此戒菸。（現已全廠禁菸，廢除吸菸站。唯獨在警衛室旁設有吸菸室，以便管制。）

員工進入工作場所時，如果有規定要戴手套，或是規定要穿戴耳塞、安全帽、護目鏡、安全鞋……等，就一定要遵守，否則就給予紅燈，這些都是為了能在事前保障員工生命安全的行為。運用顏色管理和綠十字這個標誌，把十字形標誌劃分成 30 和 31 等份，每格代表一天，然後以綠燈代表當天沒有人發生意外、以藍燈代表示有人受輕傷而公司自行處理、以黃燈代表受傷的人需要到醫院包紮、以紅燈表示有員工重傷需住院動手術，如果一天之內有兩名以上員工受傷，則以最嚴重為決定標準。

三、生產管理

要做好生產管制，需擬訂生產計畫，每週設標準數量，圖表上標出品名、機器，凡是準時做好的給綠燈，大部分做好的給藍燈，少部分完成的給黃燈，完全未達成的給紅燈，再依據燈號來擬訂對策。也可以天數計，分別給予不同的燈號。同時透過顏色處理分層負責，例如出現黃燈時，上一級主管立刻出馬督戰，亮紅燈時經理要親自監督，越重要的事情，由越高階的主管來處理、分層負責，不至於授權變棄權。

績效管理——利用工時理論，算出每種產品及每個動作的標準工時，藉此查出單位人員是否發揮其工作效率。工廠內各項生產動作、生產的標準工時以及人工產能之測定，實有鼓勵本公司績效管理之實施。當呈現出雙綠燈，公司給予獎勵，期能繼續保持下去，但若出現紅燈及雙紅燈時就應找出原因，設法加以改進。在未實施此效率管理前，員工工作效率無從查起，實施後，確能激發出員工最大潛力，工作效率大為提高。

四、品質管制

品質管制為企業經營之基礎，亦即品質乃決定企業經營勝利的重要利器。我們也可以用不同的顏色來管理不良率，以製程品管來說，可以

用顏色表示不良率，白色區表示不良率在 100 PPM 以下、綠色區表示不良率在 100 PPM 到 200 PPM 以下、藍色區表示不良率在 201 PPM 到 500 PPM、黃色區表示 501 PM 到 1000 PM、紅色區表示在 1000 PM 以上，而後製作成圖表，縱軸為不良率，橫軸為日期，加總其分數，即是部門的總分，以利達到簡單管理。當不良率在紅色區表示事態嚴重，必須報告總經理來協調因應對策；黃色區也顯示不良率仍高，須由品管主管擔當，其餘顏色都在管制狀況中，可由有關品管人員及現場人員協力再改善，透過顏色優劣法，使分層負責不再流於形式了。

五、外包管理

即是指協力廠的管理。在外包品管部分，當品管人員在檢視各協力廠的貨物品質時，可以依據交貨的快慢和不良品的多寡來計算品質水準率。品質很好的給綠燈，允收水準的給藍燈，為了趕時間勉強使用或者是「特殊」情況者，給予黃燈，紅色表示批退的。另外，交期是重要的，先設置綠黃紅三色換卡欄，假如向外採購的原物料如期收到，就把採購管制卡從綠色卡欄抽出，遲交的就把管制卡放到黃色的卡欄，由採購員追蹤，不會掛一漏萬。如果在生產線使用的前三天還沒有收到原物料的話，就把卡片放回紅色卡欄由高級主管加入追蹤，如此就能隨時提醒自己即時催料，且了解哪家廠商要特別注意。

完成品一到公司便馬上輸入電腦，貨物準時送達者給綠燈，延遲一、二天的給藍燈，三、四天為黃燈，嚴重遲到五、六天為紅燈，更加嚴重遲交七天以上給黑燈，如果有協力廠商連續三個月都有嚴重延遲交貨情況，公司便解除該協力廠商的合作關係，而與事先開發好的協力廠商進行合作。正因交貨期間對於企業是相當的重要，身為現代企業就應了解時間即是金錢的道理。另外，公司可以對於協力廠的內部管理，以相機照相為依據，同時透過同業之間的宣傳，以利企業可以確保協力廠如期交貨。用相

片可以明確地了解在現場的資訊，立刻掌控改善前和改善後的狀況，並且達到立竿見影的效果。

品質水準率的計算是：允收批數除以交貨批數，加上合格總數除以檢驗數再乘以 50。品質水準率達到 100% 為雙綠燈、95%～99% 為綠燈、90%～94% 亮藍燈、85%～89% 為黃燈、80%～84% 亮紅燈、80% 以下就亮雙紅燈。對於這些協力廠品質統計，不但可以供給內部參考之用，也可以再編成優良廠商和不良廠製成圖表，公布在進料區，這樣不但可以依據燈號決定付款時間的快慢，而且對不良廠商也有警惕作用〔當然，品質要不斷向上提升，現在都以 PPM（百萬分之幾）來計算〕。

六、員工績效評估

員工是企業的資產，亦是企業的包袱，在員工考核方面，如何啟用方能達到最大效用呢？橫坐標是日期，縱坐標是員工姓名，每一主管可以考核三項，對於出席、加班、提案、環境……等項目，從中任選三項。對於個別員工的工作情況給予個別的顏色，以利公司主管了解及進行監督管理。顏色管理最重要的精神即是分層負責、層層負責，授權不等於棄權。

另外有職能分析表，橫坐標是該員工的工作內容，縱坐標是員工的大名，評分標準為員工對於自己的工作熟悉度：對於工作相當熟練的給綠燈，半熟練的給藍燈，學習中的給黃燈，未曾接觸的紅燈。不同的燈號有不同的意義及點數，升遷便是以此為準則，如此一來，對於新進員工是一個很大的誘因，便會在工作內容上投入大量的精神，而且公司採人事精簡化或加班時找人，均有莫大裨益。

七、公司改善提案制度

俗語說：「三個臭皮匠，勝過一個諸葛亮。」為促進全體員工活用頭

腦、構思、發揮潛力，以群策群力的精神，謀求生產技術之改進，提高產品及工作品質效率，降低成本。故以顏色管理法套入提案制度中，製成一個「個人改善提案件數表」，若是提案件數超過 3 件及以上給綠燈，2 件給藍燈，1 件給黃燈，0 件給紅燈，藉由燈號，顯示出該員工對該部門的貢獻程度為何，如全年均無提案，則不得調薪。

在施行後，員工們除了努力工作外，同時另一方面亦在他的工作範圍內盡量做腦力激盪，所以不平衡、不合理、不需要的方法均能改善。也由於提案不斷提出，使廠內一些大難題均迎刃而解，如果提案有明顯的助益以及某方面的成長，公司便會有提案獎金以示鼓勵，並不光是只要有提案就有獎金。每位員工在一年之中，都很努力工作且積極地參與生產力之提升，但是如果調薪都一致是不對且不公平的，因此年終獎金是每位員工論功行賞的時候，第一為工作考核，第二職能分析，第三是否有無提案及提案的績效高低，第四是請假的多寡。年終獎金就是如此計算出來的。

八、開會制度

公司開會時，由於企業內部門眾多，所以開會成本便增加許多，加上遲到、早退、缺席的影響，使得開會情況就變得難以進行。因此我們就運用顏色管理，於開會時間內準時出席者貼綠燈、遲到五分鐘以內者貼藍燈扣 25 元、遲到五分鐘以上者貼黃燈扣 50 元、缺席不到者貼紅燈扣 100 元，扣款額充作聚餐基金，如此改革開會方式，便可改善開會不準時的問題。經過顏色管理後，改善了許多人姍姍來遲的問題。

九、業務開發

在客戶開發部分，業務員除了需要維持原來客戶之外，同時亦要努力積極開發新客戶。假設業務員一個月開發八家給予綠燈，開發七家至五家

的給藍燈，四家至兩家給黃燈，一家以下就貼上紅燈。公司因此便可以馬上知曉業務員是否有積極開發新的客戶以及營業額之目標達成率為何，如100%為綠燈、99%～90%藍燈、89%～80%黃燈、79%以下為紅燈。

十、財務管理

在財務管理部分，財務管理的「五力」分析中，有成長力、安定力、活動力、生產力、收益力。這五個指標都有一定的標準，數據符合標準以上者，分別依結果給予白色、綠色或藍色，未達到標準就給予黃色，表示應注意，數據明顯與標準值差異相當大時就給予紅色，差異更大時則給予黑色。如此一來，如果上一期間之指數出現了黃色、紅色、黑色時，我們需要馬上進行改善方案，或者針對問題解決，於是在下一期間時，便可以注意是否數據有明顯改善為標準值，進而使高層管理者更容易達到管理目的。

參、顏色層別法

在廟門口通常都有門神，門神背部都插有許多的旗子，一般人都存有疑問，為什麼會有那麼多的旗子，其實那些旗子都分別代表不同的意義，黑旗表示有人違反軍令，拉到午門斬首示眾；而黃旗代表大軍挺進；紅旗一揮，代表衝鋒陷陣。還有兩種別具意義的顏色：青色的旗一揮，全軍就停止前進，或晚上在此地紮營，或不要貿然前進，所以青色代表停止前進；白色的旗一出現，就意味著免戰，或許今天主帥患了重感冒不願出兵，若白旗文風不動就代表投降。《孫子兵法‧兵勢篇》中說：「色不過五，五色之變，不可勝觀也」，顏色不超過五個，但充分運用起來的話，就讓人眼花撩亂。在古代沒有無線電，這樣的搖旗吶喊表示進攻退守、井然有序，所以我們的顏色管理在老祖宗《孫子兵法》中就這樣發揮得淋漓

盡致了。歷代將帥都是循著這樣的手法來管理軍隊，平劇中的不同色臉譜，亦代表不同人物。

　　顏色對中國歷代朝廷官員所穿的衣服也有影響，唐朝開國皇帝的發跡地點在黃土高原，所以官員服裝都是黃色的；宋朝因為「宋」字裡有「木」，所以衣服是穿青色的；元朝因首都在金都，所以都穿白色的服裝；明朝時以紅色衣服為主，因為日月屬火；清朝的「清」字有三點水（水屬黑），所以都穿黑色的，連續劇「宰相劉羅鍋」所穿的衣服就是黑色的。彷彿是輪迴再現，到了中華民國，一開始是穿屬黃色的中山裝，如卡其服裝；到了中共，又輪到青色，毛澤東所穿的青色就是一個證明，很多人民也都穿青色的服裝，外國人常稱「藍色的工蟻」〔黃（土）←青（木）←白（金）←紅（火）←黑（水）←黃（土）彼此相剋〕。

　　今日日本最大的城市東京有二千多萬的人口，加上白天的流動人口，簡直多得不可勝數，能讓這個這麼大的城市交通順暢，最大的功臣就是地下鐵（subway），東京的地下鐵總共有 10 條線，分別用 10 種顏色來代表，車身的顏色和地圖支線的顏色吻合，假如要走綠線，就坐綠色的車、如果要走紅線，就坐塗紅色的車到達目的地。再者，車票也採同樣的方式，以顏色區分它的價格和路線，車票的顏色，就是所搭車次的車身顏色。易言之，車身與車票同色，使人一目了然，不致搭錯車。東京地下鐵充分達到為顧客服務的目的，即使對來去匆匆的人來說，也能達到最佳的識別能力及最好的服務。除了日本先進的硬體設施，也就是優良的車廂外，軟體方面也藉由色彩來管理繁忙的交通網。

　　東京地下鐵利用車廂顏色的分野，使人感到多而不亂，這是多麼好的構想。假若像東京地下鐵一樣利用顏色層層分別，運用到企業管理上，企業將更容易管制了。

一、文件管理

利用不同顏色的檔案夾，分開不同類型的文件，例如：外銷部門中，東北亞客戶用紅色卷宗、東南亞用藍色卷宗、中東用白色卷宗、歐洲用綠色卷宗、北美用紫色卷宗……等，並以斜線貼紙標示每份文件的時間順序及特性（加紅貼紙代表信用狀、金色代表往返書信、藍色代表訂單、綠色代表押匯文件……等），如此一來，便可快速地找到所需文件，並可清楚地看出有沒有文件被取出。

另外，「批閱」卷宗裡，紅色代表最速件、黃色代表機密、青色代表速件，綠色代表財務件，白色代表一般件，高階主管在有限時間下，可對批閱之順位做取捨。

二、員工職務

採色帽、肩章及識別證的方式，來區分人員做現場的管理，如「品管人員」戴紅帽，在日本稱「赤帽」，有服務的意義，且紅帽代表危險，有找尋不良原因的意味；另「技術人員」戴著醒目的黃帽；「研發人員」戴深藍色的帽子，代表需深思熟慮的意思；至於「綠帽」該給誰戴？因綠帽子另有含義，絕不能讓人隨便戴，所以生產部門主管都改戴白帽，代表處事有條不紊。唯有戴帽子者才可走動，對於現場的管理，很快地進入狀況，適應新的工作環境（色帽使用一段時間已停用，改穿不同顏色之上衣作區別，其意義相同，但視野更清楚）。

工讀生配戴綠色肩章；技術生配戴藍色肩章；新進員工，讓其配戴紅色肩章，並挑選一些資深、具愛心的輔導員配戴黃色肩章；提供他們生活上、心理上的照料，使其很快進入狀況，適應新的工作環境。在日本，剛考上駕照的半年內，在後車窗會貼著一黃一綠之雙色葉片標誌，表示「駕

駛新手、多多包涵」，由於大家的關愛，自然就駕輕就熟了。

在 2002 年 8 月 1 日的《經濟日報》中，也報導出企業運用相同的方式來達到管理的效果，如台達電與銳普科技的臺商，在廣東地區興起「頭巾管理」風潮，如台達電將頭巾分類標示：藍色表組長、粉紅色表品管人員、紅色表檢查測試專員、黃色表新進人員、黃金加繡紅線條表到公司半年以上的員工。再如銳普科技公司所採行的頭巾管理分類為：紅色表線長、黃色表品管、深綠色表新進人員、紅巾加繡兩條線表課長、紅巾加繡三條線表經理。兩家公司都藉由運用此管理，而使管理績效大幅提升，可見「頭巾管理」對管理極有助益。

三、工作調配管理

製作員工訓練表，即將一個部門內之工作內容顯示出來，並以顏色標示每一個員工對各項工作的熟悉程度，在同一單位調動四種不同工作性質，每調一次貼一種顏色，讓員工了解該單位內各項職務的關係，及作業的流程，如此可擴充員工訓練層面。

基礎主管訓練，每一個擔任基層、中層主管者，公司都派內外講習受訓，包含領導統御、生產納期、品質觀念、成本意識四種，人事卡均用紅、黃、藍、綠四色表示：熟練者貼紅色；半熟練者貼藍色；學習中貼黃色等；員工階層分三等、二等、一等乃至基層主管，接受訓練後，才能有晉升之機會，對於模範員工也頒以獎章作為獎賞，如此方便部門主管進行人員的調配和訓練。

四、物料管理

每個進廠的零件都以不同的顏色來標示其進廠的時間，並以綠色和紅色小貼紙來註明其是否合格、需不需要再進一步檢查等，且以不同顏色的

籃子盛裝協力廠商、自行生產等不同來源之零件；在鏡子背後漆上不同的顏色，標明其是出產於那個廠商，依色尋源，以便日後追蹤。

　　至於產品庫存時間長短，也以不同的顏色來加以辨別分析。在原物類標籤上，依月份的不同，黏貼不同的色紙，以顏色（綠、藍、黃、紅）來表示物料到達的先後，藍色是上個月的貨要先用掉，綠色的代表使用區、黃色的代表預備區、當使用完畢時，就貼上紅色，為採購區，四個月為一週期，採先進先出（first in；first out，FIFO）的原則，出貨成品箱之捆包色帶亦可逐日用不同色帶，以達低庫存的目標，減少資金積壓的情形。

五、機器管理

　　廠房機器檢查方面依重要性，用紅色表示每天檢查一次、黃色每星期檢查一次、藍的的每月檢查一次，綠色則雙月檢查一次即可，這樣分門別類才不會做白工，且隨著顏色對感官的刺激（如色紙上貼有眼睛，即用目視有否正常；貼耳朵表示用聽覺是否有異音；貼鼻子表示嗅聞有否臭味；貼手表示要清潔或有否漏電），能夠做妥善的檢查，不好的打「×」；好的打「○」，變得很容易檢查。機器的維修方面，每臺機器都黏貼有「責任者」的標紙，使該人員做定期的維修保養，檢查不合格的貼紅色，每四個月保養一次合格的分別貼綠、藍、黃色，有無保養，一望即知（在醫院病床有類似按鈕）。

六、生產線上管理

　　在每個作業員的工作檯上放置紅、綠、黃三色之按鈕，當員工有作業上的問題時，即可按下按鈕，連接看板燈示以顯示何者出現問題，並配合不同節奏之音樂，提醒生產線主管注意。

　　這是為增加效率，促使生產流程順暢，讓工作者工作，支援者支援，

減少停頓時間，故設備補給人員加以支援，又稱「蝴蝶管理」——在花叢中擔任花粉之傳播。紅色代表需要支援（如清掃、給茶水、換車刀等），黃色代表需要補料，綠色代表需要搬運成品及空箱。

七、模具管理

模具方面，也可以用顏色來表示，因為模具大部分都是黑漆漆的，如沖床模、塑膠模、鋁模、鋅模、PVC 模等等，塗上顏色後，就能很清楚地知道這是什麼類型的模具，也能減少找尋的時間。因為依顏色的不同來區分模具的種類，如客戶別、機臺別、用途別，方法簡單、易於辨認，可將凌亂的模具，變成層次分明，而方便管理。

八、其他方面的運用

顏色層別法主要是使層次分明，縮小範圍。在日常生活中有很多實際的例子，如郵筒是以紅色和綠色來區分限時信及平信，紅白帖子表示喜事和喪事。而在工業技術研究中，由於餐廳空間無法容納全體人員，所以利用掛牌的顏色來區分用餐時間，不同顏色、不同梯次，井然有序；作者曾在臺北長安東路一家自助火鍋吃晚餐，其白色盤裝牛肉、羊肉、蝦是 100元；米色盤裝餃、蛤類是 40 元；黃色盤裝魚丸、金針菇是 30 元；橘紅色盤裝玉米蒸餃是 20 元；綠盤裝豆腐、白菜、青菜、冬粉、番茄是 10 元。這樣一來，只需計算色盤數量，就知道消費額，非常方便。又如汽車牌照、高速公路載客燈示、法庭法服色別（法官青色、檢察官紅色、書記官黑色、律師白色、公護辯護人綠色）、大學教職證書（教授紅色、副教授黃色、講師綠色）等，都是應用顏色管理。

肆、顏色心理法

　　顏色配色的效果往往影響著人視覺的感受，也左右行銷 POP 的好壞，至於如何運用色彩來改變給人的感覺，就要憑個人本身的性格與對色彩的修養來決定色彩的搭配，譬如說小的房間就要使用明亮的顏色，使它看起來寬敞舒適，而寢室的色彩也最好使用寧靜而平和的色調，使我們能安詳地入睡；浴室的顏色就要使用清新宜人的顏色；工作室的色彩也最好能振奮人們的精神，以提高工作效率。這都是色彩的特色和配色的基本原理，給我們心理上不同的感覺。若能將使用顏色的技巧有效地運用在企業管理上，以鮮明的綠色、清新藍色、溫暖的黃色和熱情的紅色，作為一個基本色，為產品的包裝及廠房的設計帶來色彩，相信不僅能夠刺激消費者的購買慾，大量促進銷售，而且在視覺上，也都充分擁有擴大視野的效果，以滿足員工的精神需求，增進工作效率。

　　但是你知道嗎？顏色的配法中，最醒目的方式有下列幾種：黑配黃、黃配黑、黑配白、紫配黃、紫配白、青配白、綠配白、白配黑、綠配紅、紅配青，以上這 10 種顏色配法要多多運用，我們做行銷或 POP 就是要人看了印象深刻醒目。相對地，最差的就是紅配黑、黃配白、最不清楚了。顏色搭配在圖畫更顯重要，黃配青，如梵谷的自畫像，衣服是綠色的，背景是紅色的，臉是黃色的，帽子則是青色的，也都是對比色的呈現。所以擅長畫圖的人都很會運用對比色的功效。

　　不同的顏色帶給人不同的心情，因而可產生不同的效果。顏色心理學可用於人事管理，利用顏色測驗員工的性向，達到適用的效果。亦可用於行銷方面，使不同顏色的產品有不同的定位，強調在不同的心情下，使用不同顏色的產品，藉此可增加銷售量。

一、居家裝飾

在居家方面，顏色的搭配也影響家人的心情與活動，客廳灰色配黃色、或藍色配綠色，臥房就以紫色配咖啡色，廚房最好是綠色配灰色、或灰色配咖啡色；如此會讓你的臥房很舒暢，連廚房也顯得很乾淨。通常，紅色的臥房會讓人瞳孔放大、心跳加速、血壓升高，產生一種意氣風發的感覺；水藍色會讓人瞳孔縮小、心跳減緩、血壓下降，心情會感到比較輕鬆。

二、開刀房

在開刀房裡的醫生們都穿淺綠色的衣服，就是因為 1920 年有位醫生在開刀的時候，穿的是白色的衣服，病房裡的殺菌紗布也都是白色的，眼睛直視過久而產生疲勞，所以和杜邦的研究人員致力於研究該穿哪種顏色的衣服較適合，最後就全改成了綠色。事實上，血是紅色，和綠色搭配所產生的對比效果會大大提升醫療環境。

三、餐廳、飛機艙

出外洽商的話，多半會坐頭等艙以慰勞自己，但是頭等艙除了舒適寬敞外，還有一個特色就是，艙內都是鵝黃色的，就是為了增進食慾。其實外國很多餐廳裝潢也都是鵝黃色的。另外青色代表未熟，對食慾造成了反效果。

四、監獄、宿舍

在監獄裡面，受刑人多半心情很煩躁，上有高齡的老母，下有嗷嗷待哺的妻小，縱使一世英明也毀於一旦，更嚴重的是，受刑人甚至發起暴動以示不滿，因此監獄也慢慢開始用了顏色心理法，淡紫色的使用就是一個例子，因為淡紫色或淡藍色等具有催眠作用，所以宿舍塗以淡紫色對員工安眠有相當助益。

五、看企業管理

(一)人事

德國路西亞在其著作《選擇顏色測驗性向》一書中，利用八種色板，選擇偏好順序，可了解受測者意識上的心理結構及性向。

此八種顏色其意義分別為：

1. 藍──沉靜、安定、平靜。
2. 綠──抵抗、自我主張、追求理想。
3. 紅──欲望、好勝、積極、多彩多姿。
4. 黃──溫和、快活、不持久、勤勉。
5. 灰──孤獨、不參與、不受拘束。
6. 紫──神祕、不負責、情緒不成熟。
7. 褐──協調、要求安定、被動。
8. 黑──頑固、反抗、不宿命。

(二)行銷

顏色象徵的意義，一般而言，綠色代表的是一種成長、安全、穩健的感覺，例如中國信託、長榮一直是以綠色為主；而醒目的紅色，可增強食慾且充滿青春洋溢，味全則以紅色為主；紫色代表高貴、典雅、浪漫，國

際航空、蜜斯佛陀就採此色系；藍色代表速度、科技，愛迪達就是如此。依據公司的定位與特色，選用適當的色系用於公司建築物或產品的外觀設計上，將可提升公司的形象與銷售量，甚至可用顏色來區隔市場。長壽菸是採用介於溫暖與柔和之間的黃色，所以老年人喜歡。此外，季節因素應加以考慮，顏色可呈現出清涼、柔和、溫暖的感覺。

(三)生產

　　顏色與生產管理的關係密切，好的搭配會提高生產力，所以企業內部及外部的看板一定要清晰、明顯，下表即是顏色的視度比較。

　　工廠內機械所塗的顏色最忌紫色和灰色系列，因為這兩種顏色具有催眠的效果，對工作的安全有害，因此，在每天單調、沉悶、緊張、焦慮的工作環境中，最好的顏色就是綠色，因為綠色通常可以讓人降低緊張不安的心情，在企業裡面本身就是緊張充滿壓力的，所以綠色這個大自然的顏色，當然就有安定的作用。在心理學上，綠色還能撫慰人的心靈。其實綠色也有很多種，綠色系列最好的就是蘋果綠。因此廠房的機器和陳設都採用蘋果綠，就能產生最好的效果，工安也能落實。突出物就用黃色，為的就是提醒大家注意；通道則用深綠色代表暢通的意思，警戒線用黃色來警示，不良品線就用紅色表示，暫放線就用白色來表示……等。

視度強配色	視度弱配色	配色順位
黑底黃字	黃底白字	黑底配(1)白(2)黃(3)紫(4)紅
黃底黑字	白底黃字	紅底配(1)白(2)黃(3)藍(4)綠
黑底白字	紅底黑字	藍底配(1)白(2)黃(3)橙 ex:柯尼卡
紫底黃字	黑底紅字	黃底配(1)黑(2)紅(3)藍 ex:柯達
紫底白字	紅底青字	綠底配(1)白(2)黃(3)紅(4)黑 ex:富士
青底白字	紫底黑字	
綠底白字	灰底綠字	
白底黑字	紅底紫字	
綠底黃字	綠底紅字	
黃底青字	黑底青字	

在辦公室最好運用黃色及青色系（對比色之故），這樣一來，員工比較會有衝勁。公務車以黃色最佳，紅色地毯雖代表高貴，但容易使人衝動；可在樓梯上用之，會議室最好用綠地毯，牆壁則用鵝黃色，聯合國、英國下議院、瑞典及澳洲國會都選用綠色的地毯，臺灣及祕魯議壇盡是紅色，難免失控。

(四)其他的運用

1. 企業的識別系統（CIS）、產業上：

紅色的 CIS 代表青春、有朝氣，例如：味全食品。

紫色的 CIS 代表高雅，例如：黛安芬、泰航等。

紅色——食品、金融、百貨。

橙色——石化、建築。

黃色——電氣、化工。

綠色——金融、林業。

藍色——交通、體育用品、藥品。

紫色——化妝品。

2. 日常生活用品也以不同的顏色吸引消費者：洗髮精、機車、冰箱。如內衣褲如何選擇顏色：

為愛情加分→粉紅色。

為家庭加分→綠、藍色。

為事業加分→灰、深藍、咖啡色。

增進人際關係→淺藍色。

穩定情緒→茶色、咖啡色。

3. 從選擇汽車的顏色看人的個性（見下頁）：

顏色	個性	顏色	個性
藍　　色	冷靜、有同情心、樂於助人	紅　　色	熱情外向、喜好追求刺激
綠　　色	富有創造及想像力	白　　色	自律甚高
棕、古銅、金色	偏愛美好的事物	黃　　色	熱情開放、個人主義色彩濃厚
灰、銀色	喜愛華麗的事物	黑　　色	自認強壯又性感

〈總整理〉　　　　　　　　　　顏色優劣法

名稱	評審員（擔當者）	內容	顏色代表						成效
			雙綠	綠	藍	黃	紅	雙紅	
六正競賽	六位高級主管	考核①整頓（機械）②整理（通道容器）③整潔（環境）④整儀（制服）⑤整軍（效率）⑥整員（出勤）	一	91～100分	81～90分	71～80分	70分以下	一	1.預備鈴響即就位 2.環境整潔通道暢通 3.騎機車者皆戴安全帽 4.出勤率提高
工業安全	現場主管安衛人員	以十字形劃分成31等分，每格代表一日，當日安全狀況予顏色顯示	一	無傷害	極微傷	微傷	重傷	一	上下重視消除傷害原因，七十二年統計傷害率降低42%
生產管制	生管科	依完工進度狀況予不同顏色顯示	一	準時交貨	遲延但完工	遲延一日	遲延二日	遲延三日以上	以往現場單位各自為政，實施後遲延現象改善
品質管制	製程品管	依製程不良率高低，用顏色顯示	一	不良率1%以下	不良率1%～3%	不良率3%～5%	不良率5%以上	一	不良率一高，即能促使有關人員去降低及改善
	進料品管	依進料不良率高低，用顏色顯示							

顏色優劣法 （續）

名稱	評審員（擔當者）	內容	顏色代表						成效
			雙綠	綠	藍	黃	紅	雙紅	
外包交期	採購課	依採購入貨日將卡片放入綠色卡欄，如期交貨放卡片檔，逾期入貨放黃色卡欄，近日排程未入轉入紅色卡欄，加緊跟催	—	準時入貨	—	逾期未入	急件未入	—	裝配時不會掛一漏萬
協力廠評價	評審委員	每季前往協力廠就品管、生產、設備、物料、技術、財務、模具、環境、經營理念等加以評價	—	優	良	可	差	—	協力廠會自我改善、提升水準
提案制度	提案委員會	依提案改善程度予不同顏色標示各單位比賽	特優獎	一、二、三獎	四、五、六獎	七、八、九獎	十獎	—	目前提案率已達每人每月一件以上
訂單管理	業務課	依訂單累積數量之多寡，以不同顏色標示，以便做應變措施	訂單量>20%標準量	訂單量>10%～20%標準量	訂單量>0%～10%標準量	訂單量<0%～10%標準量	訂單量<10%～20%標準量	訂單量<20%標準量	訂單多時須做外包、加班準備，不足時要加緊爭取訂單，不再聽天由命

顏色優劣法　　　　　　　　　　　　　　　　（續）

名稱	評審員（擔當者）	內容	顏色代表						成效
			雙綠	綠	藍	黃	紅	雙紅	
新客戶開拓	業務課	依行事曆記載與客戶交往情形，每週查核以顏色示之	—	已成交	成交性高	客戶有興趣	去電、去信拜訪無結果	—	業務員不敢鬆懈，窮追不捨開拓客戶
費用管理	會計課	費用開支與標準比較，予不同顏色顯示，節約之經費撥10%為該單位之獎金	低於標準20%以上	低於標準10%～20%	低於標準0%～10%	高於標準10%～20%	高於標準10%～20%	高於標準20%以上	主管及員工有成本觀念並分享成果
財務管理	會計課	將財務分析之收益力、償債力、經營力、成長力、生產力之比率，依優劣顏色區分	優 ←					→ 劣	不懂財務會計者，亦能一目了然
成本管理	會計課	季產銷量達某一數值以上，每一單位毛利一元，但需扣除直接物料之損失（投入與產出）及人工成本之損失（非正常加班），其淨值分享員工	淨值在毛利70%以上	淨值在毛利50%～70%	淨值在毛利30%～50%	淨值在毛利10%～30%	淨值在毛利-10%～10%	淨值在毛利-10%以上	如不可見的手，達到開源、節流、精簡的目的，而控制了成本

顏色優劣法　　　　　　　　　　　　　　（續）

名稱	評審員（擔當者）	內容	顏色代表						成效
			雙綠	綠	藍	黃	紅	雙紅	
開會管理	會議主席	為降低開會等待成本，將來開會到達時間予不同顏色顯示，並予遲到者罰款	—	準時	遲到五分內	遲到五分以上	無故未到	—	姍姍來遲者不復可見
宿舍管理	總務課	將宿舍內務依程度予不同顏色顯示	—	91〜100分	81〜90分	71〜80分	70分以下	—	內務如新兵營
主管管理	相關主管	依交期產量（50%）、品質（20%）、六正（5%）、開發（5%）、提案（10%）、綜評（10%），依得分予不同主管津貼，但有一項「雙紅」即不發津貼	91〜100分	71〜90分	51〜70分	31〜50分	11〜30分	0〜10分	主管對各方面十分積極
員工管理	單位主管	依上班出勤及工作表現予不同顏色，成績良好者報請獎勵，不佳者調單位或不調薪	優 ◀——————————————▶ 劣						賞罰嚴明、提高生產績效

顏色層別法

名稱	內容	顏色代表				成效
		綠	藍	黃	紅	
重要零件管理	每月入貨予不同顏色標示	1、5、9月入貨	2、6、10月入貨	3、7、11月入貨	4、8、12月入貨	1.可達先進先出 2.可調整安全存量 3.可提醒解決滯銷品
次要零件管理	採二分法,使用區及備用區予不同顏色	使用區	—	備用區	採購中	C類零件可以廢帳,並可達目視效果,不致斷炊
油料管理	油類依種類不同顏色標示	中級機油	特種機油	通用機油	重級機油	不致誤用
原料管理	玻璃製成鏡片,依來源處,於背後漆不同顏色	國產品	英國產品	美國產品	日本產品	品質有異樣,看漆尋源
三級保養管理	每四個月做一定期三級保養檢查,OK貼該次色紙(綠、藍、黃),不合格貼紅紙	1~4月OK	5~8月OK	9~12月OK	不合格NG	可做定期的三級保養查核
管路管理	機器各種管路漆不同顏色	氣管	水管	油管	電管	遇有漏水、電、氣、油,可循色找出
色帽	主管及有關幕僚戴不同色帽	(白色)主管	開發員	技術員	品管員	1.戴帽者才可走動 2.易於辨認
肩章	易於發生問題人員配戴不同肩章,予必要之協助	實習生	技術生	輔導員	新進員	使易生問題者受到照顧及協助,對品質及人事安定有助益

顏色層別法 （續）

名稱	內容	顏色代表				成效
		綠	藍	黃	紅	
模具管理	依不同材質，不同顏色銘板	沖床模	塑膠模	鋅模	鋁模	易於辨認及管理
	依不同用途，漆不同顏色油漆	轎車用	貨車用	機車用	自行車用	
卷宗管理	依不同分類，予不同顏色卷宗（外銷為例）	亞洲地區	歐洲地區	美洲地區	其他地區	找尋容易，提高辦公效率
值日安排	用不同粉筆顏色表示職員值班時間	後日值班	―	明日值班	本日值班	提醒值班者注意
蝴蝶式燈號	在工作站設不同燈號來顯示所需狀況	有成品須運走	―	請盡速補料	工作困難須支援	1.達到線平衡 2.提高產量

顏色心理法

名稱	內容	綠	藍	黃	紅	成效
人事	新進員工對顏色喜好，可了解其性格	抵抗 自我 理想	沉靜 安定 平靜	溫和 快活 不持久	慾望 好勝 積極	協助對人事之了解
行銷	顏色用於包裝及產品	中間色	冷色	暖色	熱色	依狀況配合能促進銷售

顏色心理法　　　　　　　　　　　（續）

名稱	內容	綠	藍	黃	紅	成效
生產	廠房之地面、牆壁、設備等漆以不同顏色	機械通道會議室樣品室廚房	員工休息區工作區制服牆壁	工具板樣品板清潔箱扶梯界線	滅火器安全門轉動區吊車消防栓	1.提高工作效率 2.減少傷害率

 玩中學—運用顏色優劣法至生涯規劃

 案例一

一、訂下長期目標

首先預定在未來五年或十年之內，個人想要達到怎樣的狀態，如考上高考、或當上經理等等，以便使自己的一切行動均投入這個目標上。

訂下長期目標有下列作用：

1. 可以幫助個人預期未來努力上的問題點與機會。

2. 可以提供個人行動的指針或方向。

3. 可作為短期目標展開的基礎。

另外，訂長期目標所要考慮的因素如下：

(一)內在因素

1. 個人教育程度。

2. 個人智慧與能力。

3. 個人的人生歷練（經驗）。

(二)外在因素

1. 家庭、家族、宗族的環境。

2. 社會狀況（包括企業狀況等）。

3. 經濟狀況、技術狀況。

4. 政府政策。

5. 國際形勢。

二、訂下短期目標

　　根據長期目標，逐一展開每年的年度目標，使長期目標更具體可行。如「預計個人在未來五年之內當上某公司工廠廠長職務」，則短期目標可訂定如下：1.第一年：充實當廠長的管理知識、技能、資料（充電期）。2.第二年：提出廠內有關改善案 30 件（表現期）。3.第三年：建立工廠、公司良好人際關係（交際期）……。訂下短期目標的作用如下：1.使長期目標轉化為逐年的階段小目標。2.使長期目標更具體可行。

　　在訂短期目標時，需注意的事項如下：1.必須使逐年的短期目標和長期目標作結合。2.必須使敘述明確化（具體性）。3.必須是可以達成的（可行性）。4.必要時加以數量化。

三、特性要因分析

　　有了年度目標之後，則針對該項目標，利用品管上的特性要因分析圖做解析，以找出欲達成此項目標所需的行動或有關的事項。筆者針對年度目標制定了「特性要因圖」（如圖 1-1 ）。

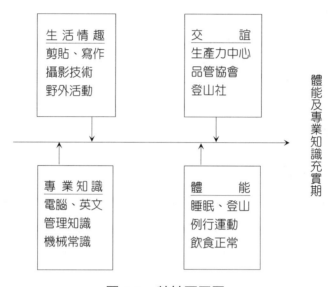

圖 1-1　特性要因圖

四、排定年度工作進度表及重大要因掌握

　　根據特性要因圖，將某時期要執行的工作列入進度表中，並抽出重大且應持續性的事情，設法轉化成可用顏色來管制，這種轉化工作是較需技巧的一環，也是顏色管理最重要的階段。

　　依據前項，除了作一個年度工作進表之外，也訂了一個「重大要因顏色管制評定標準」（如表 1-1 ）。

表 1-1　　重大要因顏色管制評定標準

燈號項目	綠	黃	紅	執行時間	訂定原因
預定管制	預定事項達成時	預定事項2/3完成	預定事項未達成時	依規定	依預定工作進度或臨時性預定項目必須查核執行情形
運動管制	伏地挺身30下、交互蹲跳40下都達成時	左列兩項之任何一項達成時	左列兩項皆未達成時	每日	因上課地點較遠，無法晨跑或晚跑，故以室內運動為主
充電管制	晚上 8～10點研讀英文會話達成時	8～10pm.研讀英文會話之一小時	未依規定時間讀英文會話時	每週一、三、五	深感英文之重要，故採取長期自我充實
睡眠管制	晚上 11點前就寢	晚上 11:30前就寢	晚上 11:30後就寢	每日	睡眠不足，影響第二天之效率，故必須管制

★運動及充電管制中，兩個黃燈可統計為一個綠燈。

五、制定「月行事計畫表」

依據年度工作進度表及重大要因製作月行事計畫表（格式及內容如表 1-2），將此表置於最明顯可見的地方，員工為了少點紅燈及提高達成率，會不得不按擬定計畫乖乖地做，因為一偷懶，刺眼的紅燈馬上出現，實在很不光彩。

表 1-2　月行事計畫表

本月目標	日期	1	2	3	4	5		31	綜合檢討		
年　月份行事計畫表	週										
	預定事項										
	執行事項										
	預定管制								達成數目	總數	%
	運動管制										
	睡眠管制										
讀書預定		野外活動預定		論文預定	特殊事項			總			評

六、制定「達成率推移圖」

　　將月份行事計畫表中所得的每月達成率，按月份逐次畫在推移圖上，以查核達成率進步的情形（如圖 1-2）。

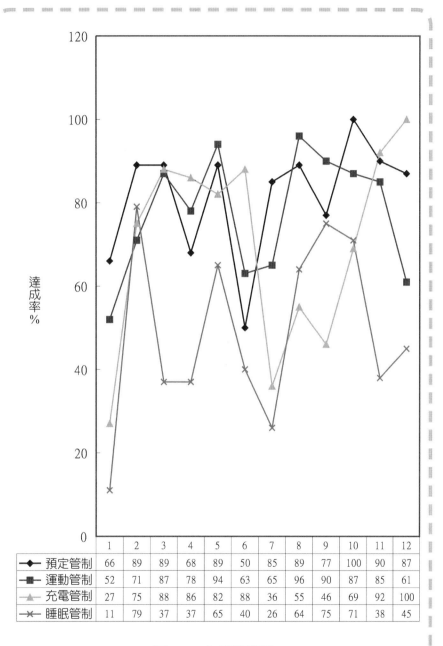

	1	2	3	4	5	6	7	8	9	10	11	12
◆ 預定管制	66	89	89	68	89	50	85	89	77	100	90	87
■ 運動管制	52	71	87	78	94	63	65	96	90	87	85	61
▲ 充電管制	27	75	88	86	82	88	36	55	46	69	92	100
✕ 睡眠管制	11	79	37	37	65	40	26	64	75	71	38	45

圖 1-2　年度推移圖

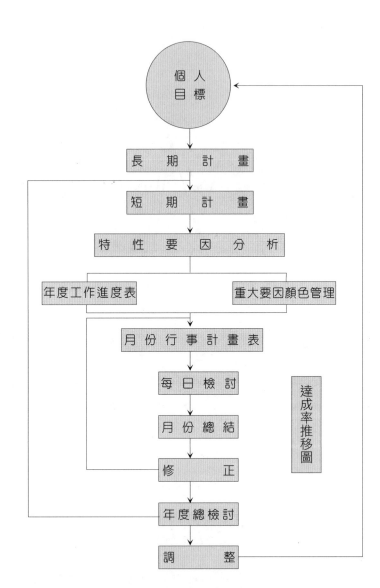

圖 1-3　內容架構系統圖

七、成果檢討，生活豐收

實施個人生活顏色管理，檢討如下：

1. 在一般方面：從「實施前後比較表」（如表 1-3）中，可以看出個人在實施後的生活改進了許多，深深地感受到已逐漸養成一種良好的習慣，變得較為積極。

表 1-3 實施前後比較表

實　施　前	實　施　後
1.精神散漫、無目標	1.精神集中、生活目標明確
2.預定或該做的事，經常延誤無法達成	2.預定或規定事項，較能主動完成
3.身體狀況不佳，經常想運動而無法執行	3.身體狀況較佳，運動達成率高
4.做 30 下伏地挺身很勉強	4.做 40 下伏地挺身無大礙
5.下班想唸書充實做不到	5.時間一到自動走向書桌
6.英文會話能力差	6.英文聽講能力稍強
7.經常熬夜或與老友聊天	7.較有 11 時就寢之警覺，有充足的睡眠，精神好
8.看完一本書花很多時間	8.已加入標準化協會等團體，並保持良好關係
9.感覺生活單調乏味	9.依照計畫研讀管理書籍
	10.較充實、較有成就感

2. 在配合短期目標及要因圖的數字方面：(1)體能：全年運動管制達成率 77%；累計完成伏地挺身八千多次，交互蹲跳一萬多次。(2)專業知識：英文充電管制達成率 70%；讀完管理書籍如《自我挑戰的企業》等二十餘本；參加全亞電腦訓練及其他多次管理專業課程。(3)生活情趣：完成報告十一件；赴日本參觀，順遊富士山等。(4)交誼：加入品管及標準協會，並與生產力中心保持良好的關係等，使得在工廠中推行管理工作有很大的助益。

　　如果再加以衍生擴大，將月份行事計畫表中之執行事項欄內，列出全年度所發生的重大事項，集於一張表中，又可作為個人的人生記事，豈不是一種意外的效果嗎？

　　以上所介紹的個人生活顏色管理方法，其內容與事業之經營方式頗能吻合，如長、短期目標的訂定、年度工作進度表之排定、每月檢討與修正，又如每日重大要因之顏色管制與達成率管制，豈不符合了企業界所謂「日常管理」與「績效管理」。而就整個程序圖看來，又具備了 PDCA 的循環，因此，願在此強調一個理念，即吾人應「以經營企業的方式來經營個人」。

　　希望將這個運動推展到社會、家庭與個人，筆者確信，實施上面所介紹的個人生活顏色管理方法，是使您個人成功，更是響應政府提倡這種運動的一種最簡單而且最可行的方法。

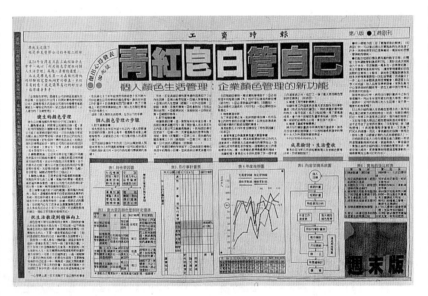

本文作者因提出「個人顏色管理」而獲青年獎章

玩中學—顏色心理法應用至個人心理解析

 案例二

一、從顏色做自我分析

這是一個有關於顏色的心理測驗，將各種顏色使用於人生各種階段和各種關係上的測驗。現在我們就開始用顏色做這個有趣的自我分析吧！（可讓學員即席測驗並解析）

——日本‧深井壽乃（Hsiano Fuka）著；小社出版

在這個測驗中所使用的顏色共有：藍、淡藍、紅、紫紅（酒紅）、粉紅、玫瑰紅、黑、白、灰、黃、綠、橘、棕以及紫色等。我們要把上述十四種顏色運用在：A. 人際關係、B. 過去與鄰居、C. 家庭與環境、D. 性格與戀愛、E. 對未來期許、F. 目前的心理狀態等六個區間中。同樣的顏色可以多次重複使用。六個區間的顏色都選好之後，我們來為各位解答各種顏色在 A～F 六個區間中，分別代表的意義為何。

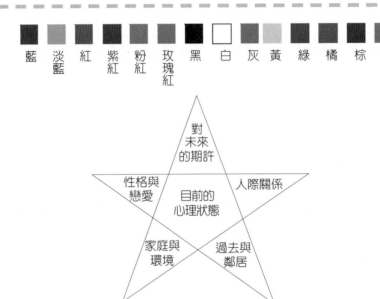

顏色	人際關係	過去與鄰居	家庭環境	性格與戀愛	對未來的期待	目前心理狀態
藍色	誠實	優等生	有責任感	認真	理想很高	積極
淡藍	穩重溫和	較容易被過去牽絆	家庭有缺憾	單純天真	感到不安	喪失信心
紅色	積極	孩子王	美滿的家庭	熱情	對自己有信心	全心投入
紫紅	批判性格	人生起伏不定	希望重新出發	富哲學思考	希望出人頭地	不滿現狀
淡粉紅	擅於撒嬌	生長在幸運的環境	依賴家人	純真	沒有明確目標	以自我為中心
玫瑰紅	怕寂寞	執著	重視家庭	勤奮者	喜歡表現自己	衝勁十足
黑色	擅長保護自己	四處飄泊	不喜歡參與	頑固	希望成為專家	死心眼

（續）

顏色	人際關係	過去與鄰居	家庭環境	性格與戀愛	對未來的期待	目前心理狀態
白色	對人漠不關心	有悲傷的過去	孤獨	逃避現實	悲觀	迷失
灰色	模稜兩可	喜歡當旁觀者	停滯不前	不安定	沒有野心	逃避現實
黃色	注重外在虛榮	領導者	自由自在	老實	開拓者	以自我為本位
綠色	容易勞心	單純樸實	獨立心強	疲倦	渴望安定	疲憊不堪
橘色	崇尚自然	多一事不如少一事	家庭很團結	滿不在乎	樂觀	寂寞
棕色	很重情義	務實	有密切關聯	務實	有計畫性	容易屈服
紫色	排斥他人	有藝術才華	與家庭有緣	自戀傾向	先鋒者	獨創力

以日本深井壽乃所做的顏色自我分析，全體同學測驗完畢，請幾位同學上臺說明，茲舉二位同學之測驗報告列述於下：

二、以沈詩雯君進行該項心理測驗

A. 人際關係

我的選擇是橘色，橘色代表崇尚自然，會以自己的方式與人交往。我覺得滿準的，自己有一套與人相處的模式，有自己的原則。

B. 過去與鄰居

我選擇的顏色是橘色，所代表的意思是多一事不如少一事。我比較不喜歡管別人的閒事，尤其是在與鄰居相處時，更不會去管別人家的家務事，所以與鄰居也很少會有摩擦。

C. 家庭環境

我選擇的顏色是綠色，代表獨立心強，比較不依賴家庭。我覺得自己是一個獨立心滿強的人，不過也是一個很戀家的人，所以我覺得這點比較不準確。

D. 性格與戀愛

我選擇了淡藍色，代表著單純、天真、重感情。我覺得這裡只對了一半，因為我覺得自己是一個十分重感情的人，對任何事物只要付出了感情就不容易放下，不夠理智，這是美中不足的地方。

E. 對未來期許

我選擇的是玫瑰紅，所代表的是喜歡表現自己。我覺得這個有點不準。我覺得自己是一個比較喜歡默默做事的人，不愛出鋒頭，不過做任何事都希望得到別人的認同。

F. 目前的心理狀態

我選擇的是藍色，代表著積極。我覺得滿準的，因為我現在就有一個目標，自己也正朝著這個目標努力前進。

結論：

我覺得這個顏色心理測驗滿準的，對我而言，準確度大概有80%。雖然是一個小小的心理測驗，對每個人不見得都很準確，不過我想可以利用這個測驗更了解自己也不錯啊！

三、以蘇智鈺君進行該項心理測驗

A. 人際關係

我所選擇的是白色，代表漠不關心，我個人認為準確度不是很高，應該是棕色的很重情義較適合我。

B. 過去與鄰居

我選擇藍色的優等生，在過去我從來沒有拿到很好的成績，我不認為自己是優等生，不過在國中、高中時，我沒有請過任何的事假、病假，也都會盡本分地到學校。

C. 家庭與環境

我選擇綠色的獨立心強，我感覺從小到大，好像都是依賴著父母，到了大學之後，才慢慢地了解父母的辛苦，因此我更應該要靠著自己去解決問題，不想讓父母擔心，所以獨立心強應是沒有錯的。

D. 性格與戀愛

我選擇熱情的紅色，對於愛情是希望好好加油，而性格則是憑著熱情，帶給大家及自己快樂的每一天，雖然有時心情也會不好，但是我會盡量避免，所以熱情是沒有錯的。

E. 對未來期許

我選擇希望安定的綠色，正因我目前已是大學四年級，對於未來我更加想有安定的感覺，也許現今的競爭力太激烈了，失業率高，讓我對於未來充滿了徬徨不安，我希望自己可以加強語言能力、專業知識，好讓自己有安定的未來。

F. 目前的心理狀態

我選擇了喪失自信的藍色，由於我感到自己才要享受大學生活，如今卻馬上要步入大學四年級了，心情十分複雜，對於未來可說是茫然與不知所措，所以我希望在這最後的一年中，我可以充實自己的專業知識以及加強各種能力，也許有人說太晚了，不過我卻認為凡事都來得及。經過這項心理測驗，我更加地知道我的現在、未來，都要以紅色的全心投入來進行，不然我會後悔一生的。

　　以上就是「從顏色做自我分析」的診斷對照，如果以上六個區間中，紅色類顏色（玫瑰紅、酒紅……）占了其中兩區間，表示你希望改變心情。若是六個區間顏色皆不盡相同，則表示你目前並沒有特別希望的事情。如果你選擇暖色系顏色較多的話，代表你目前處於較快樂、活潑的狀態；如果是寒色系的話則相反。那麼如果選擇淡色較多的話，表示你對自己不太信任。

 做中學—顏色與生活的觀察

 案例三

一、前　言

　　在這個世界上，如果沒有了顏色，那麼生命將會只是黑白，也許我們已經習慣了生活上的五顏六色，很難想像一個人如果失去了色彩，他將要如何生活。我個人有紅綠色盲，以前不能考理工科，也不能考駕照，常常為了騎機車而被警察逮個正著。生活中對顏色的辨識不同，而常與老婆爭論不休。由此可見，顏色不但豐富我們的生命，也與生活息息相關，但我們經常忽視周遭的景色，也很少思考顏色到底具備那些功能與效用。本學期蒙獲莊銘國老師的指導，再細細品味，原來大自然真的充滿了顏色的美，假期到溪頭森林區欣賞那一片片的翠綠，到東海岸感受那一片片的蔚藍、鄉村稻穗的綠黃、油麻菜花的橙黃，連社區中庭花園都遍植著紅紅綠綠的花朵，原來我們的世界充滿了由大自然美景交織著富裕生活所創造出來的五顏六色，不但給我們視覺的享受，也令人更洋溢生命的活力。

由於顏色本身具有多樣性，茲以顏色層別與顏色心理來描述與生活的關係：

(一)顏色層別──綠就是綠、紅就是紅、藍就是藍

顏色層別乃是以各種不同的顏色來區別事物或管理，例如選舉期間，選民會以泛藍、泛橘、泛綠來區別國民黨、親民黨與民進黨、台聯黨。在工廠，我們以安全帽的顏色來區分員工與訪客，戴白色安全帽一看就知道是客人，顏色層別其目的是在區別，而無所謂優劣或好壞。

(二)顏色心理──不同顏色就有不同抽象意義

顏色有溫暖、清爽、柔軟、堅硬感；有爽朗、陰鬱、華麗、樸實感；有沉重、輕飄、興奮、寂靜感，不可否認地，顏色在生活環境中，常常左右著人們的行為。因此利用顏色來了解個性與心態，或利用它來做商品的促銷及室內布置，它可遍及生活之食、衣、住、行、育、樂，了解顏色的特色及配色的原理，以綠、藍、黃、紅做基本色，巧妙的變化，給予人們心理上不同的感受。

在眾多的顏色中，如何搭配才能更醒目、更令人印象深刻，就須掌握配色三原則：對比色、鄰近色、深淺色，例如顏色的配法最醒目的方式，有下列幾種：黑配黃、黃配黑、黑配白、紫配黃、紫配白、青配白、綠配白、白配黑、綠配紅、紅配青。在我的感覺中，畫家應該對顏色更敏感，顏色搭配在圖畫中十分重要。所以擅長畫圖的人都很會運用對比色的功效。不同的顏色帶給人不同的心情，因而可產生不同的效果。在生活中，我們如何善用配色三原則，以增加生活的色彩，除了專家的研究建議外，個人也可以多體會、多嘗試，畢竟每個人喜好不同，顏色與生活自會有不同的領略，尤其像我有紅綠色盲，經常把粉紅看成綠色，在較暗的光線下分不清楚黑或紅。因此對顏色的感覺便與別人不同，但根據美國軍方的研究，色盲的人具有較高的

辨識力，敵方之迷彩偽裝，對色盲的人效果不大，很適合高空攝影，這大概是我們一般認知的色彩人生外，另一個不同的色彩世界。以下分別以生活中之食、衣、住、行、育、樂來分享與顏色的關係。

二、食的顏色

(一)顏色有酸甜苦辣

看到綠綠的梅子不禁要流口水，如果加工成了紅色或許刺激唾液的感覺便降低了；看到紅紅的西瓜，令人有清涼的感覺；看到黃黃的香瓜，令人想到甜美。

夏天吃苦瓜，消暑降火氣。雖然苦瓜已經改良到不太苦了，但它還是食物苦的代表，白苦瓜比較不苦，黃綠色的最苦。

辣椒幾乎就是辣的代表，看到紅紅的辣椒，有些人食慾大增，有些人頭皮發麻，目前還流行辣椒減肥餐，據說效果不錯。

一般紅色食物（紅蘿蔔、肝臟、番茄、西瓜等）能刺激神經，激發生命力。

橘色食物（南瓜、柳橙、甘藷、木瓜等）能促進新陳代謝，淨化體內組織。

黃色食物（鳳梨、蛋黃、玉米、香蕉等）能平衡身體酸性物質。

綠色食物（菠菜、綠豆、包心菜等）可以減輕緊張情緒。

(二)食品包裝與顏色的關係

商品之包裝對行銷有莫大的效果，此乃人盡皆知。以前白底藍字的清潔用品通樂很多人愛用，一度十分暢銷，該公司想發展飲料事業，思考是否沿用大家熟悉的包裝——通樂牌可樂，經過市場評估認為風險太大，萬一小朋友誤將清潔劑當飲料喝，事情就大條了，此案後來不了了之。食品包裝的顏色雖不等同於食品本身，但適當及醒目的包裝十分容易引起消費者購買的慾望，如綠色的飲料包裝令人想到

清涼解渴，看到褐色便有香噴噴的感覺，紅色的斯迪麥使人熱情如火，引起食慾之黃色包裝想不嘗試一下都很難。

(三)引起食慾的綠紅黃三種原色

善用對比色、鄰近色、深淺色可以令人食慾大增。日本人最善用飲食配色原理，如白米飯上撒一些黑芝麻，壽司外皮是黑色的海苔，裡面以白色食物為主，黑白配（對比色）令人垂涎欲滴，紅色的生魚片點綴著綠色的葉子，紅綠配（對比色），一副秀色可餐的樣子。在亞洲的緬甸，他們的食物其實不難吃，但沒有善用配色原則，自然吸引不了觀光客的目光。歐洲人喜歡紅色的食物，像番茄、紅蘿蔔、牛肉、羊肉、紅酒等，他們幾乎都用白色的餐具，紅白配（醒目色），非常的突出。這和日本的黑白配又有異曲同工之妙，日本較喜歡白色系的食物，如豆腐、白菜、清酒、麵粉類、魚肉等，再搭配黑色系之餐具，例如白色的拉麵裝在黑色的碗，黑白配，很容易引起食慾，其實三商巧福的麵類食品也有同樣的配色觀念。

(四)餐具之顏色層別

在一般家庭的餐具如碗盤，大都是同一色系，由於整套買回來，因此平常無論什麼菜色，一律使用相同的餐具，如果出現一些較差的配色，如紅配白、白配紅、黃配白等，就不免感到難以下嚥，但對於肥胖節食者可能有節制的效果。至於我們熟悉的自助火鍋店，特別善用顏色層別，他們把各種不同價位的食品裝在不同顏色的餐盤中，旁邊也附記各種顏色代表的價格，客人自由取用時，也知道自己將享用何種價位的食物，付款時餐廳業者只需清點各種色盤即可結帳，非常方便。中國人一向講求色香味俱全，但忙碌的生活，人們一切講求快速，除了宴會外，愈來愈少講求色香味，其實只要我們用一點心，生活一定增添不少色彩，尤其民以食為天，怎能不好好享受一番。

(五)不同色杯喝咖啡有不同的感覺

咖啡是除了石油以外，世界上最大宗的流通物資，經濟的發達及社交的頻繁，我們接觸咖啡的機會也愈來愈多，雖然咖啡有很多種類且每個人品味也不一樣，根據日本三葉咖啡的研究試驗，同樣的咖啡以不同的色杯沖泡，則對飲用者有不同的心理感覺，實驗中，同樣的咖啡放在紅色咖啡杯中，令人有太濃烈的感覺，咖啡色咖啡杯則稍濃，放在青色咖啡杯中稍淡，而放在黃色咖啡杯中則剛剛好。因此，如果我們除了能懂得咖啡的品種、品質、口味外，還能輔以色杯心理作用之沖泡技巧，則不但賓主盡歡外，也能讓自己對咖啡文化有更深一層的體認。我在外商公司上班，常有外賓來訪，剛好公司備有兩種咖啡杯（白色及黃色），同樣的咖啡，我發覺歐美人士絕大部分會選取黃色杯子，而東南亞就無特別喜好，這或許顯示不同民族之咖啡文化。

(六)五色飲食健康說

飲食與健康關係密切，但如何吃出健康，有些人知道、有些人一知半解，也有些人知而不行或沒有恆心、耐心。我們都知道，早餐很重要，要吃得好，午餐要吃飽，晚餐吃簡，但工業社會人人忙碌，早餐從簡、午餐便當、晚餐吃太飽，這實在有違飲食之道，除了注重三餐的質與量外，中國有一古老的飲食方法，認為每餐要有五種顏色的食物，而這五色食物可以滋補身體五臟。

五色／五行飲食健康說

顏色	白	青	黑	紅	黃
五行	金	木	水	火	土
五臟	肺	肝	腎	心	脾
方位	西	東	北	南	中
屬性	辣	酸	鹹	苦	甜
對應食物	薏仁	綠豆	黑豆	紅豆	黃豆

　　如果不知道自己的身體狀況，可定期做健康檢查，有病治病，無病強身，一般的身體失調採用食補有很好的效果，例如一個人肺不好，可以選擇白色系的食物，如白蘿蔔、杏仁、白木耳、薏仁等來調養。如果腎臟不好，可以選擇黑色系的食物，如海帶、鰻魚、烏骨雞、黑豆，甚至有黑狗最補之說。經常在外面用餐的人也應有五色飲食健康說的觀念，盡量挑選五色食物，至於居家生活更應選擇有益健康的食物，營養學曹麗娟博士著有《五色健康法》，健康雜誌中有名的《常春》，在 2001 年 12 月號就以〈青赤黃白黑五色對五臟之「五色食物健康觀」〉為專題，介紹百多種健康食譜，有興趣者可多參考。

(七)利用不同顏色做好餐廳管理

　　到大陸東北旅行發現一有趣現象，即有些餐廳以不同顏色之燈籠，表示該餐廳之宗教飲食特色，例如當你看到紅色燈籠時，就表示該餐廳提供葷食；青色燈籠表示該餐廳只提供回教徒用餐，並不提供豬肉；黃色燈籠表示該餐廳提供素食，客人可依自己的信仰或習慣選擇喜歡的餐廳，如果你看到該餐廳掛有多個同色燈籠，就表示該餐廳可提供較豐富之食物。相對地，如果只有一個燈籠，表示它大概只能提供簡單的食物了。

三、衣的顏色

(一)顏色有春夏秋冬

　　衣著的顏色與季節的變化是十分鮮明的，春暖花開、炎炎夏日、秋高氣爽、寒冬瑞雪、由淡色逐漸轉為深色系列，這不純粹是生活穿著之喜好，其實與天氣有很大關聯，炎炎夏日一件淡色輕薄衣衫，令人有涼爽的感覺，寒冬時節，厚重的深色大衣使人溫暖又厚實，雖然夏天穿深色衣服有防紫外線之說，但那種熱的感覺直教人冒汗。

(二)各種顏色衣服配件訴求之意義

　　大部分人都會有在什麼場合穿什麼衣服的概念，例如正式晚宴的黑色、紅色衣服，以及新嫁娘的白色禮服，這不但是一種習慣，也能在不同場合給人不同的感覺，各種顏色的衣服代表的意義如下：

　　紅色──給人活潑大方、熱情外向的感覺。但重要會議時應避免穿著紅色衣服，因為它會使人無法冷靜思考。

　　黑色──氣派大方，代表氣質與威嚴，正式晚會之男士或官員喜著黑色禮服。

　　桃紅色──甜美青春氣息，討人喜歡，照片效果最佳，散發高雅氣質。

　　橘紅色──給人無比的親切感，健康活力、俐落大方，看來很健談。

　　橙色（咖啡色）──成熟、值得信賴，感覺誠實懇切，最適合推銷員的穿著。

　　黃色──鮮明明朗，給人眼睛為之一亮的感覺，光芒顏色，使人備感溫馨。

　　紫色──高雅有深不可測的感覺，適當搭配時有領袖風範，太頻繁會讓人誤以為擺架子。

　　淡紫色──典雅舒適的感覺，但容易給人孤傲之感。

　　青紫色──有鶴立雞群的感覺，適合晚宴。

　　綠色──平和實在，象徵誠實，留下好印象，在借款時有神奇結果。

　　草綠色──代表服從善體人意，圓融不固執，身為部屬者不易讓主管產生戒心。

　　青色──安詳寧靜，給人冷靜之感，在緊張與壓力的工廠最適合。

　　深藍色──有踏實的感覺，象徵著智慧，應徵者較容易錄取，號

稱應徵裝。

白色——代表純潔無邪，在談判及處理法律事務時，有相輔相成的效果，但容易予人孤傲冷僻印象。

灰色——穩重深藏不露，認真嚴謹之感，若不想光芒四射可著此色服裝。

金銀色——有光芒四射之感覺，給人浮華富有印象，除了表演者或特殊場合外很少人穿。

除了上述顏色的訴求意義外，通常不同場合應有不同的衣服，例如正式的宴會男女均需有正式的衣服，在體育場有運動裝，在泳池有泳裝，在臥室有睡袍，什麼場合就穿什麼衣服，以免有失大體。

(三)衣服如何配色

衣服之配色與食物之配色一樣有對比色，如紅配綠、黃配青、黑白配。另一種為類似色，由深到淺或鄰近色，如青跟綠、黃跟紅等，此外，若本身是紅色系，可配以黑色、白色、灰色、藍色、紅色最適合。若是橘紅色系，不要做整套的套裝，例外的是在海灘上或是晚宴，比較會令人眼睛一亮。若是綠色系，淺綠和黃綠適合年輕人，深綠適合中年人，青色則四季皆合適，它是一種配合色。在夏天，白色與粉紅色配色有高雅的感覺，故善用對比色、鄰近色，則在衣著上或配飾上會有令人意想不到的效果。

(四)特殊場合之衣著

在正式之場合，女士原則上是上淺下深的套裝，若是要去探病，在不影響對方的情緒下，可穿著比較樸素的顏色。若是參加喪禮應以黑色系為主，領帶亦是。倘若去郊外踏青，則以明朗的顏色為佳，不要穿深色系列的衣服，否則會令人有沉悶的感覺。在工廠上班之藍領階級，如其名以藍色系為佳，衣服褲子甚至帽子都可以是藍色的，因為藍色是寧靜色，看起來比較不會興奮，可使員工心平氣和地工作。

　　有些傳統的顏色，如白衣天使、醫生都穿著白色衣服，當然也有例外，在開刀房時則穿綠色衣服，因為注視一個地方很久，眼睛會疲勞，如果看看綠色會解除一些疲勞，尤其是醫生開刀時既緊張又疲勞，看綠色會比看白色來得舒服，又因為開刀房常見流血事件，所以更需要綠色來做調和，能使疲勞分散掉。此外在婦產科則以粉紅色系衣服為主，因為粉紅色是溫柔的顏色，很適合女性，另外根據研究，粉紅色有鬆弛肌肉的感覺，女性在生產時又緊張又害怕，粉紅色可以幫助消除緊張。

　　在法院，我們也常可以看到五種顏色代表不同的工作職場，如青色代表推事，紅色代表檢察官，白色是律師，黑色是書記官，綠色是公設辯護人，這也是顏色層別法的一個說明。另一個層別法的例子是，在龍發堂有六個顏色來區別病人的病情，如穿紅色衣服的表示病情非常嚴重，如果病情有改善則改穿其他顏色，當換到灰色衣服時，表示情況最好，由顏色來區別病情，不但堂內好管理，病患家屬偶爾而來探視，也可一眼看到親人的狀況如何，此不失為一有趣又有效的例子。

(五)衣服顏色與風水

　　民俗節日或風水迷信與穿衣服的顏色也有關聯，例如過年喜氣洋洋身穿紅色可以討喜氣，想保佑考試高中，據說穿紅色內衣褲可以討吉利，七月鬼節如果有內衣公司大做廣告，穿黑色內衣褲可以避邪，相信一定大發利市。有一心理學家認為眼睛的視覺作用，在不同的場合穿不同顏色的衣服，有不同的心理感覺（自我暗示、移情作用），如果在談戀愛時，建議穿粉紅色或桃紅色內衣褲，如果要家庭和睦可穿綠色或藍色，如果希望事業有成，建議穿灰色、深藍色或咖啡色，如果在人際關係要加溫，則要穿淡綠色或淡藍色，如果想要成績突飛猛進，建議穿茶色或咖啡色，上述是一個心理實驗室所發表的，我們

姑且信之。此外密宗黑派林雲大師在其著作,《風水與色彩》裡提到,如果你要賣東西做推銷員,建議要穿鮮豔一點的顏色,如果要去求職要穿深藍色的,切勿穿紅色、白色、灰色、黑色。如果你要身體健康、瘦身美容,建議穿白色的。追求人生幸福穿紅色的。想要找一個終身伴侶,在相親時要穿紅色或粉紅色的衣服。

四、住的顏色

(一)紅藍房間之實驗

所謂「出門看天色,入門看臉色」,根據美國室內設計裝潢的研究,如果屋主喜歡紅色系,代表主人活潑熱情好客,如果他要留你吃飯,你便可以毫不客氣地留下來。如果屋主喜歡藍色系列,表示主人喜歡寧靜、和藹、柔和。若是紫色系列,則表示高貴、熱情。綠色系則表示穩重,灰色令人聯想到高科技,黑色則表示屋主覺得大膽有自信,水藍色或暗綠色表示快樂平靜,以上是心理學家的建議。

另外心理學家也經實驗認為,一個房間的布置如果是鮮紅色的,它和水藍色是不一樣的,紅色看久了會令心跳加速、血壓升高、瞳孔放大,相對地,水藍色會讓心跳減緩、血壓降低。由於紅色與水藍色有截然不同的感受,因此有些高級餐廳採用紅色地毯,當客人光臨時感覺興奮,心跳加速,有備極尊榮的感覺。另一個實驗是,在紅色的環境裡,讓人有度日如年的感覺,待了一小時好像待了二小時一樣,所以有些吃到飽的餐廳設計採紅色系統,讓客人覺得這頓飯好像吃了很久,可以早點離開,這樣客人流動率便快了些。又如旅館之會客區(Lobby)也有人採紅色裝潢,讓客人覺得坐了很久,趕快起來讓別人也有座位。相對地,水藍色系的時間感受會快一些,坐兩小時好像才坐一小時,許多咖啡館喜歡用水藍色系來裝潢,咖啡館不同於餐廳,坐久一些也許消費額更高,坐得也較舒服。

此外在一些公共場所，如等飛機、等火車排隊買票、在醫院等醫生、等領藥，漫長又無聊，如果在裝潢上使用水藍色系，則旅客或病人在感覺上就不會煩躁不安。在溫度的感覺上，紅色和水藍色也有差異，紅色令人感覺炎熱，水藍色令人感覺冰涼，這也是心理學家的發現，因此紅藍這兩個極端的顏色，無論在心理、生理、時間、溫度上都有不同的感受，如果硬要兩個顏色搭在一起，像許多國家的國旗都有紅藍兩色，如法國三色旗，中華民國也是，雖然國旗的顏色有其歷史意義，但在設計上加上其他調和色，也可避免兩個極端顏色的不調和，在紅藍加上白色即是一例。

(二)會議室及會客室顏色

通常會議室是議事場所，希望會議有所結論，因此室內的布置都是經過精心規畫的，在國內的會議室喜歡採用紅色系，或許是紅色代表尊貴，但紅色令人興奮、緊張、焦慮，尤其在國家議事殿堂更容易引起衝突。在國外有些先進國家則偏好綠色系，如聯合國、英國下議院、瑞典及澳洲國會都是用綠色的地毯，或許先進國家民主素養較高，比較少見國會議員打架、摔麥克風等粗魯畫面，心理學家研究在綠色環境下，人的性情會較溫和，議事效率自然就提高了，至於會客室一般也建議採綠色系，讓客人處在平和的環境下，生意自然好談，否則如紅色讓人坐不住，生意就免談了；善用盆栽及種植草木也有綠意盎然、相得益彰之效。

(三)宿舍、旅館的顏色

舒服的睡一覺真是人生美事，在宿舍有些人有失眠的症狀，若選擇水藍色系或淺紫色的裝潢可消除緊張情緒，將可幫助入睡。至於在旅館的裝潢，如果業者想把它營造成家的感覺，則橘黃色是很好的選擇，但純黃或金黃色的家具擺設，易造成不穩定，最好避免使用，有些賓館則喜歡紅色系，據說是客戶層的關係，可以讓住宿者更興奮、

更激情，但璩美鳳事件後，聽說賓館生意一落千丈，或許腦筋動得快的業者，可考慮其他顏色裝修，以開闢其他客戶層。

(四)和室、書房的顏色

　　和室通常會是家庭的第二客廳、臨時臥房，最適合招待親朋好友來訪，尤其是原木色更是大宗的選擇。書房是讓大朋友、小朋友還有我們這堆老朋友讀書溫習功課的地方，水藍色可以幫助學子平心靜氣集中精神。相對地，若採用紅色會產生刺激和興奮神經系統，易疲勞、焦慮、受壓，則小朋友可能坐不到五分鐘就屁股發癢，媽媽催了半天還寫不出兩個字，催煩了還會頂嘴，結果可能挨一頓皮鞭，原來裝潢可能是罪魁禍首，所以書房避免使用紅色，即使像我已有一把年紀，在原來白色裝潢的書房裡，有時都靜不下心來好好讀書，過年時正好裝修一下，試試水藍色的效力。

(五)餐廳、衛浴顏色

　　「鵝黃色」被建議用在餐廳的裝潢，因為鵝黃色有刺激食慾的效果，客人食慾越好，餐廳生意當然就越好，此外，橙色會誘發食慾，產生活力。餐廳最懼使用青色，一副青青不熟的樣子，令人有食不下嚥的感覺。一般在浴室會採用水藍或米黃色，工作了一整天，滿身疲憊，這兩種顏色正好有消除疲勞的作用，使人感受幽雅寧靜，日本流行在洗手間搭配「鮭魚紅」色，據說上洗手間這種顏色最舒服。

(六)開刀房、嬰兒房、牢獄顏色

　　在開刀房裡的醫生們都穿淺綠色的衣服，就是因為 1920 年有位醫生在開刀的時候，穿的是白色的衣服，病房裡的殺菌紗布也都是白色的，眼睛直視過久而產生「雪盲」現象（因白色看太多），所以和杜邦的研究人員研究該用哪種顏色的衣服較適合，最後就全改成綠色，包括裝潢和牆壁。事實上血是紅色，由綠色對比所產生的效果，

會讓醫療環境大大改進，我最近有機會到雲林縣一家大型醫院的開刀房，發現開刀房均是綠色裝潢，護士及等待開刀的病人也是綠衣綠帽，唯獨醫生是淺藍色衣帽，我問醫生為何與一般認知不同，醫生說有人不喜歡綠色，大家開會商議結果，大多數醫生喜歡淺藍色，這倒是另類現象。在法國生產口紅之工廠，其布置亦以綠色為主色，與開刀房有異曲同工之妙。

　　嬰兒幼嫩可愛，嬰兒房配上粉紅色系列，在心理學上說粉紅色是迷人的，也可放鬆心情。在監獄裡，受刑人多半心情煩躁，上有高齡的老母，下有嗷嗷待哺的妻小，縱使一世英明也毀於一旦，更嚴重的，甚至受刑人發起暴動以示不滿，因此監獄也慢慢開始用了顏色心理法，淡紫色的使用就是一個例子，因為淡紫色或淡藍色等具有催眠作用。粉紅色系列也是一個好的選擇，它對肌肉有鬆弛作用，可避免血氣旺盛、滋生事端，牢房裡關的是各式各樣的罪犯，唯有讓他們平心靜氣地接受教誨，出去之後才會大唱「再回頭我也不要你」。

(七)居住與風水

　　林雲大師建議以五行配色來調劑住的顏色，例如室內天花板是紅色的，則窗簾就要白色，牆壁是灰色，家具是白色，地板是黃色。如果天花板是黃色的，則窗簾就要紅色，牆壁是藍色，家具是灰色，地板是白色。五行相生也相剋，若善用相生避用相剋，則諸事順遂，心誠則靈，姑且信之。

五、行的顏色

(一)機艙顏色

　　我到外地洽商時，多半會坐頭等艙以慰勞自己，因為頭等艙除了舒適寬敞外，還有一個特色，就是艙內都是鵝黃色的。經濟艙如何在狹窄的空間內營造舒服的感覺，航空公司便要在顏色裝潢費心思，通

常近程飛行也採鵝黃色系，遠程則採淡紫色，遠程旅客除了吃喝就是入睡，淡紫色容易讓乘客進入夢鄉，以免旅途漫漫淡然無味。

(二)自行車顏色

1950 年代，自行車是我學生時代的主要交通工具，二十公里的路，我每天騎著鐵馬奔馳兩小時，現在想起來，當時初中的訓育組長就用五種不同車牌顏色（白、綠、紅、黃、藍）來區別不同的隊伍，雖然自行車顏色無法統一，但每天下課同學們依車牌顏色排隊，由隊伍隊長領隊回家，井然有序。現在的自行車已有較多的功能，顏色也多變化，早期在荷蘭的旅行中，發現荷蘭有許多上半部漆滿白色的自行車，原來這些公用自行車是要方便外來旅客觀光騎乘之用，騎到哪裡就放在哪裡，十分方便（臺灣的YouBike上半部用橘色亦然）。

(三)汽車的顏色

從汽車的顏色我們也可以看出車主的喜好及個性，例如：

汽車顏色	個　性	汽車顏色	個　性
藍色	冷靜、有同情心、樂於助人	紅色	熱情外向、喜好追求刺激快節奏的生活步調
綠色	富有創造及想像力，對流行資訊敏銳	白色	自律甚高處事有條不紊
棕、古銅、金色	偏愛美好的事物，具藝術敏銳氣息	黃色	熱情開放、個人主義色彩濃厚
灰、銀色	喜愛華麗的事物，對自己和別人要求很高	黑色	自認強壯又性感

(四)汽車顏色的安全與溫度

根據日本的研究統計，汽車顏色與安全的嚴重關係依序如下：

最危險--最安全

藍色、綠色、灰色、白色、紅色、黑色、茶色、黃色

汽車顏色與溫度的關係：

最不熱--最熱

白色、黃色、金色、銀色、紅色、藍色、綠色、茶色、黑色

六、育的顏色

(一)美育的顏色應用

顏色的配色效果往往影響著人的視覺感受，至於如何運用色彩來改變給人的感覺，就要憑個人本身的性格與對色彩的修養來決定色彩的搭配，譬如說小的房間就須使用明亮的顏色，使它看起來寬敞舒適，而寢室的色彩也最好使用寧靜而平和的色調，使我們能安詳地入睡；浴室就要使用清新宜人的顏色；工作室的色彩也最好能振奮人們的精神，以提高工作效率。這都是色彩的特色和配色的基本原理，給我們心理上不同的感覺。若能將使用顏色的技巧有效地運用在企業管理上，以鮮明的綠色、清新的藍色、溫暖的黃色和熱情的紅色，作為一個基本色，為產品的包裝及廠房的設計帶來色彩，相信不僅能夠刺激消費者的購買慾，大量促進銷售，而且在視覺上，也都充分擁有擴大視野的效果，以滿足員工的精神需求，增進工作效率。

(二)體育的顏色應用

運動場上運用不同的服裝來區別不同的競賽隊伍，尤其在籃球場及足球場上更明顯，否則兩軍交鋒，一陣忙亂中，球可能傳錯了都不知道。啦啦隊的服裝，上下身服飾常採對比色，以收醒目刺激效果。在國外有些運動場之入口也採顏色管理，即出入口之顏色與所持入場票是一樣的，觀眾依所持票根顏色找到同色入口非常方便，例如韓國在奧運會即採用此顏色管理，除了票根、出入口，連座位也採同色管理。國外有些運動場一次可容納數萬名觀眾，若無有效管理，秩序一定大亂，甚至危及生命。

七、樂的顏色

(一)從顏色看個性

《選擇顏色測驗性向》一書中提到，利用八色板之喜好程度，選擇第一及第二喜好，可看出顏色與個性之關係。

情況 ＼ 顏色特質	灰色／黃色	綠色／褐色	紅色／藍色
了解妳的潛在願望和目標	優柔寡斷，缺乏果斷力，希望由不滿足現況得到解脫，避免捲入爭論來保護自己。	需要別人的評價，減少問題，只要能緩和不安的狀況，就能夠保持自己。	積極行動，想過著充滿經驗的生活，重視自己的活動力遠勝於協調。
表示自己沒有發現的心理	處在精神緊張狀態，盼望的事情沒有實現，又無可彌補的行動。	欲建立堅固基礎，得到他人尊敬與評價，靠自己的力量建設未來。	非常勤勉，肯和別人同心協力，惟不願居領導地位。

（續）

情況＼特質｜顏色	灰色／黃色	綠色／褐色	紅色／藍色
你被抑制的心理是什麼？	常對親近的人提出無理的要求，惟外表不會發生衝突。	認為現在所面臨的問題及困難，是無法靠自己的能力獲得解決。	希望和周圍的人取得協調，但困難重重有嚴重疏離感。
發現你精神不安的原因	擔憂，處在不穩定狀態，自己的期待遭到傷害，無法滿足，失去自信。	倔強，希望受到無關緊要之人尊敬，乃博取眾望。	因人際關係不和諧而苦惱不已，沒有忍耐力，脾氣暴躁易怒。
應對問題的本質為何？	有嚴重挫折感，閉鎖自己，處事變得非常小心，情緒非常不好。	抵抗平凡的事物，對自己要求基準非常嚴格，希望成為傑出的人物。	對現在的狀況不滿，無法沉著冷靜，緊張，期待逃離困境。

(二)選顏色測性向

　　顏色是有生命的、有魅力的、有個性的，在生活中顏色常常產生一些聯想及感覺，例如，德國路西亞在其著作《選擇顏色測驗性向》一書中，利用八種色板，選擇偏好順序，可了解受驗者意識上的心理結構及性向。

　　此八種顏色其意義分別為：

1. 藍──沉靜、安定、平靜。
2. 綠──抵抗、自我主張、追求理想。
3. 紅──欲望、好勝、積極、多彩多姿。
4. 黃──溫和、快活、不持久、勤勉。
5. 灰──孤獨、不參與、不受拘束。

6. 紫——神祕、不負責、情緒不成熟。

7. 褐——協調、要求安定、被動。

8. 黑——頑固、反抗、不宿命。

(三)顏色心理遊戲

　　日本心理諮商學者亞門虹彥先生也做這樣的心理實驗遊戲（臺灣世潮出版公司《50 種有形有色的心理遊戲》，王蘊潔翻譯），實驗設計者設計了幾種遊戲，再從遊戲參與者在何種狀況所穿著之衣服顏色，分析遊戲者的個性或行為，顏色可以反映內心的心理狀況，而產生各種影響來了解真正的自我。例如今天是假日，主管臨時有要事，需要三位部屬來公司協助，這可以從這三位部屬當時來到公司的穿著，判定該員的性格，如積極性、活動力、配合度等。如穿紅色球鞋是大張旗鼓行動派，藍色球鞋不會有無謂的行動，黃色球鞋是對自己喜歡和愉快的事有富行動力，綠色球鞋是面臨困境才有行動力，黑色球鞋是完全沒有行動力，而白色球鞋不擅長自發性行動力。人們發現顏色具有一定的心理意義和作用，透過顏色遊戲，可發掘潛在意識、了解自己，將各種心理能量運用到正途上。

八、結　論

　　自古以來，色彩就如影隨形，從大自然的顏色到人造的顏色，無不充斥在我們的周圍，色彩絕對可以讓我們的生命更豐富、有魅力、有個性。管理大師彼得‧杜拉克說的一句話：「做對的事，然後把事做對。」對顏色與生活來說，對的事就是做出「好色人生」。

做中學—麥當勞的顏色管理與應用

 案例四

大葉大學 EMBA／林漢森

一、前　言

　　由於顏色有同時刺激眼睛及腦波等的作用，容易讓腦部記憶內的 Receptor 所接受，可以容易烙印在人類的記憶中；而且易於刺激眼睛的感觀細胞，因此容易讓人類留下印象而易於區別。

　　套用某藥品的廣告詞：「肝若好，人生是彩色的；肝若壞，人生是黑白。」可見色彩會給人有種多彩多姿的感覺，有色彩，就顯得較活潑、鮮艷，容易讓人留下深刻印象。若能將色彩運用在企業中管理上，將使企業主管更易於管理，而員工則將更易於學習、接受。

　　而好的顏色管理與應用應具下列幾個原則：

1. 顏色要清楚易於辨別：最好使用原色，讓人容易辨別，容易唸出。如：紅色、橙色、黃色……等。

2. 顏色的使用要盡量與人類心理學相符合：如紅色表示危險，有警告的意思，鵝黃色表示溫馨……等。

3. 顏色的使用順序要有層次感：如代表國內景氣好壞的燈號顏色，紅燈代表景氣過熱，黃紅燈代表景氣復甦，綠燈代表景氣持平，黃藍燈代表景氣衰退，藍燈代表景氣低迷。

二、麥當勞顏色之應用與管理

　　全球最大速食連鎖餐廳——麥當勞速食餐廳，由於麥當勞屬於跨

國性企業集團，業務量非常龐大，為了容易管理全世界 33,000 餘家的連鎖餐廳，都能一致性，同時因其時薪員工占其所有員工 80% 以上；為易於管理這些員工；也為了讓這些員工能在最短時間內，了解餐廳及企業內的作業流程，並達標準比，對於顏色之應用管理上，也作了相當的研究，並加以應用。

　　以下是本人對於麥當勞企業內的顏色之應用與管理所作的觀察與研究：

1. 企業體上的應用：

麥當勞的 CIS——黃金拱門加紅底白字，紅色代表尊貴，白色的 Mcdonald's 又最能襯托出對比。能達到視覺的最佳效果；再加上黃色（能促進食慾的顏色）拱門的搭配，將是最佳配色組合的 CIS。

2. 制服上的應用：

麥當勞廳內的員工，以職務分類為七種；若以薪資分類為二種，管理組的制服為淡紅色，而非管理組的制服則為鮮紅色。

3. 技能鑑定上的應用：

由於麥當勞員工中，80% 以上屬於時薪人員，因其流動率高，且人數眾多，要如何了解並分配其工作時的位置是很重要的，因此要了解時薪非管理組人員的技能，並管理之，就非得以顏色區別不可，如受過服務員初級訓練者，則在該欄內貼上紅色標籤；若通過進階者則貼上綠色。通過的技能鑑定愈多者，越能往上晉升職務。

4. 原物料上的應用：

①因同樣的原物料可能有兩種以上的口味，為了要達成 Q.S.C.V. 的最高準則，絕不將同原料但不同口味的產品搞混，而是呈遞不同口味的產品給顧客，這樣將做到對顧客服務的正確性。如：炸雞塊有原味的與辣味的，因此要用紅色包裝的辣味來區別綠色包裝的原味；同時也要用紅色的炸籃來炸製辣味，用綠色的炸籃來炸

製原味。

②速食餐廳內有很多原物料的有效使用期限都是非常短的，稍有疏忽不注意，原物料很容易就逾期而丟棄，將造成直接原料成本的升高。目前 Mcdonald's 是以數字（即日期）標示方式及先進先出原則來管理。其實若能將數字標示方式改以顏色標示來管理，也許更能降低這方面的疏忽，因為色彩較易引起人類視覺的注意。個人認為可用交通燈號三色來管理：綠色表示到期日前二天，要注意了；黃色表示到期日的前一天，務必要趕快使用；紅色表示當天到期，一定要在當天用完，以避免造成浪費。

5. 銷售量預估的應用：

因 Mcdonald's 對產品品質的要求相當高，所有端在庫的成品，若在 10 分鐘之內未能售出，就會浪費，但又不能不準備，為了不讓客人久候，在銷售上的目標預測要相當準確；否則就會造成直接成本的增加。因此 Mcdonald's 利用 POS system（Point of Sale，銷售點轉帳系統）及 ERP（Enterprise Resource Planning，企業資源計劃）計算出前一天每 15 分鐘，每一種產品的銷售量，來預估當天每個時段的銷售量，並以顏色加以區分，它以每一種產品的銷售量多寡來區分為四種情況，每種情況又分高、低標兩種：

①Very rush time──紅色

②Rush Time──黃色

③Medium time──綠色

④Non-rush time──藍色

6. 區塊上的應用：

Mcdonald's 將每家餐廳分成好幾個區，但沒有以顏色來管理。本人在聆聽完莊銘國教授的顏色管理後，認為將顏色應用在其區塊上，將更有利於管理。如炸區與煎區屬高溫危險區，應以紅色來標示，藉此提醒員工要注意高溫。

①冷凍、冷藏區以淡藍色來標示，提醒員工此為低溫區。

②工具間則應以明亮的顏色，如白色來粉刷，以便尋找工具。

③員工休息室則要以能讓員工心跳降低、血壓下降並感到輕鬆的水藍色來布置。

④服務區屬於客人用餐與交談的地方，除了明亮柔和的燈光外，外牆則盡量以玻璃為主，可增加明亮度。地板則以柔和又能促進食慾的鵝黃色為主，再以橘色和咖啡色加以襯托，桌面也以明亮的淺鵝黃色加上紅色的椅子來搭配，讓人產生視覺的享受，進而增加食慾。

⑤廚房區：此區屬於較危險區域，故除燈光要明亮外，四周則要以紅色把它標示清楚，使人產生警惕作用。

⑥兒童遊樂室：多用較鮮艷的紅配綠、紅配藍、綠配白、紫配黃等色系來搭配，讓它能顯示出較活潑的感覺；該孩子能盡情地玩，玩得久，不但父母、孩子高興，也容易使小朋友產生口渴及飢餓的感覺，進而增加飲料及漢堡等銷售量。

⑦廁所區：柔和、舒服是客人的主要訴求，若再加上紅色鮮花配綠葉等，將有如五星級的享受。

7. 文件之應用與管理：

利用不同的顏色檔案夾來管理文件的輕重緩急，例如：非常急且重要的用鮮紅色的文件夾，務必馬上處理；重要但不是非常急的用黃橙色，要慎重處理；急但不是非常重要的，用綠色文件夾，須找時間儘快處理；而一般的普通文件則為白色的文件夾。

8. 行銷上之應用與管理：

①顧客之管理：顧客的分級常以每位顧客的銷售量來區分，一般來講，可分為團體與個人，團體常包括：幼稚園、小學、國中、機關團體和公司工廠等。

・A級顧客：每月銷售超過 NT10,000 以上者，以鮮艷醒目的紅

色標示之，以便隨時追蹤，每個月派公關拜訪。

・B 級顧客：每月銷售超過 NT3,000 以上者，以明亮的橙黃色標
　　　　　　示之，每隔固定時間要查核一次。每二個月派公關
　　　　　　拜訪。

・C 級顧客：每月銷售超過 NT500 以上者，以鮮綠色標示之，
　　　　　　除了固定時間查核外，每逢生日、校慶等活動，派
　　　　　　人參加等。

・D 級顧客：一般流動顧客，不做客戶資料記錄。

②日期的管理：節慶、寒暑假、假日等日子的不同，會嚴重影響餐
廳每天的銷售額，因此在管理上要非常的謹慎，否則很容易造成
原物料的缺貨，或是原物料太多，以致過期而造成損失。例如：
春節的銷售量為一般日子的 6～8 倍，而原物料預計必須在前三
天訂貨才來得及供應，若以一般日子的銷售量來預訂原物料的
量，將使得春節當天的銷售量減為正常銷售量的 1/6～1/8，且造
成原物料短缺而導致顧客的流失，更是得不償失，相反地，若平
常的日子以寒假的銷售預估量來訂原物料，將使得原物料的庫存
塞爆，甚至造成原物料過期，而造成直接成本的劇增。

因此，一般麥當勞餐廳一年內的日子區分為四級：

・A 級日子：一般而言、春節時的銷售最大，清明節其次，再其
　　　　　　次為中秋節等民俗節慶；以鮮艷的紅色來標示，主
　　　　　　要在提醒員工注意。

・B 級日子：週六、日的假日，一般而言，其銷售為平常的
　　　　　　2.5～4 倍，以明亮的橙黃色標示之，藉以提醒員
　　　　　　工。

・C 級日子：寒暑假期內的銷售，一般為平常的 1.5～3 倍，以
　　　　　　鮮綠色標示之。

・D 級日子：一般平常日，以白色標示。

三、結　論

　　管理一家速食餐廳之工作，其繁雜性絕不下於管理一家工廠，從供應商之管理到進貨，然後再到原物料的管理，以及再將原物料送到廚房生產區調理，最後再將成品如何在公司最高的標準要求之下呈遞到顧客手中，乃至如何讓顧客在享用當中感覺到最滿意，在在都需要良好的管理。因此，要做到麥當勞公司的最高標準——品質（Q）、服務（S）、清潔（C）、有價值（V），顏色的應用將是非常重要的一環。

Chapter 2

數字管理的智慧

教中學—由老師講授，學員（生）吸收實務經驗

壹、前　言

一、數字的感覺

　　我們一生中都是活在數字之中，而數字給人的感覺是很深奧的，像微積分、會計學、統計學等。而且數字也是充滿玄機的，像中國的生辰八字就決定了人的一生；同樣的道理，在外國也有關於生辰的書，如希臘文化的術靈數。數字給人的感覺也是冗長的，譬如說 π =3.14159265358979323846264 33……。因此筆者利用了特殊的方法來幫助記憶，即 3.14159＝山頂一石一壺酒；26535＝二妞舞仙舞；89793＝把酒去舊衫；23846＝峨（眉）山八十路；26433＝二流石山上……等。以武俠

小說的方式來幫助記憶，利用聯想法來幫助記憶，能把很冗長的數字一下子就念完了，讓大家大吃一驚。

二、麥當勞的數字管理

美國麥當勞在訓練員工和教育宣導時，也和數字息息相關，比如說可口可樂要在 4℃ 時飲用最好喝，麵包烘焙後，17 mm 咬起來最適合嘴巴的高度，顧客在點菜時所能忍受等待的時間是 32 秒，所以需要在 32 秒內送給顧客，櫃檯高度 92 cm 是服務最容易的事情，三明治超過 10 分、咖啡超過 30 分後，味道就變質了。要設一個據點，人口在 10 萬人以上，以 40 坪的土地為最佳，加盟的經理人需要保有 10% 的股份，他才會盡心盡力。

三、數字記憶法

數字記憶可以用節慶，如 123 自由日、928 教師節、1112 國父誕辰；代碼如 119 救護車、97 大限、301 條款；同音如 566＝烏溜溜；168＝一路發；四則運算如 5611：5+6=11、835：8-3=5、6636：6×6=36。早期 BB Call 以數字來傳情，如用國語 520＝我愛你、999＝久久久、530＝我想你、7319＝天長地久、57029＝我氣你喝酒、3344＝生生世世、0564335＝你無聊時想想我，用臺語 469＝死老猴、02＝抗議、50＝沒空、2266＝零零落落，用日語 8619＝王八蛋（馬鹿），用英文 07734＝HELLO（倒著看）、909090＝go!go!go!、 886＝By-By 囉！74=KISS，這些都是新生代所發明聯想出來的數字傳情，以上這些都是和聯想法有著不謀而合的效果。

 **四、健康指標**

位在日本名古屋大約五十公里左右的高速公路上，有座十分前衛的性博物館，其中有一個健康的指標看板如下：

年齡	計算式	性行為次數	平均
20 歲	2×9=18	10 天 8 次	1 天 1 次
30 歲	3×9=27	20 天 7 次	3 天 1 次
40 歲	4×9=36	30 天 6 次	5 天 1 次
50 歲	5×9=45	40 天 5 次	8 天 1 次
60 歲	6×9=54	50 天 4 次	12 天 1 次

如果能把上表的數字變得很好記，則這些數字就變得非常簡單、有趣。筆者先前曾說過的「品味人生」：二十看體力、三十看學歷、四十看經歷、五十看腦力、六十看病歷、七十看日曆、八十看黃曆、九十看舍利。有一段流傳已久的話，女生 20 歲以前像橄欖球，20 個人搶一個；20 歲時像籃球，10 人搶一個；30 歲時像網球，給你你不要；40 歲時像躲避球，來了就躲，50 歲時像高爾夫球，滾得愈遠愈好。這就說明了「歲月催人老」、「人老珠黃」。

利用「慎謀速斷」這四個字來作決策，我們常常說一個錯誤的決定比貪汙案還嚴重，但是遲遲不下決定，機會就稍縱即逝了。所以數字管理最重要的精神就是這四個字「慎謀速斷」，筆者曾在臺中文化中心演講，主題為「抓住數字管理運作法則、企業管理事半功倍」，當時有一位記者來聽演講，覺得筆者的演講非常好，因此將內容發表出來而得到廣大迴響，數字管理的智慧因此得到更多的肯定。

貳、七三法則

七三法則（The rule of 73）在管理方面的應用，主要是用來作為投資決策的依據，若將資金放在無風險的銀行中，大約 7～8 年會回收 1 倍以上。

10 萬×（1+10%)^n = 20 萬。根據 10% 的利息，查表得知 n=7.3，但是企業界若想加倍回收，則必須使用以下的兩個公式：

> 公式一：投資金額／每年收益（無中生有）=3.7 年
>
> 　　　　每年收益=售價－原料－人工－製造費用－管銷費用
>
> 公式二：投資金額／每年開源節流金額=3.7 年
>
> 　　　　開源→增加多少市場、多少產量
>
> 　　　　節流→減少多少浪費、人工、材料、面積等

經過這樣的改善，有形的效率提升了、不良率降低了、設備也節省了，至於無形的效益即生產力增加了、整潔了、意願提高了。這些均化為金錢數據，跟投資金額比較，在 3.7 年以下，就可以大膽地下注。

我們常提到的釣蝦、釣魚、魔術方塊、衛生手套、拼圖、葡式蛋撻以及高科技、專用設備，這些東西流行一過就沒有市場了，因此要採取加倍回收方式。因為產品的風險性很高、收入也高，所以更要加倍回收。有一個簡單的計算公式：

投資決策	銀　行	無風險	7.3 年回收
	投　資	一般投資	3.7 年回收
		風險投資	2.1 年回收
	省人化	3.7×12×1.5 萬×150% = 100 萬	

　　錢放在沒有風險的銀行中，7.3 年可回收；一般投資要加倍回收，在 3.7 年回收。風險很大的如高科技產業，就要 2.1 年回收。所謂的「三七二十一」就是把繁雜的投資手續，變成一個很簡單的口號，因為現在的勞資成本愈來愈貴了，如不能提高產能、降低標的，就很難回收了。假設每人的基本工資 15,000 元，一年 12 個月、勞保、退休金、年終獎金、颱風假等，大概要多出 50% 的費用，經計算結果為：3.7 年×12×15,000×150% 約為 100 萬，因此精簡人事一人，等於每年節省 100 萬，因此這也是企業界省人化的方法之一。所以把一個非常冗長的投資以簡單的話記住：不管三七二十一、100 萬省掉一個員工。這樣一來，所有的投資決策雖不中亦不遠矣。因此在公司中應採「授權方式部」，部長在多少金額之內可回收時，就可大膽放手去做，經理、協理、副總經理各司其職，根據七三法則來做事。

　　健生公司從事生產玻璃，玻璃厚度很厚，經年累月的工作是很繁重的，又會割傷身體。因此沒有年輕人要從事這方面的工作，只有一些中老年人在做。有鑑於此，我們就採用了自動化機器來取代人工。原本公司派人到日本購買機器，其報價為新臺幣 1,100 萬（第一家）、1,000 萬（第二家）、950 萬（第三家），至於要購買哪一家呢？最便宜的？售後服務好的？事實上扛玻璃需要二人，三班制則需要六個人，照道理一年薪資的花費約 600 萬元，若是在以前，沒有這項投資策略來做準則，通常是三家比較後就購買了。因此這讓許多企業過度投資、過度自動化，造成公司的資金過度流出，雖然公司的表面帳面很好看，但實際上根本沒有閒餘的資金，而且投資報酬率也划不來。考慮到這個因素後，筆者當時就建議公司先不要跟日本購買。在一次機會中，筆者到義大利米蘭參展，當時義大利也有這種搬運玻璃的機器，義大利方面開價約為 750 萬元，並且畫了一個簡圖，於是筆者就拿這個簡圖回來。當時臺灣工研院的人來到公司參觀，看了這張圖後說，願意以 600 萬的價格完成這個機器的設計製造，而且又可享有投資抵減，只要 520 萬就可以完成了，幸好當時筆者在日本並沒有

當下決定購買，為自動化而自動化，所以現在許多臺商到東南亞、大陸常作高科技自動化。事實上，那裡的勞工成本還很便宜，因此還不太適合用高科技的自動化設備，扣除折舊率、保養費，企業就會失去了競爭力。有一些公司的決策權在老闆手上，但老闆並不是參與該計畫的主要人員，因此造成公司非常嚴重的損失甚至倒閉。企業界流傳著一句話：老闆若批一個大「可」，則是「大可不必」；小「可」為「非同小可」；批二個「可」為模稜兩可。但是如果我們以數字來做根據的話，投資多少、回收多少，都可以很清楚地表達出來，不會「天威難測」了。

　　根據以上原理，茲舉下兩例證來說明之。

e 化是高報酬率的投資

　　e 化最主要的目的，即在提高企業經營效率，以期達到高獲利力。對其評估效益而言，一般可分為「直接效益」與「間接效益」。「直接效益」指的是量化分析，如印表、傳真紙張、墨水耗費——平均每月節省 5 千多元，每年即可省下約 6 萬多元。又如企業通訊費用的節省——因為可利用電子郵件、電子傳真來節省國內外電話費；再如硬體採購成本的節省——因為完整的網路作業系統，可減省 PC 採購數量平均 2 台。而對「間接效益」來說，除了可大幅提高管理效率外，更可將重要資料建檔成資料庫，以供日後查詢使用，也可快速反映顧客需求及提升公司形象。因此，e 化的綜效可為高報酬率的投資。

　　1. 某工業公司之沖床快速換模：

　　　(1) 改善前問題點：

　　　　・模具搬運距離太長。

　　　　・周邊設備不理想。

　　　　・模具尚未標準化。

　　　　・換模中之等待、找尋調整……等，太過費時。

(2) 改善步驟：

　　　・模具存放改善。

　　　・沖床排列改善。

　　　・周邊設備改善。

　　　・模具標準化改善。

　　　・作業標準化改善。

(3) 模擬改善前後節省金額：

	項　目	改善前	改善後	節省金額
有形效益	換模時間	194.88 分	3.12 分	12,591.4 元／月
	效率	73%	94.4%	143,000.0 元／月
	不良率	1.944%	0.734%	13,000.0 元／月
	節省設備	沖床 11 台	沖床 8 台	36,819.8 元／月
	節省面積	203.77m^2	147.1m^2	342,000.0 元／月
無形效益	・生產彈性增大 ・現場整齊有序 ・改善意願提高 ・員工士氣提升	・綜合上述五項有形效率每月節省 547,411.2 元，無形效益以 3% 計，則共節省 563,833.5 元／月。 ・本次投資總額 16,308,500.0 元，故可於 28.9 月 = 2.4 年內回收。		

(4) 決策：

　　　根據七三法則，一般投資 3.7 年回收，本案速速進行。

　2. 實例：世鉦工業公司之瓦斯開關本體加工專用機

　　　原有機械雖是自動作業，但送料需用人工，每天裝機時間 102 分鐘，機械利用率 78%，日產 1,735 個，換算直接人工成本 0.044 元／件，製造費用 0.08 元／件。

　　　若投資 10 萬元加裝自動送料架，人工裝機時間減為 10 分鐘，機械利用率增加至 97%，日產達 2,400 個，折算直接人工成本 0.005 元／件，製造費用 0.009 元／件，如此回收年限 1.5 年，依專用投資 2.1 年回收原則，本案可說「慎謀速斷」了。

參、大自然法則（78：22）——Nature Law

 一、78：22 比例的由來

　　猶太人自古觀察天文地理，發現世界上冥冥之中是 78：22，例如空氣中的氮跟氧，氮氣占了 78%，氧氣占 22%，五分之一強的氧，五分之四弱的氮，就是指 78：22，這麼自然的結合，地球上的水跟陸地，這個水包括淡水及海水，水跟陸地的比較，水是 78%，陸地是 22%，大自然在地球中的微妙產生，所有的五穀雜糧，不管是米、麥、豆等等，我們就用豌豆做例子，這要用三次元量測，裡面的豆子體積 78%，空隙是 22%，花生也是一樣，花生打開時，它占了裡面體積的 78%，總共是100，所以空隙也是 22%。接下來的例子，如下圖所示之內切圓，大約占正方形面積之 78%，我們來計算一下，假設圓半徑是 1：

圓面積 $= \pi \cdot r^2 = 3.14 \cdot 1^2 = 3.14$
而正方形面積 $= 2 \times 2 = 4$
所以 $(3.14 \div 4) \times 100\% = 78\%$

 二、日本的黃金建築律

　　日本人將 78：22 之原理用在建築上面，稱之為黃金建築（Gold building），將所要蓋的大樓之總面積 22% 用在游泳池、警衛室、中庭花園、停車場、電梯、樓梯等公共設施上，而實際之住戶面積則占用78%，因為公共設施的面積太大，所能住的面積相對縮小，想要有最適當

的居住面積及公設比是 78：22。

三、工廠布置

在工廠裡面也是一樣，正式的工廠一定有通道，一定有開會的地方，例如品管圈活動室、主管的辦公室、公布欄是絕對有的，這樣的話，機器部分所占用的面積是 78%，公共的設施如通道、辦公室、開會的地方、員工休息區等占用 22%，我們由公寓講到工廠，道理是一樣的。

四、個人理財

個人理財方面，例如通貨膨脹與經濟景氣，很多人在規劃理財時都會遇到不少困擾，到底是要投資購買基金或是股票比較好，很難作抉擇，尤其是要投資多少百分比，更教人舉棋不定。我們可以用猶太人哲學來做說明：猶太人喜歡將個人資產分為動產 22%，不動產 78%，動產中流動的有現金，占 22% 中的 22%，固定的如黃金及定期存款等，則占 22% 中之 78%。那不動產又如何分配呢？股票及公債占 78% 的 22%，那 78% 中的 78% 是土地及房地產，購買動產中的 22% 資金，其中的 22% 可以是現金，78% 可用來購買黃金，購買不動產中的 78% 資金，其中的 22% 可用來買基金、公司債、政府公債，78% 可買房地產，如下圖：

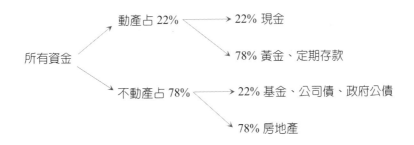

五、企業與工廠管理

　　企業裡面的資產，流動資產是 22%，固定資產大概是 78%，也就是說，自有資產是 78%，而他人資金（舉債）22%，這樣的運轉結果應該會比較好，這是比較一致的看法，最後才慢慢地引申到資產的分類中。公司的目標獎金管理與各部門目標獎金亦可引用大自然法則，也就是 78：22。同樣地，老闆總是覺得年終獎金給得很多，而員工也覺得公司給得少，形成一個拉鋸戰。一般而言，全公司目標與部門目標之目標達成時，其獎金分配應為 78：22，才能確保公司與部門之利益相調和，其計算公式如下：

　　年終獎金＝稅後盈餘 22%／員工人數

　　所以筆者模擬歷年來的結果，仍是決定總目標 78%，各單位或高或低的期望值是 22%，建議採用黃金大自然比率 22%，也經過所有單位的簽字同意，從此以後再也沒有發生勞資雙方的問題，以往總要到年底才決定獎金有多少，但現在是本月賺多少就撥出 22% 來分發，以每個人的這期望值作中間值，再根據不同職位、表現的好壞，按時地公布出來，這樣的營業成果大家都看得到，這有兩個好處：

1. 22% 愈多，當然老闆的 78% 會更多。

2. 人愈少因為分母是總人數，以前是一個蘿蔔一個坑，一個人要拿兩個月，大家都要兩個月，新進人員照樣要用比例分攤，只要他來了就是要給，人愈多分母愈大，就分得愈少，但用了這個方法以後，控制總人數慢慢地在下降，營業額也逐年提高，每年大約成長 10%，這樣最後大家達成雙贏，資本主也好，員工也好，這樣的設計就是一個效果，否則講破了嘴大家各自為政。故每個月都公布，讓大家都知道，

縱使今年不景氣，大家仍是盡力地去為企業努力，這就是根據 78：22 所做的管理。

 六、人文比例 70：25：5

自然界最佳比例是 78：22，大自然中存在此一現象，如地球上水和陸地的比例為 78：22，空氣中氮和氧的比例也是 78：22，又如五穀雜糧之豌豆，豆莢內之豆仁與空氣空間也是 78：22，此為大自然之有趣發現。至於室內裝潢配色比例採「人文比率」（70：25：5），這是一位日本海軍將領的太太在家中布置時提出的，例如客廳裝潢、背景基色調〔（Thema Color），如天花板、牆壁顏色〕占 70%，基本色（沙發、高低櫃、窗簾）占 25%，擺設（檯燈、盆栽、字畫）占 5%。

例如：

1. 日本和室布置，基色調的米黃色榻榻米、天花板、牆壁占 70%，而基本色是白色的門、窗占 20%，重點色是插花、字軸占 5%，看起來最賞心悅目。
2. 在餐廳亦然，牆壁、家具等景物屬基色調占 70%，其次飯桌、食器是基本色占 25%，襯托食物的輔助色，而食物則占 5%，食物、飯桌及食器搭配得好，就不必為吃不下飯而煩惱啊！
3. 在醫院，內科的基色調是橘色占 70%，可以喚起患者生命力，基本色是米黃色占 25%。外科的基色調是藍色，有助於手術之復元，基本色是淺綠色。小兒科的基色調是紅色，基本色是米黃色，共同的重點色 5% 是瓶花或圖畫。

七、第一印象比列 55：38：7

55% 在外表、穿著，38% 在表達口氣、手勢，7% 在說話內容，此為

Albert Mebralian 所提出第一印象，常反映內在素養及個性特徵上，對日後評價影響至深。

肆、一八理論

一、人事管理

　　當年英國海軍納爾遜將軍曾擊敗拿破崙的海軍艦隊，而使得英國成為 19 世紀的強國。這位海軍將領的經驗值利用「一艘主力艦隊出航時要八艘巡航艦護航」、「一艘巡航艦出航要八艘驅逐艦護航」，亦即：一艘主力艦、八艘巡航艦，一艘巡航艦、八艘驅逐艦，這樣的火力在配備跟指揮調度上都是一流的。這個法則到後來就慢慢地被運用到企業上了，一個人管得太多、力不從心，管得太少、兵少將多，所以一個管八個是最好的管理，超過八人就應設副主管，若人數愈來愈多時，就應設兩個部門，但不要在八個人以內設兩個以上主管。這種情況在臺灣和世界各國都是屢見不鮮的，應該盡量避免這種情況的發生，有些管理是一個管一個，如間諜就是，例如像長江一號、長江二號、長江三號、長江四號……，如果長江三號被抓到咬舌自盡，這樣情報就斷了。另一種為樂隊式的，一個人管很多人，如網際網路。另一種橄欖球式的管理，頭少底少，但中間的人一大堆，如餐廳副理一大堆，老闆及下層服務生卻鮮少。像筆者當時在公司擔任總經理時，就管理八個部門，有如「天龍八部」的情形。事實上，法國的葛雷可拉斯發明了「從屬理論」，採橫向、縱向結論，一個管八個是最適當的。像軍隊中有一首〈九條好漢在一班〉，一個班長管八個兵，這也是最佳的寫照。

 **二、用人費**

當公司慢慢茁壯，人愈來愈多，人是公司的資產，也是公司的包袱，身為公司主管者，都會有這樣的認同，如何的人事才是最好的，日本有人針對五年來以日本前 1000 大企業，五年的一個平均數，得到營業額與用人費的關係，如果總和是 100% 的話，含資本的分配率、管理分配率、勞動分配率等各種分配率，其中的勞動分配率在 1000 家五年來的平均數是 46.8%，它所產生的附加價值，例如勞動附加價值、資本附加價值、生產附加價值等等，在它所承認的貢獻中，占全部 100% 的 26.4%。也就是：

$$營業額 = 用人費 \times \frac{1}{勞動分配率\ (46.8\%)} \times \frac{1}{附加價值率\ (26.4\%)}$$

這兩個數字套進去，居然得到 8，所以營業額與用人費是一比八，這是日本用人的經驗法則，這裡面告訴我們一個好處就是說，你的用人費連薪水含加班費為營業額的 1/8，也就是你的用人費須在 12.5% 以下，比日本的還精簡。通常日本的費用高，營業額及附加價值也高，這兩個是相對的，對他們來說是沖銷，當然他們的自動化率也不錯，日本的例子也可以用在臺灣。如果你的用人費在 12.5%～15% 之間，效率算是不錯，還有努力的空間；若是在 15%～20%，則意味公司需要改進，用一點人力去做用人效率化的改善；在 20%～25% 時，就應該要快刀斬亂麻，加速自動化、裁員等政策；25% 以上時，表示再怎麼努力也徒勞無功，因為有四分之一的人事費沉重負擔，也許企業要步上出走的命運了，因此唯有善用 1：8 理論，才可達到人事的精簡。同樣地，在晉用一位新人時，要衡量能否增加八倍的收益或減少八倍的損失來驗收成果。（一八理論較適合於製造業，若服務業可改「不三不四原則」，即用人費占營業額的 30%～40% 為宜。）

三、開會人數

對於大家都知道的開會，如果開會人數很少則不能集思廣益，人太多也會產生人多口雜、言不及義的情況。帕金森是英國公共行政專家，他研究組織病態學，裡面談到開會人數，他有一個公式，計算出來就是最佳開會人數。由他的公式算出來的結果是黃金開會人數，一個主席、八個與會者，也是一比八，讓有能力的坐前面，陪襯的坐後面，委員、有決定權的人也坐前面，這是最能夠發揮會議效能的開會組合，因為如果與會者太多的話，大家都各持己見、僵持不下；而如果人數太少，則無法集思廣益，發揮團隊學習之綜效。

伍、八十／二十原理

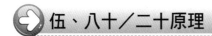

一、時間管理

這個理論是由 1897 年義大利農業經濟學家柏拉圖所提出的，他發現義大利 80% 的人住在 20% 的土地上；80% 的稅收來自 20% 的納稅人；還有 80% 的大學生來自 20% 的高中，而且有些高中自開校以來都沒有人考上大學，這樣的情況不可勝數，所以投入與產出存在極不平衡關係，稱為事半功倍。慢慢地演變為重點管理而不是面面俱到，讓利用時間的人贏得勝算，俗語說：「一日之計在於晨」，現在應該改為「一日之計在於昨夜」，將明日要做的事於今晚妥善規劃，並以顏色來加以區分重要性，作成每日行事摘要表。時間管理有下列八項：1.計量清楚原則——一分鐘價值多少錢。2.加速完成原則（標準化有效率）——譬如公司要求穿制服，使得企業服裝標準化，且東西要放在定位。3.一併處理原則——譬如筆者

在開車時，如果遇到紅燈時則會做手部按摩，早上 6：00 起床時，會一邊上廁所、一邊聽收音機新聞報導、一邊刮鬍子，等到廁所上好了，鬍子也刮好了，重要的時事也知悉了。4.掌握重點原則（把時間切開）──凡事不必事必躬親，重要的事自己辦，次要的主管辦，充分利用授權來處理事情。5.配合節奏感──將何時開會、何時喝茶形成節奏感，時間到了自然而然會去做事。6.積極主動原則（尋找新方法）──例如實施垃圾分類時，垃圾袋也應該用顏色加以區分。7.積極充分原則。8.利用他人時間原則──「多聽講、多得獎」，多聽講可以吸收別人的經驗，多得獎可以鞭策自己。9.每天「放空」一小時不開會、不接見訪客……，以處理重要之決策。所以，成功者找方法、失敗者找藉口。

二、倉庫管理及品質管理

倉庫的原料零件要如何管理，金額最多的 20% 項目占 80% 的金額，這種就需要採用先進先出法來管理。次要的 80% 的項目卻只占 20% 的金額就要使用二分法。使用區用綠色、預備區用黃色、採購區用紅色。而對品管圈而言，一個公司的不良原因有很多，必須對少數占 20% 的重大項目，卻占 80% 的不良品對症下藥、開門見山、單刀直入，即可一針見血，讓整個不良率大幅下降，這也是健生公司在品管圈得到全國第一名的主要原因。

三、客戶管理

同一個廠有 66 個客戶，按交易金額排列至第 13 家，13/66÷20%，其金額卻占公司的 80%，所以每逢過年、過節時要登門拜訪這 13 家，凡有新產品要特別推薦，讓客戶有被重視、關心的感覺（因為關心，才會開心；因為關懷，才會開懷），進而變成公司的忠實客戶。藉由這種緊密關

係，在銷售管理方面有20%的暢銷品占80%的銷售收入，而80%非暢銷產品占20%的金額。

四、工作管理

在節省經費上，必須把眼光放在 20% 以上的項目，而不是放在幾乎占總經費 20% 的項目上，這 20% 占 80% 的重點，項目很少才會事半功倍。在日本生產酒的工廠有三千多家，可是他們發現，三千多家中的 60 家就占了大半，意思是說，很少數的幾家就占了產量的一半。化妝品業也是一樣，如資生堂等幾家占了日本的一半以上，所以這裡面就是控制少數。速食業在日本也是少數幾家在掌控。另外是將學習壓縮在 30 分鐘裡完成，讀書精簡效率比較好，80% 的事用 20% 的時間完成，很多人都熬夜讀到 12 點，以為是刻苦耐勞，事實上成績都徘徊在中等水準，效果並不好。有些同學則是在父母的監視下讀書，但由於心不在焉，結果並不理想，所以坐在書桌旁的不一定是成績好的，以極少的時間學習，集中精力讀書比較好。

在企業的經營上，成功者與失敗者對時間管理的觀念上有極大差異，成功者對於重要的事都會事先計畫，在最短的時間內完成。反觀失敗者對任何事卻沒有時間觀念，80% 的工作不能在 20% 的時間內完成。人的精力是有限的，所以更應該把 80% 的工作量在 20% 的時間內完成。

80／20 法則適用在賣場中，甚至保齡球的銷售結構也是一樣。保齡球館 80% 的營業額是在每天 20% 的時間內達成的，20% 的時間占每天 24 小時中的 5 小時就可以賺到錢，在這 5 小時中去提高服務費用，其他時間則降低保齡球費，以不同的時段收取不同的費用。所以美國的航空公司會在深夜或早晨安排降低收費，這樣就能吸引許多人利用這個時間出發。例如母親節那天，餐廳的客人一定爆滿，所以在不同的時段，採取不同的收費，會有意想不到的銷售佳績。事實上以坐火車來講，火車在不同的時段

其價格一樣，所以不能吸引人；高速公路曾有在晚上時段不收費的例子，另外有一種吃到飽的餐廳，在星期六及星期日特別貴，就是這個道理。

五、行銷管理

　　銷售與利潤的關係，取決於下降的幅度。營業額與利潤下降 20% 的時候就要採取行動，超過 20% 時就無法挽回。市場占有率也是一樣，當你的市場占有率比原來下降 20% 時，如果不採取行動，在下降到 20% 以後，就會被市場淘汰而沒有辦法再挽回，所以 20% 就變成再也不能下降的警戒線，因為超過 20% 就會以某一個加速度失去市場。就像某家摩托車一樣，在市場下降時就要力挽狂瀾，那時候還來得及，不然等到兵敗如山倒超過 20% 時就難以回天了。

　　據日本開發銀行的報告，歐洲各種不同汽車零件的生產問題，有人提議應該到達 80% 的程度，對他們來講，在當地生產汽車，從日本進口就不能完全國產化，所以他們認為在當地生產的零件要用到 80%，因為日本到歐洲去投資，有一部分零件是從日本進口，這就是眾人所熟知的「KD 件」，所以要維持利潤，在歐洲至少要 80%。同樣地，美國對日本半導體的要求，零件的進口量不可達到 20%，從數量來講，19% 跟 20% 只有差 1% 而已，但這是一個警戒線，卻也顯示了 20% 的魔力，舉例來說，如果進口量到達 20%，美國就會抗議了，但 19% 時卻聽不見有什麼抱怨之詞，這跟定價為 19.9 還不到 20 的感覺是一樣的。

　　美國有一個對廣告的統計數字，電視廣告最好控制在 18% 以內，我想各位也不喜歡看廣告，如果廣告量超過了 20%，就是超過 60 分鐘×20%=12 分的話，就會引起抗議了，一過 20% 更教人難以容忍了。另外一個例子是在一個家族企業中，父親傳給兒子接棒當了總經理，他一上臺就撤換了半數以上的職員，年輕的總經理以前總感到有很多障礙，所以一上臺就把這些老臣一掃而光，再任用自己認為比較好的人，結果人際關係

惡化，品質也不好了，到最後就倒閉了，早知道當初只換 20% 以內，所以人事的調動限度最好也能控制在 20% 以內。

六、股票投資管理

股票會上漲或是下跌，股票在什麼時候買賣，這裡有兩個上、下限很重要，例如我現在買，假設是 30 元，30 元×1.2=36 元，36 元我們就賣出去，不管以後還會不會漲先賣出去，如果是跌的話，則 36 元×0.8 這是你的極限，就是買在地板，賣在天花板上，這樣你就會賺錢，不然的話，如果一直在期望最低點才買進，不知道會不會再跌，到底跌到多少才可以買？所以只要跌到 20% 就買進，漲到 20% 就賣出，這就是在日本買賣股票的方法，因為 20% 是忍耐的極限。

七、參考書籍

1. 《80／20 法則》，John Payne 著，圓智出版。
2. 《贏的策略 80=20 法則》，若羅內也著，慧眾出版。
3. 《投資少少，口袋飽飽》，80／20 法則，劉洪彬編著，良品出版。

陸、財務理財奇數法則

何謂奇數？1、3、5、7、9 謂之奇數。這是由日本川名先生發明出來的「簡易財務診斷」法則。因為診斷真的是一個非常困難的事。企業報表有損益表、資產負債表，有了這兩個報表，企業就可進行分析。

「五力」分析有：1.收益力，2.安定力，3.活動力，4.成長力，5.生產力。稍加介紹其中幾項如下：

一、償債力分析

償債力即為安定力，其中包括流動比率、速動比率、負債比率、固定比率，流動比率應大於 150%、速動比率應大於 70%、負債比率應大於 120%，才算是合宜的指標，資金、總資產、存貨的周轉率愈快愈好，若是營業成長力增，則會使得股東權力提升。

二、經營力分析

此一分析包括以下幾項考量：
1. 資金周轉率。
2. 存貨周轉率。
3. 應收帳款周轉率。
4. 固定資產周轉率。
5. 自由資產周轉率。

資金周轉率＞1.5 或 2（次）；2.存貨周轉率＜90 日；3.應收帳款周轉率＜120 日；4.固定資產周轉率＞3 次；5.自由資產的周轉率。若是製造業應大於 3 次，服務業則應大於 4 次為恰當之數值。

三、收益力分析

營業收益率＞10%、投資報酬率＞80%，以上這些都是會計通用的法則。

舉例而言，資金周轉率、總資產周轉率、存貨周轉率等，周轉愈快，對企業愈好；成長力有營業成長率、附加價值成長率；對製造業較好的比率為：流動比率＞10%、速動比率＞70%、負債比率＜120%、固定比

率＜100%、自有資金＞45%。經營能力分析有：1.資金周轉率＞1.5 或 2（次）。2.存貨周轉率＜90 日。3.應收帳款周轉率＜120 日。4.固定資產周轉率＞3 次；收益力部分——營業收益率＞10%、投資報酬率＞8%，以上這些都是會計通用的法則。

由各單位的報表數字看出哪一個部門出問題，凡是庫存太多、資金太少、人員效率太低等，都可以從財務報表、損益表中看出端倪，所以財務會讓數字說話，也能指點迷津。

法國艾特曼（Atman）提出「破產模式」，以一元五次方程式來做財務預測，其方程式為：

$$Z = 1.2X_1 + 1.4X_2 + 3.3X_3 + 0.6X_4 + 1.0X_5$$

$X_1 = $ 營運資金／總資產　$X_2 = $ 保留盈餘／總資產

$X_3 = $ 盈餘／總資產　$X_4 = $ 股東權益／總資產　$X_5 = $ 銷售額／總資產

	1.81		2.99	
破產命運		警戒區		高枕無憂

不管財務五力分析及 Atman 破產模式皆有其價值，為求「慎謀速斷」，川名先生運用簡易的「奇數理財法則」如下：

奇數理財表

	健全	正常	危險	快倒	命在旦夕
利息支出／月營業額	1%	3%	5%	7%	9%
借款／月營業額	1（倍）	3（倍）	5（倍）	7（倍）	9（倍）
庫存／月營業額	1（週）	3（週）	5（週）	7（週）	9（週）

利息是主動，而借款是被動，兩者是一體兩面，稱為赤字倒閉，若是獲利率下降，則利息支出勿超過 7%，否則會有倒閉的危機。因為庫存常

常會拖垮一個企業，因此庫存對企業很重要。上面這個圖表的好處是，當要購併企業時，唯恐對方不會出示健全的財務資料，就可由這張圖表觀察企業財務是否健全，根據這三變數就可推算出企業的財務是否健全，稱為「簡易的財務診斷」，但是也不要忘記作深入的五力分析，否則只看表面檢查很健康，但深入檢查就不健康了。利用簡易財務診斷檢查公司庫存，若庫存堆積如山就很容易產生黑字倒閉。

柒、黃金分割比例（0.618 或 1.618）

一、歷史之美

1 除以 0.618 等於 1.618，而 1 除以 1.618 等於 0.618，因為 0.618 和 1.618 這兩個數字互為倒數，這是遠在 13 世紀義大利數學家費柏納希提出來的。到三〇年代才有人把它發揚光大，黃金分割是最好的分割比率，例如我們得到金像獎、黃金年華、黃金歲月，金是代表最好的，這在國外是最好的，叫「Golden ratio」、黃金分割，不是把黃金分成兩半，各位不要弄錯了，黃金是最好的分割比例，這樣解釋比較好。我們看埃及的金字塔，金字塔的歷史有好幾千年，這金字塔的底及高是 0.618，筆者也到過希臘，雅典娜神殿基臺及柱高的比例也是 0.618 及 1，各位可以知道好幾千年前的希臘神殿及金字塔，在人類最完美主義之下，他們做了這樣的設計，一直到羅馬的維納斯女神，大家都知道她是美的化身，維納斯女神的身材比例，她的肚臍到腳是 1 的話，肚臍到頭的比例是 0.618，而如果頭到肚臍是 1 的話，則肚臍到腳的比例是 1.618，這就是美的化身，一直到現在，世界小姐及中國小姐的身材都有這樣的比例要求，甚至女人的三圍、美齒之排列亦復如此，這是歷屆世界小姐的統計數字，是大家公認最好的。世界名畫的長寬比例也都是接近 1：1.618 或 1：0.618。

因此企業最佳的廠房配置比例應該也是 1：1.618 或 1：0.618，這才是最適當的比例。

二、費柏納西數列

何謂費柏納西數列？我們可從很簡單的兩個數字來討論，這數字是 1 和 1，1＋1＝2，1＋2＝3，2＋3＝5，3＋5＝8……其數列中的任一個數字，均為前面兩個數字之和，這兩個數字互為倒數。

費柏納西數列：

1，1，2，3，5，8，13，21，34，55，89……，

其中

$$\frac{21}{34}=0.618，\frac{34}{21}=1.618，\frac{34}{55}=0.618，$$

$$\frac{55}{34}=1.618，\frac{55}{89}=0.618，\frac{89}{55}=1.618$$

沒想到黃金分割線這兩個數字居然是從最簡單的 1 跟 1 來的，後來有人做兔子的生育實驗，一隻兔子生一隻就變成兩隻，但兔子長大成熟也可以生育了，所以兔子的生育繁殖居然就是根據這種數字，因為老兔子在生，年輕的兔子也在生，祖宗三代就這樣一直地繁衍個不停，一段時間之後，兔子就變得非常多了。後來研究袋鼠時，發現牠們也是根據這種數字在生育，所以澳洲局就因袋鼠太多了而需要進行槍殺。由此可知，袋鼠、兔子或是最簡單的 1，都是如費柏納西數列般地一直繁衍下去，這就是大自然的現象。樹木樹幹之分枝也都與費柏納西數列若合符節，依此就可以估算樹齡了。

三、波浪理論

　　1930 年發生經濟大恐慌，艾略特在中風復元後，專門研究華爾街股票市場、期貨市場、金融相關產品的數字，以「加減乘除」來計算，發現了一個循環，稱為「波浪理論」。每經過一段時間會形成一個波浪，如此反覆循環五上三下的波浪法則。在谷底買進、股峰賣出，如此一來就賺取利得。如股價、黃金、期貨、房地產等，跌多漲少會在止跌時反彈，而理論上有大波浪、中波浪、小波浪，一般小波浪的影響並不大，但有漲多跌少時或跌多漲少時，此時機會就來了，一般波峰 = 原點×1.618，谷底 = 原點×0.618，這個觀念就像中國人常講的「物極必反、否極泰來」一樣。

　　就市場與行情而言，筆者對公司原物料進口價格的掌控有很大的貢獻。健生公司是從事後照鏡的製造，玻璃為國際價格，當玻璃要變成鏡子時，必須要使用硝酸銀，銀也是國際價格，而塑膠也是國際價格。所以我們將每個月的國際價格標示出來，如果上下幅度很小時，可以不加以理會，但如果發現跌多漲少或漲多跌少時，此時機會就來了。因此我們開始從事預測，通常預測十次有九次是準的，即勝算很大。還記得有一次塑膠價格一直在下降，我們就在第一波谷底中買進不少塑膠，第二波時更大量進貨，後來塑膠果真暴漲，但我們對於協力廠商要求的貨都能準時地送達，這就是我們有做事前萬全準備的關係。建一個廠需費時三年，但是要一個廠關門則只需要一天的時間。

　　人的體溫上、下限是 24 度至 42 度，到 42 度時就會死亡，即任何人都是有極限的。冬至到了要搓湯圓，湯圓要放酵母才會軟，加太多就會太軟不好吃，太少又搓不圓，所以想吃黏一點可放多一點，不想吃太黏就少放一點，但都有一個極限和一定的比例。連煮稀飯都是如此，稀飯的水通常有一定比例，水也不能太少，否則就不叫稀飯，所以這有一定的比

例。舉例說：玻璃的製造跟氣候也有關係，在夏天與冬天時會有不同的差別，第一為溫度、第二為速度、第三為壓力，我們一般都會把壓力跟速度固定，然後再開始找溫度，玻璃最高溫度是 780℃，710℃ 時玻璃才會變形，這是夏天的情況。要在 710～780℃ 中間找最適溫度、速度、壓力，健生公司利用這種方法得到第一屆國家品質案例獎。黃金分割率即：1.大自然定律；2.宇宙中的奧妙；3.一種藝術也是一種科學。從人文及自然中都可以找到這種關係。

四、參考書籍

1. 《黃金比例 1.618 的祕密》，Mario Vivio 著，遠流出版。
2. 《黃金比割比率》，Jack Robertson 著，經史子集出版。
3. 《黃金比例操作法》，周存瑩編著，智盟出版。
4. 《波浪理論解析》，江瑞凱著，眾文出版。

捌、五個零生產革命

日本豐田式的管理「Just In Time」，這是一種「極限管理」。由五個零互相連結而成，即庫存量等於零、不良率等於零、故障率等於零、搬運等於零、準備換模時間等於零就是不要庫存、不要搬運時間及縮短換模時間，這就是 TOYOTA 精神。TOYOTA 公司裡所有的機器都是使用機器手臂，因此他們的機器不會故障，換模時間在臺灣可能要花上十幾小時，但他們只花 5 分鐘就可以完成了。既然換模很快，就可以生產很多，多種少量生產，在生產過程中是沒有搬運的，都是一個接一個的生產，也就是「one piece flow」，像河流般的運輸。另一種為 MRP（物料供應規則）模式，即他們跟協力廠商之間的供應完全即時化，稱之「Just In Time」。例如 TOYOTA 要求兩小時內要將貨物送到，所以他們採用了三輛車只僱

用一位司機，這種創新的想法讓參觀者大開眼界，因為三輛車通常會僱用三位司機，但他們不讓隨車人員隨車，而讓他們留在原地處理卡車貨物，而指派一位司機出車，司機將車子開抵之後，再開走另一輛空車，司機就不用等待卸貨時間。此外司機也可領到額外的加班費，公司不僅少了人事費用，也讓效率更加提升了。他們公司的廁所也有規定腳要站的位置，以節省廁所用水。他們的口號是「把擰乾的毛巾再擰乾」。

這「五個零」的生產革命幾乎等於是極限管理，將成本降至最低，是份艱難的工作。國內的企業與日本環境不盡相同，所以不要一味模仿，但要把它當做是一個「標竿學習」來效法。

玖、帕金森定律（Parkinson's Law）

帕金森教授是英國有名的公共行政學者，其專長就是診斷組織病態，這個定律由他提出——根據研究，每一年公司的人員平均會成長 5.75% 左右，而且會「因人設事」的增加人員設置。以這個速率推算同樣的工作，公司每 12 年，它的員工就會增加一倍（1+5.75%）^{n}，這是因為人都希望自己的部屬更多，部屬愈多，他的威望就愈大，所以整個組織體會愈來愈龐大；事實上可以看到，同樣一件事卻變成很多人來做，徒增公司負擔，長期下來，就會敗壞公司體制。有一個「60 專案」，是由中華汽車首先提出來的，即年資 + 年齡 = 60。例如有一位高商畢業的打字小姐薪水逐年增加，但因為年紀愈來愈大，手腳不靈活、效率低、眼睛昏花、錯字百出，而薪水卻是剛進來時的 3.5 倍。為什麼她不退休呢？因為她在等待 60 歲的退休金。所以公司的新人沒辦法進來，但若是以年齡 45 歲+年資 15 年等於 60，這樣員工就可以退休了，員工可以利用退休金開創第二春，公司也可以用 1/3 的薪水僱用剛畢業的小姐，速度快、錯誤少，這樣一來，於公於私都是最好的情況。另外還有「103 方案」，就是在公司做了 10 年，但有 3 年卻沒有進步，這樣的話，也可以申請退休了。例如：

以高速公路的收費員為例，有 10 年的經驗跟有一小時經驗的人，是沒有差別的，因為這個工作毫無技術性可言，又談不上累積經驗，公司這種人愈多時，愈容易出問題。

「440 現象」——何謂 440 呢？公司的下班時間是 5 點時，老闆通常會在 4：40 分巡視現場，了解員工的工作情形，是否有人在收東西、吃東西或是在閒聊，一副好像已經下班的樣子。要了解一個公司的成功與否，就必須要看員工剛上班的那一刻，以及下班打卡的時間是否跟上班時間分秒不差，因此老闆一定要巡視現場。大陸有一段順口溜：「上班像條蟲、下班像條龍、幹活無人衝、吃飯打先鋒。」公司若有這種情況是非常危險的。

「CD5%」，CD 就是 Cost Down。有句話說：「大廈興建日，企業衰敗時。」主要是因為企業認為蓋大樓時，成本若可降低 5%，那就一定還有降低的空間，再來就是企業之所以能夠興建大樓，就是因為該企業賺足夠的錢，而有了驕奢的心理，卻忘了飲水思源，那麼企業當然岌岌可危了。例如：中國的阿房宮跟法國的凡爾賽宮足以說明此事實。當秦始皇統一六國後，馬上建阿房宮，但經過三代就被項羽燒了；路易十四建立太陽王朝隨即蓋凡爾賽宮，可是到了路易十六就推翻了。總之，好大喜功最終都得不到好下場，又如印度的泰姬瑪哈陵花了二十二年，動用了二十年的時間，耗盡國庫，蒙兀兒王朝旋即衰敗，所以企業主應該兢兢業業地去努力，若企業沒有每年降低 5% 的能力的話，要先改善企業體質，不要去蓋大廈。有人戲稱臺灣很多老闆發了財就「賓士、二奶、別墅」，而不專心本業。

「6015 律」——所謂 6015 律，是指假設一企業今召開決策會議，有些董事在開會時只會討論招待客人是要用咖啡好或是茶好，沙發要用何種顏色比較好，談得口沫橫飛、頭頭是道，可是在討論重要的巨額投資案時，打開資料一看，完全看不懂，還是少開口為妙，全數通過。也就是說，浪費了過多的時間在無關緊要的小事上，當討論各項議案的時間與所

花費的金錢成反比時，就成了 6015 律。如果要改善這個狀況，就別花太多時間在雞毛蒜皮的小事上吧！

「R-3」是指一個人要退休的前三年，就不要再把他安排在很重要的位子（如決策權者），因為他的生產力數值在此時或許已經慢慢減少，雖然他可能是很有經驗的，可是經驗要是一直停留在當下，就變成無用之術，日本的做法就是慢慢地把他調到較輕鬆且身無大權的職位，叫做「窗邊族」，可預防在退休前鬆懈的心情造成公司的損失。

拾、數字四則式

一、民族性

我們用數學式來分別表示日本、美國及中國人的民族性。1＋1＞2，是日本人，因為日本人注重團隊精神，所以兩人合作力大無窮。1＋1＝2，是美國人，美國人強調個人主義，因此兩人合作，力量等於 2。1＋1＜2，是中國人，因為中國人比較沒有那麼團結，甚至有時會讓人覺得像是一盤散沙，因此若兩人合作，也許力量會小於 2。日本人就像是鴨群，是很有秩序的。但中國人卻是雞群，總愛雞飛狗跳。日本人出去旅遊時會跟著導遊走，完全不會脫隊。中國人去旅行時，到最後只剩下導遊跟小貓兩三隻而已。像我們跟日本人開會時，每個人都發言，卻沒有人要記錄，還不時起內訌。反觀日本人，則是一個發言、一個人記錄、一個當參謀來思考（補充發言者之遺漏），這樣三個人就成為一個團隊，而我們四個人有如烏合之眾，這就是民族性的不同。因此公司派人出去時，資深的當領導者、第二資深的當參謀、第三資深的當記錄，這樣才會有好的結果。

二、品質觀念

在品質方面，100－1＝99 等於數學意義；100－1＝0 代表品質意義，因為一個公司的 100 件產品中，如果有一件為不良品，那麼該公司的品質名聲也許會降為「0」。

三、成本觀念

日本人跟我講 $2v=\dfrac{3}{4}c$，v 是數量，c 是成本，當數量增加一倍時，你的成本會降低 1／4，所以正常的產量下，以後行銷好起來變二倍時，他們便降價。反過來 $\dfrac{1}{2}v=\dfrac{4}{3}c$，也就是產量遽降時，成本會提高，這是轉折點，日本很喜歡用這個公式，我們沿用他們觀念並實踐之，如前所示，$2v=\dfrac{3}{4}c$ 就是數量增加一倍時，成本剩下 3／4，也就是降低 1／4。另外 $2v=\dfrac{3}{2}I$（投資），$\dfrac{1}{2}v=\dfrac{2}{3}I$，亦是同樣道理。

四、抽樣理論

一般在品管時，我們設定抽樣為 N＝5，就是從一批產品中隨機抽樣五個來檢驗不良率；但在日本首重 First Piece（首件）的檢驗，會在每一次新的換件、換模、加新原料時，拿第一件來檢查，然後再來一次 Last Piece（末件），也就是說，以換「新」之前的最後一件來檢查，如果這兩件都沒問題的話，就可以保證全部都無不良品。這是日本品管的 N=2，只要抽檢兩件就可以論定。

五、POEM 三字經

　　日本 POEM 的三字經哲學告訴我們，一個管理者要有三個候補人員。因為若管理者死亡、辭職或調動時，公司就會垮下來。所以一定要培養候補人員。譬如我當總經理，誰來接我的棒，因此要預備三個以上人選，課長後面擺三個，所以每年年底我們的組織要調整，這個人萬一今天要調動，誰來接他的位置，你就要早做安排，你會發現有些人的能力可以勝任各個單位的工作，有些人卻裹足不前，這樣公司很危險，所以我們開始要做調整，這樣組織才會活化。

　　招標也是以三家最適當，各位知道，招標可能會出現圍標、綁標的情形，如果公司大，難免有心人士的覬覦，所以我們公司的採購人員，兩年一定輪調，即使做得再好，也不能久任，因為你的底細會被對方摸清楚，自己不收錢，太太會收錢，這是沒有辦法的事，這也是我們中國人的自古文化，所以我們到大陸就很順遂，因為我們很會買通關、走後門，但日本人去大陸就會失敗，因為他們實在不懂這套。可是我們公司絕不容許這樣的行為，所以採購兩年一到，就絕對換掉，再好也要換下來，以後有機會再讓他歸位。如果有人要送禮，最多送水果不會送紅包，因為他覺得划不來，因為兩年就要走馬「換任」。事實上，採購是一個很敏感的單位，就像招標時，如果有很多家則不易得標，如果只有兩家則易產生圍標，這對公司是不好的，但是如果有三家就會形成三國鼎立的情況，彼此互相牽制。

　　員工低潮常出現在第 3 天、第 3 個月、第 3 年，因此公司要留住人才時，公司主管應召見幹部，讓他們覺得公司有在關心他們，這是一種預防措施的做法。

　　公司對市場的依賴度只能有 30%，超過的話，公司營收的不確定性太高，很容易被市場的加乘效果所影響。削減成本目標應以 30% 為準，

我以前覺得日本人講這句話實在沒有道理，看到日幣的升值幅度，30%不為過，所以任何一個企業準備削減 30% 才有辦法應付幣值的變化，我們臺灣還沒有這麼嚴重，可能有一天會像日幣一樣，所以設法降 30%，你才有辦法競爭，而且 WTO 來了，如果沒有下定決心下降 30%，很容易滅頂。（在風險管理亦有「333」，如在發生災難三十秒內要脫離危地；如地震被埋三天後，就失去救人的黃金時間；企業政革在三個月內要看成效。）

 玩中學—讓財報數字說話

 案例一

一個企業是否能夠長遠的經營，要看它的財務狀況是否健全，這可以透過「五力分析」來分析財務狀況，為企業進行健康檢查，作有系統的分析，進而幫助企業找出公司的弊端、及早發現、及早治療，避免造成更大的傷害，使企業能夠永續的經營。五力分析包括了：1.償債能力，2.安定力，3.經營能力，4.獲利能力，5.成長力。

以下就五力分析提供計算公式，並就某一公司財務報表讓大四同學進行紙上分析與診斷：

一、短期合理資金的比率分析

(一)現款比率
1.公式：（現金+銀行存款）／流動負債。

2.功用：測驗保存現款的基本金額。

3.標準：大於 20% 較佳。

(二)運用資本與流動比率

1. 公式：運用資本＝（流動資產－流動負債）／流動資產。

2. 功用：測驗對於資金周轉運用靈活的程度。

3. 標準：大於 50% 較佳。

(三)流動資產周轉率

1. 公式：銷貨淨額／流動資產。

2. 功用：測驗企業的交易能力及流動資產是否過多。

3. 標準：愈高愈佳。

(四)公積及盈餘與資本總額比率

1. 公式：（公積＋盈餘）／資本總額。

2. 功用：測驗企業獲利能力及理財政策是否恰當。

3. 標準：比率愈高愈佳。

(五)短期負債（或長期負債、股本）與負債及資本總額比率

1. 公式：短期負債（或長期負債、股本）／（負債總額+資本總額）。

2. 功用：測驗資金來源變化是否利於企業。

3. 標準：無一定標準，但長、短期負債比率以大於 10%，股本大於 65% 為宜。

(六)投資收益與投資比率

1. 公式：投資收益／投資。

2. 功用：測驗投資是否合理。

3. 標準：以較大為宜。

(七)營業利益與資產總額

1. 公式：營業利益／資產總額。

2. 功用：測驗全部資金的獲利能力。

3. 標準：愈高愈佳。

(八)投資報酬率

1. 公式：淨利／資本總額。

2. 功用：測驗企業投入資金的成果。

3. 標準：愈大愈佳。

(九)淨利與普通股總額比率

1. 公式：（淨利－優先股股利）／（普通股股本+普通股東的公積及盈餘）。

2. 功用：測驗普通股本的獲利能力。

3. 標準：愈高愈佳。

二、中長期合理資金的比率分析

(一)固定資產與資本總額比率

1. 公式：固定資產／（股本＋公積＋盈餘）。

2. 功用：測驗企業自有資金是否足夠撥充流動資本。

3. 標準：應低於 100%，若高則表示自有資金不足，須舉外債撥充。

(二)長期負債與擔保資產比率

1. 公式：長期負債／擔保用的資產。

2. 功用：測驗企業舉債保障的安全程度。

3. 標準：以 20%～80% 為宜。

(三)流動資產與負債總額比率

1. 公式：流動資產／負債總額。

2. 功用：測驗企業解散或破產時的迅速償債能力。

3. 標準：大於 100% 較佳。

(四)流動資產與資產總額比率

1. 公式：流動資產／資產總額。

2. 功用：測驗每年的資金結構變化是否對企業有利。

3. 標準：無一定標準，景氣時可稍提高，不景氣時宜稍降低。

(五)固定資產與資產總額比率

1. 公式：固定資產／資產總額。

2. 功用：測驗每年固定資產變化是否對企業有利。

3. 標準：無一定標準，景氣時可稍降低，不景氣時宜稍提高。

(六)投資或其他資產與資產總額比率

1. 公式：投資或其他資產／資產總額。

2. 功用：測驗營業上有無必要投入資金。

3. 標準：不宜過大。

三、償債能力

(一)流動比率 = 流動資產／流動負債

1. 功用：測驗短期付款及償債能力。

2. 標準：大於 200% 較佳，150%～200% 尚可，150% 以下須警戒。
　　國際標準是 2 倍，但臺灣只要高於 1.5 倍即是優良。

(二)速動比率又稱酸性測驗

1. 公式：速動資產（=流動資產 − 存貨 − 預付費用 − 用品盤存）／
　　流動負債。

2. 功用：測驗短期迅速付款及償債能力。

3. 標準：大於 100% 較佳，75%～100% 尚可，75% 以下應警戒。

國際標準為 1 倍；臺灣為 0.5 倍可以接受、0.7 倍很好。

(三)外部速動比率＝（流動資產－存貨－關係人應收款項）／流動資產

標準：臺灣 0.4 以上即可、0.6 以上很好。

四、安定力

(一)槓桿比率＝總負債／總資產

1. 功用：比率愈高愈冒險、愈低為保守。

2. 標準：國際標準為低於 0.3，臺灣為低於 0.5。

(二)長期資金適合率＝（固定資產＋長期投資）／（長期負債＋股東權益）

標準：國際標準為 1，但臺灣應小於 1。

五、經營能力

(一)存貨周轉率＝銷貨成本／存貨

1. 功用：測驗企業依靠外借資金的程度。

2. 標準：以高於 100% 為宜，否則會破產。

(二)固定資產周轉率＝銷貨／存貨

1. 功用：測驗固定資產是否過多。

2. 標準：以較大為宜；國際標準 5 倍，臺灣為 3 倍。

(三)總資產周轉率＝收益（淨利）／總資產

標準：國際標準 2 倍，臺灣 1 倍。以較大為宜。

六、獲利能力

(一)銷貨利潤＝淨利／銷貨

　　標準：國際標準 5%。以較大為宜。

(二)資產報酬率＝淨利／總資產

　　標準：國際標準 10%。以較大為宜。

(三)投資報酬率＝淨利／資本總額

　標準：國際標準 15%，臺灣 10% 很好、5% 以上合格。

七、成長力

(一)營業成長率 ＝ 收益／前三年平均收益

　　標準：臺灣至少要 1.1 倍以上。

(二)毛利成長率 ＝ 毛利率／前三年平均毛利率

　　標準：臺灣 1.05 倍。

(三)利潤成長率 ＝ 投資報酬率／前三年平均投資報酬率

　　標準：臺灣 1.1 倍以上為宜。

八、財務資料

　　簡明資產負債表及損益表，見下頁表。

　　A 公司係股票上市公司，茲將其財務報表加以分析，作為經營指針：（所有上市、上櫃公司財報均有公開）

1. 資產負債表資料：

A 股份有限公司
資產負債表
民國 N_1 年 12 月 31 日及 N_0 年 12 月 31 日

單位：新臺幣千元

代碼	資　　　　　產	金　　額（N_1 年 12 月 31 日）	%	金　　額（N_0 年 12 月 31 日）	%
	流動資產				
1100	現金及約當現金	\$ 358,394	8.31	\$65,404	1.95
1120	應收票據	74,381	1.73	74,384	2.22
1140	應收帳款－非關係人（淨額）	372,779	8.64	332,753	9.91
1153	應收帳款－關係人	511,491	11.86	440,096	13.11
1210	存貨（淨額）	355,156	8.24	269,686	8.03
1260	預付款項	4,233	0.10	11,445	0.34
1280	其他流動資產	92,148	2.14	37,161	1.11
1291	受限制銀行存款	38,113	0.88	31,766	0.95
11xx	流動資產合計	1,806,695	41.90	1,262,695	37.62
1423	長期投資	210,390	4.88	59,856	1.78
	固定資產				
	成　　本				
1501	土　　地	318,298	7.38	318,298	9.48
1521	房屋設備	283,075	6.57	282,662	8.42
1531	機器設備	445,138	10.32	388,412	11.57
1537	模具設備	3,092,031	71.70	2,534,084	75.49
1551	運輸設備	27,552	0.64	22,775	0.68
1681	雜項設備	201,582	4.68	182,966	5.45
15x1	成本合計	4,367,676	101.29	3,729,197	111.09
15x9	減：累計折舊	(2,557,291)	(59.30)	(2,080,578)	(61.98)
1671	未完工程	85,668	1.98	－	－
1672	預付土地及設備款	315,666	7.32	328,663	9.79
15xx	固定資產淨額	2,211,719	51.29	1,977,282	58.90
17xx	無形資產	－	－	3,310	0.10
18xx	其他資產	83,439	1.93	53,859	1.60
1xxx	資產總計	\$ 4,312,243	100.00	\$ 3,357,002	100.00

（續）

代碼	負債及股東權益	N₁ 年 12 月 31 日 金　額	%	N₀ 年 12 月 31 日 金　額	%
	流動負債				
2100	短期借款	$ 61,293	1.42	$ 337,580	10.06
2110	應付短期票券	69,875	1.62	164,875	4.91
2120	應付票據	365,559	8.48	258,131	7.69
2140	應付帳款	140,050	3.25	114,269	3.40
2210	其他應付款	371,989	8.63	261,877	7.80
2160	應付所得稅	214,755	4.98	97,866	2.92
2280	其他流動負債	166,203	3.85	293	–
2270	一年內到期之長期借款	67,924	1.57	105,432	3.14
21xx	流動負債合計	1,457,648	33.80	1,340,323	39.92
2420	長期借款	467,672	10.85	382,877	11.41
2810	其他負債	27,684	0.64	24,276	0.72
2xxx	負債合計	1,953,004	45.29	1,747,476	52.05
	股東權益				
3111	股　本				
	普通股	954,642	22.14	766,368	22.84
	資本公積				
	股票溢價				
3211	普通股股票溢價	370,500	8.59	255,000	7.60
3240	處分固定資產利益	–	–	3,196	0.09
	保留盈餘				
3310	法定盈餘公積	114,339	2.65	73,217	2.18
3350	未分配盈餘	920,473	21.35	511,745	15.24
	股東權益其他調整項目				
3420	累積預算調整數	(695)	(0.02)	–	–
3xxx	股東權益合計	2,359,239	54.71	1,609,526	47.95
xxxx	負債及股東權益總計	$ 4,312,243	100.00	$ 3,357,002	100.00

2. 損益表資料：

A 股份有限公司
損益表
民國 N_1 年 1 月 1 日至 12 月 31 日及 N_0 年 1 月 1 日至 12 月 31 日

單位：新臺幣千元
（除每股盈餘外）

代碼	項　　　　　　目	N_1 年度 金　額	%	N_0 年度 金　額	%
4111	營業收入總額	$ 3,907,983	100.96	$2,782,083	100.84
4170	減：銷貨退回及折讓	(37,026)	(0.96)	(23,056)	(0.84)
4110	營業收入淨額	3,870,957	100.00	2,759,027	100.00
5110	營業成本	(2,283,961)	(59.00)	(1,822,356)	(66.05)
5910	營業毛利	1,586,996	41.00	936,671	33.95
5920	未實現聯屬公司間銷貨利益	(141,986)	(3.67)	–	–
	已實現營業毛利	1,445,010	37.33	936,671	33.95
	營業費用				
6100	推銷費用	(127,275)	(3.29)	(112,055)	(4.06)
6200	管理費用	(151,282)	(3.91)	(96,758)	(3.51)
6300	研究發展支出	(207,680)	(5.36)	(169,939)	(6.16)
	小　　　計	(486,237)	(12.56)	378,752	13.73
6900	營業利益	958,773	24.77	557,919	20.22
	營業外收入				
7110	利息收入	2,470	0.06	1,076	0.04
7130	處分固定資產利益	264	0.01	659	0.02
7140	處分投資利益	235	0.01	3	–
7150	存貨盤盈	3,073	0.08	–	–
7160	兌換利益	–	–	36,290	1.32
7480	其他收入	14,371	0.37	19,977	0.73
	小　　　計	20,413	0.53	58,005	2.11
	營業外支出				
7510	利息支出	(34,510)	(0.89)	(81,293)	(2.95)
7520	投資損失	(1,574)	(0.04)	–	–
7530	處分固定資產損失	(415)	(0.01)	(370)	(0.01)
7550	存貨盤損	–	–	(1,558)	(0.06)
7560	兌換損失	(2,239)	(0.06)	–	–
7570	存貨跌價及呆滯損失	(5,200)	(0.13)	(200)	(0.01)
7620	閒置資產跌價損失	–	–	(9,388)	(0.34)
7880	其他損失	(18,802)	(0.49)	(1,710)	(0.06)
	小　　　計	(62,740)	(1.62)	(94,519)	(3.43)
7900	稅前利益	916,446	23.68	521,405	18.90
8110	預計所得稅	(241,516)	(6.24)	(113,581)	(4.12)
9600	本期純益	$ 674,930	17.44	$407,824	14.78
9900	稅前基本每股盈餘（元）	$ 9.60		$ 5.67	
	稅後基本每股盈餘（元）	$ 7.07		$ 4.43	

3. 股東權益變動表資料：

A 股份有限公司
股東權益變動表
民國 N_1 年 1 月 1 日至 12 月 31 日及 N_0 年 1 月 1 日至 12 月 31 日

單位：新臺幣千元

項　　　　目	股本	資本公積		保留盈餘		股東權益其他調整項目	合計
	普通股	股票溢價普通股票溢價	處分固定資產利益	法定盈餘公積	未分配盈餘	累積換算調整數	
N_0 年 1 月 1 日餘額	$638,640	$255,000	$3,196	$54,029	$287,265	$ －	$1,238,130
N_{-1} 年度盈餘分配：							
提列法定盈餘公積				19,188	(19,188)		－
員工紅利及董監事酬勞					(17,269)		(17,269)
現金股利					(19,159)		(19,159)
股票股利	127,728				(127,728)		－
N_0 年度純益					407,824		407,824
民國 N_0 年 12 月 31 日餘額	766,368	255,000	3,196	73,217	511,745	－	1,609,526
民國 N_0 年以前處分固定資產利益之資本公積轉列保留盈餘			(3,196)		3,196		
資本公積轉列保留盈餘補提法定盈餘公積				320	(320)		－
N_0 年度盈餘分配：							
提列法定盈餘公積				40,782	(40,782)		－
員工紅利及董監事酬勞					(36,704)		(36,704)
現金股利					(38,318)		(38,318)
股票股利	153,274				(153,274)		－
現金增資	35,000	115,500					150,500
外幣換算調整數						(695)	(695)
N_1 年度純益					674,930		674,930
N_1 年 12 月 31 日餘額	$ 954,642	$370,500	$ －	$114,319	$920,473	$(695)	$2,359,239

4. 現金流量表資料：

A 股份有限公司

現金流量表

N₁ 年 1 月 1 日至 12 月 31 日及 N₀ 年 1 月 1 日至 12 月 31 日

單位：新臺幣千元

	N_1 年度	N_0 年度
營業活動之現金流量：		
本期純益	$ 674,930	$407,824
調整項目：		
呆帳損失提列（迴轉）	23,248	(158)
折舊及攤提	492,537	450,308
未實現聯屬公司間銷貨毛利	141,986	−
按權益法認列之投資損失	1,574	−
處分非因交易目的而持有之短期投資利益	(235)	(3)
處分固定資產淨損失（利益）	151	(289)
存貨跌價及呆滯損失提列	5,200	200
處分其他資產損失	17,061	−
閒置資產跌價損失（迴轉）提列	(9,223)	9,388
應收票據減少	3	28,023
應收帳款增加	(134,996)	(26,489)
存貨增加	(90,670)	(79,804)
預付款項減少（增加）	7,212	(3,470)
其他流動資產增加	(14,418)	(6,489)
遞延所得稅資產—流動增加	(40,569)	(28,550)
遞延所得稅資產—非流動（增加）減少	(1,962)	(6,303)
催收款項減少	327	13,660
應付票據增加	107,428	(5,598)
應付帳款增加（減少）	25,781	113
其他應付款增加	52,517	6,024
其他流動負債增加（減少）	23,924	28,550
應付所得稅增加	116,889	78,249
遞延所得稅負債—流動減少	−	(7,436)
應計退休金負債增加	6,718	8,025
淨調整數小計	730,483	484,679
營業活動之淨現金流入	1,405,413	892,503

（續）

投資活動之現金流量：		
非因交易目的而持有之短期投資增加	(226,000)	(3,000)
處分非因交易目的而持有之短期投資價款	226,235	3,003
受限制銀行存款增加	(5,419)	(8,182)
長期股權投資增加	(212,659)	－
購置固定資產	(657,857)	(502,954)
出售固定資產價款	1,381	5,924
出售閒置資產價款	34,000	－
存出保證金增加	(3,565)	(2,688)
未攤銷費用增加	(20,017)	(2,677)
投資活動之淨現金流出	(863,901)	(510,574)
融資活動之現金流量：		
短期借款減少	(276,287)	(154,413)
應付短期票券減少	(95,000)	(98,309)
長期借款增加（減少）	47,287	(48,899)
存入保證金減少	－	(120)
現金增資	150,500	－
發放現金股利	(38,318)	(19,159)
發放員工紅利及董監事酬勞	(36,704)	(17,269)
融資活動之淨現金流出	(248,522)	(338,169)
本期現金及約當現金淨增加數	292,990	43,760
期初現金及約當現金餘額	65,404	21,644
期末現金及約當現金餘額	$ 358,394	$ 65,404
現金流量資訊之補充揭露：		
本期支付利息（不含利息資本化）	$ 35,650	$ 82,735
本期支付所得稅	$ 167,157	$ 48,253
不影響現金流量之投資活動及融資活動：		
一年內到期之長期借款	$ 67,924	$ 105,432
累積換算調整數	$ (651)	$ －
以現金購置固定資產：		
固定資產本期增加數	$ 715,452	$ 506,540
加：期初應付設備款	141,058	137,472
減：期末應付設備款	(198,653)	(141,058)
本期固定資產現金支付數	$ 657,857	$ 502,954

銷售地區分析

單位：千元

地　　　區	N_0 年度		N_1 年度	
亞洲區 2A	224,406	8.10%	294,797	7.60%
中東非洲區 2M	423,909	15.40%	459,235	11.90%
紐澳區 2E	754,740	27.40%	1,056,759	27.30%
中南美洲區 2P	390,843	14.00%	454,954	11.80%
北美洲區 2N	798,667	30.00%	1,414,876	36.60%
內銷及（其他）地區	166,462	5.20%	190,336	4.80%
合　　　計	2,759,027	100.00%	3,870,957	100.00%

九、A 公司之財務報表分析

(一)財務結構分析

1. 負債占資產比率

$$N_0 \text{年} = \frac{\text{負債總額}}{\text{資產總額}} = \frac{1,747,476}{3,357,002} = 52.05 \ (\%)$$

$$N_1 \text{年} = \frac{\text{負債總額}}{\text{資產總額}} = \frac{1,953,004}{4,312,243} = 45.29 \ (\%)$$

　　負債比率可用以衡量總資產中，由債權人所提供資金之比重。對債權人而言，他們希望負債比率愈小愈好。因負債比率愈小，相對地，表示股東權益之比率愈大，則企業自有資金財力愈強，對債權人保障愈高。但對投資股東而言，他們希望公司有較高之負債比率，因負債比率愈高，一者可以善用財務槓桿作用擴大其獲利能力，二者能以較少之投資取得控制企業的營運權。不過，負債比率若很高，在經濟景氣時，固然可以利用財務槓桿之作用，提高股東之盈餘與報酬。然而，萬一遇到經濟不景氣時營運呈現萎縮，同時又必須支付固定之

利息費用，很容易造成公司之財務危機。

　　A 公司的負債比率由 N_0 年度之 52.05% 到 N_1 年度減少為 45.21%，負債程度降低，自有資金提高，對債權人有較高之保障，二年度比率均在合理範圍。

2. 長期資金占固定資產比率

$$N_0 \text{年} = \frac{（股東權益淨額＋長期負債）}{固定資產淨額}$$

$$= \frac{（1,609,526＋382,877）}{1,977,282} = 100.76 \text{（\%）}$$

$$N_1 \text{年} = \frac{（股東權益淨額＋長期負債）}{固定資產淨額}$$

$$= \frac{（2,359,239＋467,672）}{2,211,719} = 127.82 \text{（\%）}$$

　　為進一步了解企業投資於固定資產之資金來源情形，通常可再利用長期資金占固定資產比率加以觀察。所謂長期資金，包括長期負債與股東權益。由上列可知，長期資金占固定資產比率兩年來均高於 100%，此表示固定資產之投資均以長期資金來支應，而且，也有部分長期資金作短期之用。因此該公司資本結構尚稱正常。如果本比率低於 100%，則表示該公司有移用部分短期資金來購置固定資產，將容易引起財務風險。

3. 分析說明

　　該公司最近二年度負債比率呈逐年下降趨勢，其中 N_1 年度現金增資之挹注，負債占資產比率已逐漸降低；另該公司最近二年度長期資金占固定資產比率均在 100% 以上，顯示並無以短期資金購置固定資產之情事。整體而言，該公司財務結構頗為健全，且日趨穩健。

(二)償債能力分析

1. 流動比率

$$N_0 \text{ 年} = \frac{\text{流動資產}}{\text{流動負債}} = \frac{1,262,695}{1,340,323} = 94.21 \text{（%）}$$

$$N_1 \text{ 年} = \frac{\text{流動資產}}{\text{流動負債}} = \frac{1,806,695}{1,457,648} = 123.95 \text{（%）}$$

　　流動比率代表企業每一元流動，負債有多少元之流動資產準備支應。一般而言，一企業之流動比率愈高，表示其短期償債能力愈強。流動比率在理論上以達到 200% 為理想，但由於行業特性不同，各行業之流動比率標準亦難趨一致，一般而言，我國業界咸認流動比率能達到 120%～180% 即為適宜。

2. 速動比率

$$N_0 \text{ 年} = \frac{\text{（流動資產－存貨－預付費用）}}{\text{流動負債}}$$

$$= \frac{(1,262,695-269,686-11,445)}{1,340,323} = 73.23 \text{（%）}$$

$$N_1 \text{ 年} = \frac{\text{（流動資產－存貨－預付費用）}}{\text{流動負債}}$$

$$= \frac{(1,806,695-355,156-4,223)}{1,457,648} = 99.29 \text{（%）}$$

　　由於存貨及預付費用之變現性較慢，故一般均不包括在速動資產之範圍內。速動比率較流動比率更能測驗出一家企業之即時償債能力，故又稱酸性測驗比率。本比率愈高，代表企業對短期債權人之保障程度愈大。理論上認為公司速動比率維持在 100% 時，應為理想而恰當之比率，但仍需配合和競爭對手或同業平均水準比較才合適，在

我國業界以速動比率能達到 70% 以上即算良好。

3. 利息保障倍數

$$N_0 \text{年} = \frac{（所得稅及利息費用前之純益）}{本期利息支出}$$

$$= \frac{(521,405+81,293)}{81,293} = 7.41 \text{（倍）}$$

$$N_1 \text{年} = \frac{（所得稅及利息費用前之純益）}{本期利息支出}$$

$$= \frac{(916,446+34,510)}{34,510} = 27.56 \text{（倍）}$$

純益為利息之倍數，其觀念係為一企業每期所獲得之純益與利息費用之倍數關係。此一比率又稱利息保障倍數。因為本比率可用以測驗債權人利息之保障程度。倍數愈大，債權人之保障程度愈高。

4. 分析說明

該公司 N_1 年辦理現金增資後，自有資金較為充裕，加上 N_1 年營業收入大幅成長，導致最近二年度流動比率及速動比率逐年提升，利息保障倍數呈現巨幅上揚。綜上所述，該公司流動比率及速動比率雖未達理想之 200% 及 100%，但已接近我國業界認同之適宜範圍，且在現金增資及獲利上揚之情況下，該公司償債能力已逐年提升，惟尚需注意該公司應收關係人帳款與應收非關係人帳款相當，其對於關係企業與一般企業之授信等條件是否一致，有無非常規之交易等因素，以致影響該公司之償債能力。

(三)經營能力分析

1. 應收款項周轉率

$$N_1 \text{年} = \frac{銷貨淨額}{平均應收款項}$$

$$= \frac{3,870,957}{(74,384+332,753+440,096+74,381+372,779+511,491)/2}$$
$$= 4.29 \text{（次）}$$

應收款項周轉率表示一年之中產生和收回應收款項之平均次數。由上列計算可知，應收款項周轉率 4.29 次，表示一年中平均產生及收回應收款 4.29 次。應收款項周轉率愈大，表示收帳愈快，應收款項之期間短、流動性大，呆帳可能性小。反之，則表示收帳時間遲緩，應收款項期間較長、流動性低，呆帳可能性較大，因而會增加公司收帳之費用及風險。

應收款項周轉率並無一定之標準數值，常因行業特性、賒銷條件及企業政策而有不同之要求。

2. 應收款項收現日數

$$N_1 \text{ 年} = \frac{365}{\text{應收帳款周轉率}} = \frac{365}{4.29} = 85.08 \text{（天）}$$

應收款項收現日數係用來衡量帳款平均需多少時間（或天）才能收現，其時間長短是否理想，應視公司對其客戶所提供之賒銷條件而定。平均收帳期間若高於公司所允許之賒欠期間，並非良好現象，其原因可能由下列情況產生：

(1)公司收帳工作績效不彰。

(2)客戶發生財務危機，帳款到期無法如期償付。

(3)賒銷條件過嚴，客戶無法履約或公司收款政策不當。

3. 存貨周轉率

$$N_1 \text{ 年} = \frac{\text{銷貨成本}}{\text{平均存貨}} = \frac{2,283,961}{(269,686+355,156)/2} = 7.31 \text{（次）}$$

　　企業投資存貨，目標在於經由銷售獲取利潤。在正常情況下存貨進出次數愈多，利潤愈大。存貨周轉率仍在衡量存貨「進出」企業的平均速度。由上列計算可知存貨周轉率為 7.31 次，表示存貨在一年內經由商品而出售之次數為 7.31 次。存貨周轉率愈高，表示貨品銷售愈快、銷售能力強，企業經營效能佳；反之若一家公司之存貨周轉率比其同業低時，可能有下列幾點原因：

(1)公司營業不振，存貨出售之速度遲緩

(2)存貨之中，可能有已經過時而無法出售之積存舊貨

(3)銷售政策或銷售方法之改變

4. 平均售貨日數

$$N_1 \text{年} = \frac{365}{\text{存貨週轉率}} = \frac{365}{7.31} = 49.93 \text{（天）}$$

　　平均售貨日數亦即表示公司存貨一次完全售罄所需要之天數。由上列計算可知，N_1 年度存貨每周轉一次約 1 個半月之時間。其平均售貨日數之合理性，需視其行業特性與同業水準比較才可得知。

5. 固定資產周轉率

$$N_0 \text{年} = \frac{\text{銷貨淨額}}{\text{固定資產淨額}} = \frac{2,759,027}{1,977,282} = 1.40 \text{（次）}$$

$$N_1 \text{年} = \frac{\text{銷貨淨額}}{\text{固定資產淨額}} = \frac{3,870,957}{2,211,719} = 1.75 \text{（次）}$$

　　固定資產周轉率係用以衡量企業運用固定資產之效率。此項周轉率愈高，表示固定資產之運用愈佳；反之，此項周轉率愈低，顯示固定資產有投資過多之嫌，或反映公司設備過於陳舊，生產效率有下降

之現象。由上述之數值，A 公司 N_1 年度之周轉次數較 N_0 年度為高，其固定資產之運用效率有改善情形。

6. 總資產周轉率

$$N_0 \text{ 年} = \frac{\text{銷貨淨額}}{\text{資產總額}} = \frac{2,759,027}{3,357,002} = 0.82 \text{（次）}$$

$$N_1 \text{ 年} = \frac{\text{銷貨淨額}}{\text{資產總額}} = \frac{3,870,957}{4,312,243} = 0.90 \text{（次）}$$

因企業擁有資產之主要目的在於期望資產能對銷貨收入有所貢獻。透過總資產周轉率之分析，即可衡量資產對銷貨收入之貢獻程度。本比率愈高，代表公司整體資產之運用較有效率；反之，本比率過低，應注意資產運用效率及是否持有過多閒置資產所致。

7. 分析說明

因欠缺 N_0 年前年度財務資料，故應收款項及存貨之周轉情形，無法作前後年度之比較，A 公司除需就 N_0 年前年度財務資料加入計算作比較分析外，宜另就同業之相關數值作比較分析，以判定 A 公司之經營效率。但該公司 N_1 年固定資產周轉率及總資產周轉率均較前一年上升，其運用資產之效率確有改善現象，究其因係營業收入大幅增加，獲利情形良好所致。

(四)獲利能力分析

1. 資產報酬率

$$N_1 \text{ 年} = \frac{\left[\text{稅後淨利} + \text{利息費用（} 1 - \text{稅率} \text{）} \right]}{\text{平均資產總額}}$$

$$= \frac{\left[674,930 + 34,510(1 - 25\%) \right]}{(3,357,002 + 4,312,243)/2} = 18.28 \text{（\%）}$$

　　資產報酬率最主要目的是讓經營者能了解資產運用的效率。在總資產觀念之下，計算投資報酬率時，其分母之投資額係以資產負債表上所列資產總額為計算基礎。資產報酬愈高，顯示資產運用效率愈佳，反之則愈差。

2. 股東權益報酬率

$$N_1 \text{年} = \frac{稅後純益}{平均股東權益淨額}$$

$$= \frac{674{,}930}{(1{,}609{,}526 + 2{,}359{,}239)/2} = 34.01 \text{ （％）}$$

　　要不要投資（或繼續投資）一家公司，必須看股東權益報酬率高低。一般而言，如果股東權益報酬率愈高，表示值得投資，但仍要注意股東權益報酬率高不一定表示經營效率高，有可能是經營者利用大量舉債來投資。

　　一般而言，衡量股東權益報酬率之良窳，通常與銀行一年期定期存款利率（或期望報酬率）相比較，若高於銀行存款利率，表示投資較存放於銀行為佳，若低於銀行存款利率，則不如存放銀行孳息。A公司之股東權益報酬率甚高，投資價值顯現。

3. 營業利益占實收資本額比率

$$N_0 \text{年} = \frac{營業利益}{期末實收資本額} = \frac{557{,}919}{766{,}368} = 72.80 \text{ （％）}$$

$$N_1 \text{年} = \frac{營業利益}{期末實收資本額} = \frac{958{,}773}{954{,}642} = 100.43 \text{ （％）}$$

營業利益占實收資本額比率，最主要目的是讓投資者了解公司實收資本額可獲得主要營業項目利益之比率。該比率愈高，顯示主要營業項目獲利情形愈佳，反之則愈差。A 公司 N_0 年度及 N_1 年度之比率高達 72.8% 及 100.43%，即表示該年度主要營業項目所創造之利益可達 0.7 個資本額或 1 個資本額，獲利情形甚為優異。

4. 稅前純益占實收資本額比率

$$N_0\text{年} = \frac{\text{稅前純益}}{\text{期末實收資本額}} = \frac{521,405}{766,368} = 68.04 \ (\%)$$

$$N_1\text{年} = \frac{\text{稅前純益}}{\text{期末實收資本額}} = \frac{916,446}{954,642} = 69.00 \ (\%)$$

稅前純益占實收資本額比率，最主要目的是讓投資者了解公司實收資本額可獲得稅前純益之比率。該比率愈高，顯示公司稅前獲利情形愈佳，反之則愈差。A 公司 N_0 年度及 N_1 年度比率高達 68.04% 及 96%，即表示在繳納所得稅之前，公司營業一年所產生投資報酬率高達資本額的 68% 及 96%，甚為驚人。

5. 純益率

$$N_0\text{年} = \frac{\text{稅後純益}}{\text{銷貨淨額}} = \frac{407,824}{2,759,027} = 14.78 \ (\%)$$

$$N_1\text{年} = \frac{\text{稅後純益}}{\text{銷貨淨額}} = \frac{674,930}{3,870,957} = 17.44 \ (\%)$$

純益率表示該年度銷貨收入所能產生純益之百分比，係衡量企業獲利能力之指標。A 公司 N_0 年度及 N_1 年度之純益率分別為 14.78% 及 17.44%，在同業間應屬高水準。

6. 每股稅後盈餘（EPS）

$$N_0 \text{年} = \frac{稅後純益}{年底加權平均已發行普通股股數}$$

$$= \frac{407,824}{91,964} = 4.43 \text{（元）}$$

$$N_1 \text{年} = \frac{稅後純益}{年底加權平均已發行普通股股數}$$

$$= \frac{674,930}{95,464} = 7.07 \text{（元）}$$

係指一公司之每一普通股在某一會計年度中所賺得之淨利。此項資料可代表一企業獲益能力之大小及衡量投資風險之高低。A 公司 N_0 年度及 N_1 年度每股稅後盈餘分別為 4.43 元及 7.07 元，屬高盈餘之企業。投資者可運用每股稅後盈餘計算本益比（每股市價÷每股稅後盈餘），以衡量是否值得投資，在我國業界通常本益比在 20 倍以下即屬良好。

7. 分析說明

A 公司 N_0 及 N_1 年度之各項獲利指標均甚為亮麗，在同業間應屬優異出眾之企業，且逐年提升獲利，顯示其產品銷售情形良好，且成本控管效益顯著（N_1 年毛利較 N_0 年毛利高 7%），以致獲利能力大幅成長。

(五)現金流量分析

1. 現金流量比率

$$N_0 \text{年} = \frac{營業活動淨現金流量}{流動負債} = \frac{892,503}{1,340,323} = 66.59 \text{（%）}$$

$$N_1 \text{ 年} = \frac{\text{營業活動淨現金流量}}{\text{流動負債}} = \frac{1,405,413}{1,457,648} = 96.42 \text{（\%）}$$

現金流量比率係衡量企業短期償債能力（動態指標），比值愈高，短期償債能力愈強，此一比率與流動比率不同，因流動比率屬於靜態指標，僅能衡量企業某一特定時日之流動資產和流動負債間之關係。

2. 現金再投資比率

$$N_0 \text{ 年} = \frac{\text{（營業活動淨現金流量－現金股利）}}{\text{（固定資產毛額＋長期投資＋其他資產＋營運資金）}}$$

$$= \frac{892,503 - 19,159}{3,729,197 + 328,663 + 59,856 + 53,859 + (1,262,695 - 1,340,323)}$$

$$= 21.33 \text{（\%）}$$

$$N_1 \text{ 年} = \frac{\text{（營業活動淨現金流量－現金股利）}}{\text{（固定資產毛額＋長期投資＋其他資產＋營運資金）}}$$

$$= \frac{1,405,413 - 38,318}{4,367,676 + 85,668 + 315,666 + 210,390 + 83,439 + (1,806,695 - 1,457,648)}$$

$$= 25,26 \text{（\%）}$$

來自營業之資金，部分為企業所保留，再行投資於資產。現金再投資比率乃在於衡量一企業為資產重置及經營成長所保留再投資之百分比。一般而言，現金再投資比率若能維持在 10% 以上時，最為理想。A 公司在 N_0 年度及 N_1 年度均為 20% 以上，顯見 A 公司投資擴展之積極性。

3. 分析說明

經上述現金流量分析，A 公司短期動態償債能力尚佳，現金再投資之比率超過理想值，無論營收、獲利或營業活動之現金流入量均有大幅成長，顯示 A 公司現金流量管理甚佳。

(六)總結

就上述分析可知，A 公司 N_0 年及 N_1 年無論財務結構、償債能力、經營能力、獲利能力及現金流量等數據均甚為優異，且在 N_1 年現金增資及營業收入成長下，上述各項數據均大幅增強，顯見 A 公司經營績效、經營能力、財務控管均有傲人之成果，惟尚須注意下列事項：

1. 現金及約當現金大幅增加

A 公司現金及約當現金由 N_0 年底之 6 千 5 百萬增加至 N_1 年底之 3 億 5 千 8 百萬，增加約 2 億 9 千萬（約 4.5 倍），其增加之原因及目的為何？是否另有投資或運用計畫？若無，則大量之現金資產雖可代表其資金雄厚，但資金閒置亦屬資源浪費。

2. 償債能力尚未達到理想之指標

按理想之比率，流動比率應為 200%、速動比率應為 100%，A 公司 N_0 及 N_1 年底均未達到上述理想比率。惟 N_1 年度在現金增資及獲利成長下，該公司償債能力大幅提升，若能持續，則短期內償債能力應可達到理想標準。

3. 關係人交易

A 公司 N_0 年底及 N_1 年底應收關係人帳款均大於應收非關係人帳款，若對關係人各項條件均與非關係人相同，則表示該公司營業收入 50% 以上均來自關係企業；另按一般貿易條件，公司間除開立信用狀外，均會以票據來往，何以該公司僅有應收關係人款項，卻無應收關係人票據？因此，在衡量該公司之財務報表時，應考慮其與關係企業之交易條件，關係企業之財務狀況亦是考量重點。

4. 長期投資增加

　　A 公司長期投資由 N_0 年約為 6 千萬元增加至 N_1 年約為 2 億 1 千萬元，其長期投資意欲如何？是否想控制該被投資公司？何以 N_0 年及 N_1 年均無投資收益？由損益表可知，該公司並無依權益法認列之投資損益，換言之，A 公司尚未取得被投資公司之掌控權。因此，在分析該公司之財務報表時，N_1 年該公司大幅增加長期投資之目的及該被投資公司之前景亦值得深入探討。

5. 銷售地區分析

　　N_1 年度銷售金額較 N_0 年度成長 40.30%，其中北美洲區 2N 成長 77.05%，幅度最大，但中東非洲地區 2M、中南美洲區 2P 及內銷（其他）地區等三區成長率尚不及平均成長率之半，是何原因？有待進一步探討。

做中學—運用數字聯想做管理
～一群 EMBA 學生的集體討論～

案例二

一、老師說

　　活用有趣的數字聯想，以加深人們的印象，譬如對中年以上的人說：「腰圍若增加一公分，即會減短一年壽命。」那他便會時常擔心腰圍的增加；或是利用琅琅上口的名詞來幫助記憶，增加數字的趣味性，像歷史背誦可運用以下的聯想：

東羅馬帝國滅亡→1453 年（一死五傷）

英國光榮革命→1688（一流爸爸)

大不列顛成立→1707（易妻另娶）

法國大革命　→1789（一吃八九碗）

辛丑條約　→1901（憶舊領域）

或者開根號之記憶法，如：

$\sqrt{2}$ = 1.414（意思意思）

$\sqrt{3}$ = 1.732（一妻三兒）

$\sqrt{6}$ = 2.449（餓速速叫）

也有聽到某一數字，就產生某一聯想：

1. 119──是火警臺之代號，也有人迷路、車禍、遭蛇咬、遺失准考證……等，皆打 119 求救，簡直是「萬能戰士」的化身。

2. 101──裕隆汽車飛羚 101 代表著國人自製第一輛；大陸章光 101 也代表毛髮再生唯一有效良藥；或只會唱這 101 首歌，亦意味著一曲歌王走天涯，有空前絕後之意義。

3. 747──代表非常寬廣，常被提到有波音 747（飛機）、好馬 747（汽車）、747 廣場（娛樂場所）。

4. 301──從事國際貿易者對 301 數字不寒而慄，它指美國 1974 年貿易法的第 301 條：如果任何國家採取違反貿易協定的措施，或者有其他的不公平貿易行動，美國政府就可以依貿易法第 301 條，就該事件進行調查、諮商、談判，在談判無結果時，美國將會採取行動，其報復威力十分強大，日本及歐市都曾向 301 低過頭。故一談及 301，即代表著對付對手之武器的代稱。

二、A 同學說

　　《一千個春天》為陳香梅女士的著作，描述其與夫婿陳納德將軍的一段甜蜜往事，電視公司曾拍成連續劇播映，當年民眾十分熟悉，主題曲亦流行一時，故引用此名稱當做公司挑戰卓越總目標為：競爭力第「一」、品質缺點「〇」、安全事故「〇」、設備故障「〇」。

　　將偌大的看板置於上下班刷卡處，讓員工有所領悟；由於華人習慣喊口號，故將競爭力狀況、品質缺點用數字表示，而安全事故、設備故障在意顏色顯現，天天看得到，並與有關獎懲結合，利害與共，引起大家的關注，自然能夠帶來一千個春天，否則將是冷酷的冬天。

1. 如何成為競爭力第一呢？即以客戶的成功視為我們的責任，使生產、銷售達到滿意，其數字是否達到或超越標準？成績不佳該如何應對？皆應尋找對策，以求做到業者第一。

2. 品質方面，希望向「〇」缺點挑戰，被退回或遲交的產品要讓員工知道，並列為獎金的扣項，使大家感同身受，愈來愈進步，期朝零缺點邁進。

3. 安全事故方面，是希望從早上八點上班到下午五點下班之間，沒有意外事故發生。有事故即依輕重，以青、黃、紅掛牌，提醒注意，並謀對策。

4. 設備故障「〇」也是我們期望的目標，機械之可動性最高，如有傷害或故障，依嚴重程度用黃紅色表示，期能做到平平安安上班，快快樂樂回家。機械全員保養徹底，不致故障頻仍，其保養的好壞則列為 5S 項目評分的依據。

三、B 同學說

　　TOP333 洗髮精為大眾所熟知，閩南語之 333 有「鬆鬆鬆」的感

覺，換句話說，做到下列 333 就會感到輕鬆，登峰造極，到達 TOP 的境界。以 TOP333 的比喻為全公司的要領：三找、三比、三好；廠務的要領：三現、三不、三定；業務的要領：三品、三厚、三銷。

1. 全公司的要領：

　　(1)三找：找優點、找缺點、找對策。

　　(2)三比：目標比、上期比、同業比。

　　(3)三好：品質好、信用好、服務好。

　　　　將各單位在品質、整理整頓的事項，依缺點用照片或文字張貼出來，嚴重者用紅色顯現，期能有所對策。把每月的產銷與目標、上期、同業相互比較，且用色紙記上數字逐月表示。將各月的品質依退貨金額、遲交批數、客戶對策次數列示出來，其優劣狀況並用不同色紙呈現。

2. 廠務的 333 藉用日本本田汽車的「三現」，豐田的「三不」，和韓國現代汽車的「三定」之說：

　　(1)三現：主管要親臨「現」場、接觸「現」物、面對「現」實。

　　(2)三不：消除「不」平衡、「不」合理、「不」需要的地方。

　　(3)三定：物品「定」容、「定」量、「定」位。

　　　　主管不能只待在辦公室，要隨時到現場了解工作狀況，但不是僅作壁上觀或繞場一周而已，應找出問題，檢討該改進的地方，才是身為主管者不可忽略的課題。

3. 業務的要領：

　　(1)三品：品味好、品牌好、品德好。

　　(2)三厚：臉皮厚、嘴皮厚、腳皮厚。

　　(3)三銷：推銷、坐銷、拉銷。

　　　　業務要成功，除了產品要差異化，使人覺得品味高人一等或與眾

不同外，同時要有好的品牌，CIS、POP，人人有口皆碑。當然業務人員「將在外，君命有所不受」，品德要好，自不在話下，還要會陪笑臉，不能三言兩語就逃之夭夭。訓練說服能力，首要在口才，而且要多拜訪客戶，才能屢試不爽。從努力促銷到打開市場，始能「坐以待幣」，進而深植顧客心中，指名採買，即由知名度到指名度，以由「推」到「拉」，如此就成功了。所以有人說，好的業務員要有英雄膽（臉皮厚）、媒人意（嘴皮厚）和兔子腿（腳皮厚）。

四、C 同學說

引用閩南語諺語中「543」，代表零落不整，雖僅能意會，難以充分表達，但人人能懂。因此，本於 543 作戰，旨在：消除不良率 50%、降低庫存 40%、減少成本 30%（或提高效率 30%）。

向自己下戰書，為當今要務，期能攻也能守；凡達到上述條件之改善者，均可獲得一等改善獎，由總經理室專案受理，其他部門達此要求，亦用最高部門獎金獎勵之。

五、D 同學說

815 水泥漆廣告在電視上的訴求是漆上 815 水泥漆，使一天變得清潔又美麗，因此引用為一天亮麗的開始。現場主管應於早上「8：15」上班後，全場巡視一遍，檢查重點：

1. 機械作業前的檢查。
2. 所使用的原物料是否照規定。
3. 是否使用規定的工具並妥善運用。
4. 測定器有無檢驗。
5. 作業人員是否照指示工作。

接著下午下班前的「555 香菸」，利用 15 分鐘再巡場一遍，要點：

(1) 5 分鐘了解機器保養狀況。

(2) 5 分鐘了解現場紀錄，從數字上了解不良品發生率是否合乎標準。

(3) 5 分鐘慰問員工，並提示明日的工作。

「巡頭看尾」做得良好之主管，得參加模範主管之保舉。表現優良者，得以標題之「康得 600」——贈送獎金 600 元，以示獎勵。

六、E 同學說

由於協力廠抱怨進料驗收速度太慢、等待時間太久，因此提出美爽爽化妝品名稱「印象十九」，代表「通關速度 19 分鐘內印象好，通關速度 19 分鐘外印象差」。首先改善驗收之流程，其次將各廠商交貨時間分開，配合自己的時段進貨，才不至於壅塞在一起。另外大力推行免檢制度。品質、數量全部免檢或一項免驗，如此免檢廠商會愛惜名譽，本公司之驗收通關速度亦為之加快。

七、F 同學說

414 取「思一思」、「試一試」的諧音，應用於提案制度。讓員工思一思（414）和試一試（414）可採取以下方法：

1. 希望列舉法。

2. 缺點列舉法。

3. KJ 法。

4. 腦力激盪法。

5. 5W1H 法。

因參加獎只是一般提案而屬 10 等獎、9 等獎者對公司貢獻度不大。當公司提案數熱絡後，要由量至質，而提出夢 17 的口號（夢 17 亦是有名之洗髮精），代表提案美夢成真，給予 8 等獎。17 件提案以上者，年終獎金特別加發 3,000 元，以資表揚，庶幾提案品質之提升。

八、G 同學說

時下高科技產業流行「983」，它是指高科技下單生產，包含應酬、配送的時間，而「983」即是指 3 天內有 98% 要到客戶手中，因臺灣專業分工和成本控管良好，才能達到「983」的競爭優勢。

九、H 同學說

懶人三分法：

每天時段分：早上、中午、晚上（屬天地與自然界的分法）。

人們用餐分：早餐、午餐、晚餐（屬人生理需要分法）。

人生的階段：短期階段（學習、讀書）、中期階段（事業、家庭）、長期階段（退休、抱孫）。

理財總資產：不動產 1/3、動產 1/3、半動產 1/3。

動產：現金 1/3、股票 1/3、基金 1/3。

現金：新臺幣 1/3、美金 1/3、日幣或歐元 1/3。

股票：長期 1/3、中期 1/3、短期 1/3；績優 1/3、普遍 1/3、投機 1/3。

償券：國內 1/3、國外 1/3、其他 1/3。

半不動產：未上市股 1/3、貴重金屬 1/3、其他 1/3（例如與朋友投資）。

十、I 同學說

古諺「不進則退」，如每天進步1%，則一年後$1.01^{365} = 37.8$；而每天退步1%，則一年後$0.99^{365} = 0.03$。二者相較，印證了「差之毫釐，失之千里」。

一群 EMBA 學生集體討論「數字聯想」

Chapter 3

情境管理

教中學—由老師講授，學員（生）吸收實務經驗
（建議讀者配合本書所附光碟閱讀，事半功倍）

　　當客戶初到工廠拜訪時，第一印象是最重要的。如果整體環境是骯髒、雜亂、昏暗、汙穢、道路狹窄、物品堆擺……等，那麼會使人打從心底產生厭惡，當然，對它所生產的產品也將因而大打折扣。反之，如果窗明几淨、亮麗雅緻，很直覺地，我們也會以偏概全地認為，此家工廠制度規劃完善、管理周詳，相對地，產品品質一定不錯，無形中對其產品就增加了許多信心。

　　從心理學家馬斯洛的需求理論中，認為人類需求的滿足，先是生理需求，其次安全感，再為歸屬感與肯定，人才進一步追求自我實現與價值感。而企業同仁本是有緣人，才會修得同廠共事的好機緣，所以我們應把工作視為事業來發展，而非看成職業來安身，進而休戚與共，使企業員工感受到有如一家人的關懷，如此企業才能綿延流長，永續經營。

　　相信大家也知道，從顏色管理、數字管理，一直到情境管理以來，就是要塑造出一個讓公司內廠區像是公園般的一個地方，隨時隨地都看到枝芽嫩葉，避免讓大家以為工廠就是一個沉悶單調的地方，讓大家可以高高興興地來上班，也可以平平安安的回家。最終更能讓員工在這樣的環境之下，能有「以廠為家‧以廠為校」的觀念。讓企業成為同仁的第二個家，一個值得奮鬥的大目標，相信每個員工的工作士氣會因家的感覺而提升，不再是事不關己的朝九晚五者，員工感到真正是被關心的，受照顧的，自然肯嘔心瀝血、櫛風沐雨，而且能樂在工作，不斷全力以赴，因而「向心力」與「歸屬感」就在一念之間，緊緊凝聚了！

　　在明朗舒適的職場，高雅翠綠的花木中，誠屬於「視覺」享受，工廠景觀設計流程應更上一層樓，以達到產生「溫暖」情懷。如同連日陰雨綿綿，乍然放晴欣喜的感受；或隆冬寒夜蓋著曬過的棉被，一股溫馨的暖流，直入內心深處；也像欣賞中國傳統林園建築藝術，那種感覺是現代技術材料無法表達的，藉由一字一畫、一草一木、一石一磚產生的思維，營造優雅高超的境界。

　　情境管理就像是一門藝術，而且是多年的藝術館累積而成，運用直覺和福至心靈的方式，或以隱喻、轉化、象徵的創造手法，將藝術品或裝飾品擺置得富有人文氣息，充滿豪氣與寫意，每一布置區好比固定磁場，每一篇情辭並茂的文章、巧奪天工的藝品，都可發揮它立竿見影、直指人心之效，所造成一定的震撼力及影響力，足可讓整天工作於斯的員工有暮鼓晨鐘、潛移默化的效果。所以，公司在情境塑造上，能讓大家都認為公司是人生的修道場，這和我們在完成整個 CIS 的活動是有點類似的精神，不做則已，要做就要做到最好。我也常引用〈陋室銘〉的幾段話，鼓勵自己與他人：「山不在高，有仙則名；水不在深，有龍則靈。」因此透過藝術，以利於塑造陶冶人性的環境，將對公司內部產生重大影響，而且可以打造企業未來。

　　美國保羅‧赫賽，在《情境領導》一書中，提到了主管除了教導、命令之外，又能關懷、支持，讓部屬發揮潛能，創造彼此滿意的結果。又

日本越智宏倫所著之《公司是人生的修道場》裡，提到培養人「善」之意念，能促進個人與公司績效之提升。美國 GE 及 AT&T 兩大卓越變革案例，共同的結語是：公司變革的成敗關鍵乃在員工態度與行為之改變。基於此，我所推行的新情境管理──「情」乃追求投入工作，在清潔、舒適、綠意、藝術化的人性空間裡，將負面思緒，朝往正面、樂觀、積極的方向奮勉進取，彼此帶動，相互影響，成為良性循環。薰陶其中，自會有滿足的收穫。

　　企業之「道」不在大雄寶殿、不在聖家堂、不在清真寺，而是走進你的工作中。願我的《情境管理》再為企業界野人獻曝並拋磚引玉，帶來一股推動改造的新氣象。試問跨入 21 世紀新時代的價值觀是什麼？不是農業時代的「土地」，也不是工業時代的「資本」，而是人生為「自我實現場所」的新觀念。這個觀念，必然引導未來世界，成為前進的新指標，謹此和企業界共勉。

 壹、情的管理篇

　　在「情」的實行上，最明顯的是──補習班，不論是國中的補習班或是高中的補習班，在牆上的四周，都可明顯看見貼著一些鼓勵同學們努力讀書的標語，舉例來說，像「一分耕耘，一分收穫」、「羅馬不是一天造成的」……等，諸如此類的標語，都希望同學們在這個環境裡，能夠培養用功讀書的決心，看著標語來勉勵自己，以考取好成績。同樣的道理，用在公司上也是如此，每個部門都有自己所屬的精神，筆者利用了一些字詞寫出部門的精神，相信日久之後，便能深植於同仁心中，如此必能勉勵、激勵同仁們，在這充滿部門的核心精神裡，以充分發揮自己的才能。不只是部門裡，更要把這種精神推廣至全公司。

　　以健生公司為例：

　1.門面題字──「近者悅，遠者來」，以溫暖到訪客人羞怯之心，利用

柔性擺飾放在接待桌上，以兩隻螃蟹來表示謝謝光臨之意……等等。

2. 董事長室給予──一尊達摩木雕，表示公司建廠精神：屹立不屈、生生不息；以及掛上一字畫對聯「健步經營基業固、生財有道利源長」，以表現出健生企業的使命（永續經營與營利經營），又因為高階層生肖屬猴，必須看到未來，所以放了一個象徵高瞻遠矚的孫悟空猴王遠眺姿態，讓公司能永續經營。

3. 總經理室──利用座右銘、字畫、油畫等功能，讓經營者在忙碌與高壓情境下，使其體會內心的恬適典雅、自然、夢幻等舒緩壓力的良方，總之，經理人的涵養：聰明才智，磊落豪邁、深沉厚重的資質，才能領導企業，循序漸進，以為邁入另一個世紀做準備。

4. 企劃部之功能──目標規劃與追蹤，以及專案與例行事物等，故置有一字畫：「運籌帷幄，決勝千里；文場鏖戰，縱橫一代」；另有一玉雕為杜鵑花及仙果，象徵著「春花雖美，期以秋實」，代表企業完備，成效滿分。如：

(1) 品管圈（團結圈）在現場生產線上推展品管圈活動，利用字樣有互相勉勵之功效。「團結圈圈圈團結，改善事事事改善」，其成效頗佳，在品管中也引用兩個明星來作省思：「好的產品是零輕瑕（林青霞）；改善不能攻則理會（宮澤理惠）」。

(2) 技術生產管理仍屬一企劃專責，在實習工廠寫著：「讀書明道貴實踐，做事盡力求心安」，以及「言教身教，有教無類；人師經師，雖師亦友」等等，管理者希望健生的成員個個都能成材成器，都是可傳承的子弟兵；在外勞管理上為安撫其遊子思鄉之愁，在宿舍安放了泰國文化的四面佛神像與泰國風景。

5. 管理部門──財務；總務；資訊：

(1) 在財務部的門口置一木刻財神爺之雕像，及一幅「財神駕到，年年有餘」的國畫，也利用一個奇石寫著：「金錢不是萬能，沒有錢萬萬不能」，來顯示財務對一個企業的重要性。

(2) 總務（人事）利用一位長者贈送的一幅字畫「觀人之道以德為主才為輔；才德全者而貴，其次有德無才者其德可用，有才無德者其難用」。另有張大千的作品「十年樹木，百年樹人」，道出教育訓練的重要性。

(3) 資訊室擺著「台南擔仔麵」（度小月）的模型警惕同仁，經濟不景氣，企業更要爭氣，另放二頭金牛、元寶，及周圍以巴西的蝴蝶點綴其間的組合代表「蛻變」，希望利用資訊管理，做好人事精簡，及不要陷入「在黑暗中打靶」、「摸石過河」的經營慘狀。

6. 營業部——企業不賺錢是一種罪惡的意境之下，利用一筆畫成的魚，象徵年年有餘。

(1) 對外勤業務員定位在「能酒、能歌、能夢想；有筆、有書、有肝膽；亦狂、亦俠、亦溫文」；希望他們有積極的行動：「困難、困難，困在家就難；出路、出路，出去走就有路」，不可坐以待「幣」（斃）。

(2) 對於內勤人員之勉勵：「誠意創意人滿意，熱心耐心客放心」，把「心」與「意」都放上了。

(3) 對外銷人員寄予「家勢、國是、天下市、世世關心」，能把世界當市場的意涵。

(4) 樣品室內取材於各國的國旗，代表健生的看法——「立足臺灣；放眼世界」，另在樣品室中保有兩面古鏡，表此為鏡之始祖，含有飲水思源之意，林林總總的軟性擺設，劃破了樣品室的寂靜與冷漠。

(5) 利用中國文化風調雨順的對話，取材杭州靈隱寺之四大天王泥塑，暗喻企業年年風調雨順。

7. 技術部門——工程課、研發課、模具課

(1) 工程課強化改善能力及工作簡化——故在技術部寫著「刪繁就簡三秋樹，領異標新二月花，精準利捷一點心」；如此言簡意賅的

表達該部門的目標與工作的精神語言。

(2) 研發部品牌強調品質創新，求變與追求績效的快速——利用燈籠造景，且在其上寫上蘇東坡的詩詞「橫看成嶺側成峰，遠近高低各不同」，表示產品開發需站在不同的角度觀察與衡量之；其另有一燈籠題上：「品質是檢查出來的？品質是製造出來的。品質是設計出來的！」此三句分別以「？」、「。」、「！」符號表示出來，十分傳神，表示在一開始設計時就把事情做好；另在開發部門的一隅放置一「沉思者」的石雕，強調好的產品來自好的思考（Good thinking, good producer.）。

(3) 模具課強調製造的質與量都具領先的能力——在模具室中置二幅絹布仕女圖，其婀娜多姿，目的在於與此單位的同仁共勉設計之作品媲美天仙等等。

8. 會議室中——有一個龍飛鳳舞的「如意」，並且掛著一句名言：「成功者找方法，失敗者找藉口」，以警惕所有員工。

9. 實驗室——創造出一個想法，就是要告訴員工，「品質為營業之根，營業為利潤之本，利潤為永續之父，永續為福利之母」的字畫及燈籠。

10. 廁所——有一個字畫來描寫這裡的情境：「善齋——到此處男女老幼同等方便，入本門士農工商一樣解脫」，而且裡面的環境要以定位為原則。

11. 宿舍區——利用燈籠寫出：「龍門客棧」，希望員工能夠有充足的睡眠。

12. 員工休息區——設有桌球、棋子、自動販賣機，在撞球桌旁寫著：「做人如球圓，做事如桿直」、「球局如棋化萬千，桿中乾坤幻莫測」等，這都是為了讓員工能夠在這裡能得到充分的休息，也透過這種布置來傳達公司的經營理念：「顧客滿意、公司如意、員工得意」，並掛出壁畫「小而美、小而富、小而強；大格局、大氣魄、大成就」，使員工在這個知識交流的園地中，能夠有創造力的表現行為。

貳、境的管理篇

　　提及了「情」的實施外，另一方面也需要「境」的創造，如此配合之下，才能發揮極大的效用。同樣的道理，「境」的創造，環境的布置，運用在公司上，創造一個充滿人性的工作環境，莫不讓同仁們感受到優雅閒適之情，在公司的環境的布置，除了一些藝術品的擺放外，綠色植物是不可或缺的大功臣，除了在廠外種植樹木外，也利用了園藝設計，可讓人覺得心曠神怡；而廠內最常用的則是盆栽的擺放，在工作的同時，也能讓人感受一種優雅之情，也是不同的享受。綠色植物代表著生生不息的意思，就像企業一樣，需要苦心的照顧，才能讓企業永續經營、生生不息地流傳下去，不斷地為人民創造工作機會，為社會創造福利。創造一個令人感到舒適的工作環境，其實是非常重要的。最後的成果展現，絕對是意想不到的。就像毛筆文化的精粹，能夠陶冶性情，讓人有種安定的感覺，所以在健生公司裡的字畫，不管是出於名家之手，抑或是筆者親筆著墨，都足以讓人感受到毛筆文化的薰陶。而讓員工在公司裡，必定能夠培養沉著的服務精神。而藝術品的擺設，舉凡雕刻品、西畫、國畫或是匾額、獎項等，運用一些小巧思，都能夠發揮意想不到的效能。

　　實例：健生公司之情境管理，請參閱所附之光碟，有彩色之實景。

　玩中學－學校推行情境管理

　案例一

　　‧第一波：將情境管理的精神，運用在學校。首先，布置系所辦公室，我們將之分為室內、室外、圍溷（WC）及美化等四大篇，左

半部為「改善前」的狀況,而右半部為「改善後」(即情境改善後)
的情況:

一、室內篇

改善前　　　　　　　　　　　改善後

　　牆上原本只掛一幅簡單的風景畫作點綴,改掛「十年樹木,百年
育人,任重道遠。教之以行,育之有情,良師益友」的大字畫,願全
體師生共勉之。

改善前　　　　　　　　　　　改善後

　　原本期刊架上及公布欄上方的牆上空無一物，改善後放置各國的國旗，並且請警察及憲兵寶寶來駐守，捍衛象徵「國企系」的地球儀。另在公布欄上方的牆壁掛上花束，以美化之。

改善前

改善後

　　原本國企系與財技系的文件夾不分顏色放置，且位置區分得並不是很清楚；改善後依顏色區別存放，並規劃好放置，在取得上更方便，且美觀得多。

改善前

改善後

原本牆上空無一物，只有一副過年時貼的紅聯，改掛兩幅圖。其一為具有勉勵性的「駿馬圖」，另一幅為「我心嚮往」，其靈感取自《鐵達尼號》的主題曲，圖內並譯有英文版，願與大家共勉之。

改善前 改善後

靠電腦桌的那面牆，只掛了一幅簡單而無特別意義的圖畫作裝飾，改以象徵財技系「日日招喜財滿堂」的財神爺字畫掛置之。另一幅標題為「你今天工作的心情如何」之排版字，使人在疲於電腦工作後，抬頭休息時吟誦「心情的四季詩」，可消除疲勞，放鬆心情。

改善前 改善後

牆上原本只掛了兩幅簡單的小圖畫，小閣樓的門上也空無一物，樓梯的手把也無任何裝飾。而後以象徵國企系世界觀的「世界地圖」

及象徵自由的「自由女神」、「風車圖」，及題有「暢遊天下名山大川，廣交天下英雄豪傑，博覽天下奇文雋語，翰書天下悲歡離合」的字畫來代替原來的圖，充分顯示出國企系應有的博聞及宏觀。

改善前　　　　　　　　　改善後

原本桌子隨便擺置，若有人推動，便會移動其位置，使得走道有時寬有時窄。因此我們將桌腳定位後，使桌子有了固定的位置，一旦被移動，可依定位點，很快地再將其調回原來的位置，使走道可以常保寬敞。

改善前　　　　　　　　　改善後

原本獎盃是隨意放置在文件櫃上面，顯得有點凌亂。將文件櫃上陳列的獎盃重新整理，排列在同一個櫃子上；另一個文件櫃上放置了

象徵財技系「精打細算」的老闆及三個金元寶，表示「招財進寶」和笑口常開的彌勒佛，並以一盆美麗的花束陪襯之。

二、室外篇

改善前　　　　　　　　改善後

　　國企系辦前，在改善前並沒有多加裝飾，可以說是乏善可陳，一點也沒有國企系──大葉大學正在茁壯的大系特色。經過我們神奇魔手的改裝後，掛上萬國旗，使路過的同學清楚知道，如此有國際氣息的科系一定就是國企系，若沒有，看到大紅燈籠高高掛，並寫著頗富國際觀的對句，如此一來，國企系在大葉大學不紅也難！

改善前　　　　　　　　改善後

　　國企系辦入口牆面，在改善前顯得單調，了無生氣，一點也不能呈現國企系的精神。在 12 月左右，要布置家裡時，會想要用什麼裝飾品布置呢？對了！就是耶誕飾品，經過改裝後，國企系辦的門面不僅有精神許多，更有過節的溫馨氣氛。

改善前　　　　　　　　改善後

　　飲水機幾乎是同學們每天上課必用的器具，在照片上可以看出，注重衛生的現代，看到大葉的飲水機，就讓人覺得不安全，真是怕喝下去就會生病！
　　茶道，是中國人五千年智慧的累積，在飲水機旁裝置得很中國

風，更有其特殊含義，尤其是照片上可看到的那首詩：「為學忙，為課忙，忙裡偷閒，喝杯水去；勞心苦，勞身苦，苦中作樂，砌壺茶來。」令人莞爾，心情頓時輕鬆不少。

改善前　　　　　　　　　　　改善後

系辦旁的園圃，在改善前雜草叢生，堆積許多垃圾，在晚上燈光不足的情況下，更會讓人覺得陰森陰暗，極為不舒服。

聖誕佳節已快到來，在加強光線及應景的要求下，我們選擇裝置耶誕燈飾改善環境，看！是不是也有點像在臺中精明一街的感覺，溫馨又浪漫！

改善前　　　　　　　　　　　改善後

財技系是國企系的兄弟系，在其系公布欄旁，改善前並沒有特別的布置，顯得單調乏味。改善後，掛上兩幅書法作品，讓同學每次查

看公布欄的同時，亦可看到那兩幅作品內文章的含義，其一在於勉勵同學們心靈的成長比外在表現改變的重要性，另一則是提醒同學們應該博覽奇文雋語，如此才能增加自己的涵養。

三、圍溷篇

改善前　　　　　　　　改善後

　　面對一片空蕩蕩的牆壁，令人不禁會有「來也匆匆，去也匆匆」的感受，只想速戰速決。但經過情境管理之後，廁所再也不是印象中用「髒」來形容的場所，而是一個可以享有快感和視覺之美的空間，別出心裁的布置，更增添如廁的情趣（左邊為拿破崙之油畫像，屬男士廁所；右邊為母女油畫像，屬女士廁所）。

此幅字畫是屬廁所文學，「水底二重山倒置」就是 M 的倒置「W」、而「鏡中三日月反懸」，即月初（初三月亮）月眉反轉成「C」，就是 WC（廁所簡稱）。

改善前　　　　　　　　改善後

在女廁裡，洗手臺也是與男廁相同的單調，尤其是女孩子多半喜歡對著鏡子整理儀容，如果周圍是空蕩蕩的，整理起頭髮的感覺並不會有多好。

經由改善後，在洗手臺旁擺個花盆，女孩子在整理頭髮時，鏡子裡映現出一盆美麗的花，將鏡中的景象襯托得更柔和，予人有「人比花嬌」的感覺。

改善前　　　　　　　　改善後

　　男廁的洗手臺令人覺得十分的單調，毫無創意，或許因為沒有經過特殊的處理，所以對於洗手臺並不會有任何特別的感覺，因為洗手臺都差不多。

　　但在洗手臺上擺盆萬年青，雖然只是一小盆，但是卻為廁所添加另一種風情，讓廁所顯得綠意盎然，有小兵立大功的效果。

改善前	改善後

　　在未改善前的廁所裡，不難發現有時候有人不小心會將小便「遺漏」在外面，使得廁所若不常清理，就會有一股異味。

　　我們在小便斗裡裝個射擊標靶，會讓人覺得新鮮、有趣，而且小便的落點有一個指引，小便的時候，比較不會有人不小心就將小便「遺漏」在外面了。

改善前	改善後

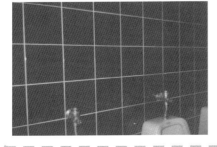 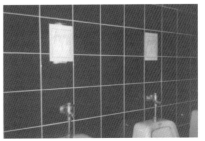

在小便時，眼前沒有任何的東西，只有一面牆，因此在這一小段時間裡，眼睛不知道要看向何方，使得小便時特別無聊。

經由一些有趣的改善，就是張貼一張符合當時狀況的「立姿射擊作業標準」，這會令如廁者會心一笑。目光再也不用不知投向何處了。

四、美化篇

一道充滿藝術品的走廊，給所有忙碌的心靈有一個歇腳的地方，放鬆心情好好地欣賞這些名畫（並附銘板加以解說），不但可以消除疲勞，還可以培養藝術氣息。

　　一幅幅精緻美麗的圖畫，再配上詳細的內容說明，讓人更容易了解畫中乾坤，及畫的意境。

　　美麗的圖畫不僅給學生一個充滿藝術氣息的學習環境，也為忙碌的生活添加了不少樂趣，使得我們的生活更多彩多姿。

　　象徵著國際企業管理精神的字畫，提醒來來往往的國企系學生；不可忘記國際企業管理的真諦。

火紅的聖誕樹，為聖誕佳節增添了不少色彩。

生氣盎然的小樹，象徵著蓬勃的朝氣。

五、心得感想

上完了老師的情境管理，我們總共湊足了三組成員，來為系辦公室進行一項「改頭換面」的大工程，藉由莊教授的指導，從顏色暨情境管理，讓國企系的辦公室煥然一新，有了新的氣象、新的氣息，使得國企寶寶們及國企全體師生深深感受著那股截然不同的新風貌。

‧第一波：一開始，老師是利用休假之餘和同學們進行第一次的布置活動。大夥兒忙著清掃、忙著拆卸、忙著釘物，忙得不亦樂乎，瞬間，系辦被人和東西擠得水洩不通，好不熱鬧！在大家通力合作之下，最先完成的是「美麗」的「圓溜」（廁所之意），完成之後，引起許多來來往往師生的側目，有人大喊「Amazing！」使得大夥兒覺得非常有成就感。

爾後相繼完成的是系辦內的各面牆，在掛上所有老師辛苦帶來的圖畫及裝飾品後，整個系辦給人迥然不同的感覺，之後，老師將系辦

周圍規劃得像國外的藝廊、美術館一般，讓同學們在上課之餘，可藉由欣賞各國名家畫作，得到心靈上的感觸，值得一提的是，當「國企藝廊」剛完成時，甚至還有學弟以為自己走錯系辦了呢！可見得我們的成功。此外，在廁所布置完成之後，更吸引大批的人潮圍觀，許多人交頭接耳，議論紛紛，對於這樣的布置大感驚訝。雖然整個過程有點累，但我們也和老師一樣樂在其中。

　　之後，老師又陸陸續續地帶了許多「作品」來完成系辦的「情境管理」，替系辦增色不少！而其中唯一全程由我們獨力完成的，就屬系辦外的「園圃」。同學們利用課餘的時間，像是園丁般的在那裡除草、翻土、栽種新的樹苗、放置休閒桌椅，同學們在此品茗或品嚐咖啡，真正偷得浮生半日閒啊！

　　‧第二波：情境管理，不是一、兩天的事，而是時時刻刻、隨時隨地的，藉由莊教授開班傳授，學生每每大爆滿的一門課程──國家區域與研究之「觀世界‧世界觀」中，師生們又完成了一項，可說是代表著國際企業系的極致特徵──各國國旗。學生藉由莊老師的教導，除了很容易地記下各國國旗，另外，同學們一起合作，畫出各國國旗，莊老師提供畫框，將國旗及附上簡單介紹的圖文，放置在走廊兩旁，使得來來往往的師生在課餘時，能多充實知識，了解各國的民情。

做中學─工廠情境管理

案例二

　　將每天置身八小時以上的地方，改裝得恰似各地的風景區，絲毫沒有一點陽剛、乏味的生產線氣息，取而代之的是，可以讓每個人感到舒服的工作環境。

車身二課同仁的鉅作，讓現場充滿俏皮與溫馨。

一、用創意增添色彩

　　首先向大家介紹車身熔組線，這也是大家以往最害怕前往的地方，即使現在還是「槍林彈雨」依舊，但只要您有機會再到車身熔組區時，一定會對我們這些弟兄的精彩創意大表讚賞，因為大家已經把公認「可怕的」熔組線，變得比大安森林公園更有看頭。

　　如果從辦公室的樓梯下來，進入商用車車身熔組線，就可以見到車身二課藝術巨擘同仁的大作，僅僅利用隨手取得的油漆及油漆刷，就將無數生動的色彩及活潑的線條揮灑在現場各角落，不論是看板、

CO_2 及氫氣鋼瓶儲存區、QC 廣場等，無不幻化成美麗幽雅的山水情境、俏皮可愛的卡通人物，以及具有潛移默化的政令宣導看板。只要有機會看到這些傑作，無一不是豎起大拇指稱讚不已。

車身二課 CO_2 鋼瓶存放區——足可媲美臺北捷運的排氣塔。

車身一課的別館，讓冰冷的熔組區增添許多綠意。

二、森林公園區

　　一向負責乘用車車身熔組重責大任的車身一課,在過去便將車身熔組線改裝成綠色叢林,來到這裡,你不但可以看到科幻電影中的未來勇士——30台機器人,抓著大槍,將一台台車身裝配完成,也可以看到媲美大安森林公園的綠化程度,走道上遍布一盆盆的綠色植物,再加上人人稱羨、綠蔭密布的別館,在這裡工作的同仁,個個心胸開闊、樂觀積極,由於整區綠化改善,破除了高度自動化設備的冰冷死板,所以能夠帶給同仁們舒適的體驗,也難怪車一課的弟兄們人人士氣高昂,這也是當初始料未及的莫大收穫吧!

　　走到裝配各課,我們可以發現各式各樣精心設計的看板,散布在裝配線的各個角落,利用淺顯易懂的圖案、表格、圖表等方式,有效地傳遞公司及部、組、課的各項活動目標與進度狀況。在轎車課甚至有立體模型清楚地顯現出合理化改善前後的比較,讓課內同仁及參觀來賓對於大家用心的成果一目了然。

三、QC 廣場天蠶變

　　各課排定計畫,一步步地來改變 QC 廣場,讓每位同仁都可以有個具特色且舒適的場所休息。廣場風味十足,其中一組是將原來冰冷的鐵桌椅換裝,變成溫暖舒適的木桌椅;另外一組則是有感於開放式 QC 廣場的落塵大,所以本小組同心協力,利用開箱區廢棄木材,搭起一間漂亮的木屋。外表看來猶如溪頭小木屋,內部的擺設就好像來到泡茶店一樣,每二個小時回到這個

裝二課新建的木造 QC 廣場,可隨時感受木頭的清香。

QC 廣場休息，一定可以恢復體力。

裝一課的傳統磚造 QC 廣場夠水準吧！

　　走到裝一課時，你一定也會嚇一跳，公司怎麼會花錢蓋一間那麼漂亮又富有農家風味的磚房，讓裝一課的同仁當作 QC 廣場呢？大概是裝一課的弟兄們，平常家裡就務農，已經住慣了傳統的磚造三合院，所以也將自己的 QC 廣場做了如此布置。而磚頭的效果是用市販的壁紙來營造的，內部的整理也當然是乾乾淨淨、舒舒服服的囉！

　　簡單地介紹工廠各對於自己工作場所的用心，無非是要以此做個引子，激起大家改善自己工作區的熱忱與創意，不論現場單位或是間接單位，只要大家願意共同親手參與，就像是布置自己家一般，將自己的工作場所活潑化、改善後，相信工作效率及品質也可以相對提高。那麼，大家還在等什麼呢？讓我們一齊動手參與吧！

服務部同仁的熱情，讓早春的寒意消退許多。

經營理念與實踐

Chapter 4

　　一個公司的經營理念是看不到、也摸不著的，比方說此公司是多角化經營，此公司是屬於利多；此公司是屬於三好一公道；此公司是屬於家族企業，有自己的精神信仰、歌曲、更有自己的策略，好的信仰能讓員工心靈有方向，工作有精神，歌曲更能激發員工愛公司的情操，有的公司更有每天早上必須做早操的規定。每一個公司都有屬於自己的企業文化，它是無形的，但冥冥之中主宰了一個公司的成敗。在日本的前五百大企業中，每一家公司都會有屬於自己的企業文化和企業定位，讓公司全體員工能夠共識、共鳴、共行，去想、去做、去感受。

　　企業經營時，必須要有自己的經營理念，而經營理念會產生一個經營目標，然後產生經營策略，這之中是環環脈動，也是成立一個企業所必須做的。在進入 21 世紀後，如何在這個世紀之中爭立足？這是我接任總經理以來一直在考慮的。我們公司的產品，主要是汽車、機車的後照鏡，以及各種衛浴設備的模具，這些東西十分符合以下的目標──小而美、小而

強、小而富。小而美：東西雖然小，可是品質要好；小而強：公司規模不大，體質要強；小而富：營業額不高，但是要賺錢。這「三小」為一個中小企業的開始，只要品質強，人家就會買；只要我們品質好，就比別人強；只要我們營業額高，有賺錢就是最好的定義。我們做鏡子的，無意中又想到，「瓶鏡」就是「平靜」，這兩個平靜把它拆開就是「平心靜氣、風平浪靜」，企業中充滿著各種壓力，每一個人的 EQ 也都面臨著許多無法克服的壓力，所以只要讓我們心平靜氣，那麼企業也就風平浪靜了，我想把這兩個合一，然後用在公司的修身養性，但只是在我的腦海中匆匆掠過，並沒有把它付諸實現。直到後來看到《舊唐書‧魏徵傳》上的一句名言：「以銅為鏡可以正衣冠，以古為鏡可以知興替，以人為鏡可以明得失，」心中大受感動，它的意思是說，以銅為鏡就是要整理、整頓，窗明几淨。以古為鏡就是用統計資料，知古鑑今。同樣地，以人為鏡，我們知人善用、教育訓練。爾後，我就在公司掛起燈籠，將這幾句話題上，點上燈，隨時提醒大家其中的意義。

　　三菱汽車退休下來的總所長荒井先生，應中華汽車的邀請，到工廠參觀輔導，在檢討會時，他說了石破天驚的理念：「當決策的人，要像望遠鏡，高瞻遠矚，眼光遠大。當主管的人地位在中階層，課長階級的，要像放大鏡，將公司之願景、目標展開、擴大。至於現場有擔當者，就要像顯微鏡，巨細靡遺，面面俱到。」他是用日語演說的，我就在此轉譯如轉下：

1.決策者如望遠鏡，高瞻遠矚、眼光遠大。

2.主管者如放大鏡，辨認事實、展開方針。

3.擔當者如顯微鏡，巨細靡遺、面面周詳。

　　上述荒井先生所提三個鏡子，他還打趣地說，鏡子與管理關係相當深，例如：

‧防霧鏡：即是必須預防被錯誤的資訊所蒙蔽，以時常處於最佳監視狀態。

- 三稜鏡：即是結合各部門的專業特色，以呈現多元色彩，須避免遺漏任一部門。
- 哈哈鏡：即是不可以用有色眼光來看待員工，刻意扭曲事實的真相。
- 照妖鏡：即是只重視內心的慾望與表面的虛假，而看不見真正用心良苦之人。
- 魔鏡：即是指相信刻意討好之人，而忽略去了解事實的真相。

 壹、望遠鏡的啟示

　　決策者，望遠鏡，高瞻遠矚，我們稱為決策的品質；放大鏡，展開方針，我們稱為管理的品質；顯微鏡，鉅細靡遺，我們稱之為作業的品質。而決策者就像下棋一樣，我們常說一個做決策的人，一步錯，全盤輸，所謂「一個錯誤的決策比貪汙還嚴重」，不得不謹慎為之，好的決策者要在事情還沒到達時，就看得到，這就叫望遠鏡的功用，還沒到，就預見得到；而第二等決策者要感覺得到，在事情還沒來，就要感覺得到，就像是「山雨欲來風滿樓」，在敵機還沒掠過我們的領空，就先殲滅掉了；而第三等者，即是面對事情，所謂兵來將擋，水來土掩，已經身先士卒，鞠躬盡瘁，死而後已；第四等者是，沒有休假，任勞任怨，船到江心補漏忙。因此我們要「打拚」更要「打算」，道理就在這裡。

　　曾赴美國受訓，對於 HP 總裁的一席話印象深刻，他說，企業領導者是一個指南針，必須要長時間、遠距離、寬視野，所以需具下列四項要務：一、勾畫公司遠景、喚起共識；其二、訂定年度目標、執行檢討；其三、培訓優秀人才、生生不息；其四、拜訪客戶市場，了解大環境之脈動。決策者不可相信以往的軌跡可以延伸，能以不變應萬變，資源有限應彈無虛發。以破釜沉舟的決心，做全面性調整；以前瞻的觀點，開創的觀念，前所未有的想像力，爭千秋的苦心，引導公司突破重圍。

　　學校有校訓，所以公司也要建立公司的廠訓。筆者服務的公司名稱為「健生」，引申為「健業厚生」，而其衍生的意義為「公司如意，顧客滿意，員工得意」，每個公司都可以如此，以前沒有做，現在可以做，以前有做，做得不理想，還有改進的空間，只是說如何去展開，掛在看板上。

　　健業厚生，廣義地說，健業即公司如意，厚生即回饋到顧客滿意，員工得意。此三「意」奉為經營理念之圭桌。顧客滿意，則落實在成本低、品質佳、交期準，那公司如何得意呢？開源——開拓市場；節流——不要浪費；精簡——人事精簡等等。那員工如何得意呢？員工滿意，則定位於信賞、福利、教育，此乃永續經營之神也，就是要訂定獎勵辦法，讓每個人都有出頭的一天，福利制度讓大家以廠為榮，提升教育水準，這是我們的架構，環環相扣。

一、公司要如意

　　首先，可從品質、成本方面去要求。在品質的方面，可建立看板。品質回饋系統，其實就是一個 ISO 體制。一般新的產品問題最多，所以商品出入要特別列入管理。工欲善其事，必先利其器，這是指設備的管理，其中模具、製具的管理是非常重要，品質的好壞，決定於檢驗，這就是檢驗的管理。如果出現了異常的現象，就要做異常管理，這就是品質管理系統。降低成本，直截了當地說就是降低材料成本，還有一些費用，包括財務費用、行銷費用、製造費用，這都要節省。至於轉換結構，我們不要什麼都賣，只求營業額高就好，所以更要賣附加價值高的產品，這樣才能提高績效，以同樣的成本、同樣的勞力、人工，提高效能等於降低成本，加強財務結構。我們不妨利用財務裡的財務槓桿原理、匯率操作，來使成本下降。

　　同樣地，要準確利用四種原理：機器（machine）、人力（man）、材料（material）、方法（method），這四個英文字都是 M 開頭的，只要

好好控制，那麼交期就十拿九穩了，所以說一個好的規劃會事半功倍。公司要如何如意呢？事實上公司的目標只有這兩個：永續和營利，這是企業根深柢固的信念，公司沒有賺錢就發不出薪水，也無法購買新的機器設備，遑論納稅了。有些公司會希望永續經營，只要社會有需要的一天，他們就會全力以赴，一旦社會和企業的脈動相結合，永續和營利便有實現的一日。

 二、員工得意

(一)金質獎章

首先訂立信賞與獎勵的辦法，事實上，獎勵的方法很多，我曾推行發給「金質獎章」，一般的獎勵通常是發獎金然後晉升，或者是精神上給予獎狀或公開表揚。如同我所預料的，我們的員工都很喜歡這種方式，又是精神獎勵又是物質獎勵，還好當時金子並不是很貴，於是我就推行了龍虎獎，龍是大的獎勵，虎是比較小的獎勵。我更當場頒發純金的獎章，以表揚其努力及肯定，員工對於公司這種活動反應十分熱烈，拚命地想要爭取這種純金的獎章，但前提是，必須在公開的場合授賞，才能達到預期的效果。

(二)獎金制度分配

再來就是獎金制度的分配，本來到了年終常常有些爭議，後來實行了78：22 大自然法則（詳見「數字管理」），大家皆大歡喜，把人數控制住，用當時所得到的回饋給員工，有了這種獎勵方法，全員都能朝個人目標展開，就像是有一隻看不見的手在後面鞭策。

(三)福利制度

1.社團

至於我們的福利，就是成立社團，因為大家來自四面八方，公司的同事甚至比家人更有相處的機會，所以我們就成立了登山社、茶道社、羽毛

球社，讓員工下班後能相處得更融洽或者互相學習。

2. 暑休、年中獎金、國外旅遊

此外，每年都有排暑休，大概是八天到九天，這是我們公司的一個特色，因為農曆的鬼月通常是國曆的八月，也是汽車廠、機車廠，或裝潢、衛浴設備、建築業的淡季，所以我們把假期集中，連休八、九天，並且鼓勵他們到國外一遊。以前我們的員工要去國外，除了要請假，還得支付從中部到北部機場的交通費，簡直是件奢侈的事。所以我們就規劃由公司出面，向旅行社交涉，讓他們早早出去，晚晚回來，務必盡興不可。那麼，如何讓在公司待上十年的員工可以免費地周遊列國呢？這些錢又要從哪裡來呢？我因此做了兩個規劃，第一個就是年中獎金，過年時發年終獎金是理所當然，在數字管理中我曾提過目標獎金，依據這個目標獎金，每個月按月分給員工，用員工的名義存在銀行，依據複利計算，直到每年的七月再發給他們，所以年中都會領到一筆一、兩萬元的獎金，每個月大概有兩千元左右，但都不是一定的，或高或低，只是個平均值。若有中途離職的，這筆獎金公司不發放也不沒收，而是加入留任者的獎金分配，所以年中有了這一筆小小的獎金，再加上福利金的提撥，出國幾乎是不用錢，這就是公司的規劃，讓他們可以出國去玩。再來，由公司出面接洽旅行社，也有比較大的省錢空間。因為獎金有了規劃，離職率就會降低，大家都知道，中國人最喜歡在每年十二月、十一月、甚至是十月，領完年終獎金再走，如果企業多了一條「年中獎金」，自然會有留下來的原因，人事也會比以前更加地穩定了。

3. 讀書會

另外還成立了讀書會，這個讀書會是用來教育員工的，那麼書要從哪裡來呢？中小企業處每年會精選十三本左右的書（金書獎），這十三本是今年出版的好書，每個月拿一本來導讀，已經行之多年了，這是讀書會的方式，給大家參考。

(四)經營理念的潛移默化

有一年筆者到希臘，看到希臘的神像，代表真、善、美的塑像，聽他們解釋，和我們的理念十分吻合，就是公司如意、顧客滿意、員工得意，就小心翼翼地搬回臺灣，放在我們的會議室，當成我們的精神標竿。我們的經營理念與希臘的神話，真、善、美的結合，彷彿是弦外之音，有共通之處。我們在公司許多出入口的地方，清楚地寫上了公司的經營理念、經營方針。甚至在每個月公司出版的刊物，也有意無意地用很多方式來說明我們的經營哲學理念，並用文宣的手法，讓員工知道公司的想法。

另外，我們每天都會做早操、朝會，大概在每個月輪到我主持時，就會不經意地把這種意念傳達給員工，讓員工感同深受。另外還有一招就是參與活動，公司每年七月都有廠慶，把公司經營理念、員工姓名、公司的經營理念、品管要領導，落實在這三個參與題目，今天的題目，明天的答案，就這樣公告，只要是答對的人，就有豐厚的獎品，獎品都不是公司出，每年這時，公司都要向協力廠商要求捐獻獎品，獎品折合現金大約在二千元左右，為了怕員工比較，就以隨機的方式頒發，每天抽出三個，這些答對的員工，一個月下來，答對的次數在九成以上，公司就會另外再給予豐厚的獎品，再抽一次，就有雙重的抽獎機會，所以大家都不會放棄，有些人不懂，不懂會問，問完就照抄，無形中就記住了公司的經營理念。

最後一招就是顏色管理裡學到的，也就是抽問，有些人在公司，再怎麼文宣、再怎麼耳提面命、再怎麼增強，就是文風不動，這種人在公司裡是最麻煩的，只要人在，動用所有的方法，經過了上、下應用方法，最後公司的想法、作法無形中就會滲入貫穿。

貳、放大鏡的啟示

「放大鏡」代表中堅幹部的「方針管理」及「日常管理」，主管應將決策者之目標加以辨知，來訂定方針管理，陸續展開，方可承上啟下，同

心協力，達成公司遠景。所謂「五指連番彈敲，不如握指捲拳一錘；萬人次第前進，不如百人突然俱至」。

　　首先，依據公司年度目標，訂定各部方針管理項目，再研議各項目達成的目標，作成「年度部門別方針計畫表」。各課依循部門方針管理項目，再展開日常管理活動，對屬於該課之管理項目落實執行。各課應將管理項目、每月執行狀況，填入「日常管理實績月報表」（如附表 4-1、4-2、4-3），並繪製曲線圖之推移，以為管制。

　　各課對該月未達目標之管理項目，填寫「負差異分析表」，其中包括：1.自我反省、2.把握真因、3.解析（先以層別，再以品管七大手法找出真因）、4.對策處理（具體對策內容、執行日期、擔當者、效果確認）、5.防止再發措施（標準化、愚巧法），填妥呈閱該部主管。

表 4-1　日常管理實績管理表

部　　　課　　　股　　　年　　　月						P.	
管理項目			製程管制項目		管理週期	每日	
圖表名稱	圖	目標值		基準值	擔當者		
日期							
課長							
股長							

　　各部每月應檢討各課執行成果，作成「部年度方針展開實績表」，經企劃部匯總，呈送決策者簽閱。每月召開經營與主管會議，各部、課提出部方針達成狀況報告及作法、改善。並以此作為各部門，各單位之考績。

表 4-2

| | 部核准 | | 課作成 | |

　　　年　　　月　　　日　　日常管理實績表

管理項目	目標值(1)	實績值(2)	差異(1)與(2)比較	負差異處理情形			備註
				如附件 NO.	結果摘要	完成日期	
批示（未完成對策之項目）			批示後處理				

表 4-3

___年___月份負差異分析表

目標值：	實績值：	差異：

管理項目_____   年　月　日

1.負差異分析	(1)反省： A.上月是否發生負差異？ 　　□是□否 B.上月負差異之真因是： C.本月負差異之數據或資料來源	(2)解析：請以層別法（材料、設備、方法、人員）或柏拉圖（不良項目、客戶別、製程別、產品別、另件別）找出重點					效益／成果
2.把握真因	請用魚骨圖或其他手法找真因：	3.對策實施	對策項目	預定完成	單位（人）	實施確認	矯正查核者
							預防查核者
							年月日
		4.效果確認與標準	新／修訂內容	標準名稱	預定完成日	單位（人）	確認簽名／日期	結果判定
								□　□結案完成
								核准
								年月日

參、顯微鏡的啟示

　　「顯微鏡」代表擔當者之「自我品質保證」，我們對品質的承諾是顧客滿意。所以品質政策訂為「以外部失敗為零做目標」，為達此目的，必須：1.全員遵守作業標準；2.迅速處理不良；3.預防不良再發。我們也用簡單的數字勾劃品質格言：

100 − 1 = 99　數學的意義

100 − 1 = 0　　品質的意義

　　做了一百個產品，有一個不良品，那是 1% 的不良率，但對購買此產品者，是百分之百的不適用。意味著創造一個客戶不容易，失去一個客戶很簡單。何況日本已進階到 PPM〔百萬分之一的不良〕以迄 PPB（十億分之一的不良）。故品質方針特規範下列三項——不收不良品、不做不良品、不流不良品，以落實「顯微鏡」的功能。

　　為顯彰「顯微鏡」的積極面，在各擔當單位推行幾項活動：其一，參與品管圈：將工作周遭困難點、不良處運用小團隊活動，集思廣益，利用品管手法迎刃而解；其二全員提案改善，在本身崗位有不合理、不平衡、不需要之處，對症下藥、用心改善。一人百步，不如百人一步。讓「團結圈圈圈團結、改善事事事改善」；其三，5S 運動，整理整頓是安全之母，效率之父。其四，全面生產保養，減少故障工時，提高機器精密度，必然確保品質，參與式管理仍允許員工能解決其工作有關問題，只要有效執行，它可提高生產力，品質和員工士氣；其五，ISO 9000 系列，達到說寫做一致，品質自然表裡一致。

　　有人說：「歐洲的品質是設計出來的，日本的品質是製造出來的，中國的品質是檢查出來的。」它也是開發品質、生產品質、異常品質，三者

環環相扣。

肆、「遠、中、近程」計畫

我們把經營理念、經營方針，做得明明白白、清清楚楚，但是這些理念要做，就要分三個階段，一個是近程目標、一個是中程計畫、一個是遠程經營，一般而言，近程計畫是二年，中程計畫是三年，而遠程計畫就五年，加起來是十年，所以一個總經理最好在位十年，可以實現計畫，否則一上臺兩年就要下臺，計畫就無法貫徹，所以繼任的總經理在位的時間最好是十年。日本皇帽株式會社創辦人鍵山秀三郎說：「十年始成企業，二十年領先群倫，三十年史上留名。」

一、近程計畫：目標──臺灣業界 NO.1

首先，先說到近程計畫，大概是兩年的時間，一個總經理要追求所謂放眼臺灣、業界 NO.1，保持這一點，即是我近程想要做的。

1. 營利規劃。
2. 四省：省材料、省人力、省時間，省能源。
3. 四不省：品質提升費用不省、產品研發費用不省、市場開拓費用不省，員工教育訓練費用不省。

這是我當年在這家公司的構想，永續而做了這些規劃，即使這些規劃要花錢，但會使公司走得更穩健，所以營利規劃與永續規劃，是我近程的營業目標，但為了讓他們更清楚，就要一網打盡。

二、中程計畫：目標──亞洲業界 Big 5

中程計畫大概要用三年時間來完成，第一步要攻於外、安於內，進而

達到企業化、國際化、活力化的指標。我一直覺得數字會說話，而且又調查了日本七個指標項目，從各個定義目標的達成率、流動率、效率……等等來研究，日本當時是我們的同業，雖然我們的目標還沒有辦法達到，但也趨近不遠了，所以向日本的同業學習是我們當時所做的第一步。

第二步就是慢慢地把觸角延伸到外國，像我們在美國的發貨倉庫，賣給德國、日本，也到亞洲、印度、南非設廠，同時也引進外勞，並且把產品的名稱分別以日語、泰語、英文三種語言相互對照，每週一句，由基層主管教導員工學習。

三、遠程計畫：目標——世界業界 TOP 10

到比利時參觀時，比利時並沒有汽車工業，儘管北邊的瑞典、南邊的法國、德國，以及西邊的英國都設有汽車工業，但比利時卻能獨占鰲頭；在四面八方的汽車頭中間成為歐洲、全世界汽車零件的供應中心。所以讓我們的零件變成亞太地區的中心，是我們的夢想。小而美，小而強、小而富，都是我看了許多書才醞釀出來的，我們的公司雖然小，但在未來的遠景應該是品質好、體質強的公司。例如：YKK 的東西雖然小，卻是大家樂於享用的，若是我們的產品也深受大家喜愛使用，那麼我們就有做不完的生意，這樣就能達成我們的目標。

最後把員工聚合在一起，就能圓滿，把公司當家業，一起工作，一起學習，一起快樂，事實上，這是 YKK 的宗旨，所以就把這些想法也放進來，這些和公司一起打拚的員工，若是他們隨公司起伏，在其領域中的身價也就自然水漲船高，他們在公司十年的話，也希望他們能有一個小康的家庭，小康的定義太籠統，就給他們四個願望：

1. 買得起房子。
2. 房子的電器製品：冷氣、冰箱、電腦，每個家庭應該有的都有。
3. 有能力供給子女上大學。

4. 每年能出國一次。

伍、經營方針與七大永續目標、營利目標

夢想可以圓夢，所賴的是近程、中程、遠程計畫，而規劃一定要有數字，一定要時間表、一定要有責任者，每年的十一月都要做規劃營業計畫：在營業計畫裡，想擴大某一市場或增加附加價值，就必須將同業以外的資料全部用數字金額表達，換句話說，即設定計畫：因為配合營業的擴充，而要增加新的設備，設備內容附表要詳加規劃。再來是十年的規劃，要增資金嗎？賺的錢要撥多少進來？這些都是數字管理，直接的生產人員、間接的管理人員，賺錢是公司的第一個目標，用料直接固定、用人費也固定，分攤到製造費用、產銷費用、材料費用。

這些遠景，以及公司近程、中程、遠程計畫，都很明確地告訴員工，甚至連我們的經營理念、經營活動、規劃好的公司遠景，以及大家的一致看法，也都強烈地告訴員工。

第二個就是營利方針，要達到這個方針，每年要調整團體，就是由一級主管共同來做決策，就是所謂的盧溝橋，進而聯想到七七抗戰，七這個字在外國是個幸運數字，在中國也是個熬出頭的數字。每年的十一月，我們把今年一月到十月的數字很快的在十月全部結算出來，再加上去年十一月和十二月的數字，就把這十二個月的數字，在一個不受干擾的時間或地點研究，像是一個訓練外務的場所開會，早期還請一些有經驗的人，像是生產力中心、中衛發展中心，只要做過一、兩年，就可以自己來做。

一、公司軟體、硬體的改善

為了 ISO 9001、QS 9000、ISO 14000，要求全國品管圈獎、國家品質獎、日本 PM 獎，這些都是軟體，當然也有硬體的部分，像是自動化、

電腦化、研發模具，這些是硬體的，所以七項裡面，分類軟體、硬體的改善，本來是有二十幾項，但經過刪減之後，就變成了七項。至於軟體部分，就有所謂的「SWOT」——S（優勢）、W（劣勢）、O（機會）、T（威脅），我們的優勢如何確保，我們的缺點如何做改善，我們機會如何把握，我們的威脅如何解除，這樣才算成功。舉例來說，硬體的方面，公司要買新機器，就得經過改裝、試車等步驟，勢必要花費不少時間，就算是要對舊的機器做改善，也是要長時間才能完成，這些都要列入硬體的改善範圍。之前曾在數字管理提過的「七三法則」，我們運用在企業時，就是要它的「三七二十一」，所以如果我們上述的硬體改善能遵守數字管理的原則，3.7 年就可以回收（詳見「數字管理的智慧」）。如果風險很大，就加速回收，軟體用 SWOT 的話，硬體就用投資報酬率。

二、財務損益表內的費用

　　此外包括：1.營業費；2.直接用人費；3.用料費；4.製造費用；5.管銷費用；6.不良費用；7.利潤。

　　我喜歡用五四三，不良率下降 50%，庫存下降 40%。效率增加或成本降低 30%，以這樣當成高標竿，用等差級數，用顏色管理，更能收到立竿見影的效果。

三、優秀人才

　　身為公司的最高經營者，首先，千萬不要有戀棧感覺，否則就不能完全清心。在我擔任總經理的任內，我就計畫在十年後轉換跑道到學校教書。老子的《道德經》曾言：「功成身退」，這是一件很難的事情。再來我曾去日本松下電器參觀，有一句名言：「總經理交棒給差他十歲的人」，換句話說，繼任者若是年紀相近，做沒幾年也要跟著退休了，所以

規劃繼承人最好能在位十年，並把近程、中程、遠程計畫全部在自己的任內實現。其次，就是自我的教育，自己要有人生的規劃圖，如果自己都不敬業，後面的人要怎麼打仗呢？我主張機會教育，所以在每天上班前就開始做早操、朝會，這樣的方式不但有效而且口碑很好，而且每一個星期都特別留下一個單位由總經理集合，所有的資料保證能夠三找：「找缺點，找優點，找對策」，也就是你的單位好在哪裡？你知道嗎？缺點也是一樣，要報告總經理知道，在下一次召見時，缺點是否已經找到對策改善，這就是號稱的「三找」。另外，對於新進人員的做法，就是用對照的方式，我在日本曾經看過對新進人員的三句話：「說給他聽、做給他看、讓他做做看。」看起來很樸實簡單，但這種方法，卻是十分有用，都能讓員工迅速地上手，而且只要進入公司，絕對是可以做多人多分配的工作，也就是在公司裡，每一項工作都要熟練，從初階、中階到高階，工作崗位輪調，可以精簡人力。並有訓練教室，只要上戰場，什麼都會做。

　　再來，就是編輯專業書籍，與彰化師大的工教系合作，他們在大三升大四暑假那三個月，規定要到校外實習，而且是有學分的，所以一定會認真實習，他們定期會到我們的公司實習，我在當時就決定，把我們公司的實作化為書本，前一個半月全部要實作，給他一台照相機，看到什麼就拍起來，一個資深的員工當他的諮詢委員，有什麼問題就發問，後一個半月，工作就都不要做，把所看的、所學的全部寫下來，歷時三年的時間，全部編輯完成，人手一冊，這樣的話，員工有不懂的就可以看冊子，而且冊子裡還有圖片說明，該曉得的就讓員工曉得，至於機密的問題，則是另外編輯一本主管級以上才能看的手冊，以確保機密資料不會外洩。再說十一月份把年度目標編完，基層到最高層，都要做訓練，各階層要受什麼訓練，才能配合公司的年度目標，就要開辦受訓單位，有的內訓、有的外訓、有的是讀書會。像我若是覺得外面演講的題目很好，就派人出去聽，回來寫報告，若是報告提到演講人的題目有利於公司，就敦聘他過來，我事先會把公司的問題告訴他，再透過他說出來，所謂「遠來的和尚會唸

經」，而且會先設計問題，才不會在上完課大家茫然不知所措，無人敢發問，而草草收場。公司因為有了這幾個人的發問，就會帶動人氣，但發問者也必須要有思維，問出來的東西要言之有物，才不會鬧笑話。而且很多訓練可以採用動態教學，如品管圈、國際禮儀、行銷沙盤推演、經營管理過十關等，由於投入、參與，效果十足。

中國農曆年時，日本並沒有過年，再邀請優秀的協力廠商，還有推選出來的重要幹部，到日本學習，所以簡單說起來，我的教育訓練就這三個，從外訓改到內包集訓，從靜態改成動態教學，從國內延伸到國外學習。另外，我們也透過安全月，品質月等等，一、二月加強成本，三、四月加強效率，為了增加產量，五、六月加強產品品質，而把經營理念加進去，七、八月士氣鼓勵，到國外去，公司有很多的廠慶，九月、十月交期準確，十一月、十二月整理、整頓為安全之母、效率之父。把所有的文宣都請來，再配合演講，這叫加強月，因為人都會鬆懈，所以每兩個月就是加強月。而幹部則要提升素質，被上司教導信任，只有信任的基礎，才有信用的部屬，而且要教導如何領導統御，對於同事則要教導人際關係的能力，對於本身職務上的能力如何加強專業素養，這又要特別加重訓練。

以上這段文字，是我的感受，希望我服務的公司變成一家百年的老店，那要如何做到「知真才、用實才、舉賢才」？

它真正的意思就是要選真正打拚的人，這就是為什麼我寧願用三流的大學生，而不願用一流的大學生，因為一流的大學生能力很好，但最後不告而別，而三流的大學生是真心在做事，培養他的專才，最後再晉升他的職位。因為有真才就做對事，有實力就有本事，因為晉升某一個職位就會成大事。

四、掌握市場的脈動

用一象限橫坐標代表數量，縱坐標代表附加價值，我們發現這四個象

限裡的量多利多就是「金牛」，要加以確保；一種量少利多的就是「明日之星」，要促銷，另一種「量少利少」的是「浪人」，就不管它；量多利少的是「惡犬」，就是要降低成本，例如物料成本、品質成本、人力成本、製造成本、行銷成本、財務成本等等。究竟公司的負面影響要如何降到最低，需要有幾個分類，就以四個象限來表示，其中各個廠的需求都不同。我寫了幾個字，「困難！困難！困在家裡就難，出路！出路！出去走就有路」，臺灣的局勢不僅要布局在大陸，而且要開拓市場，我看過很多書，也體驗過，走過風雨、走過歲月，我覺得企業成功的原因有：

1. 捨得投資研究發展。
2. 經營者領導有方。
3. 大筆投資員工的教育訓練。
4. 多角化經營。
5. 企業文化影響。
6. 掌握進入市場的時機。
7. 追求卓越品質。
8. 投資硬體設備。
9. 對市場及競爭者具有高度敏感度。
10. 完善的內部管理。

失敗的原因有十點：

1. 研究開發能力不足。
2. 進入市場太早。
3. 過度依賴單一或某些大客戶。
4. 跨行失敗。
5. 擴充得太快，沒有建立制度。
6. 牟取短利，沒有長遠計畫。
7. 自由化的衝擊。
8. 財務不健全。

9. 沒有應變應急的能力。

10. 勞資爭議。

陸、企業診斷

　　一個企業，今天的成功，不能保證明天的順利，隨時要有危機意識，大家都聽過青蛙的故事，在 25°C 的水裡，會游蛙式，但是在 100°C 的沸水裡，會灼傷而跳出來，展現應變能力。最怕就是把青蛙放在 25°C 的水裡，然後 35°C、45°C、60°C，一直到熱得受不了，青蛙再也沒有力氣跳出來了，以不變應萬變就會變成青蛙湯，這個康乃爾大學所做的實驗常被比喻為一個教訓，一個企業隨時在變，安於現狀是萬萬不可的，所以隨時要有危機意識。一個公司的高階主管要像醫生一樣地去做診斷的工作，那要怎麼做診斷？就是要親臨現場，面對現實，這也是我在總經理任內安排的行事。那麼要如何帶領有關的幕僚、幹部去做呢？即是找優點、找缺點、找對策，再將缺點用拍立得照下來，以「三找」來診斷，這就是現場的診斷。當總經理擔任召集人，帶領部屬做現場診斷時，每一個人要多看，找優點、找缺點、找對策，每次都是這樣一個循環。我們絕不會故意盡罵一個人，讓人感到一無是處或洩氣，同時也會找優點繼續保持及發揚光大，若想知道缺點有沒有改善，從拍立得所拍下來的前後照片，就能一目了然。（可參看本書第 11 章——企業診斷案例二）

 一、腦　症

　　經營者無能，就是企業的腦症，經營者仍然是企業的毛病，如果有錯就要更改，否則就會經營失敗。

二、精神疾病

企業也有精神疾病，這就是管理者的事情，下情不能上達，命令不能貫徹，就會變成大家各自為政。

三、心臟病

企業也有心臟病，資金落後規則，就像是股票暴跌，資金已經有應收帳款、應付帳款，這時已經發生混亂，就已經太慢了。

四、骨骼病

企業也有骨骼病，企業組織慢慢僵化，就像是公家機關，企業整個活動的空間就像是組織衙門化。

五、腸胃病

企業也有腸胃病，營業額雖然可以，但附加價值愈來愈低，換句話說，就是做得很辛苦，但是賺的錢卻很少。

六、肝 病

企業也有肝病，收益結果當然很脆弱，這是單位競爭，也就是割喉競爭，愈做收益愈少。

七、腎臟病

　　企業也有腎臟病，也就是有些高級幹部，坐在那位子不適任，新陳代謝不好。

八、胃　病

　　企業也有胃病，也就是業務的改善，那麼整個業務應該衝到最前線，去爭取附加價值、新的獲利，如此一來，有新的空氣進來，就不會造成嚴重的胃病，人的身體和企業的體質結合在一起，所以一個好的企業經營人要活用策略，我們以前也用五力分析、財務奇數法加上現場診斷，以及像醫生般去診斷，這道理是一樣的。

　　身為公司高階主管的任務與使命應有下列四點：

1.勾畫長程遠景喚起共識。

2.訂定年度目標執行檢討。

3.培訓優秀人才、生生不息。

4.拜訪客戶市場、掌握脈動。

經營理念（顧客滿意、公司如意、員工得意）

經營方針（品質、成本、交期、開源、節流、精簡、信賞、福利、教育）

長程經營（五年）

近程目標（二年）

目標：追求卓越，確保臺灣業界 NO.1 策略：
一、盈利規劃
　1.省物料
　2.省人力
　3.省時間
　4.省能源
　5.品質提升費用不省
　6.產品研發經費不省
　7.市場開拓付出不省
　8.教育訓練開支不省
二、永續規劃
　1.爭取國家品質獎最高榮譽
　2.落實自主管理並強化協力廠
　3.車床自動連線完成
　4.塑膠結合裝配全面展開
　5.新式多色塗裝設備導入
　6.電鏡及明鏡自動上下料投入
　7.二段式研磨新機械引進
　8.研發三次元/CAD 加入
　9.裝配多能工線推進

中 程 計 畫（三年）

目標：掌握需求建立亞洲 BIG5 策略：
一、企業化
　1.任用專業經理人 2.締造勞資和諧
　3.多角化經營　　4.執行內部創業
　5.運用財務功能　6.爭取股票上市
　7.建立企業文化　8.回饋公益活動
二、國際化
　1.行銷國外 OEM
　2.建立海外據點
　3.整廠輸出
　4.引進先進國技術
　5.幹部懂二種外文
　6.操作國際金融
三、活力化
　1.了解顧客走向及掌握市場
　2.培育優秀人才及永續教育訓練
　3.提高產品功能及附加價值
　4.再投資合理化及自動化硬體設備
　5.再投資研究發展及品質改善軟體設備

長 程 經 營（五年）

目標：發揮潛能，躋身世界業界 TOP10 策略：
一、將企業經營成最專業、最好的製鏡中心
　1.產品係小配件，但就如 YKK 拉鍊，人人享用，馳名國際
　2.亦如比利時，雖無汽車廠，但卻是歐洲汽車零件供應中心，期望成為世界製鏡供應中心
　3.亦如歐洲小國（瑞典丹麥、瑞士 奧地利）國富民強，公司雖屬中小企業，但經營要能小而強、小而富、小而美
二、落實公司經營理念
　1.以品質、成本、交期來服務顧客，追求比別人更好的產品，成為客戶唯一選擇
　2.以開源節流精簡來強化體質，成為有獲利能力企業，並歷久彌新
　3.以信賞、福利、教育使員工提升素養和品質

總經理　年度方針　→　廠處主管　方針管理　→　部門主管　日常管理　→　各單位　團結圈，提案改善，全面保養

望遠鏡：

		近程規劃	中程規劃	長程規劃
市場規劃	國內現有市場			
	國內新增市場			
	國外現有市場			
	國外新增市場			
設備規劃	建廠			
	生產設備			
	實驗設備			
	模具設備			
資金規劃	借款			
	增資			
	盈餘轉撥			
人力規劃	技術研發人員			
	直接人員			
	管理人員			
	外籍勞工或顧問			
收支規劃	銷售			
	原料			
	人工			
	製造費用			
	管銷費用			
	利益			

1. 應有 SMART 表達：Specific（明確）、Measurable（可衡量）、Achievable（可達到）、Resource（所需資源）、Timeframe（時刻表）
2. 3C 主義表達：Clarity 清楚、Consistency 一致、Commitment 承諾

望遠鏡：

年度目標	管理項目	資訊室	管理部	企劃部	營業部	技術部	品保部	製造部
七大盈利目標	營業額提升	△			○	△		
	銷貨退回削減		△		△	△	○	△
	用料費控制		△			△		○
	直接用人費精簡	△	△	△				○
	製造費用抵減	△	△			△		○
	管銷費用抵減	△	△		○	△	△	
	利潤額達成	○	○	○	○	○	○	○
七大永續目標	爭取國家品質獎	○	○	○	○	○	○	○
	落實 ISO 說、寫、做一致	○	○	○	○	○	○	○
	參與自主管理活動	○	○	○	○	○	○	○
	強化倉庫管理	△	△	△	○			○
	提升研發能力及模具製造			△		○	△	
	應用改善手法、降低成本			△		○	△	○
	運用電腦化、自動化、合理化，精簡人事	○	△	△		○		○

註：○主要部門，△相關部門

放大鏡:

公司年度方針 ⇨ 部級方管理 ⇨ 課級日常管理

顯微鏡：

階段	開發品質	生產品質			異常品質
精神	品質是設計出來的	品質是製造出來的			品質是檢查出來的
管理	開發計畫管理	（不接受不良品）→（不製造不良品）→（不流出不良品） 進料管理　　製程管理　　成品管理			特別管理
作法	1.開發管理 2.治具、模具製作 3.標準類型定 4.品質確認	1.進料檢驗 2.檢測儀器器具檢 3.廠商評價	1.標準遵守 2.工程訓練 3.製程管理 4.設備管理 5.治具、模具管理	1.倉儲管理 2.成品檢驗	1.異常管理 2.初物管理 ↓ 標準類修訂 ↓ 教育訓練 ↓ 品質確認

FMEA（不良模式分析）
三現五原則

輔助活動：1.品管圈，2.提案改善，3.TPM
　　　　　4.5S 運動，5.ISO 9000 三階文件

顯微鏡：

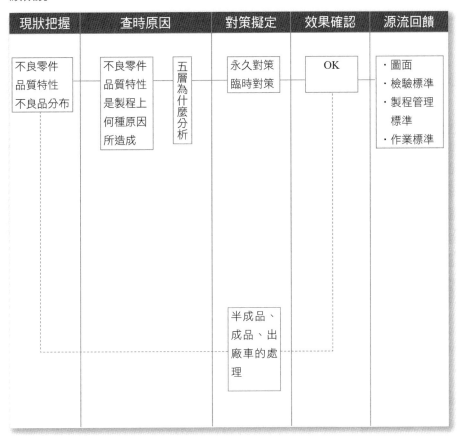

玩中學—以一食品公司做「虛擬企業」之四大任務與使命

案例一

一、公司遠景：完成十年後晉升全球性食品王國

(一)短期目標：將速食麵的市場占有率晉升至第二位

1. 加強研發能力（開發新產品），將產品品項增加。

2. 著重行銷能力，從事行銷計畫→行銷組織→行銷執行→行銷方法行銷考核。

(二)中期目標：使公司營業額達成年營業額 30 億元，淨利額 10 億元

1. 增加相關性產品行銷。

2. 與外商合作，促進整體公司成長及人員精進。

3. 研討作業流程→作業程序→作業方法，將管銷費用完全控制（各部門）。

(三)遠期目標：公司晉升為全球性食品王國

1. 人員素質提升。

2. 教育訓練加強。

3. 培養員工國際觀。

4. 全公司員工大家一條心。

5. 員工相關性福利規劃。

6. 人才培育、有規劃性的提升，使其能融入整個企業文化及公司運作。

共同話：為使個人明天好，先讓公司今天更好。

二、訂定年度目標執行檢討

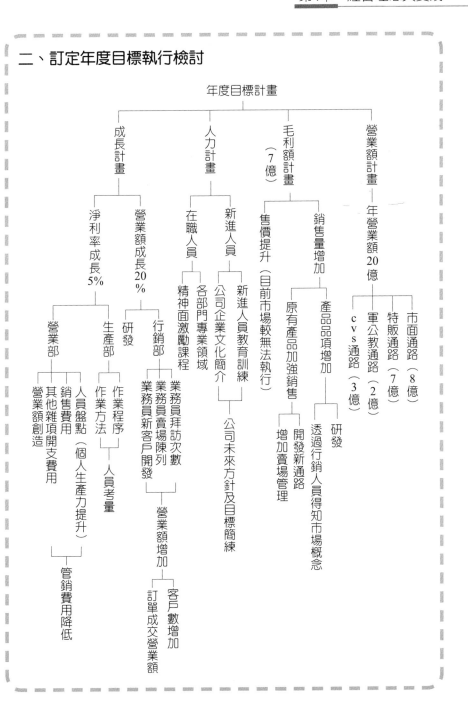

檢討：

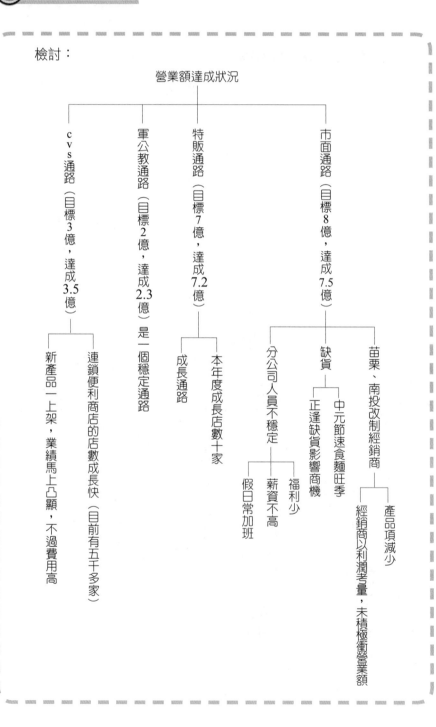

營業額達成狀況

cvs通路（目標3億，達成3.5億）

　新產品一上架，業績馬上凸顯，不過費用高

　連鎖便利商店的店數成長快（目前有五千多家）

軍公教通路（目標2億，達成2.3億）是一個穩定通路

特販通路（目標7億，達成7.2億）

　成長通路

　本年度成長店數十家

市面通路（目標8億，達成7.5億）

　分公司人員不穩定

　　假日常加班

　　薪資不高

　　福利少

　缺貨

　　正逢缺貨影響商機

　　中元節速食麵旺季

　苗栗、南投改制經銷商

　　經銷商以利潤考量，未積極衝營業額

　　產品項減少

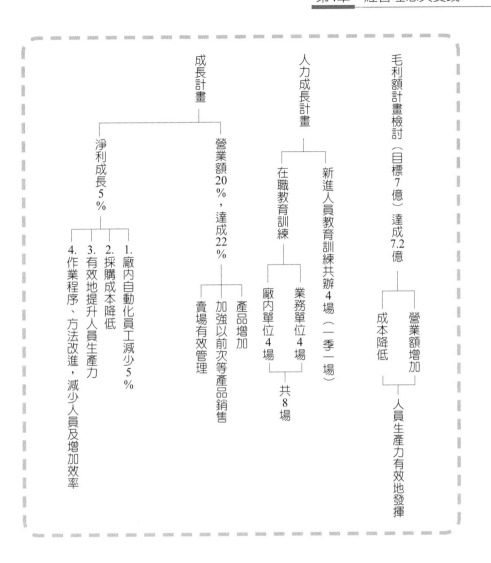

三、培訓優秀人才，生生不息

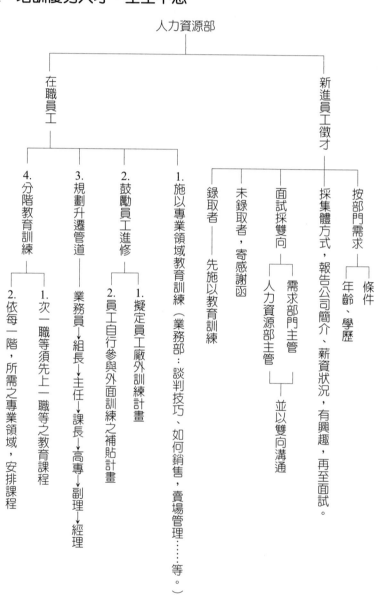

四、了解客戶市場，掌握脈動

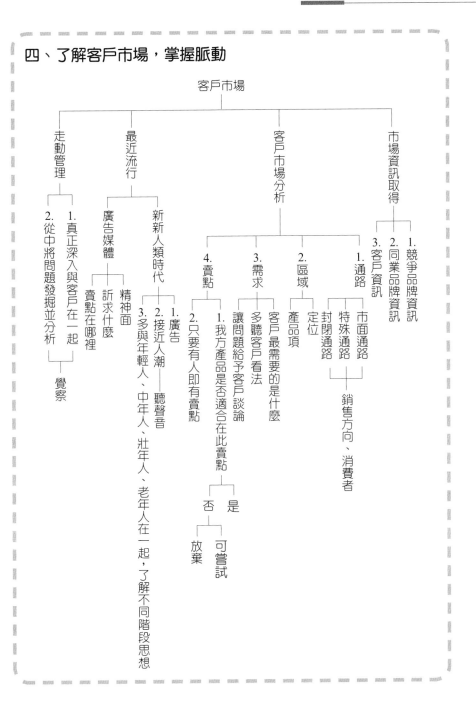

做中學—某食品公司的企業政策

 案例二

一、前　言

　　成為具競爭力之國際化企業，是本公司努力的目標。為使企業永續經營，除持續精耕臺灣市場外，更需逐漸加強跨國事業的投資。

　　而在企業邁向國際化腳步的同時，為使集團整體經營理念及企業文化均能正確落實到海內、外各生產事業體，使得各生產據點在集團導引下共同成長，以延續優良之經營體系，特制訂企業政策。

　　本公司現階段企業政策，內容涵蓋管理五大功能中之產、銷、人、發、財等相關政策，可作為各事業體經營活動及決策之依循、準繩，進而凝聚彼此之向心力，以維護正派經營之企業體。以下分別說明各個企業政策：

二、人力資源政策

1. 人力資源是公司的命脈，所以培植部屬、造就人才及促進組織活性化，是每位主管的首要責任。

2. 人力的選擇以重視品德為首，次為專業經驗及學習能力。

3. 人力資源管理必須掌握以下要點，以確實讓人成為公司最寶貴的資源：

　(1)了解企業經營的內、外部因素，妥慎規劃、編制合理人力及選擇適宜人才。

　(2)提供完整之教育訓練及晉升機會。

(3)訂定合於行情的薪資水準與良好的人事制度。

(4)搭配公司經營層的領導風格，做好留才的行動，再加以運用人才。

4. 建構全員學習型組織體系，實施定期性工作輪調，提高在職同仁本職學能，凝聚經營共識，塑造優質企業文化。

5. 秉持勞資互惠及共存共榮的原則，提供健康、安全的勞動環境，並規劃完善、健全的福利制度，以提高員工生活品質、提升士氣及激勵工作意願。

6. 培育國際經營人才，以配合公司國際化政策。

三、組織發展政策

1. 塑造學習型、扁平化、網路化與流體化組織結構，並兼顧集權與分權之精神。

2. 公司組織發展以策略為先，各部門為因應產業環境變化及管理需求，應定期調整組織。

3. 各事業部之利潤中心政策與公司策略方向相衝突時，以公司策略為優先執行。

4. 維持良好勞資關係、暢通各部門溝通管道及促進員工間和諧相處，以塑造健康的組織氣氛，進而增進組織的良性發展。

5. 善用專案小組及委員會組織，摒除部門主觀意識，以具體的目標進行各項改善活動及績效提升。

6. 經營團隊之各階層主管應秉持著相互合作、相互協助的精神，全力達到營運目標，並以最具競爭力的成本及品質，迎合顧客需求，創造最合理利潤。

7. 組織精神：

(1)肯定傳統，積極創新。

(2)追求速度，務求圓滿。

(3)簡單確實,請求效率。

(4)團結合作,爭取第一。

四、行銷廣告政策

1. 倡導品牌形象廣告與活動,致力於「品質無境界,產品躍全球」願景之傳達。

2. 廣告內容及訴求皆以品牌策略及個性為核心概念,不作誇大不實、誹謗競爭者之商品宣傳活動。

3. 確實掌握目標消費群的需求,以創新的廣告表現及行銷活動,活化產品生命力,延伸產品生命週期。

4. 對廣告代理商進行必要之評估與考核,建立互信、互賴的基礎,以長期合作的夥伴關係來經營品牌事業。

5. 確立有效的流通行銷資訊整合系統,配合行銷活動需要,快速回應市場需求,選擇有效、靈活的媒體組合。

6. 結合優質銷售通路及產品特性,務求每一次促銷活動都能發揮整體品牌價值與廣告效益。

7. 以長期經營品牌觀念進行各項產品宣傳活動。品牌廣告策略必須符合定位原則,應力求讓公司同質或同品牌產品能同時獲致廣告之效益,以協助達成銷售目標。

8. 掌握產品差異特性,積極爭取銷售主動權,並以責任制精耕市場,創造新的市場利基。

五、品牌發展政策

1. 公司經營之商品應致力於經營自有品牌為原則,且擁有品牌註冊所有權及資產。

2. 公司經營之品牌必須具有獨特性、單純性及一貫性等三個特性。

3. 經營品牌必須凝聚企業焦點,並且以創造領導品牌為目標。

4. 品牌推廣必須符合企業識別系統（Corporate Identity System; CIS）規範，並結合商品發展、通路活動及廣告宣傳，擴增品牌效益，累積品牌資源。

5. 以創造個別商品品牌之行銷效益，來累積系列產品品牌價值，建構企業品牌群組（Enterprise-Brand Group）之專業優良形象。

6. 創立新品牌或延伸品牌，應就市場脈動、規模、經濟發展趨勢、消費習性及商品差異性等因素，做品牌價值工程（Brand Value Engineering）分析。

六、資訊管理政策

1. 建構企業網路及掌握外界資訊之發展。

2. 整建管理資訊系統（MTS），以資訊科技管理企業營運活動，提升企業營運競爭優勢。

3. 強化電腦安全管理，落實機密、權限管制，以確保資訊正確、適當地傳遞。

4. 加強員工應用電腦之能力，並提升組織運作效率，以達到流體式管理及組織扁平化之目標。

七、生產政策

1. 發展以技術為核心之生物科技相關產業，以及符合現代社會需求之精緻食品加工業。

2. 在確保產品品質的前提下，以產銷協調決議為範本，全力配合業務與顧客請求，達成產銷目標，發揮最佳的生產效益。

3. 持續地進行合理化及自動化，以激發改善潛能，並運用現有的資源與設備，發揮最高生產效率。

4. 為因應市場需求之急速變化及擴大市場占有率，必要時，得尋求合作廠商，以 OEM 或 ODM 的生產方式，建立起共存共榮的策略聯

盟之經營模式。

5. 各生產工廠應致力於安全、衛生管理，均能合於 GMP 及 ISO 之認證規定。

八、品質政策

1. 建立一完善品質經營體系，以「全員品管、顧客滿意」為品質政策核心，從行銷／研發／製造到銷售服務，皆應以滿足消費者之需求為目標。

2. 生產符合自然／健康之產品，絕不偷工減料且產品標示與實際內容物必須完全一致，不能有任何欺騙消費大眾之行為。

3. 確保品質及品質優先是公司品質政策之基本原則，全體同仁應將此一信念融入每日實際作業之中，使品質活動成為一種習慣。

4. 全力追求生產部門之安全品管及合乎食品 GMP、ISO 等相關認證制度。

5. 實施全面性品質管制訓練，提升生產單位同仁之品質素養，進而落實品質管理是各生產部門之首要職責。

6. 以消費大眾為品質的焦點，推動各種品質改善活動，讓全體員工熱心參與，深刻體驗追求高品質是一種道德信念，更是一項長期投資。

九、研究發展政策

1. 推動研發再造工程（Re-Engineering），確實掌握市場脈動及消費資訊，提升產品價值。

2. 積極開發自然／健康／營養導向及兼具環保意識之精緻化食品加工產品，及高附加價值生物科技產品。

3. 協助生產部門改善製程，以提升產品品質及生產效率，延續產品生命力。

4. 研發單位與各事業部間應秉持相輔相成原則，進行產品開發，藉由市場資訊／生產設備及生產技術密切結合，以提高新產品之商業價值，縮短產品開發期。

5. 整合集團海內外事業體之研發資源，以技術支援／技術移轉的模式，達成研發目標。

6. 改善研發環境、培育研發事業人才、強化研發能力。

十、業務政策

1. 積極發展區域物流中心，追求品質多樣化。

2. 自有商品追求品項單純化，貢獻度最大化。

3. 業務單位應就劃分之通路別及營業區域別進行銷售，不得越區、不當折讓及惡性競爭行為。

4. 對銷售單位業績達成之獎勵，應以累計達成率、平均達成率及退貨率為計算基礎。

5. 促銷活動不以達成短期銷售目標為目的，應以創造長期銷售實績為考量。

6. 針對不同通路類別與特性，進行商品區隔。

7. 業務部門既定之業績目標與應收帳款、票期，絕不能輕易妥協。

8. 暢銷產品若遇有供不應求時，應以自營通路系統為優先配送對象。

9. 引進代理品項銷售，應以避免與公司同質產品相衝突為原則。

10. 推展業務不以塞貨為手段，應以降低營銷單位庫存，落實實際銷售量為目的。

11. 對經銷單位應給予合理的毛利，對營所單位應給予適確之獎勵，各項交易條件及獎勵方式，務求單純化。

12. 培養業務人員使用電腦資訊能力，進而隨時掌握銷售、帳務及物流配送情形。

十一、採購政策

1. 依據公司各部門之年度採購需求，訂定採購預算計畫。
2. 維持正常產銷活動，降低公司的行銷成本（數量、價格、品質），是採購人員最基本的職能。
3. 各種交易中，應以公司之利益為先，並信守既定政策執行。
4. 採購部門依據研發部門所制定之原料、品質、規格、成分，及生產部門所提之物料規格、材質，並視廠商交貨之品質、價格、交期及售後服務，決定原、物料及其他產品之採購。
5. 採購人員必須綜合研發、生產、品管、業務等部門之專業知識，為公司之未來選定合格之供應商。
6. 任何採購均應參考市場行情及過去採購紀錄，並向至少 2 至 3 家以上之供應商進行詢價作為，且隨時掌握原、物料市價波動資訊。
7. 新建工程或新設備安裝，應循資本支出及發包作業辦理。
8. 為結合集團採購資源共享之原則，遇下列品項得進行國際性之統一採購作業：
   (1)國內、外各生產事業共同使用之原、材、物料等品項者。
   (2)國產品價格高於進口品者。

十二、環保政策

1. 遵守環保法令、維護環境品質、落實環境管理。
2. 加強員工環保意識，普及環保觀念，維護良好職場環境。
3. 持續推動製程減廢與能源節約之改善活動。
4. 加強推動廢棄物之回收、再利用及資源化。
5. 重視工業安全與衛生，確保員工身心健康與安全。
6. 持續推動環保工作，建立環境管理系統（EMS-Environmental Management System），以追求企業永續經營之目標。

十三、結　論

　　企業基於經營理念及願景帶領下，透過海內、外各機構同仁共同努力，積極建構一個「圓滿全球生命」、「行銷全球市場」的國際企業。

 做中學—某補教事業經營理念與實踐

 案 例 三

經營理念　秉持誠勤樸慎理念
　　　　　提高辦學品質與管理績效
　　　　　幫助開創青年前途
　　　　　對工作不斷檢討與改善
　　　　　全面提升顧客滿意
　　　　　企業永續經營
經營方針　提高效率
　　　　　提升品質
　　　　　創新研發
　　　　　顧客滿意

一、短期目標

1. 建立學習型組織，因應產業內外變化，執行組織變革。

2. 年營業收入目標超過七億。

3. 規劃事業集團各事業體股票上市事宜。

二、中期目標

1. 集團開辦之科、系、所及數位教育成為顧客所選擇的 NO.1。

2. 年營業收入目標超過 30 億元，主任級幹部千萬級身價。

3. 事業集團股票上市。

三、長期目標

1. 每年集團總營收目標超過新臺幣百億元。

2. 成為全球華人最大的教育事業集團。

四、企業文化

‧基業長青的靈魂是企業文化，而企業文化及其核心的內容即為價值觀。

‧樹立明確的目標是為帶動員工的首要步驟。

‧在推動企業文化的堅定信念中，相當重視在員工社群中營造出熱情的積極性。

‧因為企業成員有共同的價值觀念和行為方式，使得同仁們願意為企業出力。

五、提高品牌忠誠度

(一)七大營運目標

1. 營業額提升。

2. 拒收或產品退費削減。

3. 用料費控制。

4. 用人費精簡。

5. 降低行銷費用。

6. 降低管銷費用。

7. 利潤額達成。

(二)七大永續目標

1. 達成上市上櫃。

2. 內部施行 ERP。

3. 強化知識管理。

4. 平衡計分卡施行。

5. 施行目標管理。

6. 施行利潤中心制度。

7. 施行年度預算制度。

(三)品質管理階段

1. 開發品質階段：

‧秉持品質是設計出來的精神

進行開發計畫管理、訂定開發管理、標準管理、品質確認等三種方法。

2. 流程品質階段：

‧堅持品質是服務出來的精神

落實學生報名前管理（進貨管理）、學生上課管理（流程管理）、學生如何上金榜管理（成品管理）。

3. 異常品質階段：

‧解決學生抱怨出來的問題，擬定特別管理方針，針對教育訓練及品質確認等部分，擬訂完善對策與方法。

4. 輔助活動：

為求各階段任務執行順暢，輔以示範比賽、標竿學習、6S 運動及提案改善等活動。

六、從企業「價值創造圖」做出五力分析

(一)競爭對手威脅：業內競爭對手的殺價威脅……。

(二)潛在競爭者威脅：升大學補教業轉辦升四技二專之威脅，升二技補教業轉辦升研究所之威脅……。

(三)替代品威脅：錄影帶教學、光碟教學、數位線上教學（遠距教學）……。

(四)供應商議價力：紙張供應商對紙張的議價能力，上課老師對鐘點費的議價能力……。

(五)購買者議價力：學生、家長對補習輔導（產品）的議價能力。

七、結　論

教育是百年之大計，除了強化企業經營體質，繼續擴充事業版圖，完成自我設定的「四大志業」目標外，並領導現有的企業集團繼續本著造就青年的人文關懷，領導公益，為社會善盡一份心力。

望遠鏡：

		近程規劃	中程規劃	長程規劃
市場規劃	現有補教市場			
	新增補教市場			
	現有國內區域市場			
	新增國內區域市場			
設備規劃	新設班系			
	教室設備			
	辦公設備			
	其他設備			
資金規劃	借款			
	增資			
	盈餘轉撥			
人力規劃	師資			
	直接人員			
	間接人員			
	工讀生或約聘人員			
收支規劃	學收			
	鐘點費			
	員工薪資			
	行銷費用			
	管銷費			
	利益			

年度目標	經營項目	總經理室	管理部	班務部	教務部	財務部	數位部
七大盈利目標	營業額提升			·	□		·
	學收或產品退費削減			·			·
	用料費控制		·	·	·	·	·
	用人費精簡		·	·	·	·	·
	降低行銷費用				·		·
	降低管銷費用	·	·		·	·	□
	利潤額達成	□	□	·	□	□	
七大永續目標	達成上市上櫃	·					·
	內部施行 ERP	·	·	·	·	·	·
	強化知識管理	·	·	·	·	·	·
	平衡計分卡施行	·	·	·	·	·	·
	施行目標管理	·	·	·	·	·	·
	施行利潤中心制度	·	□	·	□	·	·
	施行年度預算制定						

放大鏡：

| 公司年度方針 ⇨ 部級方針管理 ⇨ 班、處、室日常管理 |

七大盈利
七大永續

1.徹底執行 ERP
2.降低成本 30%
3.擬定並執行年度預算
4.達成獲利目標

（總經理室）
1.降低管銷費用
2.達成上市上櫃籌備工作
3.ERP 系統協助整合、執行
4.以平衡計分卡訂定各項目標
5.施行目標管理
6.籌組利潤中心
7.擬定年度預算

（續）

（管理部）

人資室

1.提升人力招募效益
2.廣泛利用徵才管道
3.降低人員流動率 10%
4.職前教育及在職教育訂定計畫

1.用料費用控制
2.用人費精簡
3.降低管銷費用
4.施行 ERP
5.強化知識管理
6.施行平衡計分卡
7.施行目標管理
8.執行年度預算制度

總務室

1.整合班系運送貨物
2.車輛定期保養
3.與加油站簽訂合作優惠條款
4.庫存管理 e 化
5.設備保養與管理

資整室

1.建立文宣檔案資料庫

（班務部）

1.營業額提升
2.學收退費削減
3.用料費用控制
4.用人費精簡
5.降低管銷費用
6.利潤額達成
7.施行 ERP
8.強化知識管理
9.施行平衡計分卡
10.施行利潤中心制度
11.施行管理目標
12.執行年度預算制度

1.增加跑校數
2.降低退費金額
3.增加招生人數
4.增加工讀生佈建
5.落實招生技巧

編輯室

1.印刷廠數量、品質、交貨準確度
2.講義試卷準確度
3.教材建檔整合

（教務部）

1.用料費用控制
2.用人費精簡
3.降低管銷費用
4.施行 ERP
5.強化知識管理
6.施行平衡計分卡
7.施行目標管理
8.施行年度預算制度

學務室

1.導師訓練強化　2.櫃檯接待強化
3.學生督導落實　4.升學指引傳授

教務處

1.導師遴聘制度落實
2.教師調課補課管理落實
3.學生上課出席管理
4.學生成績管理
5.教師課程排定管理
6.視聽講座處理
7.班系各項業務評比
8.學生考試暨成績單管理

（續）

（財務部）
1.用料費用控制
2.用人費精簡
3.降低管銷費用
4.達成上市上櫃籌備工作
5.ERP 系統協助整合、執行
6.強化知識管理
7.以平衡計分卡訂定各項目標
8.施行目標管理
9.籌組利潤中心
10.擬定年度預算

會計室
1.教師薪資管理
2.員工薪資管理
3.零用金管理
4.銀行票據管理
5.班系成本管理
6.櫃檯學收管理
7.固定資產管理
8.發票系統管理

採購室
1.物品請購管理
2.物品採購管理
3.物品庫存管理
4.物品盤點管理
5.請款管理
6.物品驗收管理

（數位學習事業部）
1.營業額提升
2.學收退費削減
3.用料費用控制
4.用人費精簡
5.降低管銷費用
6.利潤額達成
7.施行 ERP
8.強化知識管理
9.施行平衡計分卡
10.施行目標管理
11.施行利潤中心制度
12.執行年度預算制度

研發處
1.資訊整合管理
2.資訊開發管理
3.電腦系統管理
4.禿鷹教育網管理
5.硬體設備管理
6.視訊需求管理
7.視訊品質管理
8.視訊產品進出管制

展業處
1.資訊產品市場調查
2.資訊產品價格擬定
3.資訊產品開發
4.資訊產品價格設定
5.資訊產品通路開發
6.資訊產品行銷策略

顯微鏡：

階段	開發品質	流程品質	異常品質
精神	品質是設計出來的	品質是服務出來的	品質是學生抱怨出來的
管理	開發計畫管理	1.學生報名前管理（進貨管理） 2.學生上課管理（流程管理） 3.學生如何上金榜管理（成品管理）	特別管理
作品	1.開發管理 2.標準訂定 3.品質確認	1.學生及績優生名冊取得與連繫 2.上課督促加強 3.考前猜題，重點整理加強	異常管理 ↓ 標準修訂 ↓ 教育訓練 ↓ 品質確認

輔助活動：1.示範比賽
　　　　　2.標竿學習
　　　　　3.6S 運動
　　　　　4.提案改善

現狀把握	查明原因	對策擬定	效果確認	源流回饋
・不良服務 ・品質特性 ・不良服務分布	・不良服務 ・品質特性 ・是過程上何種原因造成	・永久對策 ・臨時對策	OK	・圖面 ・檢驗標準 ・製程管理標準 ・作業標準

學生報名，
上課輔導，
參加聯考整
體的服務

Chapter 5

運用問題解決模式
做提案改善

教中學─由老師講授，學員吸收實務經驗

 壹、前　言

　　所謂改善提案制度，就是將員工的一些夢想及特殊的想法，透過提案來改善，使之達成大家的夢想。如此一來，就可提高大家的參與力，也就是說，員工們提出一些方案的同時，公司也會提供一些獎金，來增加方案的數量與品質，使我們的社會繁榮，國家得到進步。

　　在若干年前，有一位學識淵博的哈佛大學授教曾寫了一本非常暢銷的書，此書名為《日本第一》（*Japan as No. 1*）。為何日本能從以前的戰敗國，躋身為今日政治及經濟的強國？！去過日本不下三十次的我，早期在 1975 年的時候，頭一次到日本，就受到相當大的震撼，因為日本竟從一個戰敗國很快地復甦。舉例來說，他們就會在牆上寫著「創意工夫」（good idea），而這個意思就是替社會、替公司來做一個改善活動。他們

首先做的方法，就是把各種好的案例公布出來；這就是所謂的見賢思齊、舉一反三，用這個來使整個團體有良好的互動循環。如果是好的提案，他們就分別給這些提案掛上金、銀、銅等獎牌，使得提出這些提案的人相當引以為傲。日本人獎懲分明，也將好的提案放置在一個木板上，刻上你的大名；好的提案除了獎勵之外，也給予實質的表揚；另將這些好的提案裝訂成冊，這稱為作業改善的 PR。最後再將改善前及改善後的情況拍成照片（當時還是黑白照片），以為證據。

貳、改善制度之三個實例

一、實例一：整理、整頓──環境的改善

早期日本很多人吸菸，在這之前，菸灰缸是用桶子裝，並將其放置在地上。但是卻因地面上的桶子容易拋丟不準，且命中率低，丟出來的也多，所以常造成地面上皆是垃圾很髒亂。有鑑於此，他們做了一個改善：燒一個架子，並在架子的上頭插花或種植一些植物來美化環境，而人手可觸及的地方，做幾個菸灰缸，裡面放少許的沙子，可將香菸弄熄，如此，菸蒂不會亂丟，又可美化環境。

二、實例二：安全的改善

在工廠工作中，有一個步驟是必須使用手抓著，使物品牢固不易掉落，然後再將之放入機器中做模型。但是用手抓，會不穩定且較不準，而且也會易傷手；針對此一問題，另做一個夾子來將物品固定好，如此既準確也不會傷到手，這就是對安全的改善。

三、實例三：品質的改善

　　這是針對沖床的改善。在做完沖床之後，產品會因地心引力（MGH）而隨之掉落，容易造成損壞。因此我們想到利用斜板，使得產品掉落時，不會因為距離太高而受到損壞，但是這個方式就好似滑溜梯一般太快了；因此他們又利用「算盤」，來使得產品因算盤有滾輪，而比較慢，也能減速，如此傷害性就大大地降低。

　　日本有名的是「改善」，也是日本企業成功的祕訣，透過不斷的改善，使企業得以進步。日本企業相當有競爭力，最著名的莫過於我們熟知的豐田（TOYOTA）。雖然他們製程上的機器並不是很新穎，但是透過改善，不斷地進步，使得老舊的機器一樣有效能。筆者在早期約 1981 年的時候，第一次到 TOYOTA 參觀，當時他們就有不少富創意的 IDEA，例如子母車（設計成類似拖車，裡面有遊樂場，可供玩樂）、水陸兩用的車（可到海灘、河中涉水而過，也不會熄火）、將車設計成拉鍊型的鴛鴦車、將車設計成塑膠的外殼，富有彈性，遇到障礙物也可伸縮自如等等。這些都是早在 1988 年時，他們所提出的一些富有創意的想法；而且那時候，光是那一年，他們每人就有三十多件的提案，換句話說，平均每個月每人就有快三件的提案；而且全員提案率高達 80%，也就是說，日本人每一百個人當中，就有八十個人會提出改善方案；再加上所提出的案件，有 82.5% 的比率皆會實施，這是遠在十二年前，日本人早就有的想法。

　　另外還要說明的是，我們都知道，在我們去參觀演講、展覽等，常會在會場中說明注重版權，不得照相、不得攝影、不得錄音；但日本人他們卻有不同的想法，他們會將自己所擁有的、很好的改變發表出來；筆者本身也期許自己每年寫一本書，把自己的想法轉化成文字表達出來，我想這種奉獻的精神是一樣的吧！

　　有一次因業務的關係在底特律時，美國的 Ford（福特汽車）在當地

做了 suggestion chart（建議卡），換句話說，美國人他們也來這一套呢！他們也是有很多的啟發，來貢獻、分享大家的想法，讓所有的員工一同來參與、提出改善。

參、落實於企業

　　筆者有鑑於此，回國後，將此一想法推行，務使企業徹底改革，以配合潮流、開源節流、精簡參與等重要的三大目標。「我們不怕相反的意見，怕的是沒有意見」，以此為噱頭，鼓勵員工們投入眾多的意見，而後將提案篩選。在實行中，不難發現幾個事實。事實上，所謂「一樣米養百樣人」，有人的個性是——最好任何事情都不要找我，但這卻使得參與率很低；或者是，即使有參與也提出了意見，但案子沒有人會做、沒有人會實施，或者是由誰做？久而久之，案子提出來，沒有人做，最後變成為了提案而改善提案，相對地，這也就失去原本的意義了。

　　經由筆者的研究整理後，改善提案之所以無法成功、屢仆屢起，可分為幾個原因：

1. 提了也沒有用。
2. 國情不合，中國人不擅長發言（提案）。
3. 正事不辦，專搞雜事。
4. 該提的都提完了。
5. 做好分內事，不管提案。
6. 提案輕鬆，執行困難（夢想容易圓夢難）。
7. 強迫提案，交差了事。

　　之後，筆者又看了一本書，是日本人所提出的根號（$\sqrt{\ }$）理論。何謂根號理論呢？就是剛提出來做時轟轟烈烈，過了一段時間，由於各種因素（前述所提的幾大原因）而又煙消雲散，之後，再讓它重振高峰，而使它維持一定的水準。這給了筆者很大的啟示，因此後來訂出了一個方案，也

就是每人每月提出一件改善提案；不多不少，使每人能做分內的事，但也不能沒有提案，這樣就會缺乏競爭力。從此公司便維持一定的水準。這也是因為國情的不同，而予以修改。

再來，我們應如何提升這個水準呢？首先，我們參考美國及日本的，即分別為「員工提案實務」（美國）、「員工提案活動手冊」（日本），採行引用外國人的書籍及方法等。再來，我們開始落實提案制度，讓大家很容易拿，很容易取得，那這個提案紙到底放在什麼地方呢？放在打卡處、走廊的牆上、販賣機等方便的地方。或以比賽、遊戲方式等，將之與管理遊戲結合，若有表現不錯的，我們亦可用頒發獎金等方式，以增加參與率。

所謂「提案」就是指找一個替代的案子，就是「替案」；所謂的「提案」就是把不合理的給弄走，把一些浪費的剔除，就是「踢案」。所以「提案」＝「踢案」＝「替案」。這是值得大家學習的一個想法。

另外，亦可以用漫畫的手法等文宣，將所要表達的提案，發揮得淋漓盡致，讓大家都能夠了解，且可配合前幾章節的顏色管理、數字經營管理、CIS 等等結合，而且個人也可以提案，小組亦可提案，這使得筆者曾服務的公司，前前後後得到許多的獎項。

另外，提案紙是將各種提案寫至上面，讓每個人都知道，也讓我們的腦筋能夠去思索。這個講起來，就好像我們所說的知識經濟。現在談起來好似時髦，但就是要將這些方案推向公司，讓大家動腦筋。大家都知道很有名的三上彩色沖洗中心，大家是否有想過，為何他們要叫做「三上」呢？原來，創辦人的祖先是宋朝歐陽修，他曾寫了一段話，他說，思維的時間在主要三個地方，哪三個地方呢？第一個在「廁上」，即上廁所的時候，那時候靈感很多，馬上振筆疾書；第二個是在「床上」，在睡覺之前的靈感也不少；第三個是在「馬上」，即坐在車上的時候，因此就稱為三上。

另外，利用像腦力激盪法等等，讓大家能夠了解、構思、有一個依循

的方向。就如同水平思考的方式等。另外還有像遠流出版社所出的《66個創意》，這本書說到一些改善，例如萬用手冊，將任何事都弄成一冊；再者，果汁及蔬菜，將之合併在一起，成為蔬菜果汁；像一匙靈，只要用一點點，將之濃縮了；而筆者的祕書只要看到廣告單就立即丟棄，不會再上呈，避免浪費時間，但是有一次對方卻寄來結婚喜帖的信封，使得祕書不敢丟棄甚至拆封，但是筆者將之打開來一看，仍是廣告，這就是他們高超的手法。

曾經看過一篇報導，最常用來解決方法的就像是跳棋以及圍棋，舉例而言，在蔣中正的時代，喜歡下象棋，一對一，拚得你死我活，漢賊不兩立；而蔣經國的時代，則喜歡下圍棋，用一點方法來解決問題，例如那時候的十大建設、開放大陸觀光等等；最後李登輝的時代，則是喜愛跳棋，不按牌理出牌的方式；雖然以上所講的有點過時，但卻形容得很貼切，每一個人都有他的中心思想。所以類似這種方法，最好是需要有一群人，或者是不管人數，只要有兩個人以上，則可以開始提出改善提案，來解決問題。

大多數的人在面對問題時，常常都會拿過往的經驗，或是眼前所見之解決方式來處理發生的問題，再不然就是藉由詢問他人的意見，參考專家或文獻等建議的做法來處理，可是所得到的都是舊有的方式，往往缺乏創意，或是無法針對自身特殊之狀況做因應，而無法達到最有效解答，有時甚至還會出現在兩個不好方案中選擇比較好的做為結果，所以為避免這樣的問題困境，如何在面對問題時，有一套有效的處理模式，就顯得相當重要了。

當我們遇到一項問題發生時，我們可以將此問題先用是否重要與緊急來區隔後，分別給予因應對策。下圖就是如何把事情歸類於十字軸上所屬象限，將事情分類為輕、重、緩、急等四大類型。有些事情是相當緊急且重要的，也就是歸類於第一象限裡的「急」：緊急且重要的事情。例如，家人過世需要辦理喪葬事宜；另外有些事情則歸屬於第二象限裡的

「重」：不緊急但重要的事情。例如，公司下一季的目標與策略；還有兩類分別為第三象限的「緩」：不緊急且不重要的事情。例如：剪頭髮；與第四象限裡的「輕」：緊急但不重要的事情。例如，客戶或是下屬的婚喪喜慶……等。

　　當我們將事情分類到四個象限之後，我們就可以針對這四個象限，給予不同問題適當的因應對策，例如，「急」：重要且緊急的事情，我們可以採用古印度人慣用的解決問題思考模式——曼陀羅，或是英國學者 TONY 所提出的心智繪圖法思考模式，來進行問題解決的思考模式。「重」：重要但不緊急的事情，我們採取從英國 BONO 的水平思考法，所演變出來的十種問題解決模式的方法，來進行問題解決的思考模式。「緩」：不緊急且不重要的事情，用上述例子來說明，需要剪頭髮的問題，如果今天沒有時間去修剪頭髮，我們可以改成明天或是下週有空再去解決這項問題。「輕」：緊急但不重要的事情。我們利用上述例子來說明出席餐會以及客戶的婚喪喜慶，可以由分身來幫你完成，例如：請太太或中階主管來幫你出席，取代親自出席。以下簡表供讀者參考。

歸類	說明	應對方法之思考模式
急	緊急且重要	曼陀羅、心智繪圖法
重	不緊急但重要	十種問題解決模式
緩	不緊急且不重要	改天、延期
輕	緊急但不重要	派分身幫忙完成

　　下面我們將針對被歸類為「重要」與「緊急」的問題,加以詳述,何謂曼陀羅思考模式與心智繪圖法思考模式。

(一)重要且緊急

1. 使用曼陀羅 Memo 思考

　(1) 曼陀羅思考目標

　　步驟 1:能用曼陀羅 Memo 思考技法,做放射性(依圖5-1所示)思考。

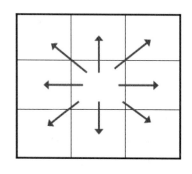

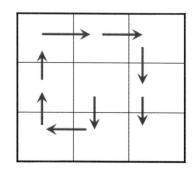

圖5-1　放射性　　　　　　　　圖5-2　循序漸進式

　　步驟 2:將主題列在中心,並向外做與主題有關聯的思考,限列舉八項。

　　步驟 3:用這八項再思考更細微、更能貼近主題,便能很快地從雜亂的思緒中,找出各項概念,並在此選出符合思緒的標題。

　　步驟 4:便可以快速地找出在這八項概念裡,最符合自我需求的項目。

　(2) 曼陀羅實例

　　‧實例一

　　　主題:閱讀一本書的應用(放在中心)

全書的重要 內容或概念	提出八大 問題	故事的情節 流程
提出創造性 的問題	應用在閱讀 一本書	故事中的人 物簡介
有哪些相關 書籍（定一 領域或主 題）	讀了這本書 我有哪些收 穫	喜歡某本書 的原因

・實例二

主題：如何做生涯規劃

工作	家庭	學習
財務	生涯 規劃	人際
健康	休閒	心靈

2. 此外，此技法可擴散至 64、512、4096……種創意

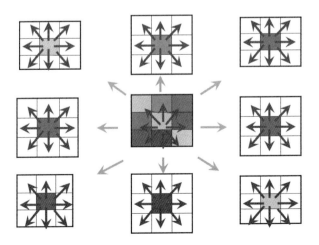

由曼陀羅思考便可快速且有調理的把問題解決，此方法適合團體決策、團體腦力激盪，讓大家把五花八門的意見統合出一項結果。通常擴散兩次（64 種創意）便可達到需要的效果，也可增加效率。

一、心智繪圖法

心智繪圖又叫做心智地圖、心像圖、心智圖，可以視之為一個樹狀圖或分類圖；主要是設定一個主題，細分為幾個大目標，再由大目標的方向思考下細分為更多的項目，形成一個樹狀圖，用這樣的方式把握事實的精粹，方便記憶，實行更加完善，不易忽略細節。

(一)心智繪圖如何使用?

1. 利用畫圖的紙張（一般 A4 的紙張）及使用有顏色的筆，設定主題並擺在中央，向外擴張分支，靠近中央的分支較粗，相關的主題可用箭號連結。

2. 用「關鍵字」表達各分支的內容，心智繪圖法的目的，是要把握事實的精粹，方便記憶，所以不要把完整的句子寫在分支上。

3. 如能使用符號、顏色、文字、圖畫和其他形象表達內容，愈生動愈好，再加上繪畫能幫助記憶，才是最有意義的事。

(二)心智繪圖法案例

1. 主題：聖誕節舞會

2. 描述：

我們以舉辦聖誕節舞會為心智繪圖法的主題，來做創意思考的擴張，並運用三種以上的顏色，來呈現三條以上的思維。

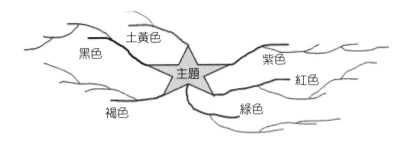

3. 聖誕節舞會負責人：

　・總負責人：許珮琳

　・地點、日期訂定：李玓宇

　・化裝舞會活動：張毓琪

　・交換禮物活動：高靖宜

　・舞臺布置：吳明士

　・資金募集：陸仁甲

4. 達到的目的：

　為了能使聖誕節舞會能順利完成，透過心智繪圖法聯想更多有創意的
　點子，讓聖誕舞會活動的舉辦能讓大家覺得很新奇有趣，有別於之前
　的所舉辦過的聖誕舞會。

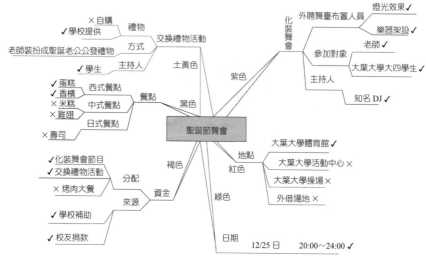

註：「✓」的選項是我們必須執行的項目、「✗」是沒有執行的項目

5. 結論：

- 主持人：知名 DJ
- 參加對象：大四生及老師
- 餐點：西式餐點——蛋糕、香檳
- 舞臺布置：燈光效果、樂器架設
- 交換禮物活動：由學生主持，老師裝扮成聖誕老公公發送禮物（禮物由學校提供）
- 資金來源：學校補助、校友捐款
- 心智繪圖法完成日期：西元 20×× 年 12 月 2 日

肆、問題解決模式

歸為「重要」及「不緊急」，可用下述十項模式解決：

一、第一項模式：腦力激盪法

腦力激盪法就是不受限制，可以隨便利用一個東西，來讓腦筋激盪出更多方法來解決問題，或是想出更多有趣的東西。如自己擬一個題目來練習，「鉛筆的用途有哪些？」便可以藉由自己的想像空間，天馬行空地隨便亂想，藉由各種方式、方法去聯想出其他東西。其聯想出的東西可能有：飛鏢、柱子、船槳、支撐棒、牙籤……等更多種的用途。時間管理就可以使用腦力激盪法，來創造更多的價值，因為時間對人的一生來說非常珍貴，應該好好珍惜。一週工作四十八小時，工作目標是什麼，趕快提早做，照優先順序做，把生活規律化、長話短說，時時勉勵自己今日事、今日畢。

二、第二項模式：希望列舉法

許多偉大的構想均產生於積極的夢想，而力求解決的作法。因此，本法以不拘泥於現有的事物及方法，列舉針對主題的願望、要求、夢想，並將所列出的項目做評價或分類，且從容易者開始逐一加以解決。

這個方法與「投入產出技術法」非常相似，其起源是來自於美國通用電氣公司，當初該公司為了研究有關能源問題所開發之技術而運用創造的一種方法。他們在使用這個方法時，第一個步驟便是針對問題所希望得到的「產出」逐項寫下；希望在所獲得的產出被所有參與的團隊成員認同之後，隨即以該項產出為基礎，將所有可能會產生該項產出的可能投入一一

寫下；而後再由參與的成員進行討論，將所有已經想出之各項可能投入項目分別評定其優劣順序；如此持續進行，最後定可獲致眾所公認的最佳解答。

說明白點，希望列舉法就是我希望、喜歡什麼，最後再把它們量化、排順序。譬如：「什麼是快樂的人呢？」我的答案是：家庭美滿、工作順利、身體健康、發揮所長、社會地位，聯想出這些希望之後，再將之量化及排順位，這個方法就是希望列舉法。

舉個筆者親身在公司做過的「六個夢」（時值瓊瑤這部小說搬上電視連續劇）方案來說好了，起初是請員工們投稿，寫出希望公司未來的走向，公司再加以整理、評估之後所得出的結果。又如：對自己的身體所期望的，希望能：身高高一點、體重輕一點……等。

1. 花園的工廠。

2. 整潔的工廠。

3. 教育的工廠。

4. 數據的工廠。

5. 品質的工廠。

6. 素養的工廠。

又如：我們對於自己的軀體所期望的，在千禧年的希望：

1. 身高高一點。

2. 體重輕一點。

3. 痘痘少一點。

4. 臉蛋小一點。

5. 胸部大一點。

6. 大腿瘦一點。

7. 錢錢多一點。

8. 有人愛一點。

9. 屁屁大一點。

10. 名聲響一點。

當對於自己所想出來的希望排順序時，雖然是「希望」，但不可行的也得放在後面。

馬丁・金恩博士的演講中說道：

「我有一個夢」──

「『我有個夢，有一天』，這個國家會昂然挺立，重現一個信條……

『我有個夢，有一天』，在喬治亞的紅色山丘上，奴隸的子孫和主人的子孫能夠並肩坐在兄弟情誼的桌邊。

『我有個夢，有一天』，連密西西比州這個充滿不公、壓迫的高溫的州，都會轉變為自由與正義的綠洲。

『我有個夢，有一天』，我的四個小孩所住的國家裡，人們不以膚色而以人品來評斷一個人。」

這也是希望列舉法。

三、第三項模式：缺點列舉法

所謂「嫌貨才是買貨人」，而缺點列舉法，就是能舉出缺點才有希望。因為「缺點」就等於是自己改善的空間。就像如果最不能忍受的是男（女）友邋遢、自私、個人主義……等，因此在尋找男（女）朋友時，就應該避開有這些缺點的對方，不然交往後，兩個人的關係就如同定時炸彈一般，而導致不好的結局。同樣地，如同我們在看房子，如果房子的採光不好、建材不好、視野不佳，就是不符合我們的標準，所以在決定時就直接說不買這棟房子，這樣就沒事了；也就是說，當我們在買房子時，有這些缺點的房子，我們就應該避開，不去選擇。

綜合上述，缺點列舉法就是把要解決的問題寫出來，之後再把這些問

題的缺失列出，並給予評價，若是嚴重的話，就應立即加以改善。

當我們在想一件事情的時候，往往只會去思考較美好的一面，以至於在思緒上僅僅往一個方向下去進行，最後得到的結論不僅是大同小異，而且還沒有創意存在。於是，缺點列舉法提供了我們另外一種思維的方式，藉由逆向的思考問題，反而有時候會得到更多意外的啟發，進而達到所要思考的目的。現今的新聞播報就是一個相當好的例子，只要我們仔細去看新聞，然後就會發現一個各家新聞都會有的現象，通常負面的新聞都會比正面的新聞得到觀眾更多迴響，雖然有人批評新聞媒體這樣的處理方式，可能造成社會的學習亂象，但我們可以從這樣的事件中發現，負面的消息的確比正面來得吸引人。

總而言之，缺點就是還有可以改善的空間。因此，當我們想要確實掌握問題時，列出缺點就成了一種方法，以驅使我們推出更好的創意、或更好的解決方式。實施步驟如下：

1.將所有的缺點、限制全部寫出來。

2.製成缺點、限制一覽表。

3.對各項目作評價。

4.最後利用腦力激盪法想出解決的方式。

四　第四項模式：5W1H 法

所謂 5W 意謂 WHAT（對何事）、WHY（為何發生）、WHERE（在何處）、WHEN（在何時）、WHO（為何人），所謂的 1H 是指 HOW（如何處理）。使用 5W1H 法去解決問題，可以採行「管理循環」PDCA 的步驟來執行：PLAN（計畫執行的方法）、DO（實際執行）、CHECK（檢視 PLAN&DO 的差異）、ACTION（維持或防止再發生的方法）。

5W1H 被運用在許多地方，茲列舉如下：

1.新聞稿的導言：即新聞稿的第一段，約 100 字左右為佳，目的是讓讀

者正確無誤的知道該新聞內容大綱，簡要敘述新聞故事的人、事、時、地、物（5W1H），最接近事實的要素，更進一步吸引讀者。

2. 消費者研究的基本問題：

5W1H	定　義
Why	1.掌握消費者購買的動機。 2.我們的產品能滿足消費者的需求。
Who	1.誰是我們的主要消費者？ 2.誰參與了購買決策？
When	購買時機、使用場合、購買頻率、購買數量。
Where	消費者最常在什麼地方購買此種產品。
What	了解產品的屬性（重要因素、決定因素）。
How to	注重簡單、便利的方式取得產品。

3. 5W1H 的思考邏輯整理如下圖：

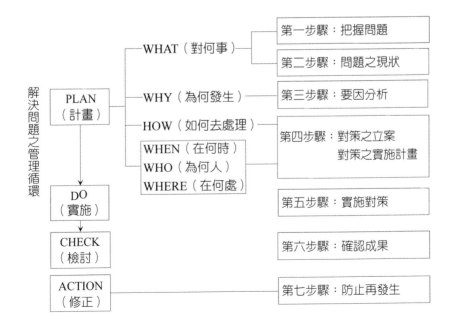

五、第五項模式：代倒組似他大小法

許多需要依靠創造力來解決的問題，與其毫無頭緒的亂找，不如事先把重點寫下來，據以討論比較後，才不至於把重點遺漏或考慮不周詳。因此，「代倒組似他大小」的方法，即是由此想法而誕生出來的。主要內容包括：

- 取代？
- 反過來？
- 結合？
- 重新排列？
- 改造？
- 調整？
- 能不能作為其他用途？
- 放大？
- 縮小？

此方法又稱「奧斯朋圖解法」，是美國的奧斯朋所提出的解決問題之方法，藉著一些檢查的表格，用以刺激新方法，或者用以檢視思考模式，避免遺漏一些想法。他是用來訓練縝密思考的輔助工具，避免考慮不周時而有所遺漏。共提出 75 項，而其中有幾項，對於激發代倒組似他大小法其各自含義為：

1. 代用：想一想物品交換的結果會變成怎樣？有什麼可替代的？改變配置、順序、日程、地方將變成如何呢？
2. 倒置：想一想上下相反、前後倒置、或次序加以重新組合的話，結果將變成如何呢？
3. 組合：對於一件事，可以從「組成一套如何？將目的、構想組合起來會怎樣？」來想。

4. 相似：想一想以往有無類似的東西？是否有可以模仿的東西？能否借用別的構想來解決？用此當作藍本，可以做出什麼東西？

5. 其他用途：想一想既有的一些方式是否有其他的用途？或者一些用品是否有其他用途可幫助解決問題。

6. 放大：利用思考力，在某方面加強，例如把時間拖長，增加次數，增加長度，將體積加大，以類似此種方式思考來解決問題。

7. 縮小：如同放大，縮小指的是能否利用創造力加以縮小，比如變薄、變小、變輕、分割或節省時間。

我們可以舉例來說，如：將買房子用四分法，分成極重要、重要、次重要、不重要，並用此法來練習思考。代：921 地震時，可以用貨櫃屋來代替房子；在中國的華中地帶有很多人以住山洞來替代房子。倒：燈光由地板上打過來，地毯掛在天花板上……等。組：將車子和房子組合成房車。似：買一個樣品屋、辦公室；其他用途：買來當倉庫、租給人家；放大：買一個宮殿、城堡；縮小：買一個玩具屋或套房。這是一種富有創意的想法，同學們可以共同討論，激發更多的創意與思考。

六、第六項模式：諺語發想法

此法的核心意涵是指藉由諺語中的字面意義和引申意涵，多方面的聯想，藉以獲得創意的來源，進而來對問題產生多面向的聯想，促進問題解決的成效。諺語是老祖宗的生活智慧心血結晶，內容包羅萬象，放諸四海皆準，短短數言卻可道盡古今多少亙古不變的哲理；諺語看似與解決問題間並無直接關聯，但是透過對諺語所傳達核心意涵的了解，總是會從中得到許多值得玩味的問題解決之道。其實，臺灣有很多的諺言，如：「掌廚無幾人，端菜一大堆」、「Q 儉夭鬼攔什念」；國語中的：「捨得捨得一捨就得」、「有理走遍天下，無理寸步難行」。就如同追求女友的諺語有：無心插柳柳成蔭——可以讓人聯想到隨緣；心動不如馬上行動——追

求時行動要積極……等。

七、第七項模式：逆向思考法

逆向思考法是利用既有的想法與作法，將之一一列舉出來，再經由這些因子，去做反向的聯想與思考，並從大量的創意中做評價，尋求出可行的方案。最典型的例子就像我們去動物園看動物，換個角度看，我們是被動物看的。利用諸如此類的想法，將所提出的問題再加以思考；例如開喜烏龍茶，它們的廣告，它們的商品，全部都是用逆向思考去推出的，怎麼說呢？我們平常說的烏龍茶是老人茶，而它們卻說是新新人類；像我們喝烏龍茶是熱的，而它們是冰冷的；之前茶都是以甘醇的口感取勝，而它們竟是有加入微糖的。所以這就是逆向思考的精神。顛覆了傳統的一些想法。另外，當初飛利浦所發展的 CD，是製作成與傳統唱片一樣大小，由於儲存的內容太多，長度太長，且每一張 CD 又太大不方便攜帶，因此日本人將之改良成我們現在所見的形式。運用逆向思考法，可能的步驟如下：

1. 目標：發展新的 CD 形式。
2. 目標的逆設定：傳統上都會覺得容量愈多愈好，但是由於 CD 儲存容量太大，長度太長，且既有形式不易攜帶，因而逆設定為：發展出容量剛好、長度適中的 CD 形式。
3. 對應逆設定的創意：由於當時 CD 的主要功能是聽音樂，因此有人就想到世界上最長的樂曲——貝多芬的田園交響曲（第九交響曲），長度是 74 分 42 秒。因此，就將 CD 的長度改良為 74 分 42 秒，形成今日流行的樣式。

總而言之，我們可以將逆向思考法整理如下：

  ‧逆向思考法的原理：又稱反正思考法。

要改進一項決策性的問題時，常需要與團體討論，由於立場不一，提

出來的方向可能南轅北轍，此外，若有人喜歡在事後加以翻案，這樣會使討論變得很沒有效率。逆向思考法的原理是企圖在最初討論時就凝聚共識，讓聲音都能充分發表，然後朝同一個中心思想前進。

‧逆向思考法的精神

問題討論遇到阻礙時，先從負向的意見討論起，一方面挖出問題，一方面藉由挖問題激發及整合討論群體的危機意識。再從正面意見補遺，將問題的解決方式補充完整。

‧逆向思考的步驟

1. 先從缺點著手：用腦力激盪法，把經驗中感到不足的部分提出來。

2. 其次從需求層面補遺：這時候加入新的想法，將方式補充。

3. 找出能符合的條件項目。

八、第八項模式：焦點法（又稱強制關聯法）

焦點法又稱強制關聯法，就是對準某個焦點去思考、聯想，利用強制關聯對象的特徵，列舉出對象物的特徵，再經由其特徵來做強制關聯，得到問題的解決方案。就如同希望找出「理想工作的特質」，便選擇強制關聯的對象為「圖書館」。從圖書館的特徵「安靜」中，可得到「能專心投入，及充分授權」這個創意；而「不定期展覽」便可得到「不定期旅遊」、「觀摩學習的機會」……等有創意的想法。

簡單地說，它是一種先決定結論的方法，出發點則不受限制，可以從任一點出發，最後只要能達到焦點即可。在這學習的過程中，可使我們得到更多前人的經驗，但間接之中往往也抹煞了我們的創意，舉例來說，我們常認為牙籤就是用來剔牙垢，所以僅僅侷限在一個思維的範圍中，但如果我們去除了過去的經驗重新去思維，「牙籤」或許就賦予了新的生命，所以我們可以將不同的東西加以強制進行思考，從中找出可能的關聯，於是又有一項新的創意產生了。又如三合一煮咖啡機亦是這樣來的，將三種

可以互用的單一機器，組合成一個新的生命。

九、第九項模式：目錄法（又稱剪輯思考法）

目錄法，又稱為剪輯思考法。它的使用有點類似聯想法，就是隨意地在報章雜誌或畫冊上尋找一張圖片，鎖定所欲處理解決的問題核心，而後試著從圖片中所出現的任何事物去聯想，最後在這聯想的過程當中，無意中去發現許多令人意想不到的理想解決方案。就像看到一幅身穿白紗少女的圖畫，你聯想到的想法是給人溫柔、純白、可愛、喜事洋洋……等感覺。從中找出可利用的方案。這個方法的使用，就是看到什麼、想到什麼便可以一直講出來，說不定無心插柳柳成蔭，還能將偶發的靈感善加利用。曾有一個笑話說有三張相片，分別為爛蘿蔔、蛀牙、孕婦，三者加以聯想，令人拍案叫絕的它是「蟲蟲作怪」，更絕的是「拔得太慢」。

十、第十項模式：屬性列舉法（又稱層別法）

屬性列舉法又稱為層別法。最早於 1931 年由 R. Crawford 提出，當初目的是為改良產品。他是將每一產品構造和性能，按造名詞、動詞、形容詞等等屬性列出，然後再逐一檢討每一屬性可用以改進之處；因此，相較於無形構想的思考，這個方法較適用於有形產品的改良。

屬性列舉法的一般步驟為：

1. 選擇一項物品。
2. 列舉物品的零件或各個組成部分。
3. 列舉其重要的與其原本的品質、特質或屬性。
4. 將每一品質、特徵或屬性逐一改良。

這個方法可以改良商品及轉變構想，可以利用傳統的屬性去聯想新的屬性，再利用新的屬性去找出新的創意，進而找出可行的方案來解決問

題。就如同對「女孩子」所分類的第一個屬性是「外表」，其傳統屬性為長髮、大眼、櫻桃小口……等，其所對應的新屬性為短髮、鳳眼、血盆大口……等，而可以聯想出的新創意為「短髮容易整理，可節省時間」；而另一屬性為「內在」，其傳統屬性為溫柔體貼、善解人意、心思細密……等，其所對應的新屬性為活潑大方、積極主動……等，那麼產生的新創意可以為「有自己的主張，不會隨波逐流」。

屬性是可以看得見、也可以是看不見的……等，當列舉出傳統的屬性，便可以依這些屬性來聯想新的屬性，最後再由所聯想出來的創意做評估與衡量。

提案制度一方面可以開啟一條由下而上的意見溝通管道，另一方面可以使員工產生參與感和對於企業的認同感，提高員工對公司的涉入程度。提案制度不單純是徵求構想的制度，而是一種創造力開發與全員經營的方式。

提案制度是屬於一種持續不斷改善的概念，藉著持續的改進，使得作業流程、產品設計、製程等，能夠不斷地進步，使得公司核心能力愈見提升，並在市場上取得更佳的競爭地位。

有了良好的提案制度，可以開發員工的腦力資源，活用員工的腦力，引導員工多做創造性的思考，激發員工的潛在能力，且能激勵員工的工作改善意願與熱愛公司的精神，使得上下一致竭盡所能的為公司努力，使其有貢獻於公司。

在提案制度的執行上，很重要的是要將考核績效制度及獎勵制度做結合，並且要讓員工相信公司做提案制度是認真的，並非一時興起，這樣員工才會有意願為公司付出心力，而公司也會適時適度的回饋給員工，達到雙贏的局面。

問題解決模式

模式	較佳方案	再評估	定案
	1　2　3　4　5　6　7…		
1　腦力激盪法		1	1
2　希望列舉法		2	2
3　缺點列舉法		3	3
4　5W1H 法		4	4
5　代倒組似他大小法		5	
6　諺語發想法		6	
7　逆向思考法		7	
8　焦點法		8	
9　目錄法		9	
10　屬性列舉法			

　　將要選拔的寫上，再把評估方式寫出，配合強制排行榜、配分法、投票表決、重要、次要、不重要……等之方式，理由要寫出，若是項目太多，就再用強制排行榜、配分法、投票表決、重要、次要、不重要的方式，再評估一次，也就是要精打細算、精挑細選，經過千思百慮所做出的問題解決模式才會好，達到無招勝有招的最高境界。懂得問題解決模式，自然提案的「量」會增加，一段時間要提升提案的「質」，更要緊的是，提案的「實施率」及「參與率」，如此一來，公司的改善與進步當無可限量。

—運用曼陀羅手法選購適合乾性肌膚、具保溼等效果的保養品

案例一

一、運用曼陀羅模式

(一)主題：選購適合乾性肌膚、具保溼等效果的保養品。

(二)情境背景：

　　基於季節轉換，我們四位女生聊到必須增購適合肌膚的保養品。決定利用假日去百貨公司購買。

(三)描述：

　　以選購保養品為曼陀羅模式的主題。

(四)步驟：

第一步：購買保養品所需考慮的要素

(8)功效	(1)品牌	(2)成分
(7)用途	購買保養品	(3)膚質
(6)容量	(5)包裝	(4)價格

第二步：依照這八項要素，個別想出與要素有關的物品。

列舉幾項：

(1)品牌

SKll	倩碧	契爾氏
克蘭詩	(1)品牌	蘭蔻
植村秀	碧兒泉	高絲

(2)成分

左旋 C	麩胺酸	熊果素
玻尿酸	(2)成分	珍珠粉
膠原蛋白	蝦紅素	肉毒桿菌

(3)功效

保溼	抗皺	美白
收縮毛孔	(8)功效	緊實活膚
隔離	防曬	去角質

(五)結論：

　　最後選定碧兒泉適合乾性肌膚具有麩胺酸保溼
效果的面霜，此面霜是中等價位且為玻璃瓶裝、容
量 50ml 的產品。此產品名稱為碧兒泉活泉水凝凍。

(六)完整圖示：（從 8×8 = 64 項，圈選所要項目）

保溼	抗皺	美白
收縮毛孔	(8)功效	緊實活膚
隔離	防曬	去角質

SKII	倩碧	契爾氏
克蘭詩	(1)品牌	蘭蔻
植村秀	碧兒泉	高絲

左旋C	麩胺酸	熊果素
玻尿酸	(2)成分	珍珠粉
膠原蛋白	蝦紅素	肉毒桿菌

面膜	眼膠	按摩霜
精華液	(7)用途	潔膚皂
面霜	乳液	化妝水

(8)功效	(1)品牌	(2)成分
(7)用途	購買保養品	(3)膚質
(6)容量	(5)包裝	(4)價格

乾性	中性	油性
熱齡	(3)膚質	敏感性
中偏乾	混合性	中偏油

20ml	30ml	40ml
150ml	(6)容量	50ml
120ml	100ml	80ml

塑膠瓶	玻璃瓶	鋁罐瓶
牙膏狀	(5)包裝	噴霧型
鐵盒製	紙盒製	滾輪型

低價格	中等價格	高價位
特惠組價格	(4)價格	中低價格
鑽石級價格	白金級價格	中高價格

玩中學—如何增強英文能力

案例二

一、研究動機

1. 英文是職場上不可或缺的工具
2. 企管碩士資格前提是考到 TOEIC 600 分以上

二、研究目的

1. 能找出自己適合的讀書方法，使學習英文效率提升
2. 找出如何讓英語成為生活的一部分的方法，如何達到終極目標——
考到 TOEIC 600 分以上
3. 研究結論能帶給國人一些學習英文的實質建議

三、十種問題解決模式

・評估標準

如何增加英文 能力評分構面	評分基準
1.可行性 2.效率性 3.經濟性	三項皆接受度最高：5 分 三項皆普通：3 分 三項皆接受度最低：1 分 ・注意：在缺點列舉法的評分為 三項皆最不能忍受：5 分 三項皆普通：3 分 三項皆能忍受：1 分 ・評分人員有四碩士生，因此，每一項目最高分為 20 　分，最低分為 4 分

(一)腦力激盪法

思考課題	如何增強英文能力

可立即使用	評價	強制
1.聽英文歌	14	
2.用英文交談	20	2
3.每天背單字	20	3
4.每天念一小時的英文	20	1
5.抄筆記時用英文	12	
6.跟同學打賭達到該背的單字量	18	5
7.線上英文免費廣播（EZ TALK）	18	6
8.補習英文	18	4
9.看英文報紙	12	
10.組成英文讀書會	16	
11.定時測驗自我英文	16	
12.多上英文教授課	16	
13.每天聽ICRT	16	

潛在使用者	評價	強制
1.寫英文日記	14	
2.看英文電影	12	
3.去教堂	14	
4.交外國朋友	12	

不合使用者	評價	強制
1.請菲傭	6	

(二)希望列舉法

思考課題	為什麼想增加英文能力

內容	評價	強制
1.找到一份高薪的工作	20	1
2.工作順利、好找工作	20	2
3.工作選擇性多	20	3
4.成為別人的標竿	16	
5.環遊全世界	14	
6.跟外國人溝通	16	
7.提升自己的水準	18	4
8.得到別人的稱讚	18	5
9.當外交大使	14	
10.到外貿公司上班	16	
11.當英文老師	12	
12.讓國人羨慕	12	
13.語言能力很強	18	6
14.每家公司挖角的對象	16	

(三)缺點列舉法

思考課題	若不具備好的英文能力，有何劣勢

內容	評價	強制
1.跟不上時代且被社會淘汰	18	4
2.沒有找到較好的工作	20	1
3.只能在傳統產業工作	16	6
4.工作選擇性變少	20	2
5.無法與外國人溝通	16	5

（續）

內容	評價	強制
6.競爭力變弱	14	
7.看不懂 paper	12	
8.浪費時間在翻譯	12	
9.被別人看不起，認為碩士能力太差	18	3

(四)5W1H法

思考課題	如何增強英文能力

思考邏輯		
PDCA	**5W1H 法**	**步驟**
Plan （計畫）	What （對何事）	第一步驟：把握問題 英文聽、說、讀、寫的能力太差 第二步驟：問題的現狀 1.英文授課的課程，聽不懂，吸收能力差 2.用英文報告時，不順暢 3.念英文文章速度很慢，沒有效率 4.碩士畢業資格前提是 TOEIC 須達 600 分
	Why （為何發生）	第三步驟：要因分析 1.平常沒有習慣聽英文廣播 2.平常沒有習慣講英文 3.平常都沒有固定念英文書籍 4.自己的惰性，即使有時間，也不念英文
	How （如何處理）	第四步驟：對策之立案與對策之計畫 1.每天至少聽半小時的廣播
	When （在何時）	2.每天一句英文或單字貼在宿舍和廁所牆壁上 3.每天與室友用英文交談
	Who （為何人）	4.兩個禮拜學一首英文歌 5.若講的英文文法不對，要及時糾正對方
	Where （在何處）	6.有不會表達的英文單字馬上查，且貼在牆壁 　上以便複習

（續）

	思考邏輯	
PDCA	**5W1H 法**	**步驟**
Do （實施）		第五步驟：實施對策 1.與室友訂定英文進度 2.如第四步驟中所列出的對策之立案與對策之計畫
Check （檢討）		第六步驟：確認成果 　　　　　檢視 P、D 的差異 1.第二個禮拜日進行成果驗收，至少學會牆上的英文句子與單字 2.若沒有實施第四步驟中的計畫，違反一條罰十元，當作共同玩樂基金
Action （修正）		第七步驟：防止再發生 1.使英文學習每天固定化（規律），並將所學得的英文句子運用到日常生活中 2.有能力無法負荷的地方，再重新加以訂定英文進度規則，才不會造成 P、D 的落差太大

(五)代倒組似他大小法

思考課題	如何增強英文能力

	各項目意義	對應檢查項目的創意	評價	強制
代	如何代用？	交外國男友及朋友	10	
		外國留學	16	7
		平常講英文	20	1
		聽英文廣播	18	4
倒	如果倒置？	不會講英文	8	
組	如果加以組合？	一邊聽英文歌，一邊看英文歌詞	12	
		一邊上廁所，一邊背單字	20	2
		一邊刷牙，一邊背單字	20	3
		一邊看英文電影，一邊看英文字幕	10	

（續）

	各項目意義	對應檢查項目的創意	評價	強制
似	有無其他相似？	聘請翻譯人員	8	
		補英文	18	5
他	有無其他用途？	環遊全世界	10	
		讓國人羨慕	10	
		工作選擇性多	16	8
		每家公司挖角的對象	12	
		提升自己的水準	12	
大	如果加大？	成為國際觀與有能力踏足全世界的人	12	
		成為國家代表的外交大使	8	
小	如果縮小？	英文能力是工作基本條件	18	6
		看不懂英文，碩士論文很難生產出來	14	

(六)諺語發想法

思考課題	如何增強英文能力

項次	諺語內容	創意線索	對應線索	評價	強制
1	一分耕耘，一分收穫	所謂下多大工夫，就有多大成果	每天固定念英文，才能得到好的英文能力	20	1
2	一寸光陰一寸金，光陰難買寸光陰	光陰即是時間；所謂時間寶貴，不要浪費	每天早起念英文	20	2
3	有錢能使鬼推磨	尋求外力協助	找英文補習班	16	6
4	一粒老鼠屎，壞了一鍋粥	所謂數量雖少，為害極大	具備許多卓越能力，但因為英語能力差，而找不到好的工作	12	

（續）

項次	諺語內容	創意線索	對應線索	評價	強制
5	醉翁之意不在酒	原為歐陽修〈醉翁亭記〉的一句；指另有用意，別有企圖	去基督教會是為了學英文，而不是為了信仰	14	8
6	在家靠父母，出外靠朋友	所謂在家有父母照顧，在外靠朋友幫助	工作基本必備能力是要靠英文的語言能力	16	7
7	風大就涼，人多就強	喻人多就有力量	組成英文讀書會	18	3
8	酒逢知己千杯少，話不投機半句多	所謂與人共事，志趣要相投	不使用英文交談，就拒絕與對方互動	18	4
9	留得青山在，不怕沒燒	只要有青山，就能長出樹木；亦即：保住根本就好辦事	具備英文能力，不怕以後找不到工作	12	
10	一人開井，萬人飲水	借指為公眾謀福利	聽免費的英文廣播	16	5

(七)逆向思考法

思考課題	如何增強英文能力

項次	正向的假設	假設的逆向思考	對逆向思考的創意	評價	排行
1	讀英文的效率很好	很差	把英文當作生活的一部分，就沒有效率的問題	18	
2	規劃與實施的落差小	落差大	訂定目標值與自身能力不要相差太大	16	

（續）

項次	正向的假設	假設的逆向思考	對逆向思考的創意	評價	排行
3	流利英文口語	結巴	1.每天用英語對話 2.每天念英文文章	20	1
4	有自信、勇氣說英語	不敢講	對自己最無威脅的事物或人講英文	14	
5	閱讀英文文章速度很快	很慢	1.每天閱讀英文 2.多背單字，累積字彙	20	2
6	外國人的口音	臺灣人口音	多聽英文廣播，模仿音調	20	3

(八)焦點法

思考課題	如何增強英文能力
強制關聯的對象	綠茶

項次	特徵	由強制關聯得來的創意	評價	排行
1	澀的	凡事起頭難：一開始建立每天固定念英文是艱難的	14	
2	濃的	擁有好的英文能力時，別人會特別注意以及有更多工作機會	18	5
3	熱的	把握時機：一天中有幾個時段特別想念英文時，應靜下心持續念	20	3
4	甘醇	把學習英文當作一種興趣	20	1
5	綠意盎然	在記憶力最好時，背誦英文單字	20	2
6	愈陳愈香	每天一點一滴的進度，累積鞏固能力，對自己愈有信心	14	
7	健康	每天讀英文是很重要的，但不要熬夜念英文，因為讀書效率會很差，且有礙身體健康	10	

（續）

項次	特徵	由強制關聯得來的創意	評價	排行
8	無糖的	忠於原味：應以外國人對話情境為主，去學習其對話方式及口音	18	4

(九)目錄法

思考課題	如何增強英文能力

項次	圖片	目錄	聯想	評價	排行
1		狗	若不敢對人說英語，試著講英文給自己最忠實的寵物聽，增加膽量	12	
2		牙齒	要多開口說英文	20	1
3		小嬰兒	越小的年齡，學習英文的效果可以越好	8	
4		日出	在早上記憶力最好的時刻背英文單字，累積字彙	20	2
5		划龍舟	組成讀書會，一起邁向TOEIC 600 分以上	20	3
6		床	睡前再把單字背一次	18	4

（續）

項次	圖片	目錄	聯想	評價	排行
7		足球競賽	與朋友競爭，以誰先考到TOEIC 600分當作目標	18	5
8		檯燈	找到一位指引英文入門的老師或方向很重要。例如：英文老師非常會教授英文技巧；選適合自己的補習班	14	6

(十)屬性列舉法

思考課題	如何增強英文能力

項次	傳統屬性	新的屬性	對應新屬性的創意	評價	排行
學習	填鴨式教育	注重活用	應用到日常生活中	16	
	國人封閉的文化	鼓勵開放的文化	實施「大家説英語」活動	20	1
	害怕犯錯	勇於表達	不管文法正不正確，先克服心理障礙，勇於説英文，再尋求老師指導與糾正	18	4
	注重閱讀、寫文章	聽、説、讀、寫	全面性的學習	18	5
		著重單字應用與使用	每天利用所學的單字造句子	20	2
節日	只知道 Merry Christmas 這個英文	深入探討節日的來源與相關事物	利用英文去表達聖誕樹、講聖誕節來源的故事，來增強對英文單字的印象及運用	12	

（續）

項次	傳統屬性	新的屬性	對應新屬性的創意	評價	排行
態度	被動吸收知識	主動吸收知識	1.多看英文雜誌 2.養成聽英文廣播習慣	20	3

四、結　論

最後方案

- 用英文交談
- 每天念一小時的英文
- 平常講英文
- 找英文補習班
- 一邊上廁所，一邊背單字
- 一邊刷牙，一邊背單字
- 組成英文讀書會
- 每天用英語對話或每天念英文文章
- 把學習英文當作一種興趣
- 忠於原味：應以外國人對話情境為主，去學習其對話方式及口音
- 在早上記憶力最好的時刻背英文單字，累積字彙
- 全面性的學習（聽、說、讀、寫）

做中學—如何降低工廠成本

 案例三

一、腦力激盪法

思考課題	降低工廠成本

項目
1.員工合作
2.提高生產力
3.減少人事費用
4.降低不良品
5.降低製造成本
6.提升機械效率
7.增加利潤
8.教育訓練
9.生產線平衡
10.減少庫存
11.減少箝制時間
12.縮短運輸時間
13.減少呆、廢料
14.擬定生產計畫
15.與客戶建立良好的溝通
16.工作輪調
17.最佳設施布置
18.動作分析
19.人機搭配平衡
20.增加產能
21.降低生產時間

（續）

項目
22.降低機械維護時間
23.降低換模時間
24.自動化
25.實行品管圈
26.以適當價格採購零件
27.把握機會成本
28.節約能源
29.提高工廠使用率
30.降低商譽損失成本
31.降低責任成本

可立即使用者	潛在使用者	不合使用者
1.教育訓練	1.人機搭配情形	1.降低責任成本
2.節約能源	2.生產線平衡	2.降低商譽損失成本
3.工作輪調	3.增加產能	3.縮短運輸時間
4.員工合作	4.最佳設施布置	4.提升機械效率
5.實施品管圈	5.自動化	
6.擬定生產計畫	6.降低換模時間	
7.提升生產力	7.動作分析	
8.把握機會成本	8.降低機械維護時間	
9.以適當的價格購買零組件		
10.減少人事費用		
11.減少庫存		
12.減少前置時間		
13.減少呆、廢料		
14.降低不良品		
15.增加利潤		

二、希望列舉法

思考課題	降低工廠成本

項次	內容	評價
1	交通便利	23
2	租金便宜	14
3	機械使用率高	70
4	零庫存	75
5	人員士氣高	34
6	生產線平衡	57
7	員工素質高	13
8	無等待時間	66
9	工作環境好	24
10	利潤高	44
11	零件便宜	42
12	高產能	40
13	通過 ISO 認證	23
14	國際化	17
15	與廠商建立良好溝通管道	58

三、缺點列舉法

思考課題	降低工廠成本

項次	內容	評價
1	工廠交通不便	36
2	租金太高	45
3	零件不合使用	68

（續）

項次	內容	評價
4	機械故障率高	75
5	人員素質不佳	34
6	交際費用過高	40
7	營運不健全	67
8	工廠光線不良	12
9	工廠通風不佳	13
10	士氣不振	12
11	制度不佳	66
12	離職率高	50
13	停工待料	70
14	賦稅太高	9
15	協調費用太高	5

四、諺語發想法

思考課題	降低工廠成本

項目	諺語	所得的創意	對應產生創意的線索	評價
1	有儉才有底	勤儉致富	降低製造成本	30
2	打腫臉充胖子	不要做無謂的花費	交際費用過高	18
3	儉儉呀用	廢物利用	減少消耗品的浪費	7
4	動力火車	士氣提升	員工摸魚	5
5	Time is money	時間	換模時間	35
6	品質要做好，管制不可少。	追求品質	減少品質	25
7	摸蛤兼洗褲	一舉兩得	降低成本，提升品質。	20

五、剪輯思考法

思考課題	降低工廠成本

項次	聯想	內容	評價
1	便捷	交通便利	46
2	划算	租金便宜	40
3	振奮	人員士氣高	8
4	順暢	生產線平衡	51
5	消化	零庫存	55
6	愉悅	工作環境佳	7
7	教養	員工素質高	33
8	豐滿	高產能	53
9	展望	國際化	13
10	肯定	通過 ISO 認證	12
11	堅固	機器耐用	12

六、逆向思考法

思考課題	降低工廠成本

項次	假設	假設的逆設定	對應逆設定的創意	排行
1	士氣高	士氣低	提供獎金制度	8
2	自動化	人力生產	訓練多能工	6
3	教育訓練	缺乏訓練	教導正確觀念	10
4	降低製造成本	增加製作成本	提高營業額	7
5	減少庫存	增加庫存	實施 JIT 生產制度	1
6	節約能源	浪費能源	資源回收	9
7	降低換模時間	增加換模時間	減少前置時間	3

（續）

項次	假 設	假設的逆設定	對應逆設定的創意	排行
8	生產線平衡	生產線不平衡	解決瓶頸時間	2
9	員工合作	員工不合作	良好的溝通	5
10	工作論調	單一工作	增加防呆裝置	4

七、焦點法

思考課題	降低工廠成本
強制關聯的對象	棒球場

項次	對象物的特徵	由強制關聯得來的創意	排行
1	電腦售票	自動化生產	4
2	優良投好	工廠領導人	5
3	監視器	保全系統	7
4	球場位置	交通便利	6
5	計分板	數字管理	2
6	觀眾座位	顏色管理	3
7	回收棒球	減少浪費	1
8	跑壘指導員	領班的正確指導	8
9	棒球隊	團隊合作	10
10	器材	設備良好	11
11	本壘板	升遷標準	9

八、「代倒組似他大小」法

	思考課題	降低工廠成本

	各項目的意義	對應檢查項目的創意	符號
代	如果代用？	1.效率	○
		2.士氣	△
		3.機器	△
倒	如果倒置？	1.自製做原料	○
		2.由關係企業提供能源	△
組	如果組合？	1.生產＋行銷→直營	○
		2.原料＋生產→衛星工廠	△
似	有無相似？	1.提高產能	○
		2.提高效率	△
		3.合作開發	△
他	有無其他用途？	1.再投資	○
		2.增加股東權利	△
		3.增加員工福利	△
		4.增加國家稅收	×
大	如果加大？	1.國際化	○
		2.上市公司	△
		3.永續經營	△
小	如果縮小？	1.倒閉	×
		2.解僱員工	×
		3.減少產量	○

○：重要　△：次要　×：不重要

九、屬性列舉法

	思考課題		降低工廠成本	

	傳統屬性	新的屬性	對應新屬性的創意	符號
屬性甲	1.線上操作 2.人工資料整理 3.一人決策	1.自動化 2.資訊化 3.多人決策	1.節省時間 2.節省資源 3.準確性高	○ ○ ○
屬性乙	1.手動 2.人工搬運	1.可程式控制 2.無人搬運機	1.增加產量 2.節省人工	△ △
屬性丙	1.未規格化 2.大量訂購 3.重汙染	1.國際化規格 2.EOQ 3.注重環保	1.增加效率 2.減少庫存成本 3.青山綠水永存	△ ○ △
屬性丁	1.TQC、CWQC 2.CWQC 3.直接成本	1.TQM 2.國際認證 3.變動成本	1.正確找出問題所在 2.產品受到肯定 3.全方面考慮成本	○ △ ○

○：重要　△：次要　×：不重要

十、「問題解決模式」總彙

	思考課題		降低工廠成本	

項目	較佳方案→不固定幾項	再評估	定案
1.腦力激盪法	(1)減少庫存 (2)減少不良品 (3)生產線平衡	一、零庫存 二、生產線平衡 三、直營	一、零庫存 二、降低製造成本 三、直營

（續）

項目	較佳方案→不固定幾項	再評估	定案
2.希望列舉法	(1)零庫存 (2)機器使用率高 (3)無閒置時間	四、數字管理 五、解決瓶頸作業 六、降低製造成本 七、減少不良品 八、全方面考慮成本	四、生產線平衡
3.缺點列舉法	(1)協調費用太高 (2)賦稅太高 (3)士氣不振		
4.屬性列舉法	(1)節省庫存成本 (2)全方面考慮成本		
5.諺語發想法	(1)減少換模成時間 (2)降低製造成本		
6.剪輯思考法	(1)零庫存 (2)高產能 (3)生產線平衡		
7.焦點法	(1)減少浪費 (2)數字管理 (3)顏色管理		
8.逆向思考法	(1)實施 JIT 生產制度 (2)解決瓶頸作業		
9.代倒組似他大小法	(1)再投資 (2)直營		

附表(一)提案用紙

提案紙

<table>
<tr><td colspan="3"></td><td>編號</td></tr>
</table>

<table>
<tr><td>單位</td><td></td><td>職等</td><td>工號</td><td></td><td colspan="2">提案人</td><td></td><td colspan="2"></td></tr>
<tr><td>改善
主題</td><td colspan="4"></td><td colspan="2">□已完成
□未完成</td><td></td><td>結審</td><td>級</td></tr>
<tr><td>改善
目的</td><td colspan="4"></td><td colspan="2">推幹
進事</td><td></td><td colspan="2">承認</td></tr>
<tr><td>送審
紀錄</td><td colspan="3">□初審：直接主管
□複審：指定課級主管
　　　　（原則為被提案單位）
□結審：8 級（含）以下：指定
　　　　課級主管（原則為被提
　　　　案單位）
□結審：4-7 級：由複審之部級主
　　　　管
□結審：3 級以上：總經理</td><td>被改善場所</td><td>被提案單位</td><td colspan="2">未完成件
必須填寫

預定完成日期 ／ 年 月 日</td><td>分類</td><td colspan="2">□品質　□設備
□效率　□治、工、檢具
□成本　□模具
□方法　□整理、整頓
　　　　□安全衛生
　　　　□_____</td></tr>
</table>

註：提案人應將各欄位填寫完整，否則將不受理

<table>
<tr><td>我的提案</td><td>改善前：（概述內容及略圖、照片）</td><td>書寫不足，請貼上別的紙繼續使用</td></tr>
<tr><td>提出日：

　年

　月

　日</td><td>改善後：（概述內容及略圖、照片）</td><td>書寫發生問題，可請上司指導</td></tr>
</table>

附表二　提案實施成果報告

預期投入費用A+B= 　　　　元	預期月平均節省金額= 　　　　元		檢討
A：材料成本小計： 　（1,000元以上零件需項）	□列項計算：	註：本欄數據必須填寫完整。否則不得 8 級以上獎勵	
B：人工成本：180元／時× 　人時	□節省 　　人時 ×120元／時		財務

附注：1.連續三個月收益之平均值計算。
　　　2.降價以實際差×月平均量。
　　　3.不良改善以 3 個月實際改善量平均數×（另件單價）or 節省的損失工時計之。
　　　4.生產力以（改善前工分／支－改善後 3 個月平均工分／支）×3 個月平均量。
　　　5.預期節省金額扣除預期投入費用後之淨額計算為主。

改善提案評審內容

評審基準		評定尺度											初審	視審	結審	評審主管簽章
效益	節省元／月	10000	8000	6000	5000	4000	3000	2000	1000	500	300	100				
	節省金額（非繼續性）	120000	96000	72000	60000	48000	36000	24000	12000	6000	3600	1200				初審：
	得分	60	50	40	36	32	28	24	20	16	12	8				
	無具體資料時適用	效果顯著		效果良好		效果可		有效果								預審：
	得分	20	18	16	14	12	10	8	6	4	2					
構想	區分	優秀創新案		自己新案		協力新案		簡易新案		簡易案						
	類別	自動	被動	自動	被動	自動	被動	自動	被動	自動	被動					
	得分	20	19	18	17	16	15	14	13	12	11					
實施	區分	實施有標準化		實施無標準化		未實施										結審：
	得分	10		5		0										
綜合評價	區分	高度知識		總合知識		課內專業知識		一般知識								
	得分	10	9	8	7	6	5	4	3	2	1					
係數（1-2 職等 1.2，3-4 職等 1.0，5-6 職等 0.8）																
合計																

不採用理由：符合不採用提案條例第（　）條

不採用提案條例	獎勵發放辦法

不採用提案條例
(1)意見、希望、批評、訴苦等事項。
(2)無具體可行之改善事項。
(3)和以前提案內容相似之事項。
(4)有關人事異動、薪資、任免、制度等政策事項。
(5)有關攻擊他人之事項。
(6)離現實太遠之空想事項。
(7)已公知或正在改善之事項。
(8)無效益事項。
(9)非建設之批評，損及公司名譽或利益者。
(10)會議之議決事項。
(11)提案用紙填寫不完整。
(12)工作範圍內，屬於本身的工作內容。

等級	得分	獎金
1	95 以上	10,000
2	91-95	8,000
3	86-90	6,000
4	76-85	4,000
5	66-75	2,000
6	56-65	1,000
7	46-55	500
8	36-45	200
9	26-35	100
10	25 以下	0

採用說明	被提案單位	實施確認	實施單位

提案公告：
□公告一個月　　　　□申訴：提案對提案等級有異議時，由提案人以「提案申訴單」提出。
□提案日一個月半內　□舉發：非提案之任何人對提案等級有議異時，皆可以「提案舉發單」，為保密舉發人可以透過各單位代填。

附表三

□申訴

提案　　　單

□舉發

受理	
	年　月　日

提案編號：＿＿＿＿＿＿＿＿

提案日期：＿＿＿＿＿＿＿　　　編號：＿＿＿＿＿＿＿

原提案之改善主題：

提出人／單位：＿＿　原級數：＿＿　期望改判級數：＿＿

提出理由：＿＿＿＿＿＿＿＿＿＿＿＿＿＿＿＿＿＿＿

　　　　　＿＿＿＿＿＿＿＿＿＿＿＿＿＿＿＿＿＿＿

※申訴為提案人，舉發為非提案之任何人；若保密可以單位代表。（虛線以下不必填）

‥‥‥‥‥‥‥‥‥‥‥‥‥‥‥‥‥‥‥‥‥‥‥‥‥‥‥‥‥‥

□車鏡部　　□營業部　　□技術部

重審之推進委員：□管理部　　□品保部　　□明鏡部

【提案人評審之主管採迴避原則】

判定：□維持原結案級數

　　　說明：＿＿＿＿＿＿＿＿＿＿＿＿＿＿＿＿＿

　　　　　　＿＿＿＿＿＿＿＿＿＿＿＿＿＿＿＿＿

　　　□改判＿＿＿級

　　　說明：＿＿＿＿＿＿＿＿＿＿＿＿＿＿＿＿＿

　　　　　　＿＿＿＿＿＿＿＿＿＿＿＿＿＿＿＿＿

重審委員	核準	企劃課填記	提案人／加減金額	財務課受理	
					月　日

Chapter

6

品管圈推行及案例介紹

教中學—由老師講授，學員（生）吸收實務經驗

 壹、先由生活實例介紹 QCC ──婆媳之間

　　這是一個真實的故事，男主角老張每次下班回家後，太太就會對老張抱怨婆婆的不是，總是對她嫌東嫌西的，由於媽媽與老婆之間的溝通不好，所以老張時常夾在她們兩人中間，左右都不是人，就因為這樣，使得老張很煩惱，所謂男人真命苦，在老張的身上我們可以深深地體會到，所以老張決定要找出原因，到底為什麼事情在吵架，於是他使用一個方法，叫做「要因分析法」，又有另一種較有趣的說法，稱為「魚骨圖分析法」，可以找出媽媽與老婆之間到底發生什麼問題，要因分析法可分為主要因、中要因、次要因、小要因，我們常常有句話說「打破砂鍋問到底」，就是這樣的道理，而老張終於找到了原因所在，原來是生活上的不協調，例如吃的方面，婆婆初一、十五要吃素，而媳婦忘記了，還有婆婆

的年紀大了，生活作息和飲食各方面都有不同的習慣，然後宗教的信仰也有所差異，婆婆是信道教的，而媳婦是信基督教的，太太的家境較富裕，而先生的家境較貧窮，這樣的生活背景也有差異，婆婆向來都是獨裁慣了，與媳婦認為要互相尊重的想法有大大的不同，由於這些種種的原因，才會造成婆婆與媳婦之間的不和。

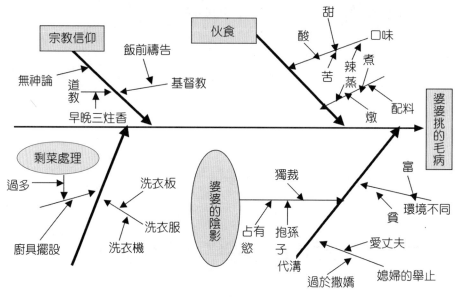

魚骨圖特性要因分析

 一、數據會說話

改善前數據蒐集及柏拉圖表

不良項	不良數	累積不良數	不良率	累積不良率
A	51	51	0.33	0.33
B	46	97	0.30	0.63
C	31	128	0.20	0.84
D	25	153	0.16	1.00
合計	153		1.00	

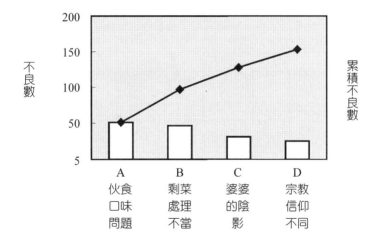

現在已經知道婆媳問題的原因了，就可以把這些問題用柏拉圖的方式分為 A、B、C、D，再用高矮順序配合數字管理來分析，把最主要的問題找出來，然後解決，例如，A、「伙食口味方面」，一個月下來罵了 51 次。B、「剩菜亂倒」，婆婆看見又生氣，罵了 46 次，累積 97 次。C、「婆婆的陰影問題」，罵了 31 次。D、「宗教方面的不同」，罵了 25 次，累積 153 次。所謂數字會說話，這樣我們就可以根據統計的數字，並

利用柏拉圖的分析來設定目標，例如一個月罵 153 次，把它降低到一半，目標設定後，就要有計畫性的下對策。

　　第一、剩菜方面，盡量不要有剩菜剩飯，或者打算倒掉時不要讓婆婆看見。第二、宗教信仰方面，既然已嫁為人婦，就該做做表面給婆婆看，所謂的「嫁雞隨雞、嫁狗隨狗」，就是這個道理。第三、飲食和生活作息方面，可以問問看婆婆喜歡吃什麼或看什麼類型的電視節目，在婆婆面前也不要和老公太過親密等。

二、目標設定

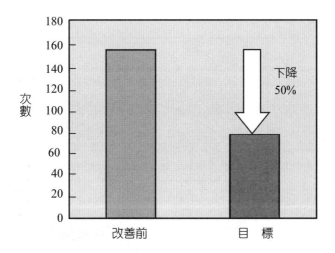

三、對策

1.剩菜方面——(1)由老張倒掉（婆婆不會罵兒子）。

　　　　　　　(2)養狗（吃剩菜）。

　　　　　　　(3)老張盡量吃完（難怪婚後先生都會發福）。

2.宗教方面——媳婦表面應付。

3.伙食方面——(1)調查大家的口味。

　　　　　　　(2)購買食譜。

　　　　　　　(3)經常變化口味、菜色。

4.在婆婆面前——(1)夫妻的互動勿太親密。

　　　　　　　(2)早晚問安問好。

　　　　　　　(3)多陪媽媽出去玩或逛街。

改善中數據蒐集及柏拉圖分析

不良項	不良數	累積不良數	不良率	累積不良率
A	36	36	0.38	0.38
B	34	70	0.35	0.73
C	16	86	0.17	0.90
D	10	96	0.10	1.00
合計	96		1.00	

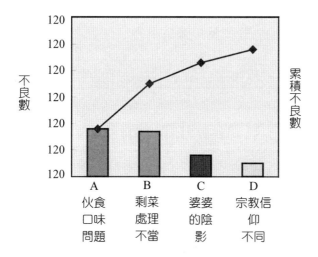

對策有沒有效果，就來看改善後的統計數字，「飲食的問題」被罵

了 36 次、「倒掉剩菜」被罵了 34 次、「宗教信仰方面」被罵了 10 次、「婆婆的陰影」（傳宗接代、獨裁）被罵了 16 次，雖然次數有下降，但沒有達到目標，類似這樣有改善但沒有達到目標，就必須再做對策，例如「剩菜方面」不要倒掉，先生加班回來可以當消夜吃，「宗教信仰方面」放棄成見等，這樣的改善效果就有很明顯的下降了，A、「飲食方面」降為 10 次，B、「剩菜方面」降為 8 次，C、「傳宗接代」降為 7 次，D、「宗教方面」降為 5 次，這樣比之前所設定的目標還要低，就表示已經成功了。然後我們再用推移圖來評估有沒有改善，這是以一個禮拜來觀察，次數為 38.25 次，有明顯地下降，但還沒有達到目標，經過再對策後，終於比我們的目標下降了一半，可見已成功地改善婆婆與太太之間的問題。

四、再對策

1. 剩菜方面──(1)開飯前一小時若不回家吃晚飯，以電話聯絡（媳婦掌握人數）。
   (2)剩菜煮來當點心吃。
2. 宗教方面──(1)放棄成見，養成早晚三炷香之習慣，博取婆婆歡心。
3. 伙食方面──報名參加救國團烹飪補習進修班。

五、改善後數據蒐集及柏拉圖分析

不良項	不良數	累積不良數	不良率	累積不良率
A	10	10	0.33	0.33
B	8	18	0.27	0.60
C	7	25	0.23	0.83
D	5	30	0.17	1.00
合計	30		1.00	

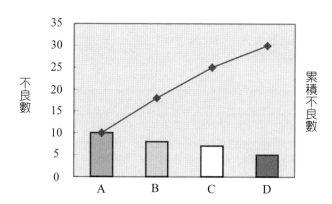

六、效果確認──推移圖

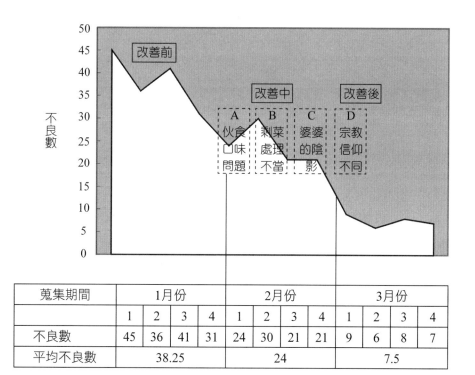

蒐集期間	1月份				2月份				3月份			
	1	2	3	4	1	2	3	4	1	2	3	4
不良數	45	36	41	31	24	30	21	21	9	6	8	7
平均不良數	38.25				24				7.5			

七、成果比較

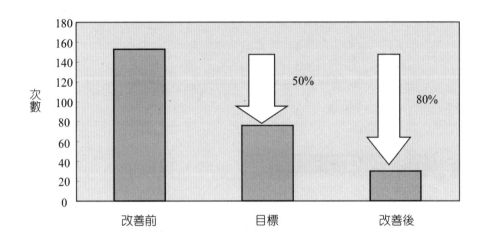

八、目標達成率：(30－153) / (76－153)＝160%

　　再對策後，比我們的目標還要下降一半，已經成功地改善婆婆與太太之間的問題。再用柱型圖來看，改善前 153 次、改善中 76 次、改善後 30 次，也就是說達到目標，但問題並沒有完全得到解決，雖然有明顯的改善，但問題還是會再發生。所以我們再使用標準化，例如：(1)剩菜方面：先生如果不回家吃飯，就打電話回家知會一聲，或者不要煮得太多；(2)生活習慣：可以陪婆婆一起逛逛街，博得婆婆的歡心等，如此一來，過去天天上演爭吵的戲碼，終會有和樂融融的一日。老張從此就能無後顧之憂，可以將心思放在事業上了，這是無形的成果。而有形的成果是老張不用再為媽媽與太太的事而煩惱了，用這樣的例子來做品管圈，是告訴我們有問題就要去解決，不能只是靠經驗、直覺和不精密的判斷，必須要去

探討原因，主原因、次要因、小要因，我們稱為魚骨圖，柏拉圖主張要以高矮的順利排列，集中火力在不良的大原因上，然後我們先蒐集數據，再做對策，如果沒達到預期的目標，就還要再做對策，中間還有推移圖，做完以後還要標準化，而標準化後我們要找無形和有形的成果，還要找到下一個目標，如此的品管圈才是最完整的。

九、標準化

1. 六點半開飯，不回家吃晚飯者，五點半前電話聯絡。
2. 每天早上吃齋，初一、十五全天吃齋。
3. 每週六陪媽媽逛街。
4. 每天告訴媽媽一個笑話。
5. 婆婆在家時，夫妻不洗鴛鴦澡。
6. 媳婦早晚三炷香。
7. 早晚問安，晨昏定省。

十、無形成果

1. 婆婆買新泳裝，及帶媳婦去看楊麗花大公演。
2. 媳婦到烹飪補習班學了一套好手藝，使大家都有口福。
3. 婆婆不再埋怨，一家和樂融融，老張無後顧之憂，可好好工作。

十一、有形成果

1. 老張不用擔心老婆和媽媽會相處得不愉快，晚上可安心加班，多賺點錢。
2. 老張下班後不必聽老婆抱怨到凌晨兩點，節省不少電費。

3. 婆婆每週罵媳婦的次數，由改善前的 38.25 次降到 7.5 次。

下期活動主題：如何生個胖寶寶。

貳、品管圈的定義

品管圈為「Quality Control Circle」（QCC）的意思，也可稱為團結圈，所謂 QCC 定義有二個：

1. 同一工作單位，為品質管理的目的所集合而成的小集團。

2. 這個屬於 TQC 之一的小集團，活用 QC 手法，舉辦自我啟發、相互啟發的活動，努力於工作的管理及改善。

QCC 所具備的以下各點特徵，並不是一般小團體都有的：

1. 重視學習。

2. 是自動自發參與的活動。

3. 是 TQC 的活動項目之一，主要在於工作的管理及改善。

參、品管圈導入程序

一、確定方針

實行之初，最重要的是「導入的方針」。因為 QCC 活動不是一時性的活動或運動，須有明確的方針，才能行之久遠。慎重考慮長期的經營理念及經營計畫，配合 QCC 活動，將企業的體質加以改善。

二、高階的決策關係重大

促使實行 QCC 活動的動力若是來自於「別的公司都實行了嘛！」、

「本公司的關係企業經實行了！」……等，都是錯誤的推動力。QCC 活動著重於經營者、管理者、作業員等所有員工都能明確地知道公司的推展方針，全力配合以達到目標。其中對於這個「方針」最有影響力的就是高階，換句話說，高階的決策往往嚴重影響企業的推展。所以 QCC 活動能否活潑、順利地展開，關鍵在於方針是否明確，及高階的決策是否明智。

三、了解活動內容

在導入 QCC 活動時，先了解 QCC 活動是非常重要的，而了解的方法有三：

1. 閱讀相關書籍。

2. 參加 QCC 大會。

3. 參加研習會。

四、導入計畫及方針

必須做到全體員工確實了解導入的計畫及其方針，QCC 活動的導入，應以 PDCA 循環（計畫、實施、檢查、處理）的方式進行。所謂導入計畫就是導入前先考慮自己公司的問題所在，再針對問題訂定計畫，以便圓滿地將 QCC 活動導入。

五、導入時的教育

上自經營者，下至作業員，全體人員都必須學習，學習的方法及有關教育的難易程度，則是影響成果的要素。

六、決定圈長

圈長在剛導入活動之初最顯得重要，相當於平時的組長職務。圈長的任務是收攏人心，在開始 QCC 活動時，圈長必須趕緊學習有關 QCC 的知識。

七、QCC 的組成（構成人員）

為了要培養會員能流利地發言，開會的最佳人數應在五人以上、八人以下，人太少則無法成會，人太多則個人意識薄弱，易怯場，缺乏參與感。

八、QCC 的登記

組成了 QCC 後，便可自動登記，一旦正式登記，自然會產生自覺感及責任感，圈組成後，首先決定圈名及圈長人選，然後正式登記。

肆、品管圈推行程序

1. 發表會的召開：活動導入六個月後，可著手計畫加開發表會，目的在於互相激勵及啟蒙。
2. 找出問題：很多平常不注意的事，不知不覺地發生了問題，設法找出這些突發問題的原因。
3. 決定主題：QCC 的所有圈員對於問題意識已漸漸提高，每當發現問題時，就將之記在便條紙上，等聚會時再提出來共同討論。經由這些問題的討論及評價後，再從中選擇最適當的項目做為 QCC 活動的主

題。

・決定主題的順序：

(1)發現問題。

(2)找出真正的問題所在。

(3)評價之後再選擇。

(4)聽取上司的意見。

(5)決定主題。

・主題的條件：

(1)全體同仁一致贊成的。

(2)適合 QCC 的能力。

(3)沿襲公司、工廠的企業方針。

4.確定目標：在目標確定前，應該考慮實現目標的可能性，一經確定，則集全體人員之力，為達目標而努力，必須要通力合作以達成目標。

5.問題的解析：運用資料，活用 QC 手法，找出問題的原因。

6.對策與實施：擬定良好計畫的要件之一，是全體人員共同參與計畫的擬定。

7.檢查和維持：將實施的結果做成資料，比較前後對策的變化，有間接的效果，達到良好狀況時，應力求保持，防止退步。

 伍、品管手法簡介

　　現狀把握、真因調查、要因確定、對策效果，要注意品管手法，才能將事實數據把握、切入核心。一般有下列道具：(1)以數計為中心的柏拉圖等手法；(2)以圖表為中心的關聯圖等；(3)以高等統計為中心的檢定等。茲列表簡述於後：

QC手法（QC七個道具）

	柏拉圖	特性要因圖	查檢表	推移圖‧管理圖
用途	・找問題點及原因時，活用於從何處著手及定優先順序 ・效果確認時，活用於對策前後的比較確認	・活用於問題點的整理，原因（要因）的追求 ・影響特性的原因（要因）之要素整理及了解相互關係之體系化	・品質數據的採集或設備及實施事項施時活用點檢之層別（計畫階段各項目之層別）要明確化	・活用於品質、故障等特性的日常推移、變化的了解 ・活用於品質、故障等特性的大小、比率的了解
例	〈不良項目別柏拉圖〉 N＝38　（%） (個) 15 10 5 5 3 5 尺寸不良・傷不良・部品欠品・異音不良・其他 ＊項目分類要考慮目的	〈A尺寸不良特性要因圖〉 人　材料（要因） 機械　方法 → A尺寸不良（特性） ＊一般要因以 4M 分類 ＊多項要因可一覽，對追求要因是有效的手法 以「為什麼……」重複抽出	〈初物品質查檢表〉 表格： 查檢項目｜1/3｜2｜3｜4 A尺寸｜○｜○｜○｜○ B尺寸｜○｜×｜○｜○ 表面傷｜×｜○｜×｜○ 欠品｜○｜○｜○｜○ ＊對「×」項目應做迅速的對應	〈A尺寸管理圖〉 UCL　X　TCL X 異常 例：能力別雷達圖 調達・檢查・生產・保全・QA・技術・領導術・設計
特徵	・各項目別的發現次數分明，重點項目明確		・設備點檢狀況與結果，定期獲知 ・將各項目柏拉圖化，則項目別重點項目會明確	・只看數據不易了解，數據整理圖化，則圖形「變化」容易了解

QC手法（QC 七個道具）

（續）

	散布圖	直方圖	層別
用途	・有關係的 1 對數據在一個圖上，用點表示將 2 個數據群間之相關係用圖明確化（原因與結果之關係調查等）	・可求母集團（批）的平均值、偏差。又分布狀況容易了解 ・可求工程能力 Cp	・QC 手法的原點 ・所有 QC 數據依此層別蒐集數據，否則解析無意義
例	〈淬火硬度與淬火溫度的關係〉 HV Y：淬火硬度 X：淬火溫度 ℃ ※統計上 2 個數據群間求其相關的相關檢定	〈A 尺寸直方圓〉 n n＝46　n＝47　s＝0.16 11-21 21-31 31-41 41-51 51-61 61-71 71-81 81-91 ※但，求標準差（s）時，數據要正規分析	※層別是： ・機械別 ・作業者別 ・時間別 ・項目別 ・場所別 ・要因別 ・種類別 ・條件別 ・生產線別 ※柏拉圖也是各項目別層級蒐集蒐集數據作成 如左記將各要素、要因、原因別分類蒐集數據即是層別
特徵	・用 1 對的數據群間（原因與結果）之關係	・母集團（批）之分布狀態容易了解。又工程能力亦及平均值的偏離狀態也容易了解	・依各要素、要因、原因別，將數據分類，故可按各要素分析其頻度

QC手法（新QC七個道具）

	關聯圖	系統圖	矩陣圖	親和圖
用途	・對發現問題有用 ・原因與結果、目的與手法連結的問題，以此相關係加以論理性連結解決之（語言解析手法）	・究明原因，找出解決對策 ・為達成目標、目的、結果等之手段、方策等事項有系統的展開	・決定對策案 ・各實施事項及效果等用二元表整理，為決定主要實施事項所展開的手法	・用於發現問題點 ・分散集合的「語言數據」以相互親和性整理、層別後將問題明確的手法
例	〈為何作業標準無法遵守〉 沒有標準・項目多・檢討不足・上司不在・不能遵守・不遵守・放任作業者・沒有教導・無工具・太忙・無時間	〈要維持健康〉 目的：維持健康 手段：適當食物、適當飲酒、適當睡眠、適當營養 禁酒日設定、不跟人走、晚上不喝、不一口氣喝下 評價 1次2次3次4次 ○◎	〈對策案的檢討、決定〉 要因列／要因行：效果・對策費用・對策難易・維持性 對策1・對策2・對策3 △◎○採用對策2	〈遵守作業標準需要〉 整備標準：道具整備、標準整備、容易懂 遵守作業標準：徹底指導、要教育、要監督 給予時間：作業時間的標準化
特徵	・可自由表現，故容易想出 ・問題及要因之相互關係可論理性明確	・事態現象可系統展開，少漏掉 ・容易統一一圈員的意見	・將交點做為著想的點，可有效進行問題的解決	・可將各種意見納入因全員參與，可提升意識

（續）

QC手法（新QC七個道具）

	矢線圖（箭頭圖）	PDPC（過程決定計畫圖）	矩陣數據解析
用途	·為進行活動等日程計畫、特定計畫，將必要的作業之關聯用網狀圖表示	·為達成目的將實施方法不透明或構想會產生不能預期的困難，用選擇最適當的實行方法	·各要素與要素間之關聯可定量化（數據化）時，用矩陣數據法整理
例	例：〈QC 發表日程〉 	例：〈去臺北的方法步驟〉 	例：〈三振與壞四球之關係〉
特徵	·開始到目的的達成為止的必要關聯作業及日程會明確	·開始到目的的達成為止的行動（推想）步驟會明確	·新 QC 七個道具中，唯一採用數據之手法

SQC 手法等

	2 個數據檢定	相關檢定	分散分析	直交配別
用途	・2 個以上數據別（機械別、人別……等）之偏差，平均值有無錯誤誤用統計方法檢定	・推想有關係的 1 對數據之相關（如：原因與結果之相關性，用統計調查）	・2 個、3 個主要要因被賦予 2 元素，分析會影響要因別的結果之關聯（找出有意的主要因）	・3 個以上主要要因查表自由，分析、分析會影響要因直交表，別出結果的關聯（找出有意的主要因）

例（2 個數據檢定）：

〈對策前後之數據差〉

	對策前	對策後
X1	3.6	3.7
X2	3.8	3.4
X3	3.2	3.4
X̄	3.8	3.6

檢定程序
$H_0: \sigma_A = \sigma_B$
$S_A = \Sigma X_A^2 - (\Sigma X_A)^2/nA$
$S_B = \Sigma X_B^2 - (\Sigma X_B)^2/nB$
$V_A = S_A/nA - 1$
$V_B = S_B/nB - 1$
$F_0 = V_A/V_B$　F 表檢定

例（相關檢定）：

〈D/F〉

	X	X^2	Y	Y^2
X1	5.1	26.01	0.3	0.09
X2	6.3	39.69	0.4	0.16
X3	4.4	19.36	0.3	0.06

檢定程序
$S_Y = \Sigma_Y^2 - (\Sigma_Y)^2/n$
$S_X = \Sigma_X^2 - (\Sigma_X)^2/n$
$S_{XY} = \Sigma_{XY} - (\Sigma_X * \Sigma_Y)/n$
$r_0 = S*Y/S\sqrt{}/S_X*S_Y$　r 表檢定

例（分散分析）：

〈3 個因子之解析〉

	B_1		B_2	
	C_2	C_1	C_2	C_1
A_1	:	:	:	:
A_2	:	:	:	:
A_3	:	:	:	:

分散分析表

	S	ϕ	V	F^0
要因 A	:	:	:	…*
要因 B	:	:	:	…*

例（直交配別）：

〈3 個以上因子之解析〉

直交表

	1	2	3	4	…	15	數據
	因子 A	因子 B	因子 A×B	因子 C	…	因子 H	
1	1	1	1	1	…	1	:
2	2	1	1	1	…	2	:
3	1	1			…	2	:

分散分析表

	S	ϕ	V	F^0
要因 A				*
要因 B				*

| 特徵 | ・統計上 2 個數據間有無 | ・統計上 x 與 y 之相關程度（相關係數）會明確。又回歸式 $y = ax + b$ 亦可求之 | ・各因子別偏差被分解會影響特性的個別因子 | ・所費時間、費用較少的實驗，效率好即得必要結果 |

（續）

SQC 手法等

	多變量解析	FTA 解析	標準作業組合表
用途	・從日常數據中，蒐集多數要因與結果的數據，分析會影響要因別結果的關聯（找出有意義的主要因）	・故障解析手法的 1 種，將故障原因以系統故障、次系統故障、另件水準的故障等順序，將要因展開（亦稱故障樹解析）	・作業改善　將作業時間分為步行、手作、機械時間，找出作業平衡與浪費的地方
例	〈多因子之解析〉	〈A 設備之故障解析〉	〈A 作業之標準作業〉
特徵	・不會如實驗計畫法，將因子及水準查可適用通常得到的數據	・故障及故障原因之因果關係會明確	・機械時間、人手作業時間的瓶頸會明確 ・容易找出浪費

〈多因子之解析〉

		數據 1	2	3	…
結果	結果 X	…	…	…	…
	結果 Y	…	…	…	…
因子	因子 A	…	…	…	…
	因子 B	…	…	…	…
	因子 C	…	…	…	…
	因子 D	…	…	…	…
	……				
	因子 H	…	…	…	…

〈A 設備之故障解析〉

熔接機之故障
└ 加壓異常　電流異常　定時異常
　　　　└ 變壓器異常　斷線
　　　　　　└ 接點異常　斷線
　　　　　　　　└ 汙損　破損

〈A 作業之標準作業〉

時間	步行	手作	機械
1	3"	8"	27
2	2"	7"	19
3	9"	2"	30
:	:	:	:

步驟別的 QC 手法活用

◎：有效手法　○：活用多　△：特殊使用

區分	NO	QC手法	1 題目選定	2 訂定計畫	3 目標值的設定	4 現狀把握	5 要因解析	技術面 6 真因追求	技術面 7 對策檢討	技術面 8 效果確認	管理面 6 真因追求	管理面 7 對策檢討	管理面 8 效果確認	10 全體效果確認	11 標準化
QC的七個道具	1	柏拉圖	○		○	◎	◎	○		◎	○		◎	◎	
	2	特性要因圖					◎	◎							
	3	查檢表	○			◎	◎	◎		◎				◎	
	4	推移圖·管理圖	○		◎	◎	◎	◎		◎			◎	◎	
	5	散布圖					◎	◎		◎					
	6	直方圖	◎		◎	◎	◎	◎		◎				◎	
	7	層別	△				◎	◎		△			△		
新QC七個道具	1	關聯圖	○				◎	◎			◎	◎			
	2	系統圖		△			◎		◎		◎	◎			
	3	矩陣圖					◎		◎		◎	◎			
	4	親和圖	○				△		◎		◎	◎			
	5	矢前圖（箭頭圖）		△			△			△	◎		△		
	6	PDPC（過程決定計畫圖）		○			△			◎	◎		○	◎	
	7	矩陣數據解析				○	△				◎				
SQC手法	1	（計量、計數）				△	△	○		○					
	2	相關檢定				△	△	△		△					
	3	分散分析					△	△		△					
	4	直交配列（計量、計數）					△	△		△					
	5	多變量解析				△	△	△		△					
	6	故障樹解析					△	△		△					

團結圈活動計畫書

一、依據：

　　1.國家品質獎條例。

　　2.全公司體質改善活動。

　　3.年度工作重點。

二、目的：

　　1.提高品質、生產力、降低成本。

　　2.改善活動全員參與。

　　3.推進自主的管理活動。

　　4.相互交流增廣見聞。

三、目標：

　　1.初期基層單位一定參加，其他單位自由參加。

　　2.第二期（含）起，各部門單位至少一圈。

　　3.廠內發表一年二次。

　　4.遴選對外競賽爭取優勝榮譽。

　　5.落實品質保證、技術生根、全員參與。

　　備註：(1)獎盃採流通方式，得獎者存放半年。

　　　　　　(2)獎金須報帳。

四、職掌：

　　‧主任委員：（莊銘國總經理）

　　1.活動方針、目標指示及評價與鼓勵。

　　2.活動之年度計畫審定。

　　3.自主管理活動環境之育成。

　　‧總幹事：（陳美玲專員）

　　1.推廣計畫之擬定與實施。

　　2.自主管理活動實施辦法，考核與評價度之建立、檢討與修正。

3. 有關推動、企劃、報告、受理、登記及評審等事務工作。

4. 辦理教育訓練事宜。

‧ 推進委員：（廠處主管）

1. 實施進行總部之目的、進度、檢討、核定、承認。

2. 協定各圈的推動事宜、問題的排解。

‧ 輔導員：（由各圈長邀請）

1. 品管及活動技巧的指導。

2. 參與每次的圈會並給予正確誘導。

3. 輔導小組活動的持續性。

‧ 圈長：（圈員遴選）

1. 做好活動取得上司之承認，並向總部登記。

2. 領導圈員開圈會。

3. 指導圈員有關固有技術、改善方法、統計方法之訓練。

4. 自主地參加研究會學習能力。

5. 領導與溝通圈員，建立和諧之人際關係。

‧ 圈員：

1. 參加圈會積極地進行活動。

2. 彼此分擔所分派之實施事項。

3. 按作業標準進行正確的作業。

4. 工作場所之安全與自己安全的確認。

輔導員的資格認定由總部另行制定。

五、實施辦法：

1. 組圈：

(1)由同一工作現場之從業人員所組成。

(2)不同部門的人員為共同目的而聯合組成。

(3)每圈人數以 5～10 人為限。

(4)同一單位可組一圈以上，惟人員不得重複。

(5)同一期每人至多僅參加一圈。

2.登記：

(1)圈的登記：每期各圈提出活動主題及預定活動日程，三日內提出「團結圈活動登記表」，經主管簽認後報呈總部（原稿自存）。

(2)會議登記：每次開會前三日填寫「會議通知單」，呈主管同意後，影印一張呈送總部。

3.活動：

(1)組圈之活動，必須依據「團結圈活動步驟」順序，在圈長的領導下循序展開活動。

(2)團結圈活動的每個步驟、均須透過圈會來進行，圈會活動每月2～4次，每次 30 分鐘為宜。

(3)圈會：①召開方式：可利用上班時間、中途休息時間、假日休閒時間、或以加班方式，只要經廠處主管同意，向總部報備即可。

②活動方式：會議桌、現場、會議室、訓練教室、郊遊、烤肉、露營……。

(4)活動會議紀錄必須於會後三日內送交總部查閱。

(5)團結圈活動必須配合改善提出，才算真正有活動。

(6)活動期限每年度至少兩個主題。

(7)成果報告書必須於活動告一段落達成預期目標後，綜合各種活動紀錄、會議紀錄、資料等，有系統的整理改善活動，據 P→D→C→A 管理手法，作成當期的活動成果報告書，經輔導員→部級主管→廠處主管核閱後，送總部進行評估。

(8)活動經費：憑完整的會議紀錄，並經廠處評語，送交總部申請經費，統一每月發放，每位圈員會費 100 元。

No.	項目	授課內容	日期	時數（分）	講師
1.	選定題目及目標	主題選定的方法及要點	12月12日	30	陳美玲
2.	QCC 會議	QCC 的會議與進行方式	12月12日	30	陳美玲
3.	要因分析	(1)柏拉圖（重點分析式）	12月16日	20	陳美玲
		(2)魚骨圖（特性要因圖）		20	
4.	了解事實 數據蒐集 整理統計分析	(3)直方圖	12月21日	20	陳美玲
		(4)散布圖		20	
		(5)查檢表		20	
		(6)管理圖	1月8日	20	
		(7)層別法		20	
		(8)4M 法	1月29日	30	
		(9)5W1H	2月29日	30	朱高專
		(10)愚巧法	3月4日	40	朱高專
		(11)腦力激盪法	3月11日	30	總經理
5.	改善對策	改善前後的比較方法	3月25日	30	陳美玲
6.	對策實施 效果確認	推移圖的應用	4月1日	30	陳美玲
7.	標準化	標準化的作成及流程	4月29日	30	陳美玲
8.	發表會	1.活動成果報告書的撰寫		40	陳美玲
		2.掛圖的運用		15	
PS.以上教育訓練課程採自由參加方式 時間：13:10 地點：第一會議室			合計	465（分）	

陸、案例說明：保證圈
（本圈曾獲全國團結圈競賽金塔獎）

 一、圈的介紹

(一)圈的組成

圈名	保證圈	圈成立日期	××年7月10日
圈長	林智添		
圈員	許家鳳、林育如、洪雅菱、杜賜亭、林秀玫		
圈會次數	2.5次／月　共15次		
圈會時間	30分／次		
所屬單位	品保部　品管課		
工作理念	提升品質穩定、降低製程不良、預防不良再發		
平均年齡	21.8歲		
平均年資	2.1年		

(二)圈特色

　　本圈圈員皆屬資淺人員，平均年資約 2.1 年，圈員本著團結圈之精神，充分發揮團結一致，分工合作，找出問題癥結之所在，加以分析對策，並從中學習問題解決之步驟，並運用於實務運作上獲取改善，且邀請現場主管及品保人員加入本圈做圈友。圈友以其專業知識及負責業務，提供本圈最直接、最快速的支援，使圈運作更順暢。

(三)活動歷史

期別	活動主題	成　績
第四期	降低 001W、003W 後視鏡檢查不良漏失率	效果維持
第五期	降低塑膠多功能 7488 之不良率	效果維持
第六期	降低 E-CAR 室外鏡片之漏失率	健生佳作獎
第七期	降低 003W 後視鏡護圈損耗率	健生自強組佳作獎
第八期	降低 DE2000 後視鏡外部失敗率	健生自強組金牌獎、光陽第八屆團結圈自強組特優圈第一名

註：第一、二、三期因品管課尚未成立、故沒有參與團結圈活動。

(四)圈組織表

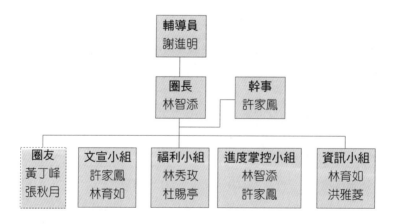

✌ 二、上期活動效果維持狀況

1. 活動主題：降低 003W 後視鏡護圈損耗率。

2. 活動期間：1 月 4 日～6 月 30 日。

3. 活動目標：改善前 4.7%，降至 1.5%。

 三、本期活動主題：降低 DE2000 後視鏡外部失敗率

(一)主題選定

項次	候選題目	提案人	重要性	配合性	可行性	總分
1.	降低 730335 室內鏡組立不良率	林智添	21	19	16	56
2.	降低 DE2000 鏡片粒點不良率	林育如	24	9	18	51
3.	降低 ASTRA 室外鏡組立之不良率	許家鳳	28	19	18	65
4.	降低 DE2000 後視鏡外部失敗率	洪雅菱	28	24	26	78

評價基準：　　佳：5 分　　可：3 分　　　次要：1 分　　　　共：六人
評價最高分者為本次活動主題

外部失敗率 ＝ 客戶退回之數量／本公司交貨之數量

(二)選定理由

1. 由 5～7 月 DE2000 占 CMC 總外部失敗率比例圖，可看出 DE2000 占絕大部分，且比率大幅提升，須急迫解決。

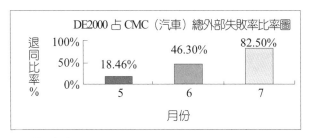

資料來源：CMC 品質月報表

2. 降低品質失敗成本。

3. 避免客戶抱怨。

4. 維護公司信譽。

四、活動計畫表

保證圈活動計畫表

計畫線 ⋯⋯⋯
實施線 ────

項目	月份 要求	7				8				9				10				11				12				擔當者	方法
		1	2	3	4	1	2	3	4	1	2	3	4	1	2	3	4	1	2	3	4	1	2	3	4		
F	主題選定									註1																	林智添	評價法
	現狀把握																										許家鳳	柱形圖
	目標設定																										林育如	查檢表 柏拉圖
D	原因分析										註2																林智添 許家鳳	特性要因圖
	對策擬定																										洪雅菱	一般圖表
	對策實施																	註3									杜賜亭	工作分配
C	效果確認																										林秀玫	柏拉圖 推移圖
A	標準化																										林智添 許家鳳	一般圖表
	檢討與反省																										林智添	一般圖表
	資料整理																										許家鳳	QC STORY

註：1.因主題重選費時較久，故進度延後。

2.對策擬定因分二階段完成，故當第二階段對策擬定時，第一階段之對策已實施完成，故對策實施提前完成。

3.對策實施後，10月份下旬外部失敗已達0，但11月份因為有退回品，為驗證對策之有效性。故效果確認加長二週，標準化必須順延。

五、現狀把握

(一)DE2000 後視鏡工作流程

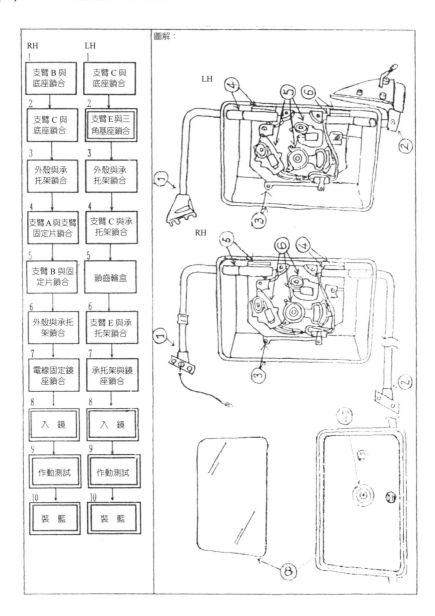

(二)5～8 月 DE2000 後視鏡外部失敗率柏拉圖

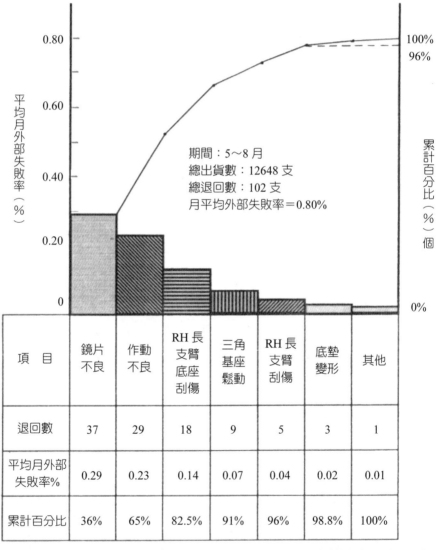

項　目	鏡片不良	作動不良	RH長支臂底座刮傷	三角基座鬆動	RH長支臂刮傷	底墊變形	其他
退回數	37	29	18	9	5	3	1
平均月外部失敗率%	0.29	0.23	0.14	0.07	0.04	0.02	0.01
累計百分比	36%	65%	82.5%	91%	96%	98.8%	100%

期間：5～8 月
總出貨數：12648 支
總退回數：102 支
月平均外部失敗率＝0.80%

資料來源：CMC 品質月報表　　　　　　　　　　　（計算方式：四捨五入）

六、目標設定

(一)預期目標

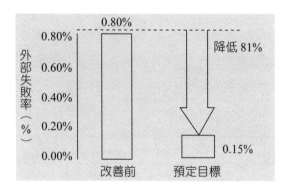

(二)選定理由

1. 根據各種不良現象,以圈能力為考量,給予評價:

NO	客戶抱怨項目	外部失敗率	預期項目	
			圈能力所及	圈能力所不及
1	鏡片不良	0.29%	0.24%	0.05%
2	作動不良	0.23%	0.18%	0.05%
3	RH 長支臂底座刮傷	0.14%	0.12%	0.02%
4	三角基座鬆動	0.07%	0.06%	0.01%
5	RH 長支臂刮傷	0.04%	0.03%	0.01%
6	底墊變形	0.03%	0.02%	0.01%
	合　計	0.80%	0.65%	0.15%

2. 配合公司政策,以外部失敗為零作為目標;但圈員皆屬資淺人員,考慮圈能力及達成性故設定之。

3.培養圈員勇於挑戰之精神。

七、要因分析

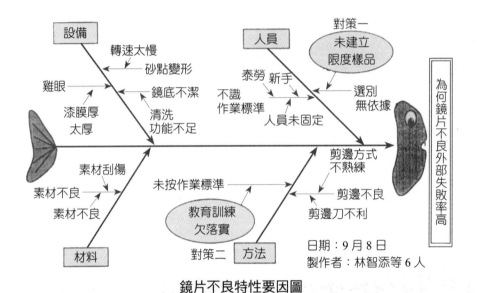

鏡片不良特性要因圖

註：要因之圈選係圈員腦力激盪，根據實務經驗及圈友意見提出之方式圈選。

八、真因驗證

問題點	要因	說明	判定
鏡片不良	未建立限度樣品	DE2000 鏡片未建立檢查基準，作業員判定鏡片以股長口頭告知為基準，造成誤判。	5～9 月 DE2000 鏡片不良退回品占總退回數 34%。
	教育訓練欠落實	新進泰勞及技術生作業，缺乏教育訓練。	以不良鏡測試作業員對鏡片外觀之判定能力，結果誤判率高達 30% 以上。
作動不良	鏡座與中心桿配合部位破裂	作動不良退回品 33pcs 中取 5pcs 再測試，作動 NG，經拆除鏡座發現鏡座蝸桿壓合孔裂。	作動不良退回品 33pcs 中取 5pcs 再測試，作動 NG，經拆除鏡座發現鏡座蝸桿壓合孔裂。
	組立時未完全壓合	鏡座與中心桿配合後，壓合不完全。	作動不良退回品中取 10pcs 再測試作動 NG，經拆除鏡座發現 2pcs 鏡座蝸桿壓合孔未破裂，經組裝後再測試作動 OK，判定壓合不完全。
	測試品放置角度傾斜	半成品置於測試機上測試時放置傾斜，致作動不良品測試 OK 流出。	取 3PCS 作動不良退回品測試，擺放傾斜測試 OK，擺放正常測試 NG，共 3pcs。
RH長支臂底座刮傷	專用籃老舊破損	專用籃底部老舊破損，成品置入後底座刮傷。	分別取底部破損及無破損專用籃各 2 件，置入經確認之完成品各 10pcs 並入庫，經全檢後，專用籃底部破損中底座刮傷有 2pcs，無破損者底部刮傷 0pcs。
	自主檢查不確實	自主檢查不確實，以致無法檢出不良品。	品管將底座刮傷 5pcs 標記，混入合格品中，測試作業員自主檢查能力，結果 4pcs 未檢出，漏失率達 80%。

（續）

問題點	要因	說明	判定
三角基座鬆動	作業疏失	因作業員疏忽，螺絲鎖附時未完全鎖緊。	三角基座鬆動退回品 10pcs 中，螺絲未完全鎖緊有 3pcs，占鬆動現象 30%。
	三角基座孔徑過大	三角基座孔徑與支臂外徑配合度設計不佳。	三角基座孔徑為 16.7 + -0.5 mm，支臂外徑為 16.0 + 0 - 0.2 mm，兩者配合間隙約 1.4 ~0.6mm。
RH 長支臂刮傷	來件擺放方式不當	協力廠 RH 長支臂包裝方式凌亂。	對包裝方式凌亂之來件予以抽檢 60pcs，刮傷 8pcs，不合格率 13.3%
	放置架老舊破損	成品暫放架老舊彎曲變形，成品置入時長支臂相互碰撞。	進行測試，將成品置入彎曲變形格架中 10 次，結果碰傷 2 次，碰傷率約 20%。
	置物未定位	因第二站組裝過快，造成第三站測試不及，半成品放置架數不敷使用，形成堆積。	稽查時發現堆積現象，立即對堆積品全檢，全檢 9pcs 中，有 2pcs 因堆積碰撞刮傷。

九、對策擬定

問題點	要因	改善構想	對策項目	評價			總計	判定	擔當者	預定完成日
				可行性	效果性	完成性				
一、鏡片不良	(一)未建立限度樣品	1.會同 QA 制定限度樣品	對策(一)	28	24	28	80	○	林智添 黃丁峰	10/2
		2.品管做全檢		13	27	11	51	×		
	(二)教育訓練欠落實	安排教育訓練	對策(二)	26	24	28	78	○	林智添	10/11

（續）

問題點	要因	改善構想	對策項目	評價			總計	判定	擔當者	預定完成日
				可行性	效果性	完成性				
二、作動不良	(三)鏡座與中心桿配合部位破裂	修改模具	對策(三)	28	21	26	75	○	許家鳳	10/12
	(四)組立時未完全壓合	1.安排教育訓練	對策(二)	24	27	25	76	○	林智添	10/11
		2.珠桿改小或鏡座加大		7	6	11	24	×		
	(五)測試品放置角度傾斜	1.安排教育訓練	對策(二)	26	25	21	72	○	林智添	10/11
		2.測試機測試放置籃重製		10	13	16	39	×		
三、RH座長支臂底刮傷	(六)專用籃老舊破損	1.使用前先巡視清潔	對策(四)	26	24	25	75	○	林秀玫	10/12
		2.專用籃全部更新		9	23	6	38	×		
	(七)自主檢查不確實	安排教育訓練	對策(二)	28	26	27	81	○	林智添	10/11
四、三角基座鬆動	(八)作業疏失	1.安排教育訓練	對策(二)	28	21	26	75	○	林智添	10/11
		2.品管全數確認		16	24	7	47	×		
	(九)三角基座孔徑過大	1.修改模具	對策(五)	24	27	25	76	○	許家鳳	10/12
		2.品管選別使用		11	16	13	40	×		
五、長支臂刮傷	(十)來件擺放方式不當	1.要求協力廠擺放整齊	對策(六)	24	26	24	74	○	杜賜亭	10/11
		2.容器重新設計		12	23	9	44	×		
	(十一)放置架老舊破損	放置架重新製作	對策(七)	26	24	26	76	○	林育如	10/12
	(十二)置物未定位	1.安排教育訓練	對策(二)	26	25	21	72	○	林智添	10/11
		2.將堆積之預防重點列入自主檢查及巡迴檢查之要項	對策(八)	22	24	25	71	○	洪雅菱	10/11

說明：1.出席人數 6 人　　評價基準：佳 5 分；可 3 分；差 1 分

2.評價分數合計達 60 分以上可實施「○」，60 分以下不實施「×」。

十、對策實施

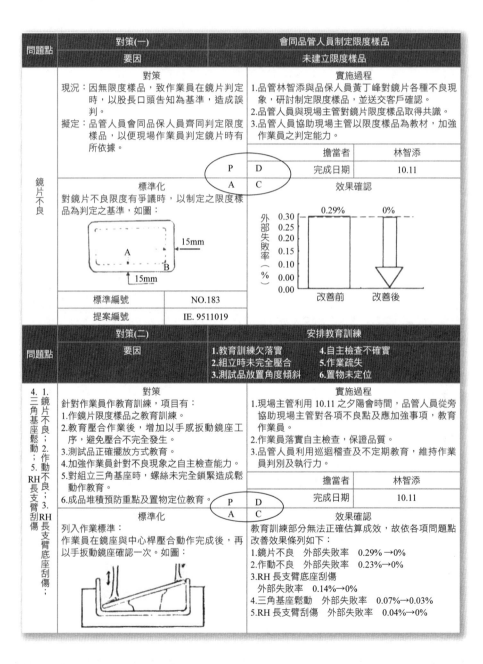

問題點	對策(一)	會同品管人員制定限度樣品
	要因	未建立限度樣品

	對策	實施過程
鏡片不良	現況：因無限度樣品，致作業員在鏡片判定時，以股長口頭告知為基準，造成誤判。 擬定：品管人員會同品保人員齊同判定限度樣品，以便現場作業員判定鏡片時有所依據。	1.品管林智添與品保人員黃丁峰對鏡片各種不良現象，研討制定限度樣品，並送交客戶確認。 2.品管人員與現場主管對鏡片限度樣品取得共識。 3.品管人員協助現場主管以限度樣品為教材，加強作業員之判定能力。

		擔當者	林智添
P	D	完成日期	10.11
A	C	效果確認	

標準化
對鏡片不良限度有爭議時，以制定之限度樣品為判定之基準，如圖：

標準編號	NO.183
提案編號	IE. 9511019

效果確認

外部失敗率（%）

	改善前	改善後
0.29%	0%

問題點	對策(二)	安排教育訓練	
	要因	1.教育訓練欠落實　2.組立時未完全壓合　3.測試品放置角度傾斜	4.自主檢查不確實　5.作業疏失　6.置物未定位

	對策	實施過程
4.三角基座鬆動；5.RH長支臂刮傷；1.鏡片不良；2.作動不良；3.RH長支臂底座刮傷；	針對作業員作教育訓練，項目有： 1.作鏡片限度樣品之教育訓練。 2.教育壓合作業後，增加以手感扳動鏡座工序，避免壓合不完全發生。 3.測試品正確擺放方式教育。 4.加強作業員針對不良現象之自主檢查能力。 5.對組立三角基座時，螺絲未完全鎖緊造成鬆動作教育。 6.成品堆積預防重點及置物定位教育。	1.現場主管利用 10.11 之夕陽會時間，品管人員從旁協助現場主管對各項不良點及應加強事項，教育作業員。 2.作業員落實自主檢查，保證品質。 3.品管人員利用巡迴稽查及不定期教育，維持作業員判別及執行力。

		擔當者	林智添
P	D	完成日期	10.11
A	C	效果確認	

標準化
列入作業標準：
作業員在鏡座與中心桿壓合動作完成後，再以手扳動鏡座確認一次。如圖：

效果確認
教育訓練部分無法正確估算成效，故依各項問題點改善效果條列如下：
1.鏡片不良　外部失敗率　0.29% →0%
2.作動不良　外部失敗率　0.23%→0%
3.RH 長支臂底座刮傷
　外部失敗率　0.14%→0%
4.三角基座鬆動　外部失敗率　0.07%→0.03%
5.RH 長支臂刮傷　外部失敗率　0.04%→0%

（續）

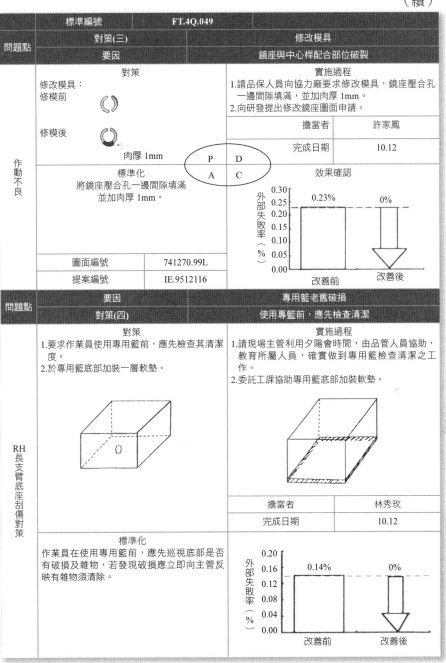

標準編號		FT.4Q.049		
問題點	對策(三)		修改模具	
	要因		鏡座與中心桿配合部位破裂	

對策

修改模具：
修模前

修模後

肉厚 1mm

P　D
A　C

實施過程
1.請品保人員向協力廠要求修改模具，鏡座壓合孔一邊間隙填滿，並加肉厚 1mm。
2.向研發提出修改鏡座圖面申請。

擔當者	許家鳳
完成日期	10.12

標準化
將鏡座壓合孔一邊間隙填滿
並加肉厚 1mm。

效果確認

外部失敗率（%）

0.30
0.25　0.23%
0.20
0.15
0.10
0.05
0.00

0%

改善前　改善後

圖面編號	741270.99L
提案編號	IE.9512116

作動不良

問題點	要因		專用籃老舊破損	
	對策(四)		使用專用籃前，應先檢查清潔	

RH長支臂底座刮傷對策

對策
1.要求作業員使用專用籃前，應先檢查其清潔度。
2.於專用籃底部加裝一層軟墊。

實施過程
1.請現場主管利用夕陽會時間，由品管人員協助，教育所屬人員，確實做到專用籃檢查清潔之工作。
2.委託工課協助專用籃底部加裝軟墊。

擔當者	林秀玫
完成日期	10.12

標準化
作業員在使用專用籃前，應先巡視底部是否有破損及雜物，若發現破損應立即向主管反映有雜物須清除。

效果確認

外部失敗率（%）

0.20
0.16　0.14%
0.12
0.08
0.04
0.00

0%

改善前　改善後

（續）

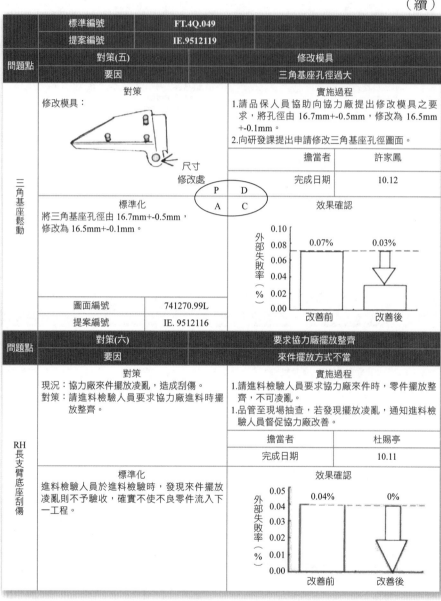

標準編號	FT.4Q.049	
提案編號	IE.9512119	

問題點

對策(五)	修改模具
要因	三角基座孔徑過大

三角基座鬆動

對策

修改模具：

尺寸
修改處

實施過程

1.請品保人員協助向協力廠提出修改模具之要求，將孔徑由 16.7mm+-0.5mm，修改為 16.5mm +-0.1mm。
2.向研發課提出申請修改三角基座孔徑圖面。

擔當者	許家鳳
完成日期	10.12

P	D
A	C

標準化

將三角基座孔徑由 16.7mm+-0.5mm，修改為 16.5mm+-0.1mm。

效果確認

外部失敗率（%）

0.07%　　0.03%

改善前　　改善後

圖面編號	741270.99L
提案編號	IE. 9512116

問題點

對策(六)	要求協力廠擺放整齊
要因	來件擺放方式不當

RH長支臂底座刮傷

對策

現況：協力廠來件擺放凌亂，造成刮傷。
對策：請進料檢驗人員要求協力廠進料時擺放整齊。

實施過程

1.請進料檢驗人員要求協力廠來件時，零件擺放整齊，不可凌亂。
1.品管至現場抽查，若發現擺放凌亂，通知進料檢驗人員督促協力廠改善。

擔當者	杜賜亭
完成日期	10.11

標準化

進料檢驗人員於進料檢驗時，發現來件擺放凌亂則不予驗收，確實不使不良零件流入下一工程。

效果確認

外部失敗率（%）

0.04%　　　0%

改善前　　改善後

（續）

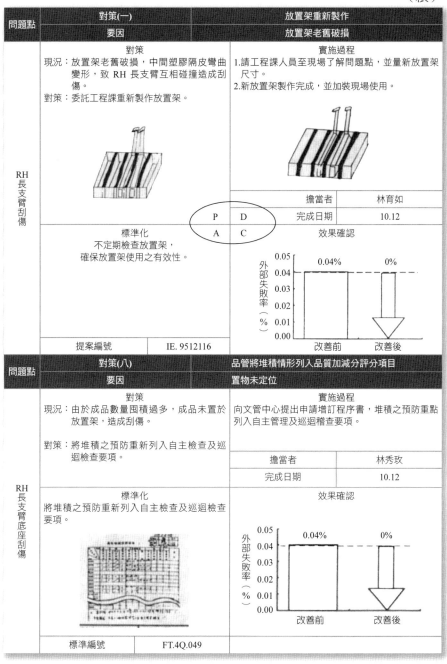

問題點	對策(一)		放置架重新製作	
	要因		放置架老舊破損	
RH長支臂刮傷	**對策** 現況：放置架老舊破損，中間塑膠隔皮彎曲 　　　變形，致 RH 長支臂互相碰撞造成刮 　　　傷。 對策：委託工程課重新製作放置架。		**實施過程** 1.請工程課人員至現場了解問題點，並量新放置架 　尺寸。 2.新放置架製作完成，並加裝現場使用。	
			擔當者	林育如
			完成日期	10.12
	標準化 不定期檢查放置架， 確保放置架使用之有效性。		效果確認 外部失敗率（％）　0.04%　0% 改善前　改善後	
	提案編號	IE. 9512116		

P　D
A　C

問題點	對策(八)		品管將堆積情形列入品質加減分評分項目	
	要因		置物未定位	
RH長支臂底座刮傷	**對策** 現況：由於成品數量囤積過多，成品未置於 　　　放置架，造成刮傷。 對策：將堆積之預防重新列入自主檢查及巡 　　　迴檢查要項。		**實施過程** 向文管中心提出申請增訂程序書，堆積之預防重點 列入自主管理及巡迴稽查要項。	
			擔當者	林秀玫
			完成日期	10.12
	標準化 將堆積之預防重新列入自主檢查及巡迴檢查 要項。		效果確認 外部失敗率（％）　0.04%　0% 改善前　改善後	
	標準編號	FT.4Q.049		

對策(七)、(八)再精進

動機	部門年度方針，針對現場進行 IE 改善
時間	04.01
對策方式	DE2000 照後鏡生產專線，作業流程改善： 三人作業　　　　　　　　　　　　二人作業
圖示：	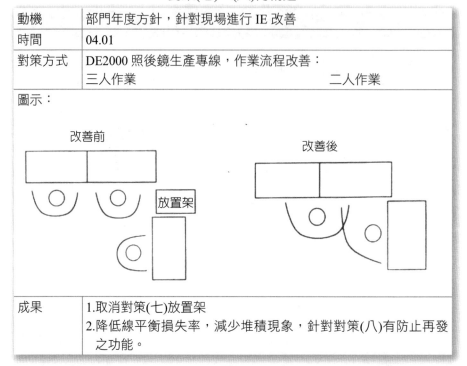
成果	1.取消對策(七)放置架 2.降低線平衡損失率，減少堆積現象，針對對策(八)有防止再發 　之功能。

 十一、效果確認

(一)改善前後柏拉圖比較

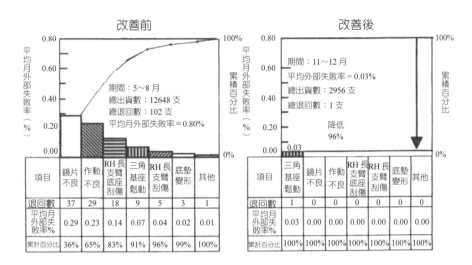

資料來源：CMC 品質月報表。

★其他項目外部失敗率降低原因：

　　1.底墊變形：品保人員修改底墊之模具而改善。

　　2.其他項：改善前因成品搬運途中掉落，造成外部失敗，經口頭告知搬運人員注意後，
　　　　外部失敗情形消除。

(二)效果維持推移圖

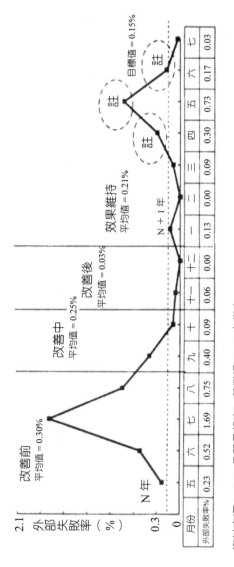

資料來源：CMC 品質月報表、營業課 CMC 出貨表。

註：4、5、6 月份效果維持超出目標值之原因與對策，參見「異常再對策」。

異常再對策

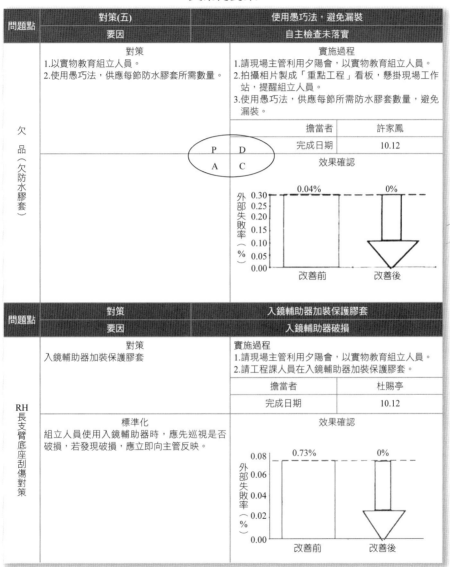

問題點	對策(五)	使用愚巧法，避免漏裝
	要因	自主檢查未落實

欠品（欠防水膠套）

對策
1.以實物教育組立人員。
2.使用愚巧法，供應每節防水膠套所需數量。

實施過程
1.請現場主管利用夕陽會，以實物教育組立人員。
2.拍攝相片製成「重點工程」看板，懸掛現場工作站，提醒組立人員。
3.使用愚巧法，供應每節所需防水膠套數量，避免漏裝。

	擔當者	許家鳳
	完成日期	10.12

P　D
A　C

效果確認

外部失敗率（%）

0.04%　　0%

改善前　　改善後

問題點	對策	入鏡輔助器加裝保護膠套
	要因	入鏡輔助器破損

RH長支臂底座刮傷對策

對策
入鏡輔助器加裝保護膠套

實施過程
1.請現場主管利用夕陽會，以實物教育組立人員。
2.請工程課人員在入鏡輔助器加裝保護膠套。

	擔當者	杜賜亭
	完成日期	10.12

標準化
組立人員使用入鏡輔助器時，應先巡視是否破損，若發現破損，應立即向主管反映。

效果確認

外部失敗率（%）

0.73%　　0%

改善前　　改善後

十二、成果比較

(一)有形成果

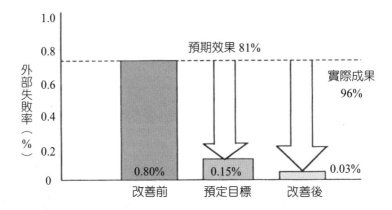

$$目標達成率 = \frac{0.80\% - 0.03\%}{0.80\% - 0.15\%} \times 100\% = 118.5\%$$

(二)效益評估

1. 節省費用

改善前外部失敗率	改善後外部失敗率	實際成果	年節省金額
0.80%	0.03%	96.00%	$206,056

2.投入費用

項　　目		計算式	支出金額（元）
材料金額	木材	1 組×600 元	$600
	軟墊	100 尺×10 元	$1,000
人工成本	維修更新	8 小時×2 人×120 元	$1,920
		合計	$3,520

$206,056 － $3,520 = $202,536

年節省外部失敗金額 = $202,536

(三)無形成果

1.減少客戶抱怨、維持商譽。

2.凝聚課內之向心力。

3.增加 QC 手法之熟練度。

4.領導統御人才之培養。

5.突破既定目標、建立圈員自信。

(四)本期活動之改善提案

NO.	提案主題	級數	提案人	提案編號
1	DE2000 限度樣品建立	10	許家鳳	IE-9511019
2	DE2000 室外鏡鏡座模具修改	8	許家鳳	IE-9512116
3	DE2000 室外鏡專用籃底墊更換	10	林秀玫	IE-9512119
4	DE2000 室外鏡底座模具修改	8	許家鳳	IE-9512117
5	DE2000 室外鏡置物架重新製作	9	呂惠燕	IE-9509059
6	DE2000 室外鏡入鏡輔助器加裝膠套	8	許家鳳	IE-850849

 經營管理實務

十三、標準化

(一)制定標準

NO.	制定項目	政策項次	改善前	標準方法	增訂修訂	標準編號
1	鏡片不良	(一)	僅有文字通則	建立限度樣品	增訂	NO-183
2	作動不良	(三)	鏡座蝸桿壓合孔兩邊有間隙	修改模具,將鏡座蝸桿壓合孔一邊間隙填滿,加肉厚1mm	修訂	圖面編號741270-99L
		(二)	作業無規定	鏡座與蝸桿壓合後,以手扳動鏡座確認是否壓合	增訂	作業標準FT-4Q-049(R)
3	RH 長支臂底座刮傷	(四)	作業無規定	使用特殊籃六格籃前,先檢查清潔之	增訂	作業標準FT-4Q-049(R)(L)
4	三角基座鬆動	(二)	作業無規定	成品置入六格籃前,再以手扳動底座確認是否鎖緊	增訂	作業標準FT-4Q-049(L)
		(五)	基座孔徑16.7mm +-0.5mm	修改模具,孔徑改為 16.5mm+ -0.1mm	修訂	圖面編號741270-99L
5	RH 長支臂刮傷	(八)	工作流程中有堆積	將堆積之預防重點列入自主檢查及巡迴檢查要項	增訂	程序書EP-3A-004

(二)展開對策項目

1.對策一：DE2000 鏡片限度檢查水平展開至 CMC 7491、7498、7419、7488 等機種。

2.對策二：堆積之預防重點水平展開至各製程單位。

 **十四、反省與今後計畫**

(一)反省與課題

項目	反　省	課　題
QC 手法	部分圈員對 QC 手法不熟練	利用圈會圈長教育 QC 手法，並按時參加總部排定之教育訓練
圈會動作	資料蒐集整理費時甚久	養成平均翔實紀錄並整理歸納之習慣
圈會發言	發言狀況不甚理想	圈會時，圈員需發言一次上，藉此培養圈員發表之能力
內部信心	部分圈員信心不足	圈長與總部人員多加鼓勵，增加圈信心
工作分配	工作分配上有不平均之現象	工作分配時，應依每位圈員之專長予以分配

(二)今後教育訓練計畫

計畫線 ―――――　實施線 ＿＿＿＿＿

項　目	參加人員	××年						負責人
		2月		3月		4月		
		上旬	下旬	上旬	下旬	上旬	下旬	
QC 手法教育訓練	全員	----------- ――――						謝進明
資料整理歸檔教育訓練	全員			----------- ――――				許家鳳
標準化申請程序教育訓練	全員					----------- ――――		林智添

十五、下期活動主題

(一)主題選定

項次	候選題目	提案人	重要性	配合性	可行性	總分
1	降低 730335 室內鏡組立不良率	林智添	24	18	21	63
2	降低 DE2000 鏡片粒點不良率	林育如	26	10	20	56
3	降低 ASTRA 室外鏡組立之不良率	許家鳳	20	16	18	54
4	降低 040W 室外鏡不良率	洪雅菱	30	26	28	84
評價基準： 佳：5分 可：3分 次要：1分 共：八人 評價最高分者為本次活動主題

下期活動主題：降低 040W 室外鏡不良率。

(二)選定理由

1. 依 11 月～1 月 040W 零件與其他機種不良率比較之柱狀圖分析，可看出 040W 零件不良率高，造成組立效率低落。

2. 防止外部失敗。

3. 提高組立效率。

4. 提高交貨品質之穩定性。

本圈榮獲全國團結圈金塔獎（第一名），筆者獲總統召見。
（註：健生公司獲金塔獎已數次）

 玩中學－學生試作品管圈

案例一

　　鑑於肥胖是女人的殺手，健康的威脅，四個美女決定組成「瘦身圈」。

　　以美麗的臉蛋、魔鬼的身材為目標，朝向骨感美女之路前進。圈名──「瘦身圈」。

　　圈長謝玉玲一週開會一次，每次時間 30 分，共 270 分鐘，也就是花兩個月的時間，平均年齡：24 歲，單位：媚登峰美女瘦身營，

減重 10 公斤以上，以良好的身材、瘦得健康和不花一毛錢的瘦身為中心主旨。口號：精誠所至，金石為開、trust me, you can make it、世上沒有胖女人，只有貪吃的女人。

圈名	瘦身圈
圈活動期間	4/1-5/31
圈長	謝玉玲
圈員	李玉鳳（文宣）、錢宸瑤（進度掌控）、賴曉琪（福利）
圈會次數	1次／週，共9次
圈會時間	30分／次，共270分鐘
平均年齡	24歲
所屬單位	媚登峰之魔鬼瘦身營

1. 改善前數據蒐集

項目　組員	手臂	腰部	腹部	臀部	大腿
謝玉玲	21	30	45	60	48
李友鳳	18	27	40	55	40
錢宸瑤	25	34	46	63	49
賴曉琪	22	29	44	59	42

數據單位：cm

2. 改善前數據

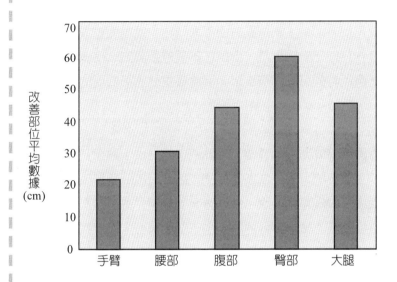

3. 魚骨圖特性要因分析

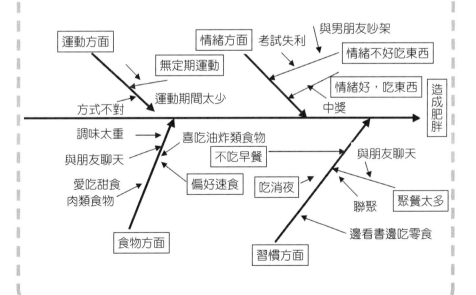

　　她們為什麼肥胖呢？主要因就是情緒、食物、運動、習慣。次要因情緒不好而吃東西，為什麼會不好呢？

　　因為跟男朋友吵架、或運動方面不太積極、運動太少或運動方式不對等。食物類則是調味太重、太鹹，不愛吃蔬菜類，而多食肉類。分析後就是將所有的可能都寫出來，而將最重要和最需要的要因圈起來討論對策。

4. 目標設定

　　食物方面偏好吃速食的習慣，降為兩週吃一次，雖還是吃，但次數減少了。主要不吃早餐改為多吃早餐；而吃消夜的習慣改為少吃。聚餐次數太多，改為每週一次。運動方面的對策是每週兩次。情緒好的時候吃很多東西；情緒不好的時候也吃很多東西，因此找尋情緒不好時的替代品，如摔娃娃或找尋出氣的東西而不是猛吃東西，經過這樣兩個月的努力，果真有效果出來了。

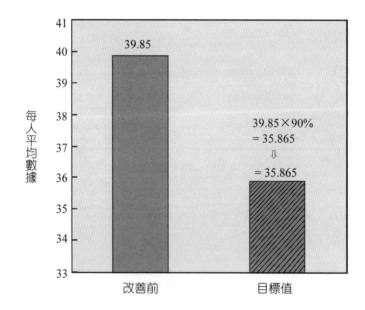

5. 改善前後平均數據柱狀圖比較

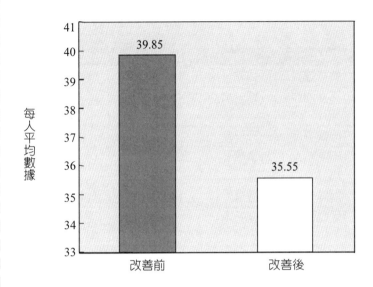

6. 各項目之改善前後柱狀圖比較

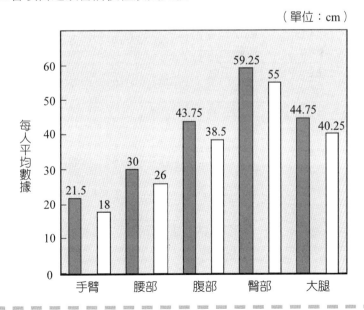

7.對策擬定

問題點	NO.	要因	改善對策	評價項目			合計	判定
				可行性	效果性	圈能力		
食物	1	偏好速食	兩週吃一次	18	14	12	44	○
	2	喜好油炸類	一週一次	19	15	11	45	○
	3	肉類食品	一天一次	20	14	9	44	○
	4	不吃蔬菜類	每餐都要有菜	19	18	15	52	○
	5	調味太重	盡量清淡	15	14	14	43	○
	6	愛吃甜食	補充基本糖分	14	10	9	33	×
習慣	1	不吃早餐	每天吃早餐	15	10	8	33	×
	2	常吃消夜	不吃消夜	12	8	9	39	×
	3	聚餐太多	每週一次	18	13	14	45	○
	4	邊看書邊吃零食	專心看書	9	10	8	27	×
運動	1	運動方式不對	以正確姿勢運動	18	15	9	42	○
	2	運動時間太少	一次運動兩小時	15	10	7	32	×
	3	無定期運動	一週運動兩次	18	15	12	45	○
情緒	1	情緒好吃東西	以其他方式代替吃東西	14	15	11	40	○
	2	情緒不好吃東西	尋找出氣筒	14	15	11	40	○

說明：1.出席人數：4 人　　評價標準：佳 5 分，可 3 分，差 1 分
　　　2.評價分數合計達 40 分可實施「○」，40 分以下不實施「×」

　　總分達 40 分以上認為可行性高，40 分以下對策效果不大，叫做事倍功半不要做。經過這樣的努力，居然也瘦下來了。腰圍圈數成果的比較是達到了，減少了 10.7%，無形的成果為戰勝了惰性、食物的誘因、節省了吃的費用、增進與男友的感情及團員情感也增加等等。

8. 效果維持推移圖

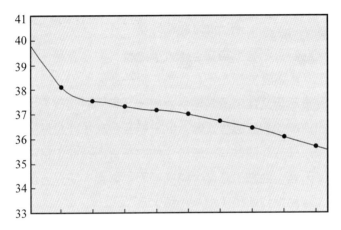

日期	4/3	4/10	4/17	4/24	5/1	5/8	5/15	5/22	5/29
平均公分	39.80	37.9	37.5	37.2	37.08	36.75	36.45	35.98	35.55

9. 反省與今後計畫

瘦身圈檢討會

反省	優點	1.圈員的熱烈參與，達到集思廣益、相互監督的效果
		2.圈員對自己要求嚴格，努力達成目標
		3.參與度與配合度高，向心力也高
		4.在相互砥礪，互相監督下，順利完成美麗的身材目標，達成 QCC 之任務
	缺點	1.部分圈員求好心切，未注意減重健康原則
		2.有人因運動過量而產生運動傷害
		3.部分圈員仍無法抵抗食物誘惑

（續）

今後計畫	1.維持得來不易的成果 2.將欲速則不達的觀念深植圈員心中 3.加強圈員健康觀念，不要為求美麗而賠了健康 4.加強相互監督的功能，以輔導意志不堅的圈員 5.再向下一個瘦身項目挑戰

10.下期活動題目：如何增加仰臥起坐次數

　　為何選此題目？基於自從上了大學之後，因為課業忙碌而影響生活作息不正常，以至於體力不如從前。另一原因，因一週只上一次體育課，運動量不足又加上個人惰性之原因，經過討論後，本組組員便選擇了「如何增加仰臥起坐次數」此一題目，來加強組員的體力，藉以達到健身以保持身體健康，減少生病的機會。選此題目符合經濟實惠，且不受天氣、地點、金錢、時間等因素影響。簡單方便又容易、實用性高，容易達到效果（縮減小腹）。

　　目標：每個人經過品管圈活動之前與之後所做的次數比較，每分鐘提升到 30%。

做中學—幕僚單位推行品管圈

 案例二

一、圈活動介紹

(一)圈的介紹

圈　名	文管圈	圈員	吳佩瑜　　陳力維	
圈　長	陳怜娟	成立時間	7/17	
輔導員	何水桂	活動期間	7/20～12/30	
開會次數	共 13 次	開會時間	共 810 分鐘，平均 62.3 分／次	
工作內容	掌管製造部門之作業標準書			

(二)圈名的意義

　　文件管制做得好，管理層別有一套。

(三)圈的組成與目的

　　公司推行 QCC 已有多年，並在公司內發表（參加獎），期間中斷了二期，其餘皆未能完成主題，其原因為：人員多，擔當之工作屬性不同，且圈員工作量多，無法準時參與會議，且圈員對於 QCC 活動不熱絡，綜合以上之原因，我們少數幾位對 QCC 有抱負的人，仍決定組一個小圈來突破瓶頸，成立了一個子圈——文管圈，依莊教授之教導，重新出發。

　　本圈為聯合圈，集合工 2 課文件管制中心之擔當及副擔當，與企劃部文件管制中心擔當者組合而成，讓文管中心能有互相交流的機

會，並彙集其他文管中心之優點，讓文管中心有更具效率及更順暢的作業流程。

(四)圈的宗旨

1. 有企圖心想進軍全國競賽。

2. 改善目前文管工作之瓶頸。

3. 讓自己所學能有所發揮，並予回饋省力圈產生示範作用。

(五)學歷分配　　　　　　　　(六)平均年資：4 年

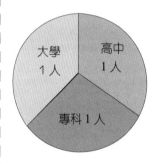

(六)平均年齡：27 歲

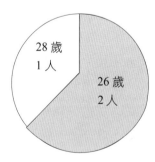

(七)圈的精神：開會快樂多、思考輕快多、解決問題多、效率提升多

・本期活動主題：

縮短文管中心找尋成品課作業標準時間。

選擇理由：

1. 文管中心掌管製程單位之所有作業標準，而製程單位共有成品課、塗裝課、塑膠股、車床股、沖床課等五個單位。

2. (1)作業標準（SOP）份數柱狀圖

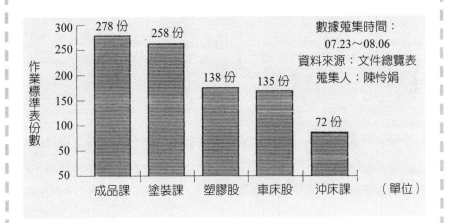

(2)管理卷宗柱形圖

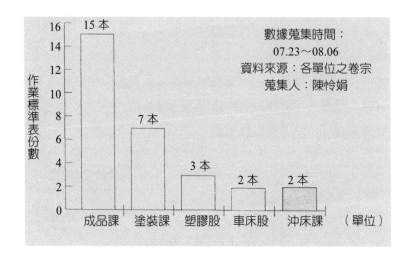

3. 為有效管理文管中心之沖床文件，因此由上述分析選擇最複雜的成品課文件來進行活動，再做水平展開之工作，所以活動主題為：縮短文管中心找尋成品課作業標準時間。

・活動實施計畫：

文管圈活動進度表

-------- 計畫線　　—— 實施線

活動計畫	步	驟	7月 3	7月 4	8月 1	8月 2	8月 3	8月 4	9月 1	9月 2	9月 3	9月 4	10月 1	10月 2	10月 3	10月 4	11月 1	11月 2	11月 3	11月 4	12月 1	12月 2	12月 3	12月 4	1月 1	1月 2	1月 3	開會地點	擔當	使用方法
P		組圈	---																									技術部辦公室	陳怜娟	腦力激盪法
		主題選定		---																								技術部辦公室	陳怜娟	層別法柱狀圖
	現狀把握	現狀把握			---																							技術部辦公室	陳怜娟 陳力維	層別法時間觀測流程圖
		目標設定					---																					同上	陳怜娟	柱狀圖
	要因提出	要因分析驗證								---																		同上	陳力維	系統圖
	對策案提出評價	對策擬定										-----																同上	吳佩瑜	圖表評價
D	實施	對策實施													--------													最愛簡餐館	吳佩瑜	工作分配
C	成果比較	效果確認																-------										技術部辦公室	陳怜娟	柱狀圖推移圖
A	再發防止	標準化																	-------									同上	陳怜娟	一般圖表
		反省與殘留與問題解決																		-------	---							技術部辦公室	陳力維	一般圖表
		資料整理																					-------					同上	陳力維	QC STORY

擬定活動計畫時，因圈長懷孕，預產期為 11 月中旬～12 月底，故為空白期。

・現狀把握

1. 找尋成品課作業標準功能方塊圖：

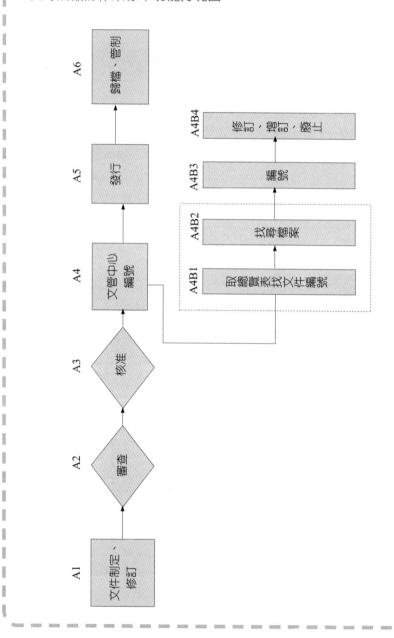

2. 改善前數據蒐集

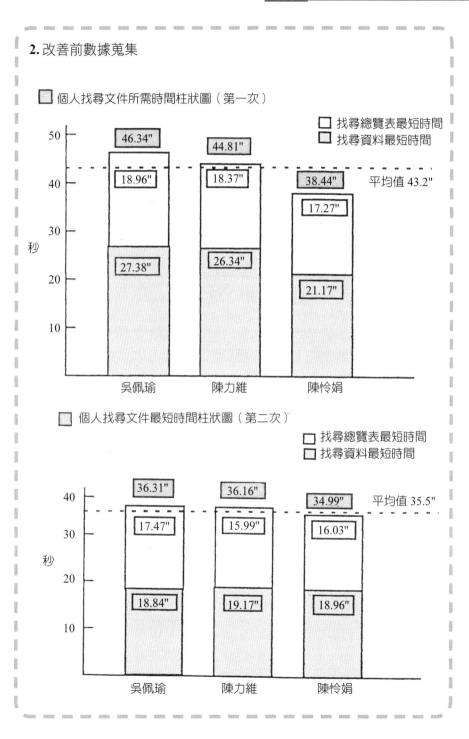

■ 個人找尋文件所需時間柱狀圖（第一次）

□ 找尋總覽表最短時間
■ 找尋資料最短時間

46.34"
18.96"
27.38"

44.81"
18.37"
26.34"

38.44"
17.27"
21.17"

平均值 43.2"

秒

吳佩瑜　陳力維　陳怜娟

■ 個人找尋文件最短時間柱狀圖（第二次）

□ 找尋總覽表最短時間
■ 找尋資料最短時間

36.31"
17.47"
18.84"

36.16"
15.99"
19.17"

34.99"
16.03"
18.96"

平均值 35.5"

秒

吳佩瑜　陳力維　陳怜娟

3. 目標設定

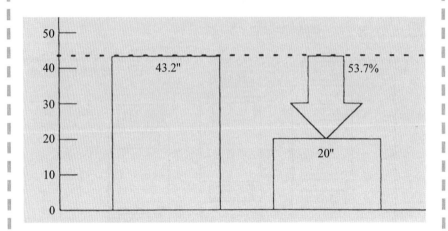

理由：

(1)從三個人所測試找尋文件所花費的時間表中，找出查詢總覽
表花費最短的時間為 15.99"，而找尋資料花費最短的時間為
18.84"，因此改善前找尋一份文件花費最短時間為 38.83"。

(2)原擬設定目標為 34.83"，但我們全體圈員皆認為挑戰性不夠，
所以決定向公司的 TPM 目標找尋一份文件 20" 挑戰，以作為本
圈的目標。

· 要因分析：

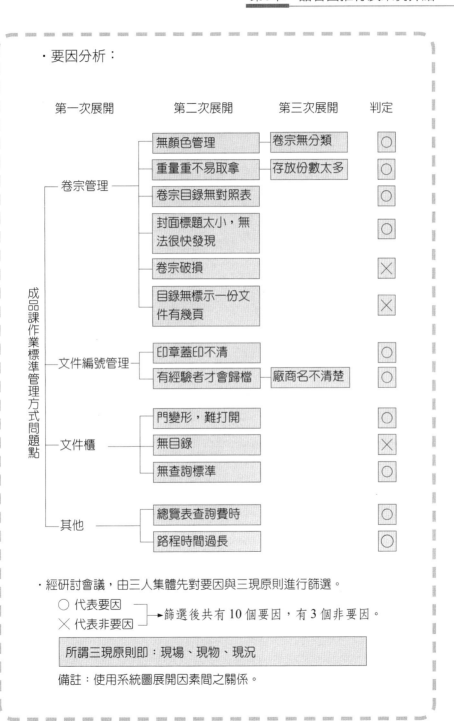

· 經研討會議，由三人集體先對要因與三現原則進行篩選。

　　○ 代表要因
　　✕ 代表非要因　　　　→ 篩選後共有 10 個要因，有 3 個非要因。

　　所謂三現原則即：現場、現物、現況

　　備註：使用系統圖展開因素間之關係。

· 要因探討與分析：

問題點	要因	說明	驗證	判定	NO
卷宗管理	卷宗無分類	各類卷宗如：車床、塑膠、塗裝、成品，全數放在一起	所有作業標準卷宗全數放置在一起，增加搜尋時間約 5 秒	真因	1
	存放數太多	一本卷宗存放數太多	一本卷宗存放 40 份作業標準重量約 12.7 kg，取放時間約 5 秒	真因	2
	卷宗目錄無對照表	目錄無幾種文號對照表	部分客戶無對照表，其餘皆有對照表，故不影響搜尋時間	非真因	
	封面標題太小，無法很快發現	卷宗外標題太小	標題每個字體為：10×10 mm，尋找費時	真因	3
文件編號管理	印章不清楚	文件編號章蓋印不清	抽查有 FT-4Q-040、FT-4Q-045 等，字體可看出文件編號，並不影響搜尋時間，印章樣式如下： 文件編號： 版本版次　頁數：	非真因	
	廠商名不清楚	外銷部分以品名為歸檔方式，而未以廠商別歸檔	業務不熟悉時，找一份資料所費時間約 13 秒	真因	4

（續）

問題點	要因	說明	驗證	判定	NO
文件櫃	門變形難打開	櫃子門有變形現象，不易打開	上班時櫃子打開，所以沒有開啟門之問題	非真因	
	無查詢標準	櫃子尚無任何查詢資料之標準		真因	5
其他	總覽表查詢費時	所有製程單位之總覽表放置在同一本卷宗，無法馬上找到所需之文件	每次查詢總覽表時間約17秒	真因	6
	路途時間過長	查詢總覽表及作業標準需花費四趟路程	總覽表及卷宗取放來回各二趟，所費時間約12秒	真因	7

· 對策擬定：

問題點	NO	要因	創意方向	評價項目			合計	判定
				可行性	效果性	圈能力		
卷宗管理	1	卷宗無分類	各單位隔開並用顏色管理	9	5	15	39	○
	2	存放數太多	訂立一本卷宗放幾份資料	15	9	11	35	○
	3	封面標題太小，無法很快發現	標題字體更改為35×35mm	15	11	15	41	○
文件編號管理	4	客戶名不清楚	將文件編號修訂為 FT- 各戶代號-流水號	15	15	15	45	○
文件櫃	5	無查詢標準	訂立查詢資料標準	13	11	9	33	○
其他	6	總覽表查詢不易	總覽表分別放置在各卷宗內	9	15	9	33	○
	7	路途時間過長	修訂作業方式，使找尋時間縮短為二趟	15	9	15	39	○

評價方式：佳 5 分，尚可 3 分，差 1 分。

每人每個評價項目為 1 票，判定方式則以 27 分為對策基準。

・對策實施：

問題點	要因 1：卷宗無分類
	對策一：各單位隔開並用顏色管理

<table>
<tr><td rowspan="6">卷宗管理</td><td>現狀作法：
所有製程之作業標準卷宗全數放置在一起，並隨意使用多種顏色卷宗，以致搜尋資料時間延長，所費時間約 5"。
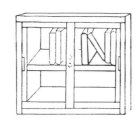</td><td>實施經過：
將所有製程之卷宗分類，並利用顏色管理區分；成品課一律用藍色硬式圓形雙孔夾，所費時間約 2"。
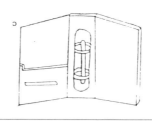</td></tr>
</table>

效果確認：

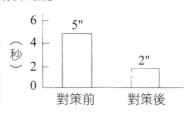

標準 NO：FT-4A-001	完成日：10.19
提案 NO：860081	擔當人：陳力維

問題點	要因 2：存放數太多		
	對策二：固定一本卷宗放 25 份資料		
卷宗管理	現狀作法： 原本一本卷宗存放 40 份作業標準，重量約 2.7 kg，取放時間約 5"。		實施經過： 因經驗及全體認同一本卷宗裝 25 份作業標準表，其厚度為 45mm，重量約 1.7 kg，取放較順手，也較符合人體工學。尋找一份資料約 2"。
			效果確認： 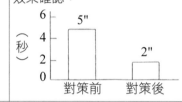
	標準 NO：FT-4A-001 提案 NO：860082		完成日：10.21 擔當人：陳怜娟

問題點	要因 3：封面標題太小，無法很快發現	
	對策三：標題字體放大	
卷宗管理	現狀作法： 卷宗外標題尺寸：55×20 mm 字體大小為：10×10 mm 0.4 公尺內才可看清楚。 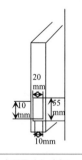	施經過： 將卷宗外標題改為：300×35 mm 字體大小為：35×35 mm 6.0 公尺內就可看清楚。
		效果確認： 容易找到所要資料
	標準 NO：FT-4A-001 提案 NO：860086	完成日：10.23 擔當人：吳佩瑜

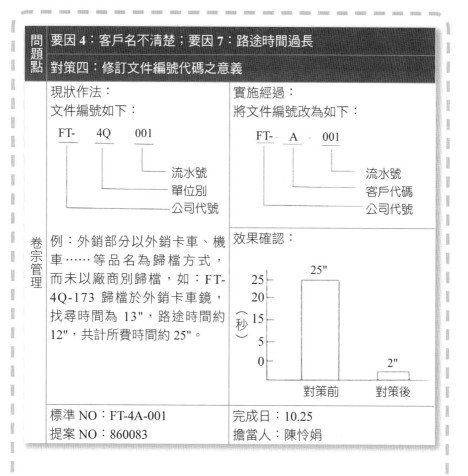

<table>
<tr><td rowspan="2">問題點</td><td colspan="2">要因 **4**：客戶名不清楚；要因 **7**：路途時間過長</td></tr>
<tr><td colspan="2">對策四：修訂文件編號代碼之意義</td></tr>
<tr><td rowspan="3">卷宗管理</td><td>現狀作法：
文件編號如下：
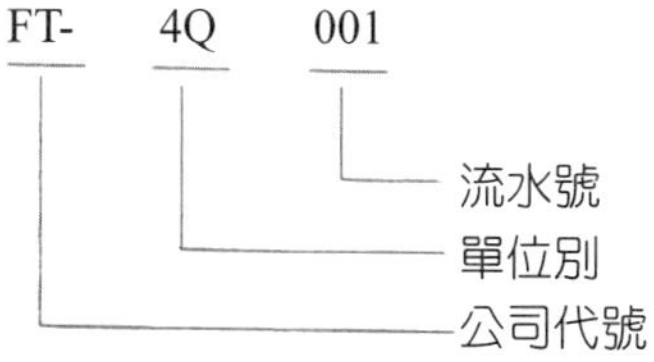FT-
4Q
001
流水號
單位別
公司代號</td><td>實施經過：
將文件編號改為如下：
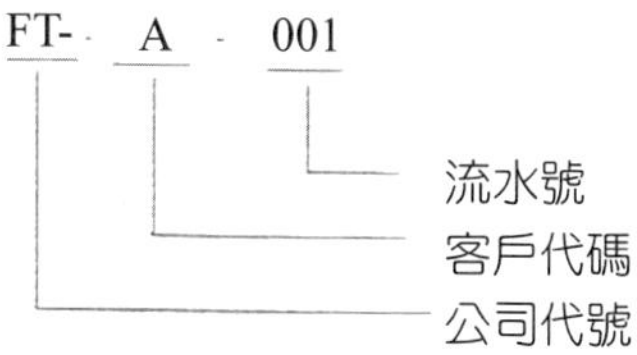FT-
A
001
流水號
客戶代碼
公司代號</td></tr>
<tr><td>例：外銷部分以外銷卡車、機車……等品名為歸檔方式，而未以廠商別歸檔，如：FT-4Q-173 歸檔於外銷卡車鏡，找尋時間為 13"，路途時間約 12"，共計所費時間約 25"。</td><td>效果確認：
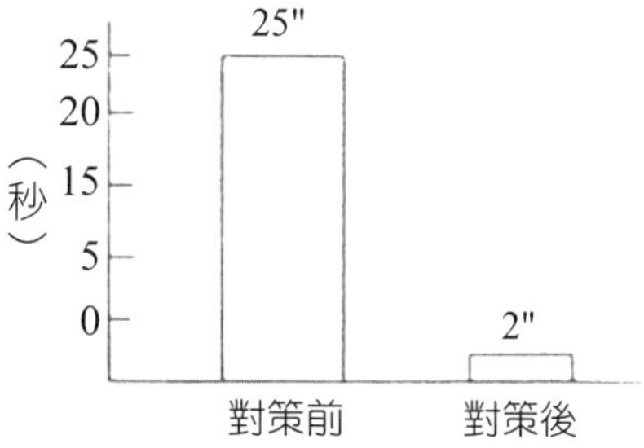25"
2"
25
20
15
5
0
（秒）
對策前
對策後</td></tr>
<tr><td>標準 NO：FT-4A-001
提案 NO：860083</td><td>完成日：10.25
擔當人：陳怜娟</td></tr>
</table>

問題點	要因 5：無查詢標準
	對策五：訂立查詢線索

	現狀作法：	實施經過：
卷宗管理	調閱任何一份作業標準時，無法很容易地找到該文件歸檔之卷宗，必須憑經驗或隨意搜尋該文件。	在櫃子上張貼整個作業流程及整個櫃子的目錄，以利調閱資料者能依方法很快找到所要之文件。 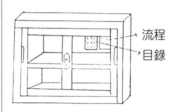
	提案 NO：860087	完成日：10.27 擔當人：吳佩瑜

問題點	要因 6：總覽表查詢不易
	對策六：總覽表分別放置在各卷宗內

	現狀作法：	實施經過：
卷宗管理	所有製程之總覽表放置在同一本卷宗內，因此找尋該文件時，必須先由總覽表中找到文件編號，再取該卷宗，尋找所要之文件，所費時間約 7 秒。	將總覽表分別放置在卷宗內，例如 FT-A-001～FT-A-025 之總覽表，則放置該作業標準表卷宗內，馬上可以對照文件編號。 效果確認： 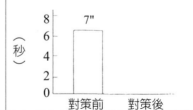
	標準 NO：FT-4A-001 提案 NO：860085	完成日：10.29 擔當人：全員

・效果確認：

改善前後找尋一份文件所需時間工時柱狀圖比較

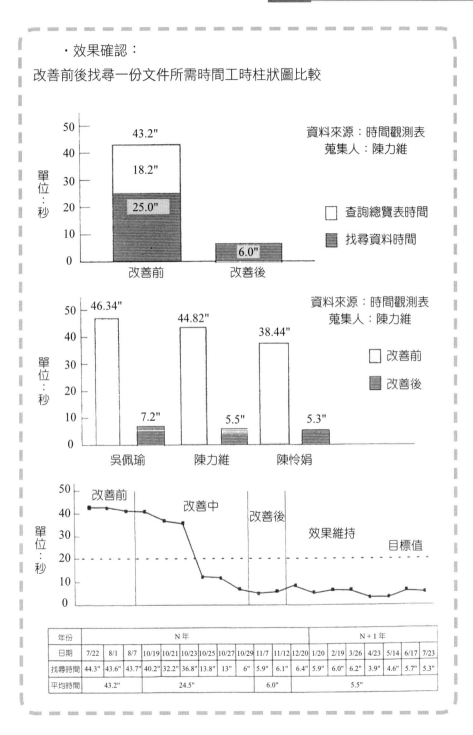

年份	N 年											N + 1 年						
日期	7/22	8/1	8/7	10/19	10/21	10/23	10/25	10/27	10/29	11/7	11/12	12/20	1/20	2/19	3/26	4/23	5/14	6/17	7/23
找尋時間	44.3"	43.6"	43.7"	40.2"	32.2"	36.8"	13.8"	13"	6"	5.9"	6.1"	6.4"	5.9"	6.0"	6.2"	3.9"	4.6"	5.7"	5.3"
平均時間	43.2"			24.5"								6.0"	5.5"					

．成果比較：

1. 改善前後成果比較：

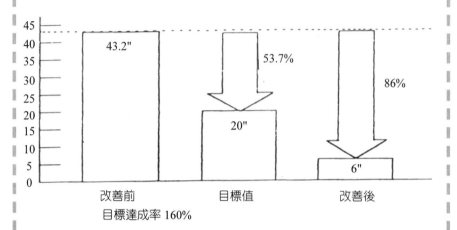

改善前　目標值　改善後
目標達成率 160%

2. 有形成果

(1)效率提升 160%（改善前－改善後／目標值－ 改善前）(43.2" － 6")/(13.2" － 20")×100%=160%

(2)年節省金額（43.2" － 6"）×314 份／月×12 個月×180 元/Hr. = 7,009 元

　　水平展開之金額（43.2" － 6"）×353 份×12 個月×180 元/Hr. = 7,879 元

　　合計 14,888 元

(3)投入費用

　　投入工時：4hr.×180 元／Hr.=720 元

　　更新卷宗：50 元／個×36 個=1,800 元

　　保護套：1 元／個×300 個=300 元

　　合計 2,820 元

　　回收件限：2,280 元/14,888 元=0.19 個月

水平展開：包括車床股、塑膠股、沖床課、塗裝課。

3. 無形成果

(1)在此次主題中，我們運用了特性要因系統圖，而此為新 QC 手法，所學頗多。

(2)本期活動中，雖僅是 3 人小組，卻發揮極大的效用，大家展現自己所學之長，來回饋主題，使本期活動能如期完成。

(3)文管方便作業，提高工作效率。

(4)新進人員容易了解工作內容，順利進入狀況。

(5)「Time is Money」，時間就是金錢，雖然改善後節省的金額不是很大，但我們更在乎的是，改善後節省的時間及提升的工作效率，古云：「一寸光陰一寸金，寸金難買寸光陰」，得知時間對我們的重要性。

(6)達成文管圈之精神：開會快樂多、思考輕快多、解決問題多、效率提升多。

4. 本期活動之改善提案

NO	提案主題	提案人	提案編號
1	卷宗目錄增加頁數	陳怜娟	860084
2	卷宗存放標準	陳怜娟	860085
3	尋找成品課作業標準時間	陳力維 陳怜娟 吳佩瑜	860083
4	訂立卷宗存放份數	陳力維	860082
5	訂立卷宗顏色標準	陳力維	860081
6	訂立三階文件	陳力維 吳佩瑜	860080
7	卷宗標題、高度、寬度標準	吳佩瑜	860086
8	櫃子增列作業流程	吳佩瑜	860087

5. 副作用之確認

	評估項目	主擔當	評估
Q	服務品質良好嗎？	陳怜娟	○
D	效果好嗎？	陳力維	○
C	成本是否上升？	陳怜娟	△
S	安全性有無問題？	吳佩瑜	△
M	能舒適工作嗎？	陳怜娟	○

○良好；△維持現狀；×變差

・標準化

1. 制定作業標準（內容簡略如下）

制定單位：技術部工程課

文件編號：FT-4A-001

制定日期：11.15

標題：技術部工程課文管中心作業標準

版本版次：1.1

1. 作業內容：

1.1 制定作業：由權責主管於該文件上核准後，送文管中心依文件編號，並列文件制定一覽表存查。

1.2 修訂作業：

1.2.1 文件若有修訂或增訂時，應填具「文件制定、修訂、廢止申請單」，並具體填寫修訂前後之內容及理由和文件編號，或以附表為之。

1.2.2 修訂時，直接在發行版上修訂。

1.2.3 修訂符號：

(1)修訂符號（註於修訂處），後續修訂可採單一頁次作業。

(2)修訂可採單一頁次作業，經五次修訂後，得更換新版。

　　　　(3)修訂記錄以年、月、日表示。

　　　　(4)總覽表之年、月、日為單一修訂最近版本。

1.3 廢止作業：填具「文件制定、修訂、廢止申請單」，由權責主管確認簽准後，交由文管中心編號，並在文件上蓋上「作廢」字樣且保存之。

1.4 文件編號：

F 成品課

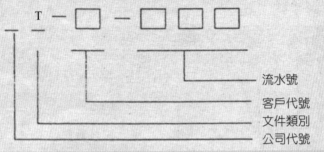

客戶代碼：

・卷宗管理

2.1

單位	卷宗外型	固定方式	卷宗顏色	盛裝方式	張數
成品課	硬式厚 35 mm	雙圓孔	藍色	投影片保護套	25 份
塑膠股	硬式厚 35 mm	雙圓孔	粉紅色	投影片保護套	60 張

2.2 卷宗標題長為 300 mm、寬為 35 mm。

2.3 每個機種之張數，應註記在目錄上。

2. 水平展開

1.1 所有製程單位之作業標準書，全數更改卷宗並訂立標準化，詳

細如 FT-4A-001。

1.2 有更改文件編號的單位，已發文件對照表，方便現場核對使用。

· 反省與今後計畫：

1. 反省與課題：

反省	優點	1.發言踴躍，達到集思廣益的效果。 2.全員對自己所擔當的工作皆能圓滿達成。 3.縮短文管中心找尋成品課作業標準之時間達成目標。
	缺點	改善意識猶嫌不足。
今後課題		1.效果維持要繼續追蹤。 2.以創新觀念來加強組員的改善意識。 3.加強圈員新 QC 手法之運用。 4.改善新進員工快速進入工作運作狀況。 5.提高製造現場單位，獲得修訂後之最新作業標準內容之時效性。 6.回饋至省力圈，將此活動成果之經驗推展開來，再創巔峰。
甘苦談		1.圈員對新 QC 手法不了解。 　運用手法之前，圈長先為圈員上課，了解後再行運用。 2.圈長於活動期間生產，圈員至圈長家開會，並分工合作，將工作如期完成。 3.在要因分析時，一直無法將問題點列出，請教推行總部，利用腦力激盪採用系統圖，將問題點列出，突破瓶頸。

2. 今後教育訓練

----------- 計畫線　——— 實施線

項　目	參加人員	1月		2月		3月		4月		5月		6月		擔當者
		上旬	下旬	上旬	下旬	上旬	下旬	上旬	下旬	上旬	下旬	上旬	下旬	
QC 手法教育訓練	全員	--------------------												陳怜娟 陳力維
資料整理歸檔教育訓練	全員				----------									陳怜娟 吳佩瑜
標準化程序教育訓練	全員			----------										陳怜娟

Chapter 7

推銷實務

教中學─由老師講授，學員（生）吸收實務經驗

壹、前言

在現今的社會環境引導趨勢下，推銷員是商品與客戶的媒介，它是現今一種新的經營理念與銷售型態。然而我們可以發現坊間報章雜誌媒體充斥，在電視廣告大眾傳播便捷的資訊時代，推銷員的神聖使命尤顯重要，透過這些臺灣經濟的幕後英雄，運用他們的智慧與應變能力，使任何商品可以藉著推銷員傳播更立體又實際的訊息，他們讓一項死寂無聲的產品活起來，應算是直接讓顧客去親近、感覺商品的活廣告；推銷員本身就是商品的化身與代表，推銷員掌控著商品的優劣和銷售勝負、利弊得失，他們是一批刺激消費、促銷產品的生力軍。

身為一個成功的銷售員，要如何善用買賣雙方互動的心理因素與行為，了解顧客的表情、想法、肢體透露的訊息，進而分析配合有效的推銷

技巧與謀略，這需要推銷員能夠做到面面俱到、觀察入微、勢如破竹。

其實，除了商家想將產品賣給顧客，會用到推銷的技巧外，每個人在生活中，也無時無刻的與推銷脫不了關係，例如：在求職中，你如何推銷自己的工作才能和潛力，讓老闆願意僱用你；而一家的老闆如何向職員推銷公司的前瞻性、成長性，讓職員對公司有信心，更努力地工作；選舉時，那些候選人如何推銷自己的才能和睿智，讓人民願意將票投給他……等，都與推銷有密切的關係。由此可知，推銷概念的普遍性和重要性是無庸置疑的。透過以下「推銷技巧的應用」的介紹，應可讓我們了解學習到其間的進退取捨，及如何應對的技巧。

貳、推銷的技巧

一、階段一：克服拒絕的方法

首先，我們先將在推銷的過程中，可能會被顧客拒絕的原因一一列出，再用下面所述的方法套招。

1. 詢問法

以詢問來克服的方法，就是讓對方自己說出來，而知道對方真正意思。一旦遇到對方拒絕，只要提出問題詢問之，就能化解語塞的情形，而且還可知道對方在想什麼。要訣在於配合對方的話語，不斷的詢問以進行交易。

2. 正擊法

以「是，可是……」的說法，把對方的說法接受下來，然後再以「可是」反擊。這是運用人自我的心理，通常人人都喜歡自己的意見看法能為他人所接受贊同，所以我們若先以「是」來贊同他，其會認為受到尊重，再以「可是……」來向他建議時，就會比較容易接受了。這也是一種迂迴

而不針鋒相對的戰略。

3.回擊法

把對方拒絕的話，完完全全地反擊回去，讓對方沒有拒絕的理由，無處可逃。回擊法可以運用在教育消費者商品專業知識時，惟值得注意的是，倘若推銷者語氣不夠婉轉或是過於咄咄逼人，可能會收到反效果。

4.轉換法

也就是用話題的轉換，來引向對自己有利的話。例如：對於顧客由正面來的拒絕，我們將之不露痕跡地忽略，轉換為強調商品的優點、特色，企圖以優點來掩飾對方拒絕的理由。

二、階段二：去除猶豫的技巧

有些顧客會對商品產生興趣，但卻有某些猶豫，這種情況下，不妨以下述方法參考之。

1.資料應用法

以資料或工具來去除猶豫，讓對方了解而提出有具體根據的說法。資料應用法應於平日準備有關商品的報導、統計、圖表、照片、樣品，在適當之時機使用應對方法，便能去除對方猶豫，也是令對方了解的最有效率的方法。

2.變換法

也就是使壞處和缺點變為長處的方法，但是要有理論的根據，而非自圓其說。這時，擁有豐富商品知識的人才是最後贏家。

3.實例法

適時地舉出例子，如已經使用商品的客戶，其使用情形和使用效果的實例，更可增加說服力，讓顧客願意購買，並安心的使用商品。

參、說服的技巧

說服即是用「說」來使對方了解事情。

為了有效地提高商品說服力，我們應該列舉所推銷商品的特點，以及一些能夠對顧客產生使用利益的特點。

一商品有兩個訴求點，一是賣方的商品特點，另一個則是買方的使用利益。商品的特點應是任何一位推銷者皆能易如反掌地舉出的，關於使用利益，則需要我們配合商品特點來說明、創造了。

一、階段一：說明使用利益的方法

1. 經濟計算法

即說明商品的經濟價值，完全站在買方的觀點，為對方做最有利的經濟計算，說明其購買商品後是如何有利的方法。

2. 問題點解消法

強調唯有本商品，才有解決問題的方法。一起去考慮顧客的問題，而且有時還要提醒顧客沒有注意到的地方，告訴他本產品可以解決其困擾。

二、階段二：誘導的技巧

即是以三種詢問組合來誘導，使顧客了解。

1. 打探性的詢問

用「你想……怎樣？」或「這個怎樣？」的詢問方式，來表示關心顧客的立場，得知其真意。打探性的詢問使顧客無法以「是」或「不是」來回答，而能夠娓娓道出其心聲。

2. 反問性的詢問

　　由顧客所說的話裡，找出真正想說的是什麼？真正在想的是什麼？而以代答詢問的方式來測知其心意為何？進一步得知顧客猶豫的原因是什麼。

3. 引導性的詢問

　　從顧客所說的話中，找出對自己有利的一點，再以詢問的形式來擴大，即是能引導對方的圖意和了解的技巧。當找出對自己有利那一點時，以「是不是這樣呢？」來詢問，並且用「那就是說……」來求其同意。

　　有了應對和說服的技巧後，大約已經能使顧客接受所推銷的商品了，接下來就是如何成交了！

肆、成交的技巧

一、階段一：成交的基本態度──主動積極

　　顧客多半存有業務員會主動要求成交的心理。

　　故業務員要有率直、積極求取成交的強烈意志。因為若被拒絕了，並無任何損失；但相反的，若是成交了，那就是一件天大的喜事。所以，推銷者應在適當的時機提出「能訂契約嗎？」

二、階段二：成交的時機

　　最佳的成交時機就是把握顧客購買的暗示，以下即是顧客購買的暗示：

1. 說話內容改變，當對方將說話內容轉為：

　　・有哪些公司採用過？

‧分期付款的方式？

‧價格如何？

‧送貨方式？

　這些都有強烈的購買暗示。

2. 態度的變化：

　例如：對方突然靜下思考。

三、階段三：成交的技巧

1. 假設成交法

　這是假設對方已有購買之意思，用「If……What……When……How」的方式詢問，可促使猶豫的顧客作成決定。

　例如：「什麼時候送貨最好呢？」、「就送某某貨吧！」，或「放置在哪兒較好呢？」

2. 選擇成交法

　用「A或B」的詢問方式，但不能有強制推銷的感覺。

　例如：顏色（紅色或白色？）；付款方式（分期付款或一次付清？）。

3. 集中成交法

　將話題集中在顧客最感興趣的一點，亦即對方最需要的使用後利益。

4. 利益列舉成交法

　以「因為……所以……」的詢問方式，強調購買商品的好處，使顧客無法說「不」。但利益列舉成交法並不是說服，而是以成交為目的，所以要有積極的態度。

5. 直接請求成交法

　坦率地請求顧客訂購。例如：「那麼就交給你吧！」、「無論如何，拜託你了！」。

伍、推銷技巧的應用

以下以《三國演義》故事為主軸，串聯上述推銷技巧說明如下：

推銷產品（服務）：孫劉聯盟抗曹大計
推銷者：諸葛亮
顧客：東吳君臣

【第一幕～場景：議事廳】

〈前言〉：

話說三國，曹軍正步步逼近荊州，劉備應劉景升之請，在新野防禦。但劉備軍馬尚有幾千，雖然在博望坡一役時，一把大火燒去夏侯惇十萬大軍，但終究無法長期據守，只有帶著居民往江夏移動，而在江夏的劉琦全軍不過兩萬，如何能抵抗曹操的八十三萬大軍呢？有鑑於此危險之勢，諸葛亮深知只有聯孫權之力，以江東之兵共同抵抗曹操的逼近。諸葛亮身負重任，一定要促成孫劉聯盟，否則以曹操八十三萬大軍之實力，必定能個個擊破。不料到了江東，魯肅接待孔明赴柴桑時才發現，全都是主張降曹的謀士，而江東之人，並不認為光靠長江便可阻隔曹操之軍力，足見江東人之心正在戰與降之間動搖。諸葛亮要完成任務，一方面要說服孫權，另一方面也要駁倒張昭等主降之人，一場「舌辯群雄」之戰，先行於赤壁大戰前展開。

（旁白：話說東吳眾文官，見諸葛亮神態瀟灑、氣宇軒昂，又猜想他一定來東吳當說客，於是打算用話來挫挫諸葛亮的銳氣，給他一個下馬威。）

東吳群臣對於孔明此番前來遊說、推銷「孫劉聯盟」萌生抗拒之意。

張昭：「聽說先生隱居隆中的時候，曾把自己比做管仲、樂毅，這話可當真？」

諸葛亮：「這只不過是我隨口說說罷了。」

（張昭仍不鬆口繼續地追問）

張昭：「聽說劉豫州三顧茅廬，很幸運地請得先生下山相助，以為如魚得水，可藉此一舉奪下荊州、襄陽，可是世事演變往往不能盡如人意，當曹操軍力一出，荊、襄兩州即被曹操奪走了，對上不能報答劉表一安庶民的心願，對下不能長久的據有疆土，劉豫州在得先生佐助後，反而不如從前，不知對此您有何看法呢？」

（旁白：諸葛亮心中暗想，張昭乃是東吳首席謀士，要是不能先把他難倒，那就休想進一步說服孫權。而張昭這一席話，表面是笑劉備無能，諸葛無用，實際是指孫劉聯盟無意義，不能抵抗曹操百萬大軍，孔明以張昭無實際戰功，只會誇誇其談的弱點，進行反駁。）

轉換法：孔明運用話題的轉換，以引向對自己有利的立足點。

（以宗族親誼不忍奪人城池，來凸顯劉備之仁德，順便帶過並掩蓋劉備戰敗四處竄逃之窘況。）

諸葛亮：「鵬飛萬里的心志，豈是其他野鳥所能了解的呢？當初劉主公的兵力尚不滿千，而將領僅有關羽、張飛和趙雲而已，然而，博望燒屯，白河用水，使得夏侯惇、曹仁等輩心驚膽裂，管仲、樂毅的兵法，未必過此。依我看來，要取得荊州

易如反掌，但是劉皇叔做人正派，不忍心強占同宗的基業，誰知道劉琮這個小孩子，卻聽信諂言，暗自投降，所以才讓曹操猖獗起來，現在我主張屯兵江夏，是有其他的打算，不是平常人所能夠知道的。」

回擊法：把對方拒絕的話完完全全地反擊回去，讓對方無任何抗拒的理由。

張昭：「照您這樣說，劉備現在弄得東奔西逃，這全是先生的功勞囉！」

（文官咄咄逼人地問諸葛亮。）

諸葛亮仍從容的回答：「以小搏大，勝敗乃兵家常事，從前高祖吃了項羽多少虧？可是垓下一仗，只靠韓信就完全扭轉了局勢，您能小看了韓信的謀略嗎？這比只會誇辯、坐議立談的人好太多了。沒有戰功的人，卻大刺刺地跟人談謀略，豈不天下一大笑話呀。」

張昭：「這……」

（張昭支支吾吾無言以對。）

（旁白：諸葛孔明以對張昭的了解，做出回擊的對策，先說劉玄德在軍事實力不強的情況下，擊敗曹仁、夏侯惇，具有值得聯合對抗曹操的地位。再說劉玄德之大仁大義，又有人才相輔，可以成大事，這是誇辯之人所無法理解的。）

正擊法：先認同其觀點，再以迂迴而不爭鋒相對的戰略從事建議。在此還可看到孔明在不知不覺中將東吳諸文臣扣上「苟廉無恥，不戰而降」的大帽子，劉玄德僅以數千人馬，尚敢與曹軍一戰，然而江東兵精糧足，如何能向曹操俯首稱臣呢？

虞翻：「曹操大軍有百萬，將領有千員，正想要吞併江夏，先生打算怎麼辦？」

（諸葛亮一看，說話的人正是東吳的另一位謀士虞翻。）

諸葛亮：「是的，閣下所言甚是，表面看來曹操那些人馬的確軍容盛大，不過仔細分析下來，這些人馬不過是收袁紹、劉表等敗軍殘勇的烏合之眾罷了！就算有幾百萬人，也沒有什麼值得懼怕的！」

（虞翻的臉上顯出譏諷的表情。）

虞翻：「劉備嘗軍敗於當陽，計窮於夏口，才吃了敗戰，並且有求於他人卻還要嘴硬，如此吹牛騙得了誰？」

諸葛亮：「劉皇叔只有幾千人馬，到底還跟曹操拚了幾回合，退守夏口，是為了等待時機。相較之下，江東兵精糧足，又據有長江天險，可是一班大臣們反而都主張投降，這樣一比，劉皇叔可以算得上是不怕曹操的囉！」

資料應用法：舉出大漢開國君主雖是貧賤出身，但也創建了漢朝，用以說明「英雄不怕出身低」。並再一次強調曹操以下犯上篡奪之狼子野心與劉維護漢室正統之決心是不可相提並論的。

（另一位名叫陸績的謀士也接著問道。）

陸績：「曹操雖挾天子以令諸侯，猶是先相國曹參的後代，這是大家
　　　都知道的。你們劉備誇耀自己是中山靖王的子孫，卻已無從考
　　　稽了，誰知道是真是假，不過是個織蓆賣鞋的傢伙罷了！」

　　　（諸葛亮揮揮羽扇，揚揚嘴角笑著。）

諸葛亮：「曹操既然是曹國相的後代，就應以侍奉漢主為命，但現
　　　今卻專權肆橫，欺凌君父，反而成了漢室動亂的根源，劉皇
　　　叔是當今英雄，要說出身，高祖皇帝還不是亭長出身！織蓆
　　　賣鞋又有什麼可恥的？您這種小家子氣的看法，實在沒有必
　　　要！」

陸績：「……」

　　　（陸績被頂得無話可說。）

變換法：孔明轉述古代先賢先聖在學問鑽研上乃廣博學習，而非
　　　僅止於一家一派的學問。除轉換了嚴峻的言辭攻擊外，
　　　還凸顯出其迂腐守舊、才疏學淺的一面。

　　　（但此刻另外一位名叫嚴峻的謀士，再也沉不住氣地從座位上
　　　站了起來，氣惱地指諸葛亮說道──）

嚴峻：「你根本就是在強詞奪理、咬文嚼字，讓我先問問你，你究竟
　　　研究的是哪家經典啊？」

　　　（沒想到諸葛亮竟然用不屑的眼光看著嚴峻，反問嚴峻。）

諸葛亮：「咬文嚼字，那是沒什麼大用處的。請看古代以來的伊
　　　尹、姜尚（子牙）那些大人物，他們研究的又是哪家的經典
　　　呢？」

　　　（嚴峻被諸葛亮說得無言可對，只好坐了下來。）

而另一位謀臣程德樞眼見同僚慘遭孔明修理，心中大感不服，亦想爭

辯，但也讓諸葛亮輕易扳倒了，大堂上的眾多謀士看見諸葛亮對答如流、頭頭是道，不禁你看我、我看你，頓時沉默了起來。

這時，忽然外面闖進一個人來，大聲說道：「曹操的大軍已經迫近邊境，大家不趕緊想辦法對付敵人，卻只會在這裡鬥嘴。」大家回頭一看，原來是江東老臣黃蓋。

黃蓋走向諸葛亮說：「先生是當世奇才，您為什麼不去說服我們主公，跟這班人爭辯什麼？」說著便引導孔明去晉見孫權。

這時孫權早就在門前階梯上迎接，諸葛亮一邊對孫權轉達了劉備的問候之意，一面偷眼打量孫權，心裡想道：「這個人氣概不凡，看情形只能用話激他，正面說服是不管用的。」

【第二幕～場景：內堂】

> 孫權（顧客）提出了對於曹軍陣容的疑問之處。
>
> 三人進到屋內坐定之後，孫權說了幾句客套話，接著就問道：「你最近幫劉豫州對付曹操，一定相當清楚曹軍的底細，曹軍到底有多少人馬呢？」

（旁白：孫仲謀將軍本是英雄之後，榮譽感極強，不過，要使孫權堅定決心共同抗曹，卻只能先頌揚劉備的武德與氣概，為了頌揚劉備，就必須先抬高曹操的實力，故諸葛亮在此有虛張聲勢之語。）

> 問題點解消法：對於孫權所問的問題作一詳細解釋，並針對其蒐集之情報不正確或遺漏之處作更詳細的說明（此為考慮顧客問題，並提醒顧客須注意的地方，並隱約給予孫權壓力，使其傾向於結盟之意）。
>
> 諸葛亮回答：「馬步水軍，共有一百多萬。」

孫權說：「這個數字恐怕是騙人的？」

諸葛亮：「倒不是騙人，曹操本來有二十萬兵力，平了袁紹，增加五、六十萬人，在中原招了三、四十萬人，最近在荊州又併了三十萬兵力，總共該部隊有一百五十萬人呢！」

（旁白：一旁的魯肅萬萬沒料到諸葛亮會這樣說，拚命給諸葛亮使眼色，諸葛亮假裝沒看見，只管和孫權談話。）

打探性的詢問：以站在關心東吳的立場，試著使得東吳君主孫權娓娓道出其此刻的想法。

孫權接著問諸葛亮：「曹操平定了荊、襄，還有別的企圖嗎？」

諸葛亮：「他沿著長江下寨，準備了不少戰船，不是想拿下江東，還想做什麼呢？」

反問性的詢問：孔明由孫之話中得知其猶疑於「抗曹與否」的觀點上，而以代答詢問進一步得知孫權的心意，及猶豫不決的因素。

孫權想了一會兒才說：「那我們怎樣應付？」

（此刻孫權的心中著實有點驚慌。）

諸葛亮故意說：「您先考慮看看，要是憑吳、越的力量，能跟北方對抗，那趁早跟曹操斷絕關係，要是您覺得不是對手，就乾脆照大家的意思，趕快投降吧。」

（旁白：諸葛亮深知孫權將軍擁有爭強好勝的野心，這便是吳蜀得以結盟的基礎，因此，孔明攻此之心，以求抗曹聯盟之建立。）

引導性的詢問：孔明試圖將東吳君主孫權導入「降曹乃不義之
舉」及「不戰而降是為懦夫」之行為，並藉由詢
問方式強化此一論調。激起孫權「聯劉抗曹」乃
勢在必行、大勢所趨。

孫權：「照你的說法，劉備怎麼不投降曹操呢？」

諸葛亮笑道：「昔日齊國壯士田橫敗遁海上，尚且守義不辱氣節，
何況劉皇叔啊！皇叔是何等樣人物？人家是漢室後裔、
蓋世英氣、眾人仰慕的人物。再說，事情不濟，此是天
時，他怎麼能屈居人下，投降曹操呢？」

（孫權聽出諸葛亮的話，分明是在指他不如劉備，不禁變了臉色，生
氣地退到後堂去了。）

主動積極：孔明在此刻一改先前試探性態度，轉為主動積極出
擊。表示東吳若有抗曹之意，則其願獻破曹之法。且
擊敗曹操大軍乃輕而易舉，有如反掌折枝。

（魯肅責怪諸葛亮不該如此侮辱孫權，諸葛亮聽了魯肅之言後，
忽然間仰天哈哈大笑。）

諸葛亮：「我沒想到孫將軍器量這麼小。我自有破曹的計策，他不
問，我又何必說？」

魯肅說：「如果你真有破曹的計策，我請主公來向你請教。」

諸葛亮：「我看曹操的百萬大軍，跟螞蟻沒有兩樣，只要我一舉手，
就都成粉末了。」

態度的轉變：在獲魯肅告知孔明心中已有抗曹大計後，由先前感
　　　　　　覺受到孔明戲弄，拂袖而去的羞辱深淵一躍而出，
　　　　　　在盡釋前嫌後，向孔明虛心請教。

　　（魯肅聽了之後，趕緊跑入後堂見孫權，告訴他經過。孫權轉怒
為喜。）

孫權：「原來他有好計謀，故意用話激我！我一時沒有想到，差點誤
　　　了大事！」

　　（魯肅和孫權一同出來，向諸葛亮道歉，並請他到後堂，擺酒款
待。喝了幾杯以後，孫權才重新提起。）

說話內容的改變：孫權從先前僅是試探性地詢問抗曹的可能性，
　　　　　　　　轉變成抗曹之舉一觸即發、勢在必行。

孫權：「曹操收拾了呂布、劉表、袁紹、袁術，現在只剩下我和劉備
　　　和他對壘了，我可不能把整個江東拱手讓人！」

成交的技巧

諸葛亮說：「皇叔雖然新敗，但元氣未傷，手下大將關羽不是還有一
　　　　　萬精兵嗎？還有劉琦的一萬名江夏戰士，總計不下兩萬
　　　　　四、五千人哩（假設成交法：孔明大膽假設孫權已有聯盟
　　　　　抗曹之意，舉出若有心抗曹，則劉軍將以精銳之師予以共
　　　　　禦大敵）。曹操兵馬雖多，但他們遠來疲憊，這次荊襄之
　　　　　戰，曹兵追趕皇叔，輕騎日夜兼程三百里，此可謂強弩之
　　　　　末，勢不能穿魯縞啊！況且他們都是北方人，沒有練過水
　　　　　戰，而荊襄士民附從曹操的，也是出於無奈，迫於情勢而

非出自本心（集中成交法：指出孫劉聯軍將以指出孫劉聯軍將以逸待勞，對抗不服水土且毫無民心歸向的曹軍）。如今將軍誠能跟劉皇叔同心協力，曹操就必破無疑了。曹軍破後，必然北還，則荊州和東吳的勢力就強大了，這就形成了三足鼎立之勢（利益列舉成交法：清楚指出孫劉聯盟，則曹軍必敗，屆時三方將成鼎力之勢互為制衡，且孫劉聯盟長存，則曹操一生勢必不敢再做南侵之想）。這個局面能不能出現？成與敗，就看今日孫劉兩家能不能同心協力（選擇性成交法：以東吳是戰是降將出現不同局面，將擁有不同利益，敦請孫權做一選擇）。請孫權將軍裁奪（直接請求成交法：以最後加重語氣的說法，促請孫權贊同聯劉抗曹）。」

由以上所述，我們可以引申靠舌粲蓮花的口才、高超交際應酬的手腕，可贏得超級推銷員的推崇，且為公司立下汗馬功勞，每次推銷都是與顧客鬥智，推銷等於征服，但豐富的專業知識和積極的生活態度都是最佳銷售人員之寫照。

 陸、結　論

人員推銷是一項極具挑戰力的工作，因為其可以把死的產品活化，完完全全地呈現在顧客眼前。而人員推銷也是最有彈性的方法，因為它包含了買賣兩方的雙向溝通。而且推銷員在推銷時，可以觀察另一方的需要及特質，而做立即的調整和反應，當然，要在銷售的領域中成功，推銷人員必須有極強的成功欲望，必須能自我鞭策，並且積極的發展優良的推銷技巧。理想、計畫、熱心、自信和堅強的毅力，都是成功不可或缺的要素。

而在推銷進行中，在發掘及評選潛在顧客後，推銷人員即可進行準備

工作，以便接近顧客進行產品的介紹工作。首先即需了解潛在顧客，如該公司的需要為何？……等，以創造銷售簡報的機會，之後再把產品介紹給買主，進而說服顧客購買。在訪談或整個推銷過程中，必然會碰到顧客的抗拒，例如顧客可能需要更多的時間考慮，或是對價錢不滿意，或是對產品的品質有疑問，或是對交貨的時間及條件有意見等等。銷售人員必須了解如何處理消費者的疑問及抗拒，而使訪談能成功達到交易的目的。最後是成交的部分，這階段也是要相當注意的，不可輕忽，而一個成功的推銷人員也必須了解潛在顧客，以發現可幫助成交的技巧。例如顧客所發出的成交訊號、身體動作、用詞遣字等。

　　總而言之，推銷人員除了要掌握各項推銷技巧、知道如何克服顧客的抗拒、消除顧客的猶豫、懂得如何說服顧客，最後達成交易外，也要善用買賣雙方互動的心理因素與行為，了解顧客的表情、想法……等，再配合其推銷技巧，相信遇到任何狀況都可以迎刃而解的。

玩中學一英文推銷實務訓練

 案例一

• Brief introduction to our company（公司簡介）

　　Steel Furniture Co., Ltd., based in Taipei, Taiwan, exports fashionable and innovative furniture. We are recognized by high quality products and good service.

　　Now, we are trying to target Japanese market. Therefore, we would like to expand sales by building a business relationship with FACI Furniture Inc., the biggest furniture retail trader in Japan.

Here are some English conversations between our sales manager; Steven Huang, and FACI's purchasing manager, Frank Fu.

A: Steel Furniture's sales manager, Steven Huang.

B: FACI's purchasing manager, Frank Fu.

設立在臺灣臺北的思緹爾家具股份有限公司，是一家專門出口時尚且創新的家具公司，我們以高品質的產品與良好的服務態度廣為人知。

現在，我們以日本為目標市場。因此，我們希望藉由和日本最大的家具零售業者——FACI 家具公司建立商業關係來擴大銷售。

以下是我方的銷售經理與 FACI 公司的採購經理間的英文實際對話。

A：思緹爾家具股份有限公司的銷售經理——Steven Huang。

B：FACI 公司的採購經理——Frank Fu。

註：在課堂上以英文的表達方式進行國際推銷演練，在此為方便閱讀，附加中文解釋。

• Strategy of asking question（詢問法）

The strategy of asking questions will help us realize customers' needs and wants. Besides, we will know how to persuade our customers by asking questions constantly.

（利用詢問法可幫助我們了解顧客的需求。除此之外，我們也可以藉由不斷的詢問來了解如何說服顧客。）

A:Nice to meet you, Mr. Fu. I'd just like to introduce myself. My name is Steven Huang, and I'm the sales manager of Steel Furniture Co., Ltd.

（很高興認識您，Fu 先生。我先做個自我介紹：我是 Steven，是

思緹爾家具股份有限公司的銷售經理。）

B:Oh yes, I've heard of you. It's nice to meet you, too. So, is there anything that I can help you?

（喔！對！我曾經聽過您。我也很開心見到您！那麼，有任何地方我可以幫得上忙嗎？）

A: Yes. Here is our furniture catalog. Your can look over the lists. Our products are all in good qualities.

（是的，這是我們的家具產品目錄。您可以看看這幾項產品。我們的產品品質都是很好的。）

B: Well, I understand what you've saying, but we have already placed regular orders with other companies.

（嗯……我知道您要說些什麼，但是我們已經定期地跟其他廠商訂貨了。）

A: Then, do you know anything about their qualities?

（那麼，請問您了解他們的產品品質情況嗎？）

B: According to the information I have, we didn't receive any complaints about those products.

（根據我所擁有的資訊，我沒收到任何有關產品方面的抱怨。）

A: Do those companies involve themselves in innovation? Is their design different from others?

（請問那些廠商是否有積極投入在產品創新方面呢？他們的設計是否與眾不同呢？）

B: Well... I don't know.

（嗯……這我就不曉得了！）

• **Strategy of giving positive response（正擊法）**

First, we must receive the other side's opinions by saying "Yes..."

then express our real ideas by saying "but..." In this way, the other side will easily accept our ideas.

（首先，我們必須先說出：「是的、沒錯……」來接受對方的觀點，然後再利用「但是……」來表達我們自己真正的想法。如此一來，對方能較輕易地接受我方的觀點。）

A:Our company has been involved in innovation for many years. Therefore, our products are special, unlike others' Besides, the quality-control is carefully and strictly handled.

（我們公司投入在創新工作的方面已經好幾年了。因此，我們的產品十分與眾不同。此外，我們在品質控管方面非常謹慎。）

B: In my opinion, when buying furniture, customers always emphasize the qualities and prices rather than the appearance.

（我認為，當顧客在選購家具時，主要考慮的是產品品質與價格，而非外觀。）

A:Yes, I can see your viewpoint, but more and more people think the appearance of products is also very important.

（沒錯，我了解您的想法，但是愈來愈多的人們認為產品的外觀也是十分重要的。）

B:Oh, really? Our customers have already been familiar with our products, so I'm afraid that they cannot accept this new fashion.

（哦？真的嗎？可是我們的顧客已經習慣我們先前的那些產品了，因此我怕他們無法接受這些新時尚產品。）

A:Yes, you are right, but it will attract more new customers by selling various products.

（沒錯，您是對的，但是透過銷售這些不同的產品，將可吸引更多的新顧客。）

• Strategy of giving complete response（回擊法）

Through this strategy, the other sides do not know how to turn down our ideas.

（透過這個方法，讓對方不知道如何拒絕我們的想法。）

B:However, we may lose some regular customers.

（然而，我們會失去一些舊客戶。）

A:Just because of this reason, we have to develop diverse products to attract different customers.

（就因為這個原因，我們更要開發不同的商品來吸引顧客。）

• Strategy of changing the subject（轉換法）

By using this strategy, we can lead the conversion to the good side for us.

（藉由使用這個方法，我們可以將話題導向對我方有利的地方。）

B:Well, but you are just a newly established company, aren't you? It's a little dangerous…

（嗯……不過你們只是一家新成立的公司，不是嗎？這有一點危險……）

A:We make our efforts on controlling on the qualities of our products; this has met with some customers' approval. In addition, we continue to manufacture different products that are difficult for other companies to imitate. We always do our best to meet the customers needs and wants.

（我們致力於產品品質的控管，而這方面已獲得許多客戶的肯定。除此之外，我們持續製造不同的商品，讓其他公司難以模仿。我們一直以來都盡力地去迎合顧客的需求。）

• Strategy of commutation（變換法）

This is a strategy that turn disadvantage into advantage. However, this must be based on the reality.

（這是一種將缺點轉變優點的方法。但是這個方法必須建立在真實性的基礎上。）

B:However, your company is founded in Taiwan, so our customers have limited image about your brand.

（但是，您的公司是設立在臺灣，因此我們的顧客對於您們的品牌認知有限。）

A:Our products have won many international awards. Moreover, in order to achieve uniqueness, we have invited some famous designers. Therefore, I believe our products will satisfy customers of many kinds. Furthermore, more and more people will be impressive of our brand.

（我們公司的產品已經獲得多項國際大獎。除此之外，為了使產品與眾不同，我們已經邀請許多的知名設計者為我們設計。因此，我們相信，我們的產品將會滿足顧客在各個方面的需求，而且會有愈來愈多的人對我們的品牌產生深刻的印象。）

• Strategy of applying some data（資料應用法）

Using some real information or implement is a good way to eliminate customers hesitancy.

（藉著運用具有真實性的資料或工具，來去除顧客猶豫的方法。）

B: We think there is a limited market for steel furniture.

（我們認為鋼鐵家具市場是有侷限的。）

A: Please wait a moment. (Find something from his case bag.) Here is a survey in your country. From this survey, you can find there are 77% people who would like to buy steel furniture. Many people think steel furniture make them feel more fashionable and fragrant. Therefore, they are willing to buy it for their home or office.

（請您等一下。這裡有一份是根據您們國家所做的調查，顯示出 77% 的人會有意願購買鋼鐵家具。許多人覺得這些鋼鐵家具較具有時尚感且優雅，因此樂意購買並放置在家中或辦公室中。）

• **Strategy of calculating economically（經濟計算法）**

When using this strategy, we have to explain the value of our products. Besides, we must explicate clearly why we determine prices in this way.

（使用這個方法必須解釋產品的價值，並且清楚地告訴對方決定價格的理由。）

B: Well, your product looks good, but the price is a little too expensive.
（嗯，你們的產品看起來不錯，但價格上有一點昂貴。）

A: The average price of our furniture is $75 USD. Even though the price is high as you think, we have some special design in our product. Therefore, when finding the goods which meet their needs, they are willing to pay more money. So, you can determine the price higher. In this way, the profit will also be higher than others

（我們家具的平均價格是美金 75 元。即使價錢較高，但是我們的產品有經過特別設計，因此顧客也樂意多花些錢在符合自己需求的產品上。所以，您們可以訂高一點的價格，以獲得比其他公司還多的利潤。）

B: Well, this sounds reasonable.

（嗯，聽起來滿合理的。）

• **Strategy of solving the problems（問題點解決法）**

We must consider the other side's problems, and find the way to solve them together.

（找出對方的問題點，並找出解決的方法。）

B:But, I think the price is still higher than others.

（但我還是認為你們的價格較其他廠商高。）

A:I know what you mean. Then, if you order more than 100 sets, we will give you 25% discount. I believe it will increase your profit when we cooperate.

（我了解您的意思。那如果您訂購 100 件，我們則給予您 25% 的折扣。相信藉著您我雙方的合作，您們是有利可圖的。）

• **Strategy of beating around the question（打探性詢問）**

By asking "How do you think/feel?" we will know the other side's thought.

（藉著以詢問「您意下如何／您覺得如何」，來了解對方的想法。）

B:Let me consider it……

（讓我想想……）

A: Here is one of our best-selling products. (point at one of the products on the catalog) How do you feel about it?

（這裡是我們銷售最好的產品，您認為怎麼樣呢？）

B:Well, it looks wonderful.

（嗯，看起來不錯。）

A:Yes, this product has different styles. Which one do you like better?

（是的，這產品有不同的樣式，您較喜歡哪一個？）

B:The one designed by Agnes is better.

（艾格莉絲所設計的這件不錯。）

A:Oh yes, this designer comes from France, and she won many prizes around the world.

（噢！是的，這位設計者來自法國，而且她贏得許多世界級的獎項。）

B: Wow, she must be talented in this field.

（哇！她在這領域可真是具有天分。）

A:Yes, so please give us a chance. I believe there will be a promising market.

（是的，所以請給我們一次機會。我相信這市場是具有潛力的。）

• Strategy of supposing success in this trade（假設成交法）

Through applying this strategy, the other side will make their decision quickly.

（藉由假設成交的方法，讓對方快速地下決定。）

A:The product that you like is numbered SF-007. The FOB Osaka is $75 USD for one set. Then, how many products do you need?

（您喜歡的產品編號是 SF-007，大阪港船上交貨價是一件美金 75 元。那請問您需要多少產品？）

B:Well, let me think it for a while.

（嗯，讓我想一下。）

A:I promise our quality will satisfy you, and it will increase your sales volume.

（我相信我們的品質一定會滿足您，且會增加您們的銷售量。）

B: Sorry, I don't quite understand about your discounted price.

（不好意思，我不太了解有關你們的折扣價格。）

A:I promise to give you 25% discount when you order more than 100 sets. I believe you will get many advantage when buying our products. If you order immediately, we will deliver your orders by the end of December.

（我允諾如果您訂購超過 100 件，則有 25% 的折扣。我相信在購買我們產品的同時，您也將獲得最大的利益。如果您們現在下訂單，我們會在 12 月底將產品運送給您。）

B:Well…

（嗯……）

• Selecting the way of trade（選擇成交法）

In order to make decision quickly, we could ask the other side the alternative questions.

（為了讓對方快速下決定，可以運用二擇一的方式詢問對方。）

A:What kind of delivery do you like, by sea or by air?

（您喜歡以海運還是空運的方式運輸？）

B:We hope you deliver the goods by sea.

（我們希望您以海運的方式運輸。）

A:What kind of payment do you prefer, payment prior to delivery, or after delivery, even payment against delivery or payment installments?

（您喜歡交貨前付款、交貨後付款、交貨時付款還是分期付款？）

B:We think payment installment is better.

（分期付款比較好。）

• Strategy of asking for trading directly（**直接請求成交法**）

By asking "Could we cooperate with each other, please?" or "Could you sign the contract, please?" These are the direct way to ask for building a business relationship.

（直接以「請與我們合作吧」或「請簽下合約吧」的坦然請求方式，與對方建立合作關係。）

A:Then, could you give us a chance to cooperate with you?

（那麼，請您給我們一個機會與您合作吧？）

B:Well, I like the styles of your furniture. So, we would like to place a trail order for 100 sets of SF-007.

（嗯，我喜歡你們家具的風格。那麼我們就先試訂編號 SF-007 家具 100 件。）

A:Thanks a lot. We assure you of our best quality and best service

（非常謝謝。我們保證隨時給予您最好的品質及服務。）

  做中學—推銷實務訓練

📌 案例二

A 篇：「製造業推銷技巧的應用」

一、摘要

所服務的公司營業收入來源有 95% 來自臺灣市場，因此對於營

業人員的教育訓練不遺餘力。礙於經費的關係，過去的作法都是由部門主管自己親自教導，偶爾才聘請外部講師來授課。部門主管雖是有系統的上課，但總感覺沒有一套教材就像連續劇一樣，透過表演讓學員有深刻難忘的印象。本單元實用的內容，配合著 VCD 影片教學，正是本公司最缺乏的教育方式。因此，本公司利用 2 個休假日，對全體同仁施予訓練。訓練方式分為六個單元如下：

1. 現狀分析掌握

2. VCD 影片觀賞

3. VCD 影片內容討論與吸收內化

4. 推銷話術分組討論

5. 推銷話術各組發表觀摩

6. 擬定基本銷售話術

　　雖是公司主管自行運作此一課程，但由於有教科書及 VCD 輔助，上課過程就如莊老師親臨指導一樣熱絡，最後也獲得一個完美的結果，增添了同仁銷售上無比的信心，也提升了公司銷售人員的技術層次，相信對於日後公司的延續與發展，有相當的助益。

二、實作公司背景說明

　　本公司成立以產製馬達相關製品外銷為主。走過臺灣經濟發展的歲月，幸運的沒有被淘汰，目前發展出七家製造工廠，一家專業行銷公司，雖然有八個公司在運作，但卻不具規模，經營保守，聘用員工約為三百人。

　　公司為了分散經營風險、建立國內品牌及知名度，進入國內換氣扇市場，由於產品品質精良，再加上經營者永續經營的態度，目前已是國內換氣扇的第一品牌。未來，將定位在通風系統的產業，企圖以優異的馬達品質，及領先業界的流體力學經驗，以提升臺灣通風產業品質為己任。

　　本實作課程就是運用在銷售「無聲換氣扇」的部門上，並獲致良好的成效。

三、教學方法

1. 講師演講法

2. 小組討論法

3. 影片觀摩法

4. 小組競賽法

5. 體悟教學法

6. Q&A 法

四、教材大綱

　　教學主題：業務銷售話術技巧練習

　　參考資料：《經營管理實務》五南圖書　莊銘國教授著

　　參加成員：內勤人員 6 人，外勤人員 14 人，合計 20 人。

　　研習目標：

　　　　(一)了解溝通的行為模式

　　　　(二)學會使用各種詢問的技巧，了解客戶問題

　　　　(三)學會各種異議的技巧，把握成交契機

　　　　(四)學會各種成交技巧，提升業績

　　內容大綱：

　　第一單元：掌握真義的溝通效果

　　　　（1－1）人際溝通的行為模式

　　　　（1－2）干擾的來源與降低

　　第二單元：推銷的技巧訓練

　　　　（2－1）VCD 觀摩及講義研討

　　　　（2－2）克服拒絕的方法話術研討

1. 詢問法

2. 正擊法

3. 回擊法

4. 轉換法

（2－3）去除猶豫的技巧話術研討

1. 資料運用法

2. 變換法

3. 實例法

第三單元：説服的技巧訓練

（3－1）VCD 觀摩及講義研討

（3－2）説明使用利益的方法話術研討

1. 經濟計算法

2. 問題點解決法

（3－3）誘導技巧的練習與話術研討

1. 打探性的詢問

2. 反問性的詢問

3. 引導式的詢問

第四單元：成交的技巧訓練

（4－1）VCD 觀摩及講義研討

（4－2）達成交易的基本態度

（4－3）掌握成交時機的浮現

1. 説話內容改變時

2. 態度明顯變化時

（4－4）成交的技巧訓練

1. 假設成交法

2. 選擇成交法

3. 集中成交法

    4. 利益列舉成交法

    5. 直接請求成交法

第五單元：話術發表與整理

    （5-1）各區業務代表話術發表與觀摩

    （5-2）所有人員參與票選優良的話術

    （5-3）制定標準話術，並列入公司標準化手冊

第六單元：結論

五、成果呈現

    經過二日的研修、討論、分享，參與的學員共同選出有關於產品的推銷技巧優良銷售話術。可區分為下列五大類：

1. 克服拒絕的銷售話術

2. 去除顧客猶豫的銷售話術

3. 說明產品使用利益的銷售話術

4. 誘導顧客提出看法的銷售話術

5. 促使成交技巧的銷售話術

    並將此五大類的銷售技巧話術，彙編整理成冊如下：（節錄部分，陸續編訂中）

A：克服拒絕的銷售話術

克服拒絕的銷售話術			
	使用時機	常見異議的理由	對應的銷售話術或銷售動作
1.詢問法	被顧客拒絕	1.我考慮一下 2.尚未用到此一產品	1.請問您考慮的因素為何？ 2.請問您何時可以用到？
2.正擊法	顧客提出相反的看法時	1.產品的外觀不美觀 2.我認為 A 品牌的品質比你們優秀	1.是，也曾經有人和您持有相同看法，可是後來他也購買了，因為…… 2.是，我可以體會出您現在的感覺，可是請您看一下產品比較表……

A：克服拒絕的銷售話術　　　　　　　　　　　　（續）

	使用時機	常見異議的理由	對應的銷售話術或銷售動作
		克服拒絕的銷售話術	
3.回擊法	顧客對產品認知看法不同時	你們風道的設計有問題	1.這個風道的設計是經由 ABC 軟體設計出來，且經由工研院測試證明風阻係數最低……
4.轉換法	顧客提出我們的弱點時	你的產品太貴了	1.也還好啦，請你看一下外觀及整部機器的結構，這是其他品牌所缺的……

B：去除顧客猶豫的銷售話術

	使用時機	常見猶豫的理由	對應的銷售話術或銷售動作
		去除顧客猶豫的銷售話術	
1.資料運用法	產品介紹或提出佐證時	1.品質真的好嗎？ 2.有哪些人或公司使用你的產品？	1.請您參考，這是工研院測試報告，及各項品質認證資料（逐項翻頁） 2.請您參考，這是本公司產品愛用者的推薦函及使用案例（逐項翻頁）
2.變換法	將缺點變成優點	價格稍微貴一點	價格稍貴，可是產品的設計、品牌與外型，卻能彰顯您的品味與地位……
3.實例法	客戶想了解實際使用情形	產品使用效果真如你所說的那麼好嗎？	請看這個模擬實驗室，使用本產品之前客廳煙霧瀰漫，當我開啟電源時，煙霧就逐漸被排出，請看……

C：說明產品使用利益的銷售話術

說明產品使用利益的銷售話術		
	使用時機	常見的顧客問題	對應的銷售話術或銷售動作
1.經濟計算法	向顧客說明使用本公司產品的使用利益時	單看價格，你的產品就高出其他品牌的 1/3，我看不出我使用此產品有何利益？	雖然成本高出 1/3，但我們的消耗電力為 14 瓦，其他品牌為 28 瓦，我們產品節省電力 1/2，使用 6 個月後，整體的使用成本較低
2.問題點解決法	強調本商品才能解決問題	換氣扇維修的拆裝非常麻煩，你們公司的產品有什麼與眾不同的地方嗎？	本公司產品首創分離式出風口，就是專門為了解決此問題而設計。拆卸時只要鬆掉 2 根螺絲就可進行保養，省時又省力……

D：誘導顧客提出看法的銷售話術

誘導顧客提出看法的銷售話術		
	使用時機	想了解的情境	提問題的標準話術
1.打探性的詢問	想要進一步了解顧客的想法，且不希望顧客用「是」或「不是」來回答	1.想了解客戶對其他競爭品牌的看法 2.想了解客戶期望的目標	1.您認為 A 廠牌有哪些優點？ 2.您期望新的隔間方式能達到什麼效果？
2.反問性的詢問	以代替顧客答詢的方式來測試顧客真正的心意為何？	想了解顧客和本公司簽訂買賣契約的可能性	如果我向我公司申請的特價到明日中午前沒有批准下來的話，我建議您打消向我公司採購的計畫，以免耽誤您的工程……

D：誘導顧客提出看法的銷售話術　　　　　　（續）

誘導顧客提出看法的銷售話術		
	使用時機	想了解的情境	提問題的標準話術
3.引導式的提問	以詢問的方式來擴大自己的有利點，並引導顧客了解	1.得到客戶的確認 2.在客戶確認點上，發揮自己的優點	1.您是否認為換氣扇品質最重要的是排風量與噪音？ 2.您是否認為購買換氣扇要有大風量，而且噪音不超過 38 分貝…… 本公司的產品絕對符合您的要求……

E：促使成交技巧的銷售話術

促使成交技巧的銷售話術		
	使用時機	常見的猶豫情景	對應的銷售話術或銷售動作
1.假設成交法	顧客想買的意願強，但下不了決定	顧客三心二意	就這一部吧，我幫您開立單據。或什麼時候幫您送貨？
2.選擇成交法	替顧客下決定	顧客有 2 個以上的樣式在做選擇	這個款式較適合您，買它準沒錯，我幫您開立單據
3.集中成交法	掌握顧客最感興趣的一點	顧客只顧價錢，忽略了原本要購買的動機與理由	您客廳抽菸人口較多，這個品牌的產品風量最大且安靜無聲，最適合您使用
4.利益列舉成交法	顧客在做最後思考的時候	認同產品的價值與價格，但尚未購買	本公司產品的綜合評價為高靜壓、低噪音、壽命長、省電、大風量等，最適合您使用
5.直接請求成交法	顧客已要購買，但卻顧左右而言他	確定要購買，但遲遲不表態	我們先把交易完成，再來研究其他的社會怪現象，我幫您開立單據……

六、心得感言

過去的經驗，總認為做一個業務人員必須要舌粲蓮花，而且是與生俱來的天賦，靠練習是無法達到成功的。

但是，經過二日的研習，深刻感覺到公司同仁長足的進步，並且體悟出幾點感想：

1. 業務人員說得好，不如說得巧。
2. 即使是表達不好的人員，積極的訓練與自我充實，仍然大有可為。
3. 要不停反覆地練習，才能熟能生巧，習慣成自然，能夠舉一反三。
4. 要練習到招式全忘，即使是反射性動作都能符合課本所教導之精神，這樣的業務人員，才是成熟且成功的超級業務員。

此外，也發現到成人教育的盲點，經常是「現學現忘」，就像此次的訓練一樣，許多人上第二課，卻忘記第一堂課的內容，所以每次都要花費約十分鐘複習上一堂課的課程。但這也提供一個改善的契機，要求全體營業人員每天例會時要做 15 分鐘的話術演練，而且是依照標準範本演練，如此就能達到自然反應，爐火純青的境界。

七、後續研修的計畫

精益求精是現代企業避免被淘汰的基本精神，所以不以完成此次訓練為滿足，相反地，將以此精神更進一步地發展出其他的推銷技巧與話術練習如下：

1. 推銷實務的標準話術（延續此次課程，繼續編訂）。
2. 產品介紹的標準話術（新、舊產品的介紹）。
3. 顧客異議的標準話術（關於品質、價格、服務、交期、合約、客訴⋯⋯等）。
4. 公司介紹的標準話術。

雖然只有四項標題，但卻可以發展出無限的內容，隨著時代的演

化，話術必須不斷地被翻新與發展，當有新的情境、個案，或是產品出現時，就必須增加話術的內容，並且要載入公司的標準作業手冊，納入公司的管理系統裡，可以一棒接一棒，讓公司內部業務推銷技巧的知識能夠累積、儲存、交流，讓組織更茁壯。

B 篇：「服務業推銷技巧的應用」

一、摘要

1. 現今壽險市場不但面臨價格競爭、服務競爭，如何在眾多壽險公司及業務員中脫穎而出。
2. 如何善用推銷技巧及掌握顧客心理，以壽險行銷為例。
3. 從接觸準保戶到簽約，所面臨的拒絕話術處理。

二、成果呈現

A.克服拒絕的銷售話術

克服拒絕的銷售話術			
	使用時機	常見異議的理由	銷售話術、動作
1.詢問法	顧客拒絕	1.目前不需要 2.沒錢	1.目前考慮的因素為何？ 2.找出客戶的需求點
2.正擊法	顧客提出相反的意見	1.某某人壽理賠比你們好 2.去銀行買基金和跟你們買有何差別？	1.是，我了解您的感受，但是請您再仔細回想過去的理賠…… 2.強調專業服務及公司所能提供的附加價值
3.回擊法	顧客對產品認知看法不同	你們的壽險商品設計有問題	壽險商品是經由公司精算人員計算及財政部核可准予銷售
4.轉換法	顧客提出我們的弱點	保費太貴	正所謂「一分錢一分貨」，我們所能提供的附加價值更好

B.去除顧客猶豫的銷售話術

	去除顧客猶豫的銷售話術		
	使用時機	常見異議的理由	銷售話術、動作
1.資料運用法	產品介紹或提出佐證時	1.有哪些基金可選？ 2.我適合那種商品？	1.將公司所有基金列出供顧客選擇 2.找出顧客需求，再次說明商品
2.變換法	將缺點變成優點	費用率太高	6 年收取，況且逐年投資比例提高，可滿足個人理財目標
3.實例法	顧客想了解實際情形	報酬率真的那麼好？	1.將目前個人投資報酬拿出 2.將公司所提供基金報酬率與銀行基金做比較

C.說明產品使用利益的銷售話術

	說明產品使用利益的銷售話術		
	使用時機	常見異議的理由	銷售話術、動作
1.經濟計算法	向顧客說明購買本商品的利益	月存 10,000 及 5,000 到底有何差別？	相同年齡，存得愈多，愈早達到富裕人生
2.問題點解決法	強調本商品才能解決問題	購買投資型商品，我有何利益？	投資型商品能滿足個人生涯退休、理財、節稅三合一功效

D.誘導顧客提出看法的銷售話術

	誘導顧客提出看法的銷售話術		
	使用時機	常見異議的理由	銷售話術、動作
1.打探性的詢問	想進一步了解顧客的想法	1.想了解客戶對其他競爭對手的看法？ 2.了解客戶期望目標	1.您對 A 壽險公司商品的看法如何？ 2.您認為投資能帶給您何種利益？
2.反問性的	以代替顧客答詢的	想了解客戶和業務簽約的可能性	如果您不想承擔風險，建議買年金商品，具有穩定收益效果

D.誘導顧客提出看法的銷售話術　　　　　　　　（續）

誘導顧客提出看法的銷售話術			
	使用時機	常見異議的理由	銷售話術、動作
詢問	方式來測試顧客的心意		
3.引導性的提問	以詢問方式擴大自己的有利點，並引導顧客了解	1.得到客戶的確認 2.在客戶確認點上，發揮自己的優點	1.是不是唯有股票才算投資？ 2.本公司提供的商品，具有滿期保證及固定收益，是您最佳的選擇

E.促使成交技巧的銷售話術

促使成交技巧的銷售話術			
	使用時機	常見異議的理由	銷售話術、動作
1.假設成交法	顧客想購買但下不了決定	顧客三心二意	依您的月薪 1/10 來投資，那麼就月存 3,000 元吧！
2.選擇成交法	替顧客下決定	顧客有 2 個以上的選擇	依您的投資屬性，風險忍受度頗高，非常適合投資型商品
3.集中成交法	掌握顧客最感興趣的一點	顧客只在意價錢，卻忽略原先購買動機	現今醫療費用逐年提高，以後買價錢會更高，不如現在就購買，一來有保障，二來現在價錢較便宜
4.利益列舉成交法	顧客在做最後思考的時候	認同產品的價值與價格，但尚未購買	因為強迫儲蓄，所以之後才能每月有 30,000 元可以花
5.直接請求成交法	顧客已要購買，但卻顧左右而言他	確定要購買，但不表態	您先在要保書上簽名，其他後續動作我來處理

三、結 論

1. 現今投保率高達 160%，如何在競爭激烈的環境中，訓練業務從準客戶開發一直到後續服務能一氣呵成，是門重要的課題。
2. 在行銷過程中，如何找出顧客的需求及拒絕話術處理，透過實戰方能早日成交。
3. 善用公司資源及個人行銷魅力，必定能在壽險界找出屬於自己的一片天空。

 做中學—藥品推銷

 案例三

一、銷售背景

地：一家高質感的內科診所

人：王醫師（Dr.）

……個性猶豫不決又小氣的診所負責人

行銷人員（Rep.）

……某外商公司行銷藥師

事：藥品銷售

物：Vit E

時：中午門診剛下診時

二、克服拒絕的方法

(一)詢問法

Rep.：請問王醫師您目前有否在使用 Vit E 產品？

Dr.：有啊！我自己都有在吃。

Rep.：您現在是使用哪一種廠牌？

Dr.：我使用的是臺製 XX 經銷的產品。

Rep.：喔！是這樣的，敝公司是全球 Vit E 的原開發廠，我想在品質及製程上絕對可以值得依賴，不知您是否有考慮過使用原廠的 Vit E 試看看？

Dr.：唉喲！您們原廠的東西一定都很貴，我想我用一般臺製廠的就好了。

(二)正擊法

Rep.：是的，您說的沒錯，臺製廠的東西的確比較便宜；可是您說的經銷商，在藥品的製造來源、成分、含量、製程及保存方法等等，總是讓我們這些醫藥業人士擔憂。說得更明白點，我想您一定也常常發現，許多保健食品的製造廠名稱，是聽都聽沒過的吧！

Dr.：嗯……是沒錯……

（這時 Dr. 有點擔心地轉身從架上將他平常就有在服用的 Vit E 取下來仔細端詳……）

（Rep. 也靠過去看看他目前服用的是哪家的產品。）

(三)回擊法

……Dr. 看完後，停頓思考了一下子，接著又說……

Dr.：不過，我想這個藥大部分都是給自己家人、親屬及院內護士服用的，所以應該沒什麼關係吧！（笑～笑～）

Rep.：王醫師能將這種平時保養的觀念帶給大家，一定是一位很

有愛心的好醫師，但就因為大部分是自己親朋好友吃的，所以用藥的來源就要更關心。既然是自己人要吃的，就要吃最好的，吃藥不等於在吃零食，不是隨便吃吃就算了，既然有心要花錢特別去吃 Vit E 這個藥，為的就是想從服用 Vit E 得到預防保養的應有效果，不是嗎？

（Dr. 點頭同意……）

(四)轉換法

Dr.：不過我想，因為我之前的 Vit E 才剛叫貨，庫存一堆，我想等這次用完，下次我再考慮看看。

……Rep. 拿起桌上 Dr. 使用的臺製廠 Vit E，接著對 Dr. 說……

Rep.：王醫師您看看，這瓶 Vit E 的委託製造廠商是金龍製藥廠的，您知道它是做什麼的嗎？

Dr.：……我也不大清楚。

Rep.：老實說，我也沒聽過；再來您看，這瓶是「食字……」的，不是像我們一般「藥製……」的，所以可以肯定的是，它的成分只是食品級的微薄含量，更不可能有 GMP 的標準。而我們真正是醫藥品 GMP 等級的保健藥。所以既然是每天在吃的，也要吃得安心、吃得健康，總不希望花錢吃到的東西是不明不白的吧！

（Dr. 點頭同意……）

(五)實例法

Rep.：而且不瞞您說，現在 XX 醫院的陳院長、XX 皮膚科診所的顏醫師，及 XX 婦產科醫院的劉院長及其夫人，原本也是服用臺廠的 Vit E，經了解我們和臺製廠的明顯差異後，現在持續改用我們的產品已有相當長的一段時間了，幾乎每兩個月就會再訂一次貨（Rep. 邊說，邊將採購簿展示給王醫師看，以取信王醫師。）

……這時王醫師看了後，也表露出相當動心。

三、說服的技巧

階段一　說明使用利益的方法

1. 經濟計算法

　　Rep.：因此我想，為了大家的健康，我建議應該馬上就將舊的食品級 Vit E 停用，改用原廠較安全且具足量成分的 Vit E 產品，以避免不必要的浪費及損失。

　　Dr.：可是我買的一瓶才 450 元呢！你們一瓶是賣多少錢？

　　Rep.：我們一瓶 400IU 的 Vit E 單價 675 元，24+3，一瓶 50 顆裝只要 600 元，平均一天只要花 12 元，少喝可口可樂就夠了。

2. 問題點消解法

　　Dr.：可是我也可以去買比較好的臺製廠藥字的 Vit E，成分也是 tocopherol，我想價格也一定會比較便宜。

　　（Rep. 拿起一份消基會雜誌 copy 的資料。）

　　Rep.：王醫師，我這裡有一份上一期消基會雜誌在市場上抽查 Vit E 成分的調查報告，您看（Rep. 邊說邊指出相關的比較表格），在所有市售的 Vit E 的成分中，因為成本考量，都是 dl-tocopherol，而只有我們的成分是 L-tocopherol，也就是說，其他都是合成的 Vit E，而只有我們原廠的 Vit E 才是忠實地使用純天然小麥胚芽抽取的 tocopherol，長期服用的結果，一方面效果會比較確實，另一方面也比較不會造成人體無謂的傷害。

階段二　誘導的技巧

1. 打探性的詢問

　　Dr.：可是我服用這個藥已很久了……（Dr. 還是再猶豫著……）

　　Rep.：我想請問醫師，平常除了服用 Vit E 以外，有沒有把它作其他的用途呢？

Dr.：沒有啊！我和家人就是每天會固定吃一顆，還可以作其他用途嗎？

Rep.：跟王醫師報告，事實上許多使用我們公司 Vit E 產品的醫師娘和護士小姐，常會將那個 Vit E 的膠囊刺破，然後拿來敷臉，不但能防止肌膚細胞過度老化，同時更可以提升肌膚表面的含水量，形成防護屏障，使肌膚看起來明亮、光澤、有彈性，這就是使用純天然小麥胚芽萃取出來的 Vit E 的好處。

2.引導式的詢問

Dr.（眼睛一亮）：原來 Vit E 還可以這樣用啊！如果真的可以這樣用的話，那真是很划算，因為一瓶美容保養品，少說也要上千元！我太太每個月花的保養品費用都要好幾千塊呢！

Rep.：對啊！這我也是在皮膚科的顏太太那邊學到的經驗。但要注意的是，只有純天然的東西才比較適合這樣直接在臉上塗抹使用喔！您說是嗎？

（Dr. 點頭同意……）

四、成交的技巧

成交的時候、技巧

……這時醫師已經相當心動，正陷入另一思考……

Dr.：你說一瓶算起來是 600 元嗎？

Rep.：是的！價格很合理，而且又是美國原廠的。

Dr.：……

（此時正是業務人員要主動積極提出訂單的好時機。）

Rep.：王醫師，現在已經是月底了，您看是要這禮拜先寄三口貨過來，還是下個月初寄呢？

Dr.：啊！……我看……三口太多，不然就下個禮拜先寄兩口過

來好了！我們連裡面一些護士小姐和患者都常在用呢！

　　Rep.：好的，那麼我就下個禮拜，也就是下個月初給您出貨，謝謝您！

　　Dr.：不會！（Dr. 點頭很滿意地微笑著。）

行銷戰略

 教中學──由老師講授，學生（員）吸收實務經驗

近年以來，網路革命的興起，更加快速地串聯起所有的訊息，讓原本就競爭激烈的商場，注入了一股更為瞬息萬變的氣氛，如此的商場競爭模式下，所有產業內競爭者必須不斷地推陳出新，使用新的行銷手法，以及新的行銷觀念。商場上的競爭一如戰場般，激烈廝殺，唯有戰勝者才能存活下來。企業第一要件必須存活，其次是獲利率，再來是占有率，最後是成長率，彼此之間，環環相扣。全世界每天都有新企業誕生，但屬於百年老店的卻屈指可數，如同人自呱呱墜地就走向死亡，企業一樣背負盛極必衰的宿命，只要經營不敬業，一不小心就會負傷，甚至死亡。因此我們可以說「商場如戰場」，而戰場中適用的許多戰略，皆可轉變應用至商場上，發揮商戰之效。曾有人以一個相同的問題，分別問了日本史上幾位非常有名的軍事將領，我們可由他們的回答之中，一窺其戰場性格與戰術運用的特性：如果遇到一隻不肯啼叫的鳥時，應該採取何種行動？織田信長說：「殺之不足惜」；豐臣秀吉表示：「誘之自然啼」；德川家康回答：

「待之莫須急」。分析三者所言，將這些戰略應用到商場上，便是「當機立斷，斬草除根，讓競爭者沒有茁壯的機會」；「利用誘因讓競爭者上勾，陷入我方安排的陷阱中，使之無法自拔，不得不退出商場」、「靜待適當時機，以全力作戰，讓競爭者措手不及」。同樣的問題，所得到的答案不盡相同，而這就應以自己所遇到的情況，決定採取最適合的策略，來達到勝利的目的。誠如 19 世紀英國外相巴麥斯頓（Lord Palmerston, 1784～1865）的名言：「沒有永遠的朋友，也沒有永遠的敵人，只有永遠的利害。」俗語說：「商場無父子」，筆者在總經理任內也常告誡同仁：「企業環境瞬息萬變，經營理念一貫不變，指導原則彈性可變。」都說明此一道理。另有日本一名將軍武田信玄在戰場上將《孫子兵法》中的「風林火山」──疾如風、徐如林、侵略如火、不動如山，發揮得淋漓盡致，成為戰場中的常勝軍；若把風林火山應用至商場，則是獲知競爭者戰略後，行動須迅速如風，立刻籌思應對戰略；在戰況不明時，先按兵不動，等待時機；決定好戰略後，便以雷霆萬鈞之勢，似火一般集中全力奮戰，以讓競爭者退出戰場；強敵當前時，我方切勿自亂陣腳，應如山般的沉著穩重應戰。

由上述例子可知戰場與商場是有共通性的，同樣是追求我方的勝利，同樣是逼迫敵方退出，而讓我方更強大，讓敵方趨於弱勢之下。西方軍事學者曾說：「你對戰爭也許不感興趣，但戰爭對你深感興趣。」在人類五千年的歷史，發生了近一萬五千次戰爭，相當於每一年之和平，就有十三年的戰爭，有 36 億人喪生。就以拿破崙最後一場戰役──滑鐵盧會戰而言，48,000 名法軍死傷達 25,000 人，幾乎倒下一半，再加上威靈頓的聯軍死傷也有 22,000 人，在 10 小時的戰役中，平均每秒鐘倒下去 1.3 人，戰爭何其殘酷！從第二次世界大戰後，世界亦有 480 次左右之局部戰爭，至少上百萬人死於戰火，戰爭的代價實在太大，再沒有像戰爭具有強大的摧毀與破壞，縱使用於防衛，其軍費之支出雄踞各項花費之首，戰爭的結果總是「弱肉強食，成王敗寇，優勝劣敗」。現雖由冷戰到冷和，未

來也許不再是烽火漫天的殺戮戰場，取而代之將是沒有煙硝的經濟競爭，形形色色的人士在業界上粉墨登場，競逐丰采，但現代的商戰更冷峻無情、更激烈。所以我們可說：「你也許對競爭沒有興趣，但競爭對你深感興趣。」只要在有人、有企業、有國家的地方，如同兵戰的商場，將星火燎原，讓你不能置身於外。如果個人、企業、國家沒有競爭對手，沒有困難和厄運，很難成為強者。中國字的「競」乃由「立」與「兄」結合，可以說企業唯有提早布局，拉大領先優勢，這樣才能屹「立」不拔，成為產業龍頭「兄」長。戰場上有許多名將因善用戰略、展示智慧而千古留名，商場上亦有許多專業經理人因策略運用得宜，縱橫天下而名聞千里，如欲在商場中長保勝利，便須以在戰場中作戰的心情嚴陣以待。

　　「藍契斯特戰略理論」已成為企業行銷戰略的指導原則。

　　藍契斯特法則有二：

　　・第一項法則──單兵戰鬥法則（弱者戰略）

第一項法則──單兵戰鬥法則（弱者戰略）

其公式為：$m_0 - m = E(n_0 - n)$

攻擊力＝兵力數×武器性能

---

m_0：我方初期的兵力　　　　　　　n_0：敵方初期的兵力

m：我方剩餘的兵力　　　　　　　　n：敵方剩餘的兵力

E：交換比率（敵我雙方武器效率比）

$m_0 - m$：我方兵力損害量　　　　　$n_0 - n$：敵方兵力損害量

　　此法則又叫「小魚挑戰大魚法則」，唯有提高 E 的效率，才能以小搏大，越戰就是屬於第一法則。越共利用叢林、小徑、巷戰、地道、偽裝等，行動不定，使強大的美軍傷亡慘重，小魚居然可以打敗大魚。在打仗中，一對一之械鬥或徒手搏鬥之單打獨鬥、接近戰、局部戰，在商戰中外

務員業績之競爭、區域競爭、游擊商戰均屬之，小魚挑戰大魚進行市場細分化、建立局部第一、拉長戰鬥時間、接近顧客、先發制人、行動隱密、減少固定投資等，或有勝算機會。

・第二項法則——集中效果法則（強者戰略）

> 第二法則——集中效果法則（強者戰略）
> 其公式為：$m_0^2 - m^2 = E(n_0^2 - n^2)$
> 攻擊力＝兵力數^2×武器性能

此法則叫「大魚吃小魚法則」，強者利用強大、重疊、倍數效果，使弱者死無葬身之地。弱者除非用特殊戰略分散強者之攻擊力，否則只能任人宰割。波斯灣戰爭就屬於第二法則。美軍結合海、空、陸強大的火力，如秋風掃落葉般，大魚活生生地吞下小魚。

藉由藍契斯特的戰略模式，推演出：1.「市場占有率目標值」；2.「射程距離理論」等兩項作戰法則。

1.市場占有率目標值

市場占有率常是企業的命根。市場占有率比短期獲利率更重要，因為透過市場占有率的提高，可以降低成本，使產品在價格上擁有更大的競爭力，自然逼退市場占有率低之競爭者。「以市場之極大化來替代利潤之極大化」，在戰略的眼光是不二法則。市場占有率決定一切！大而強者，為了維護或擴張既有利益；弱而小者，欲擺脫或改變不利的桎梏，就會產生敵對或衝突。市場不會從天而降，是靠不斷競爭得來。日本經驗法則：2V=3/4C，即數量（volume）增加一倍，成本（cost）會變成原有的四分之三（降低25%）。

由藍契斯特法則中，運用 OR（operation research，作業研究），導出了以下三個目標值，分述如下：

(1)強者下限目標值──市場占有率 26.12%（又稱差異性的優位占有率）

在各市場內競爭者的市場占有率都尚未達到 26.12% 時，可謂是處於春秋戰國時代。能先超過 26.12% 的，其利潤將可急速竄升，表示有可能從勢均力敵中，脫穎而出形成領先的地位。這個目標雖然排名第一，但競爭激烈且地位不穩定，隨時有被超越、趕上的可能，鹿死誰手，尚未知之。穩定或不穩定，可以用 26.12% 為衡量的標準。因此必須往上達到安定目標值 41.7%，才有更大的勝算。

(2)強者安定目標值──市場占有率 41.7%（又稱相對的安定占有率）

平常在競爭中，我們總會認為要成為業界第一，必須取得 50% 的市場占有率。但由藍契斯特的戰略模式中導出，在三家公司以上的競爭中，排名第一只需要 41.7% 的占有率，就可超越其他競爭者，處於優勢的位置。因此有三家以上的公司競爭時，只要誰先取得 41.7% 的市場占有率，不僅成為業界主流，而且很快就能遙遙領先。因此這數字提醒我們，每到這個數字即為敏感數字，利潤可能會竄升，領導地位會更加鞏固。當然，最高枕無憂的數值還是 73.88%。

(3)強者上限目標值──市場占有率 73.88%（又稱獨占的市場占有率）

當市場占有率達到 73.88% 時，才能擔保是處於絕對安全、優勢的獨占局面。故藍契斯特戰略主張盡可能以提高占有率為目的。在此有個方便記憶的方法：下限目標值 26.12% ＋ 上限目標值 73.88%＝100%。不過藍契斯特也提到當占有率達到 73.88% 時，要想再增加將愈來愈慢、愈來愈困難，這乃是因為有邊際遞減率的關係。

庫普曼（B.O. Koopman）教授除了提出強者上限占有率（73.88%）、強者安定占有率（41.7%）、強者下限占有率（26.12%）外，他亦算出下列三個劣勢占有率：

(1)並列的上位占有率 － 19.3%（劣勢的強者）	下限占有率 26.12%×上限占有率 73.88% = 19.30% 外貨進口美國，超過此比率常被控訴，將會有所威脅。
(2)市場認知占有率 － 10.89%（劣勢的中者）	下限占有率 26.12%×安定占有率 41.7% = 10.89% 外貨進口歐洲，超過此比率，提起控訴。
(3)市場存在占有率 － 6.82%（劣勢的弱者）	下限有率 26.12%×下限占有率 26.12% = 6.82% 僅能存活、掙扎，應考慮退出戰場。

2.射程距離理論

當特定的競爭者為一對一的對立情形時，只要有一家市場占有率超過競爭者三倍以上，對方便無法擊敗它；當區域較大，又逢多家競爭者而變成綜合戰時，只要有一家大於其他競爭者$\sqrt{3}$倍以上時，其他競爭者也無法勝過它。

可說明領先者與落後者競爭情況及機會如下：

(1)$\sqrt{3}$：1 互為射程（上限 73.88／安定 41.7＝$\sqrt{3}$：1）

領先落後者不超過 73% 時，落後者隨時可能威脅到領先者。要擺脫尾隨者之威脅，就要加大差距至$\sqrt{3}$以上。

(2)3：1 絕對優勢（上限 73.88／下限 26.12＝3：1）

後有追兵，能將後面的追兵拋得愈遠愈好。在此理論中領先者最好領先三倍，才可解除威脅，並使落後者望塵莫及。若領先者以三倍市場占有率的姿態領先落後者，後者想超前，必須付出三倍平方的代價來追趕，也就是還要以九倍的行銷人員、九倍的廣告、九倍的行銷技巧、九倍的……一直下去。因此，若領先者的市場占有率為其他競爭者的三倍以上時，則領先者占有絕對優勢，落後者很難超越他。三一理論：強者與弱者兵力為三比一以上，則勝負已經決定。

(3)差距在$\sqrt{3}$與 3 之間的對峙區（亦步亦趨）

　　既不會威脅也沒有絕對優勢，兩者捉對廝殺。

　　經營者要判斷誰是主要對手，誰是次要對手，他也必須發展企業的新機會、擴大企業的占有率。排名第一及達到安定占有率是獲勝的絕對條件。相同條件展開行銷戰，占有率低的，常陷入苦戰，所以攻擊強大兵力，儘管要在射程範圍內，並要採「一點集中主義」，否則就無法戰勝。

　　市場占有率分成五種類型：分散型、相對寡占型、兩大寡占型、絕對獨占型及完全獨占型。

(1) 分散型：春秋戰國。此時加入市場有很大的機會。古今多少豪傑處亂世成功的機率遠大於天下已定。第一名的市場占有率普遍都在 26.12%（下限目標值）以下。

　　處在分散型市場時，是處於穩定與不穩定之市場大勢中，只要一鬆懈就垮下，正如所謂的「多頭市場」。包括替換首位在內，順位變動的可能性很大。最可怕的是大家陷入惡性競爭，你降我跌，直到筋疲力竭，資源耗盡為止。如同孟子所言：「天將大任於斯人也，必先勞其筋骨，苦其心志……無敵國外患者，國恆亡。」故必須以孤臣孽子、臨深履薄的心態經營，才能勝存。在此狀況下，最大的敵人往往是下一個品牌，因屬分散型，藉戰略力及戰術力大量投入，可扶搖上升，或透過企業合併，對分散型市場生態有所改變。

(2) 相對寡占型：三國鼎立。前三名的總和超過 73.88%（上限目標值），第二、第三名相加便可勝過第一名，第一名至第三名的射程距離在$\sqrt{3}$以內。主要競爭是發生在前三名，這三名將愈來愈鞏固，而其餘在三名以外的，根本無法進榜，漸漸變成「棄兒」，不產生威脅作用。第一名應該更加去發掘自身的核心競爭能力，不時推陳出新，來抓住消費者的心，擴大市場占有率。

(3) 兩大寡占型：雙雄對峙。第一名和第二名的市場占有率總和超

過 73.88%（上限目標值），而第一、二名的差距在 $\sqrt{3}$ 之內。處於兩方勢均力敵的狀態，既是競爭，又有可能合作。當兩者共同利益常失去平衡或共同敵人不存在，蜜月期也告終了，而開始競爭。第二品牌應特別注意新產品的創新，如差距有拉大的現象，則採主動攻擊的策略，挑戰第一品牌。

(4) 絕對獨占型：一牌獨大。第一名的占有率已超過安定目標值 41.7%，而和第二名有 $\sqrt{3}$ 以上的距離。第二品牌之處境可謂「前有強敵，後有追兵」。

(5) 完全獨占型：天下至尊。第一名的市場占有率超過 73.88%。處於絕對安全、優勢的地位。但千萬不可得意忘形，而形成官僚氣息。

可口可樂標榜著 3A 行銷策略（Available：買得到，Affordable：買得起，Acceptable：樂於買），並對各通路不斷滲透掌控。第一品牌「情報戰」最為重要，同時也告訴我們，遇到「完全獨占」型市場，要避開主戰場，開闢第二戰場。黑人牙膏、黑松汽水皆和其他品牌的射程距離大於三倍，形成一行銷「三一鐵律」。

壹、強者戰略──大魚吃小魚

「優勝劣敗、適者生存」，達爾文的「進化論」在企業舞臺一樣可以適用，大企業永遠比小企業占優勢，第一品牌也比第二品牌吃香，歷史上到處充斥著大魚（強者）吃小魚（弱者）的例子，往往都是強者愈強、弱者愈弱；大者恆大、小者恆小。很少有小魚能夠吃掉大魚。因此，無論市場占有率有多少，企業的經營目標一定要在這個行業爬到第一，行銷實務著作等身的張永誠先生曾指出，企業要做到「數一數二」邁向「獨一無二」，否則會「不三不四」，善哉斯言。試觀美國的飲料業是可口可樂與百事可樂對抗，汽車是通用與福特爭霸，日本機車是本田與山葉，電器是

國際與新力，臺灣食品是統一與味全，保險是國泰與南山，能獲利的大都是「數一數二」，第三名地位相當尷尬、棘手，以後品牌更難存活。一般數一數二的企業，企業的主控權可以掌握在自己手中，若淪為弱勢企業不得不與人結盟或接受併購，失去主導權，看盡別人臉色。以汽車案為例，排名在數一數二之後的「三菱」，不得不引進外資，由外人坐鎮指揮，鈴木、五十鈴也依附美國通用，失去往「日」色彩，而美國汽車中第三品牌克萊斯勒也為德國賓士收購等，此類例子比比皆是。又早期黑松沙士在 7-ELEVEN 販賣，統一接手金臺豐沙士及自創統一沙士，開始排斥黑松沙士，等到金臺豐及統一沙士銷售不理想，又回頭來找黑松沙士，因為消費者喜歡第一品牌，所以第一品牌商品才是和通路談判的最佳籌碼。銀行放款除了看企業利息支付能力、產業動向、經營理念及往來紀錄外，亦很重視業界排名，若名列第一，可信用貸款，第二名能拿到三分之二信用貸款，三分之一抵押借款，到第三名則為三分之一信用貸款，三分之二抵押借款，到第四、五名幾乎抵押借款，第六名以後必嘗過「晴天借傘，雨天收傘」的苦汁。前美國總統福特，一向標榜 No.1 哲學，不管什麼角色都要做到 No.1。世界最大的電器公司——美國奇異公司（GE），在 1981 年獲利率和成長率雙雙衰退，董事會撤換最高執行長，由傑克（Jack Welch）出任，他提出奇異所屬事業中，在市場占有率不是「第一」或「第二」品牌，均要大力整頓，必要時關廠、資遣、出售，大刀闊斧，立竿見影，多年來成為美國聲望的標竿企業。韓國三星電子創辦人李秉喆就寫了一本《第一主義》（天下叢書之一），追求第一主義的決心與毅力，是經營者決勝負的關鍵，這些都給人相當的啟示。

　　大魚利用傳統的 4P 行銷策略來吃掉小魚：產品（Product）、價格（Price）、通路（Place）、推廣（Promotion）。

　　上帝經常站在最大兵力的一邊，拿破崙所向無敵，最大的本錢就是他擁有數量與士氣較優之兵力。戰爭之勝利取決於「優勢兵力的妥適運用」，第一品牌（大魚）可挾其競爭優勢吃掉小魚，不論小魚走到哪兒，

大魚就跟到哪兒吃掉牠，以免後患無窮。

 一、強者戰略

(一)追擊戰

　　所謂「追擊戰」就是模仿。弱者在行銷 4P 實施差別化，強者跟著做，弱者差別化的效果也就消失了。比方說弱者擁有槍，強者也擁有槍，兵力多的人就勝利。因此，追擊戰就是要迎頭痛擊，避免對手冒出頭，反覆施行這個追擊戰，就會使弱者氣餒放棄對我方挑戰。強者不可讓弱者形成氣勢，不戰而勝是最佳策略。

(二)廣域戰

　　就是弱者實施區域戰對策，強者不必限制戰爭場面，範圍愈大愈好。在大都會圈都是廣域戰場，弱者則不免陷於苦戰。

(三)機率戰

　　所謂「機率戰」就是強者避免對弱者的單槍匹馬做一對一作戰，盡量以眾擊寡，就像比劍一樣，再厲害的高手也鬥不過三個以上的敵人（如《三國演義》中的「劉關張三戰呂布」）。如同在戰場，強者盡量用砲兵、坦克，把距離拉遠，攻打敵方，在遼闊區域，立刻把敵方吃掉，最忌打叢林戰、巷戰、島嶼戰。企業競爭不是敵我之戰而已，而是和眾多敵人戰鬥，這種機率戰的行銷戰爭對強者最有利，只要強者發動公司全部實力，弱者就應付不了，以前有部電影叫做《坦克大決戰》，片中儘管德軍裝甲兵團在作戰上有令人矚目之表現，但整個戰爭勝負還是取決於國家動員後所呈現的總體國力。

(四)遠隔戰

　　強者盡量拉開與對方的距離，才能發揮強者實力。強者充分利用批發商，加強廣告宣傳。

(五)綜合戰

所謂的「綜合戰」乃是因應弱者集中一點攻擊的對策。強者最好綜合使用一切武器戰鬥，強者全面動員陸海空軍摧毀弱者的戰爭，即稱為「綜合戰」。強者也許有個別的死角或弱點，但可用其他優點掩飾，強者最好發揮全部強勢力量，達成相乘效果。在行銷戰略中，強者也須發揮連鎖的商品力、銷售力、促銷力和形象力等。因此可以綜合應用店面面積、商品齊全和知名度等來應戰。

(六)誘導作戰

所謂的「誘導作戰」就是針對弱者的聲東擊西作戰而起，強者為避免弱者採取弱者的戰略，就該先下手攻擊，弱者若先受到攻擊，就無法反攻了。因此，只有先下手實施誘導作戰，才能使弱者無法進行差別化或集中一點攻擊。但誘導作戰的先決條件是要了解敵方的底牌才行。

傳統的 4P 再加上 2P，即權力（Power）及公共關係（Public relation），合稱「超級行銷 6P」。

 二、廠商的行銷策略──4P 的運用

(一)產品

所謂的產品（Product）係滿足消費者的需求，其核心所在是其效用或服務，包括其包裝、特性、品質、款式、品牌名稱，及其附加之產品的保證、售後服務，所以要善用品牌策略，可延伸豐富產品線，不同之包裝，亦可凸顯產品，使產品能解決或改善消費者生活上的能力與品質。在產品方面，弱者之所以能夠生存，必定是其產品與強者有所不同，否則便不具任何競爭力。此時強者不能給它有進行市場區隔的機會，應與弱者生產相同的產品，利用其市場的優勢地位併吞弱者的市場。

(二)價格

一般價格（Price）之設立有成本加總法，或依供需關係及消費者評

價而定，或以競爭對手之價格，予以調高及降低，其後是價格政策（高價、低價政策或彈性價格），以至價格管理（折扣、退佣、獎金）等，無可諱言，價格變動對市場占有率之多寡，有相當程度之影響，強者可利用價格逼近弱者的方式，迫使弱者的顧客轉移購買目標。由於強者占盡知名度及資源的優勢，當消費者面對品質及價格皆相似的產品，很可能以知名度較高的產品為優先考慮，因此強者將吃掉弱者的市場。

(三)通路

　　強者以封殺所有銷售管道方式，阻止弱者的產品出現在消費者面前的機會。當強者得知弱者將利用何種通路（Place）推廣產品時，強者便事先對那些通路大量鋪貨，等弱者準備就緒要鋪貨時，貨架上早已沒有多餘的空間擺它的產品。就算強者不能事先獲得資訊去鋪貨，亦可挾其知名度及占有率，在弱者的產品附近爭得一席之地，將消費者吸引過來。所以取得對手資訊的管道也是相當重要。依產品、市場、資金特性可決定通路之長短，以及選擇通路幅度是開放型、選擇型、專屬型，並進行通路之管理，考量要強化、改善、維持或縮小，來架構行銷情報系統，隨時依潮流及趨勢來修正通路策略，以保持通路高昂之戰鬥力。

(四)推廣

　　推廣（Promotion）有諸多手段，如利益誘導（贈品、兌換券、集點優待、特價、降價、招待、回饋）、制度（會員卡、貴賓卡）、道具（傳單、DM、試用品、海報、廣告、推銷函）、商品（樣品、展示臺、展示會）、人（業務員、指導員、援助人員、諮詢人員）等，利用以上組合對消費者有效溝通，進而影響消費行為。當弱者進行推廣活動時，強者可推行相似的活動。由於強者的通路管道較為縝密，資金較為雄厚，知名度亦較高，所以消費者的注意力很容易集中在強者的推廣活動中，而忽略了弱者的各種努力。再加上弱者資金較為薄弱，無法與強者長期抗戰，可能因而黯然退出戰場。

　　以下再以健生後視鏡為例，說明強者策略。

健生後視鏡在國內的市場占有率高達九成以上，其杜絕其他競爭者威脅的方式，便是 4P 的正面攻擊。當其他競爭者想要擴大市場占有率或有新廠商想要進入時，健生便以迅雷不及掩耳的速度展開 4P 的全面攻擊，其戰略如下：

- 產品方面：以多樣化、高品質取勝。
- 價格方面：針對競爭者的重點產品全面降價，以「大大的安心（指第一品牌品質值得信賴）、小小的價格（降價使價格低廉）」做宣傳。
- 通路方面：趕在競爭者鋪貨前，以低價為引，大量鋪貨給經銷商，斷絕競爭者產品上架的機會。
- 促銷方面：針對競爭者的重點產品，大幅促銷，使其沒有翻身的機會。

由於健生善打情報戰及精於 4P 正面攻擊策略，使得其他品牌難以茁壯。而且健生的市場占有率早已超過上限目標值 73.88% 許多，因此能穩坐第一品牌的寶座。

強者只要在作戰方法上逼近弱者，即弱者有什麼樣的策略，強者便以相同的戰略逼近，以利用其市場上的優勢地位，達到「大魚吃小魚」的目的。

不同公司類別的行銷策略著眼點：

公司類別	行銷策略著眼點				簡稱
廠　　商	產品 （Product）	價格 （Price）	通路 （Place）	促銷 （Promotion）	4P
批發商	產品 （Product）	通路 （Place）	顧客 （Customer）	成本 （Cost）	2P2C
零售商 或服務業	顧客 （Customer）	成本 （Cost）	方便 （Convenience）	溝通 （Communication）	4C

三、強者優勢領先法則

弱者有什麼樣的戰略，強者便使用相同的戰略，以利用其市場上的優勢地位，使弱者的戰略失效，而達到「大魚吃小魚」的目的。強者還需注意下列要項：

(一)與自己挑戰

不是否認過去的成就，而是創造優勢的未來。已經沒有對手存在了，自我激勵，採多品牌，像天羅地網湧進不同市場區隔。自己創下的紀錄，要由自己來破。

任何公司不管擁有多麼優秀的產品，都不可能永遠立於不敗之地。

(二)創造一句膾炙人口的廣告詞

如豆腐的「慈母心、豆腐心」、烏龍茶的「喝就喝，別說這麼多」（臺語）、柯尼卡軟片的「它抓得住我」、媚登峰「Trust me，you can make it！」、許榮助保肝丸「肝不好，人生是黑白的；肝哪好，人生是彩色的！」、麥斯威爾咖啡「好東西要和好朋友分享」、國際牌冷氣「小而冷，小而省」、功學社「學琴的孩子不會變壞」、三洋維士比「啊！福氣啦！」，都讓大家琅琅上口、容易記憶，再配合音樂和廣告，令消費者永遠難忘，確保市場占有率。

(三)產品線要齊全，不讓對手有縫隙可鑽

在 1980 年代，日本山葉機車以低價及造型政策滲透第一品牌之本田，本田急速將 80 種新車型及 100 種以上部分零件改變，車型千變萬化，打得山葉無招架之力。伯朗咖啡登上咖啡市場之霸主，當年有一品牌「歐香」咖啡來勢洶洶，伯朗咖啡即推出曼特寧咖啡、哥倫比亞咖啡、金典咖啡（ESPRESSO）、美式咖啡、咖啡巴士、藍山咖啡等不同口味，讓顧客有多種選擇，齊全之產品線使競爭者難以切入。

(四)主導主流產品

　　過去日本曾提出「輕薄短小」、「創遊美人」等八項為主流趨勢，現在主流產品有幾項特色：1.貴族化；2.個性化；3.情趣化；4.簡便化；5.多樣化；6.專業化；7.保障化；8.健康化；9.快速化。要順勢而為，勿逆勢而行，永遠做領導市場者。

(五)二軍戰略

1.對方太小，為「茶杯裡的風暴」，不成氣候。

2.對手有來頭，要趕盡殺絕。

3.二軍戰略，為了不使上駟對下駟，打一場混戰，岳飛戰張飛，戰得滿天飛，設立第二品牌，棄車保帥，犧牲次要人物，保護主要人物安全。

(六)大魚的「ABCD」策略

　　A：Authority（權威），成為名牌。B：Better（優良），信用好。C：Convenience（方便），服務周到。D：Difference（新奇），與眾不同的地方。

　　藍契斯特的戰略並非適合所有行業，而應視所處的行業，誘以改變經營方法和手段。在批發業中，和地域的關係十分密切，「地域」便是很重要的致勝關鍵。

四、地域 NO.1 戰略：強者如何得到第一的方法及手段

1.首先建立公司整體的願景及訂出目標，便是在公司領域中得到最強的第一，所謂最強的第一，便是要遠遠地超過第二名達 $\sqrt{3}$ 的射程距離，得到壓倒性的勝利，若真的完成此目標，則不但公司對外的競爭力增強，且可擁有很高的顧客忠誠度，公司得以獲得永續生存能力及可觀的利潤。

2.注意及掌握幾個運用大原則：

(1) 設定重點區域：

因公司是處於強者的狀態下，故此區域最好先設定在勢力比較強的地區，若完成了此目標，再審慎判斷企業的實力，選擇更適當的區域，作為下次的目標。

(2) 和弱者直接作戰：

強者可以先從比自己弱的敵人為攻擊目標，慢慢地累積自身的實力及市場占有率。

(3) 地盤強化原則：

由於地域在批發業中扮演重要的致勝關鍵，強者應該盡其所能地取得地域全體皆為第一名為目標，切勿「吃緊弄破碗」（臺語），急著擴大地域或多角化經營，而招致敗果，故應該穩健及踏實的鞏固每個據點，作為自身的強力後盾。

(4) 維持第一的祕訣：

其實如要在批發業成為老大，皆要拜「第一大顧客」所賜，所謂的第一大顧客，是指在公司內占進貨比率最高的，甚至占進貨比率一半以上，公司當然只要鞏固好這些超級大主顧，生意便會絡繹不絕，所以留住這些超級大主顧一直來光顧，便是重點之一，此外公司應不要太過於自滿現狀，應該拓展觸角，尋找更大的顧客，才是智舉。

(5) 注意顧客的動態：

隨著現今競爭激烈的環境裡，顧客常常會流失，而被競爭者吸納過去，此時公司很重要的課題便是要建立「顧客資料卡」，且隨時和顧客保持連繫，了解顧客對公司的評價或尚須努力改進的地方，重視顧客的感覺，以客為尊的經營。

3. 地域 NO.1 戰略的進行步驟：掌握推銷地區的現況，分析、了解推銷地區的人文、消費特性，分析特定區域，可依點、線、面三個構面去分析利弊，了解市場體質是自家獨占或混合分占地域，市場以顧客的

需求判定，看市場的需要量如何，來推敲未來幾年內發展。

4. 選重點區域後，攻略的作法有二種：

  (1) 包圍作戰法：如宏碁電腦以「鄉村包圍都市」先往中東、南美，再切入美國。

  (2) 三點攻占法：利用外圍的三點來包圍大市場，三足鼎力，守住三角地帶。

5. 藉由地毯式調查可以了解在消費者心中的想法，此外還可得知許多的情報，譬如最喜歡使用某家產品的廠牌、最近哪一家廠商或批發商的推銷員常來拜訪等……，此外，在採訪完畢時，別忘記送贈品，以答謝作答者。從以上的情報，公司可以擬定更合適的策略加以應變。

6. 經過一連串的努力之後，可以分析公司現在整體的狀況及表現。可以利用戰略地圖，先標出上次地毯式調查的結果，再加上現今的顧客分布狀況及其他公司的據點等，可在戰略地圖上得到下次策略的目標。此外，可以求算市場占有率、交易率等等，藉由數字會說話，進一步確認當前的效果，且了解自身的實力狀況。

7. 擬定戰略，包含「5W1H」──Why、Where、When、What、Whom、How。

  為了生存，晉升第一名的寶座是企業必備條件。

  例如統一超商擁有超強領先優勢，有計畫地推出促銷活動，不再固守成本加利潤的傳統方式，而以消費者能接受的價格，來回算成本結構及毛利。使統一超商「硬吃」便當市場，幾檔鮮食促銷活動業績比昔日激增三倍。

貳、弱者戰略──小魚吃大魚

  大企業與小企業在 4P 路徑抗爭，弱者宛如螳臂當車、摧枯拉朽。弱者唯有出奇制勝才能生存，進而反擊。中小企業如果要避開大企業正面交

戰，只有在大企業不願意或不注意的地方求發展。

　　弱者法則——弱者坦然承認現實，發憤圖強，才能改變自己的狀況。採用「集中一點主義」集中火力，主力攻擊強者的弱點。一特定目標獲取成功後，再轉移到下一個攻擊目標，如此一個據點、一個據點地攻城掠地，直到實力累積到與強者相當時，再開始正面交鋒，這種戰法與游擊戰原則相似。

　　小企業由於規模小，指揮系統集中，行動敏捷，可以少勝多，生存下來，達到「以小搏大、以弱制強、以寡擊眾」、「大象難翻身，小船好掉頭」。

　　弱者戰略：不能全面第一，就必須局部第一，很多局部第一就是全部第一的基石。

1. 差別化行銷——做出獨特唯一，別人沒有之特色，達到局部第一的境界，這是弱者戰略最基本的戰略，有下列幾種類型：

   (1) 產品差別化：指品質性能等產品原本具有的差異，產品差別化是由技術形成的，製造商為提升產品銷售量，必須創造新產品吸引顧客，才能滿足消費者的需求。

   (2) 商品差別化：指名稱、包裝銷售方法的差別，主要靠企劃力與構思力，產品多樣式可滿足不同族群的消費者，創造精巧美麗的產品，才能使產品突破舊款式，開發新奇的產品。包裝或命名在新穎、別致上下工夫，可使產品更具特色，引起顧客的購買慾望。

   (3) 服務差別化：指業務員或員工對消費者態度。提供業務員或員工完整產品資訊，可使消費者充分了解公司產品，使顧客使用公司的產品。

   (4) 訪問差別化：直接訪問活動，包括電話訪問、書信、DM、傳單，對準產品最有利的特色，加以訪問與宣傳。

   (5) 管道差別化：流通管道種類與數量的差別，利用不同的通路，使產品能快速送到消費者手上，強調產品送到客戶手上的時效性。

2. 地域戰——限定範圍內的作戰，地域戰指在地區內作戰，製造地域戰
   是指市場區隔化。而區隔化不限地區，但其他產品、顧客群等也必須
   區隔開。有兩種地區的作戰：

(1)「地域戰」的市場作戰：避開與強者主力部隊正面抗衡，才不至
   於以卵擊石，當小企業與大企業交鋒，必陷入價格競爭漩渦，小
   企業限於人力、物力、財力等資源困窘，最後將失去江山，故應
   積極尋求市場利基，因為強者縱使再強，總有顧及不到的死角，
   因此發現市場新生地是弱者欲生存的首要目標，包括島嶼、盆地、
   遠離市區的港區，愈離開市區，愈是弱者更要全力以赴的地區。

(2) 製造出地域戰的戰況，細分為商品行銷作戰及顧客群作戰：
   以顧客群區分規模雖小，但專精。以業務別區分，業務不同，流
   通管道不同。區分消費者性別、年齡、所得。必須把握既有資
   源，發揮最大的效力。

(3) 單挑作戰：指一對一的戰略，集中於特定對象，與顧客建立深厚關
   係。

(4) 接近戰：就是近距離作戰，如一般電腦業都是經過經銷商再到消
   費者，而 Dell 電腦利用網路行銷，比任何電腦業者更接近最終消
   費者，在很短時間內，由默默無聞躍升為有名之業者。因能接近
   才能接觸，有了接觸才能了解，進而服務，創造佳績。

(5) 集中一點主義：指集中攻擊，在戰場上，弱者把兵力集中攻擊一
   點。其決定因素有市場規模、成長性、競爭狀況等因素。其中以
   市場規模、成長性較重要。弱者選擇易勝、威力大的小市場進行
   攻擊，才有勝利可言。弱者也必須知道勝利因素是地區、商品、
   顧客層。將這些因素列入公司經營重要目標。

(6) 聲東擊西戰略：其實就是俗稱的「擾亂戰術」，作戰方法便是刻
   意隱瞞我方真正的企圖，誘導對手作出錯誤或不正確的判斷，使
   對手上鉤，做出錯誤的判斷，分散對手注意力，再故意做出一個

使對手始料未及的陷阱，就是所謂的「聲東擊西」。它的威力具有動搖敵方心理以及分散敵方兵力的效果。而我們在行銷戰略的聲東擊西，是指挫傷敵方的士氣，分散敵方的兵力。

一、小魚吃大魚 4P 戰略：Probing（如何尋找）Partitioning（進攻何處）、Prioritizing（順位如何）、Positioning（差別化如何）

　　史上有名的英海軍大敗西班牙無敵艦隊的「T 字戰略」、赤壁之戰、國共交戰，都足以讓弱者效法。味全以護士來促銷宣傳，鎖定員林，成為三點攻占，逼退了很多進口品牌。保力達 B 利用臺灣的「南拳北腿中腰」，由嘉義起義，征服南臺灣，壯大後攻回臺北，成為臺灣第一大藥酒品牌。十信的「一元開戶」、「夜間營業」，一時間成為臺灣金融業龍頭。朝日啤酒的罐裝啤酒、辛辣口味、針對年輕女性為目標市場，使能超越麒麟啤酒，均是研究行銷戰略最佳教戰手冊。

　　藍契斯特的兩項戰略（強者戰略、弱者戰略），強調強者如欲拋開後面追兵、維持領導品牌的地位，須善用 4P「正面攻擊」弱者，弱者使用什麼戰略，便跟著採行相同的戰略，以利用其先天上的優勢逼退弱者。而弱者若想逼近強敵、反敗為勝，必須避開 4P 的正面衝突，採「游擊戰」的方式，集中力量攻擊敵人最弱的地方，一個據點、一個據點慢慢進占，等實力累積到與強者相當時，便可一決生死。

二、「石頭、布、剪刀」戰略：產品生命週期的戰略

　　產品生命週期區分為引進期、成長期、成熟期及衰退期，是大家耳熟能詳的，「石頭、布、剪刀戰略」，即是對應產品生命週期的戰略，亦即，對應引進期的戰略是「石頭」；對應成長期的戰略是「布」；而對應

成熟期的戰略是「剪刀」。

(一)石頭的戰略

所謂「石頭」的意義是一堅硬強力的拳頭,即藍契斯特戰略的集中一點主義。進入一個新市場時,對一項工作集中力量全力推行的做法極為重要。因為如果一開始就擴大、分散力量,很容易被對手正面攻擊而全軍覆沒,扼殺在搖籃中。所以引進期的戰略,必須採用單一化產品、簡單化通路、設定特定消費層或地區性目標,通常是於大品牌忽略或不屑的市場進行集中行銷;於價格方面則採高價策略,然後逐次降價。確定領先品牌地位,享受領先者利益,並對應相隨企業。以上即為「石頭」的戰略。

(二)布的戰略

在引進期之後進入成長期,「布」的戰略取代石頭,而決定張開手掌,進行多樣化及擴大化。占領無數的市場,組成聯合銷售網,以形成廣大的市場。在成長期,原先設定的特定消費層中發生流行的現象,且顧客層也開始擴大,不斷做產品差異化戰略及市場區隔,因此,行銷方式及通路如仍像引進期一樣實施單一化,則勢必落後,所以非擴大通路及展開品牌行銷不可。另一方面,因後起企業的參與競爭,而產生品牌多樣化,所以應推出多種品牌或產品改良,以滿足消費者需求。

(三)剪刀的戰略

當產品進入成熟期,商品的普及率超過 40%,接近 60%,大眾市場即達到界限,接近飽和點,行銷業者此時便須採行「剪刀」的戰略,從占有率低的品牌開始剪斷。要懂得割捨什麼,放棄什麼,所謂「捨得、捨得,一捨就得」,包山包海,反而造成自己的包袱。玉山銀行發覺許多 C 級客戶存款極少,而頻開支票,列隊櫃檯轉帳,影響對 A 級客戶的服務,故決定加收 C 級客戶開每張支票手續費 10 元,此一舉動使其改往其他銀行開戶,用「剪刀」戰略,敵消我長。日本松下也曾發展辦公室大型電腦,後來松下幸之助衡量整個大環境,在此領域沒有必要介入,所以毫不猶豫停止大型電腦之發展,雖然做此決定會給公司帶來損失,但長遠計畫會遭遇

更大損失，「剪刀」的戰略是需要勇氣的，為高瞻遠矚，要勇於放棄。

在成熟期，成長率鈍化、產品的品質相近、利益率降低，產生價格與品質雙重競爭，甚至陷入了苦戰。此時行銷業者須把重點轉移為地區戰略，通路重整，縮小規模，以差異化行銷贏得顧客的注意力，於是又進入地區細分化，與成長期極力擴張大異其趣。當市場愈戰愈挫時，果斷決策考慮退出戰場也是一種戰略。

三、市場地位與戰略——採方陣法，探討市場中第一、二、三、四品牌應採何種戰略

(一)第一品牌——絕對優勢——情報戰（防禦戰）

情報戰係指領導品牌需有暢通的資訊管道，隨時留意其他品牌的戰略，如從客戶、原料廠、模具廠、協力廠、經銷商、設備廠商、廣告商等偵測第二名牌之情報，掌握其脈動，做好各種應急、應變的措施。當對手有任何風吹草動時，便以雷霆萬鈞之勢，迅雷不及掩耳地剷除正欲茁壯的對手。在各種情報中，以新產品之資訊最重要，第一品牌不需當市場開發的先鋒敢死隊，因為發明比改善要花更多費用，而且第一品牌基礎雄厚，很快縮短開發及生產時間，更有競爭力。俟其上市才跟進，而達到後來居上，迎頭趕上的目的，因為這些都在妙算中，即「後發先到」的道理，以永保業界第一寶座。

(二)第二品牌——強勢——創新戰（攻擊戰）

創新戰係指第二品牌如想更上一層，成為領導品牌，則須靠創新戰，出奇制勝，攻其不備，在 4P 上有所突破，利用更具創意的產品、更為新穎的促銷手法、更具吸引力的價格，或全新的行銷通路，方有機會拔得頭籌。採行創新戰，表面要不動聲色，暗中準備，伺機推出，因第一品牌常會得意忘形，對第二品牌之反擊手足無措、無計可施，若情報被掌控，就會如前所述，功虧一簣。所以第二品牌之創新戰一定要配合忍辱負重，高

度機密，迅速快捷，堅持到底。

(三)第三品牌──弱勢──政治戰（側擊戰）

政治戰係指第三品牌如想出奇制勝的方式，拉攏第二位，誘導戰鬥力轉向第一品牌，便須運用幾何數學定律：「三角形二邊之和，必定大於第三邊」。政治戰方式讓第一品牌與第二品牌兩虎相鬥，鷸蚌相爭，雙方火併，等其兩敗俱傷，再坐收漁翁之利。如何運用第一品牌及第二名牌彼此之利害矛盾，進而使之相互廝殺，抵銷力量，此政治戰之運用，需有過人之智慧與手法，使一、二名不能自知，拚鬥無法自拔，第三品牌就能手到擒來，坐三望二，進而榮登寶座。

(四)其他品牌──劣勢──宣傳戰（游擊戰）

以高價、蠶食、特定市場、在小池當大魚，擇利而行，保持機動，製造耳語事件行銷。

105 分析法：市場占有率增加 10%，等於報酬率增加 5%。

115 法則：產量增加 1 倍時，成本會下降 15%，而為使產量增加，市場占有率勢必先增加，市場占有率愈高，也符合最有效率的經濟規模。

行銷診斷：

1.指標診斷

(1)銷售指標

①銷售額成長率。

②市場占有率（立足於市場之充分、必要條件）。

(2)顧客指標

①顧客對公司&產品的認知→產生好感→採購→獲得滿意→繼續購入的意願→進而有推薦的意願。

②穩固中心愛用層及其擴展。

③顧客對商品特徵等了解狀況。

④顧客對公司品牌之口碑評價。

(3)競爭指標

　　①競爭者之品牌動向（如：成長率、占有率、業績……等）。

　　②競爭者之新產品發展（情報）。

　(4)展望未來指標

　　①成長通路中的銷售指標。

　　②市場領導者的顧客指標。

　　③公司內部的老朽度。

2.量化診斷

項　目		公　式
成長力	1.銷售成長力	$\dfrac{\text{本月銷售實績}}{\text{去年同月銷售實績}} \times 100$
	2.重點商品成長力	$\dfrac{\text{A級顧客銷售額}}{\text{銷售總額}} \times 100$
	3.市場占有成長率	$\dfrac{\text{本月市場占有率}}{\text{上月市場占有率}} \times 100$
安定力	4.銷售計畫達成率	$\dfrac{\text{銷售實績}}{\text{銷售計畫}} \times 100$
	5.重點商品計畫達成率	$\dfrac{\text{重點商品銷售額}}{\text{重點商品銷售計畫}} \times 100$
	6.顧客動員率	$\dfrac{\text{本月交易店鋪數}}{\text{全部客戶數}} \times 100$
	7.收款計畫達成率	$\dfrac{\text{收款實績}}{\text{收款計畫}} \times 100$
開拓力	8.新客戶訂單接收率	$\dfrac{\text{訂單接受件數}}{\text{訪問次數}} \times 100$
	9.有效訪問率	$\dfrac{\text{面談次數}}{\text{訪問次數}} \times 100$
	10.開拓率	$\dfrac{\text{新客戶訂單接受件數}}{\text{新客戶開拓計畫}} \times 100$
成本效率	11.推銷費用減低率	$1 - \dfrac{\text{本月推銷費用}}{\text{去年同月推銷費用}}$
	12.訪問效率	$\dfrac{\text{銷售額}}{\text{訪問次數}} \times 100$
	13.收款率	$\dfrac{\text{收款金額}}{\text{應收金額}} \times 100$
	14.現金比率	$\dfrac{\text{現金+支票}}{\text{收款總額}} \times 100$

3. 圖表診斷——品管圖（QCC）七大手法分析診斷

(1) 檢核表：調查某一事件以何種區間發生之圖表，橫軸為期間，縱軸為調查對象，填記發生次數，使資料蒐集成為簡單判別。

(2) 柏拉圖（ABC 分析）：依大小順序排列之棒狀圖，並用累積曲線在 80% 之項次加以追究改善之。

(3) 魚骨圖（要因分析）：將影響某種結果之要因（分大要因、中要因、小要因）全部列出來，很像魚骨，再經一番腦力激盪，確認何者為真因，有助因果關係之解析。

(4) 直方圖（次數分配）：將數據依大小分類，發現頻度最高的項目為集中中心位置之柱形圖，呈常態分配，就知何者最多。

(5) 散布圖：調查兩種資料間是否有關係之圖表，是正相關、負相關或無關，經由此圖有利實情調查。

(6) 管制圖：由中心線、上限管制圖（UCL）、下限管制圖（LCL）組成，橫軸為時間，縱軸為金額或次數（管制之數據），以曲線表示數據，若超過上、下限就是異常（有時候僅列上限或下限單邊規格），應予改善。

(7) 層別法：將所蒐集資訊依歸類予以層別，就可撥雲見月，直指核心。

　　以行銷戰略（運用藍契斯特戰略）再做行銷診斷，增加企業永續經營的機會。

　　《侏羅紀公園》這部賣座電影的名言：「Life will find the way」（任何生物都有求生的本能），市場中的戰鬥亦有它運行的規則，因而在任何商場中均須找出市場遊戲規則，方有勝算，不可一套拳法走天涯，這就是藍契斯特戰略的基本精神。期許有志者細心揣摩推敲，始能得其精髓。戰國時代有名的「圍魏救趙」，齊國軍師為了讓龐涓輕敵，運用退兵減灶，故意示弱扮豬吃老虎，時機一到，立即反撲，贏得馬陵一役，龐涓魂喪亂箭下，而三國時代的孔明與司馬懿抗衡，採行增兵添灶，處在劣勢，故意

虛張聲勢，嚇退敵兵，才能全軍安然而退，不同狀況，「灶」有不同運用。在商場上要營利及永續，面對詭譎多變形勢，經營者要具備各種韜略，才能在競爭中勝存。

 玩中學一行銷沙盤推演

 案例一

　　遊戲即學習，從小我們的學習，往往可以藉著遊戲去摸索、去觀察、去了解、去學習，而更容易理解任何事物。藉著莊老師的動態教學，打破了我一直以為管理策略只是一種函授教育；甚至以教室型態聘請優秀教師教導，而後往往容易忘得一乾二淨。畢竟，管理這門科學，廣泛的包括經濟學、會計學、市場學、心理學以及生產理論……等，但是，藉由莊老師這種動態教授以及這項遊戲，很快的，大家既玩得不亦樂乎，也從中學習及融會各種學科的理論。

　　首先，我們各批人馬兩兩一組，共分成四組（即有四家企業，分別是大企業、中企業、中小企業及小企業，代表第一、二、三、四名牌），而在同一組內，一人管理財務，負責完成資產負債表及損益表；另一個人則負責擬定各種決策，在市場上與對手廝殺。當然，這也是要兩人共同決定的，畢竟，小企業手上握有的自有資金及機械、設備、人員等，本來就不及大企業，而要如何在市場中占有一席的份量，那就要看你是否下對決策，以賺取更多的利潤！相對的，大企業在較充裕的資產下，如何讓自己發展得更加蓬勃，是否以借款的方式來融通，使自有資金更充裕以搶占整個市場；抑或是採迂迴策略，來誤導同樣的競爭對手，這都是可以詳加考慮的。以下改編自徐丕洲先生的《管理遊戲》（*Management Game*）至國內外「行銷戰」。

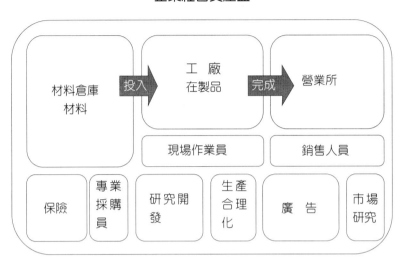

　　一個公司的經營是從材料的購入生產一直到成品的銷售，然而其中整個經營管理的策略卻是千變萬化，並不是一成不變的。由上圖我們可以很清楚地知道，經營者經營企業時要考慮的，例如：(1)如何購入材料（何時購入、以多少價格購入、而安全存量又應為多少？）。(2)採用何種方式生產（人海戰術、機械自動化……等）。(3)人員策略（作業員人數、銷售員人數……）。(4)如何作廣告？是否要作廣告？(5)如何作市場調查？是否要作市場調查？(6)如何作研究開發的工作？(7)如何投保保險？(8)如何作 PDCA 生產的投資？(9)如何銷售？價格策略如何？等等。

　　必須要知道的是，每一項策略都會影響經營的整個層面，而每一個策略都是你自己去下決策，而且市場上變化莫測，你如何去了解同業經營者的心理，俗話說：「知己知彼、百戰百勝」，經營的模擬，可以說是使你置身於一場企業同行的決戰。好啦！你是否已經準備好了，要跟我們一起參與這項模擬實戰了呢？！

　　任何遊戲都有規則，而我們的模擬演習當然也不例外。設計大部

分的經營決策卡，少部分的風險卡（如火災、盜竊、員工辭職、經營者病倒、研發失敗、原料搶購……等）及幸運卡（獨買或獨賣），有成品要出售，同類產品可競標，並有差異化考量（如有廣告可大量銷售、有研發可降低成本、有市場研究可增加售價等）。由於我們的時間有限，因此，我們也將規則訂定得較為簡單，而期間則為兩回合。

演習規則（A）	項目	戰棋		單價	能力、效果	注意要項
請按照一枚經營決策卡內之意思決定，從中選擇一項。		形狀	顏色			
	材料購入		紅色	市場價格（材料費）	$2,500 總數 4 個	成品最高售價 $4,500
			藍色	市場價格（材料費）	$2,000 總數 8 個	成品最高售價 $3,500
			黃色	市場價格（材料費）	$1,500 總數 16 個	成品最高售價 $2,500
	作業員採用	跳棋	綠色	採用費 $500（管理費用）	機械1台必須配備1名	
	普通機械		黑色	$10,000（機器設備）	生產能力1個	必須 1 名作業員
	大型機械		黃色	$20,000（機器設備）	生產能力4個	必須 1 名作業員
	輔助性機械			$2,000（機器設備）	多加 1 個生產能力	必須與普通機械同時配置
	投入及完成	⇨ ⇨		投入費以及完成費，一起完成，共 $300	生產能力之範圍內	

（續）

演習規則（A）	項目	戰棋		單價	能力、效果	注意要項
		形狀	顏色			
	銷售人員採用	跳棋	紅色	採用費 $500（管理費用）	1 位銷售員具有銷售 2 個銷售能力	
	廣告		紅色	$1,000 銷售費用	1 枚具有 2 個銷售能力	
	研究開發		藍色	$1,000 銷售費用	價格競爭力 $200	

演習規則（B）	項目	戰棋		單價	能力、效果
		形狀	顏色		
第一位競技者抽取經營決策卡，並且開始行動之後，始得活用本項規則之戰棋。	保險		黃色	$200（管理費用）	發生火災及竊盜時可換領保險金（限購 1 枚）
	生產合理化		綠色	$1,000（製造費用）	以機械 1 台為基準，可增加 1 個生產能力（限購 1 枚）
	專業採購員		橙色	$1,000（管理費用）	採購材料 1 個可以便宜 $200（限購 1 個）
	市場研究		水藍色	$1,000（銷售費用）	銷售製品 1 個可高出 $200 記帳（限購 1 枚）
	機械出售			購入時之半價出售機械	普通機械 $5,000 輔助性機械 $1,000 大型機械 $10,000

在時間有限的條件下，我們只玩兩個回合，而每一回合時間為 60 分鐘，剩餘 30 分鐘來清算，因此一開始我們就先將這四個經營企

業的資本及自有資產規劃好，此外也不另計銀行借款部分，但若各企業有需要，銀行統一將以 5% 的利率，放款給各企業。以下是我們事先安排的規則：

	大企業 （第一品牌）	中企業 （第二品牌）	中小企業 （第三品牌）	小企業 （第四品牌）
總資本 （資金）	$70,000	$50,000	$40,000	$30,000
材料 （$6,000）	紅、藍、黃 各一	紅、藍、黃 各一	紅、藍、黃 各一	紅、藍、黃 各一
機器	大（黃色） $20,000	普＋輔（黑色＋紫色） $12,000	普（黑色） $10,000	普（黑色） $10,000
作業員	一人$500	一人$500	一人$500	一人$500
銷售人員	一人$500	一人$500	一人$500	一人$500
保險	一枚$200	一枚$200	一枚$200	一枚$200
專業採購員	一位$1,000	一位$1,000	一位$1,000	
研究開發	一枚$2,000			
生產合理化	一枚$1,000	一枚$1,000	一枚$1,000	
廣告	一枚$1,000	一枚$1,000		
市場研究	一枚$1,000			
現金	36,800	27,800	20,800	12,800

在各組商討後，決定了組別，開始進行經營模式，展開了一場你爭我奪的戰爭。一個經營者不僅需要懂得經營管理，還須有戰鬥意志、數計能力及教導的才能。而這從材料的購入生產到成品出售，整個經營管理的策略是千變萬化的，有趣的是，當你處於戰場中，不僅考慮的是自己是否能完整生產而順利銷售出去，以賺取更大的利潤，而且你得考慮市場上其他三個競爭者是否也會和你一起競標，而對你造成威脅。雖然只是遊戲而已，但是玩起來，誰可是不讓誰的呢！畢

竟在現實的商場上，弱肉強食的現象是一種常態；誰能擁有差異化、誰能擁有規模經濟、誰能成本領導、誰能先搶下市場占有率、誰能突破競爭對手的心理戰，最後，誰能在第二回合最終時，交出一張漂亮的成績單（損益表、資產負債表、資金來源去路表），誰就是最後贏家。

在第一回合，由於大家剛開始了解，大企業雖然擁有相當可觀的資金，但是在第一合卻表現得不是那麼出色；反而是中企業，利用相當的資源，快速買入市場上附加價值最高（成本不高，而其成品能在市場上以最高價賣出）的原料，使得能在下一輪時，快速將原料製造出來，而在市場上賣出，幾乎是以獨買獨賣的方式，賺取相當可觀的利潤；相對的，其餘三組，速度不及中企業，一開始便是輸在起跑點上。這個例子，讓我想到現實社會上，我們平日的必需品——石油，不也是如此？！我們以往平日只能向中國石油取得石油的原料，因此，雖然它是國營事業，但是對於我們消費者卻只能是一個價格的接受者，任憑中國石油宰割，尤其是台塑企業。不過從經濟學的角度來看，由於石油是屬於高進入障礙企業，所以得探討的因素還很多，只是因為像我們這個遊戲中的中企業，能利用市場上的有限資源，馬上來個壟斷，真是很有趣。

第二回合後，大家紛紛進入狀況，不過，中小企業後來卻因運氣不佳，老是抽中風險卡，而暫停玩三回合，天呀！這可損失大囉！當別人積極在購入原料，而將原料轉換成製成品，拿至市場上賣，賺取利潤時，他們竟只能乾瞪眼！真是企業總是面臨不確定的未來呀！而小企業及中企業後來也發生火災，所幸有保險，否則原料或是製成品可就不保了！所以不確定的未來、不確定的變數，總是在你身旁，不發生則已，一發生就看你當初是否有避險的動作，風險可避免，但不能倖免，若心存僥倖，那麼下次可能就是你遭殃。哇！後來大家可是愈玩愈起勁，坐不住，起身看看整個市場狀況，好下最後一次決策。

　　最後，時間一到，各組紛紛清算財產，由大企業拔得頭籌，莊老師更不吝惜的將字畫送給第一名及第二名，作為獎勵，以增加遊戲的趣味。雖然遊戲時間很短，而大家好像仍玩得不過癮，尤其是我，簡直還很興奮呢！沒想到，商場上的實戰操作，也可以藉著遊戲中模擬，能夠讓參加者從表面的數字，昇華到其內涵所蘊藏的企業經營真諦，這是平日我們在教科書中所學不到的。其實，這項遊戲如果在時間充裕下，我相信，一個有遠見的領導者，一定可以在此遊戲中賺取最多的利潤；另外，我們更可以將企業拓展至國際市場，此時，加入匯率、利率、稅率等三率的風險性，便也增加了遊戲的趣味性，那麼這可相當有意義，除了自己本身的競爭力，另得考慮其他國家的威脅。這不和我們國際企業系所學習方針相同嗎？！所以我倒是認為，身為國企系的我們，每個人可以分小組，經老師指導後，一同來體驗一下這其中的刺激，真的值得你一玩，從中很容易的可以將會計學、市場學、經濟學、心理學、國際行銷、國際匯兌……等等，之前你所學過的任一科目，融會貫通在其中，很容易的從遊戲中，得到啟發與啟示。若你只是曾讀過經營管理的書，但未能體認其中的道理，而其用在實務上也是枉然的話，你可以從遊戲中，很容易地找到其經營管理的竅門，其研究方式既迅速又容易理解。

　　以下，我們就以四個國家來玩這場「亞洲金融風暴沙盤推演」：假設有四家公司，分別為甲、乙、丙、丁，分別於韓國、大陸、臺灣、泰國設廠，銷貨至美國：

公　司	甲	乙	丙	丁	備　註
國　家	韓國	大陸	臺灣	泰國	
資　金	2萬×3	1萬×1	2萬×2	1萬×3	美金×貸款倍數
利　息	9%	10%	7%	16%	

（續）

公司		甲	乙	丙	丁	備　註
匯率	1997.7	888	8.32	27.8	24.7	兌換美金
	1997.12	1695	8.28	32.6	47.9	兌換美金
機械		大×1	小×1	小×1	小×2	折舊5年
廣告		✓		✓		「✓」表：有
作業員		✓	✓	✓	✓	「✓」表：有
銷售員		✓	✓	✓	✓	「✓」表：有
研發		✓		✓		「✓」表：有
保險		✓	✓	✓	✓	「✓」表：有
生產合理化				✓		「✓」表：有
市場研究						「✓」表：有
原料	A	進口	進口	進口	進口	
	B	進口	進口	進口	進口	
	C	進口	進口	進口	當地	
薪資／年		150萬韓元	4,000元人民幣	6萬臺幣	2萬泰銖	採當地貨幣
管理費用		100萬韓元	3,000元人民幣	4萬臺幣	1.5萬泰銖	採當地貨幣
製造費用		200萬韓元	5,000元人民幣	8萬臺幣	2.5泰銖	採當地貨幣

其實，上過莊老師課的同學們，大夥兒都誇讚老師教學務實，我想，我不必再多說，但是，您或許沒嘗試過莊老師的另一項課程，那就是玩中學「經營管理實務」，這是大學生涯中收穫最多的課程。除了藉由以前所學的理論，在遊戲中你更可將之融會，老師設計了好些遊戲，能夠讓我很快的印證一堆理論，其實，說穿了，你都可以從遊戲中，體會出其中的真諦。

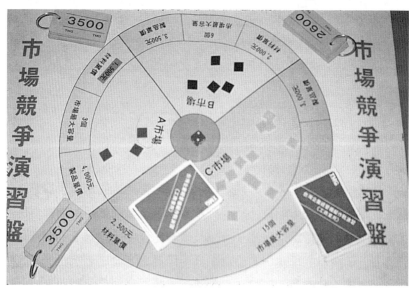

行銷沙盤推演（一組十人）

玩中學—看電影學市場戰略——以電影「大紅燈籠高高掛」為例

案例二

一、電影簡介

(一)中文名稱：大紅燈籠高高掛

(二)英文名稱：Raise The Red Lantern

(三)發行時間：1991 年

(四)拍攝場景：喬家大院

(五)電影導演：張藝謀

(六)電影演員：

鞏俐（飾四太太頌蓮）

孔琳（飾丫鬟雁兒）

曹翠芬（飾二太太卓雲）

馬精武（飾老爺）

何賽飛（飾三太太梅珊）

周琦（飾大太太毓如）

模擬老爺是市場唯一買方，太太們是市場不同品牌（角色）的賣方，一場明爭暗鬥、各懷鬼胎的市場戰略就上演了……。

(七)劇情介紹

　　《大紅燈籠高高掛》取材於蘇童小說《妻妾成群》，一方面對中國傳統社會的家庭結構進行了批判，另一方面也繼承了部分魯迅對中國社會黑暗勢力的恐怖手段描畫。並沒有一開始就揭示恐懼，黑暗勢力無處可見，卻隨處可見，隨時可以致人於死。很多勾勾搭搭、偷偷摸摸的細節，對於黑暗勢力也顯示出無可征服的恐懼和冷靜，讓那些人物自生自滅。對於過去的封建勢力滅殺人性和生命的行為，都被他放到了黑森森籠罩著的封閉院落。大紅燈籠這個中國傳統的象徵物體，不是代表著希望，而是暗喻了被控制著的人性和權力人物的存在。

　　退學的女大學生一身女學生裝束的頌蓮（鞏俐飾），來到了一個古堡式的大院喬宅，好像林黛玉進大觀園一樣，被財迷的繼母嫁來這裡做第四房太太。而影片的老爺一直沒有出現正臉，彷彿沒有存在，但一旦出現問題的時候，背後的黑暗勢力就發揮作用。幾位太太和丫鬟的爭風吃醋，這喬宅裡就生出了許多的是是非非，幾位太太和丫鬟的角色就是角色衝突的經典，而老爺可以說是資源、金錢、權力、性慾、地位、影響力，更可以說是衝突形成原因之一（資源的稀少性、目標、權限未釐清）。

1. 涉世不深的四太太頌蓮（鞏俐飾）想用假懷孕來博得老爺的寵幸，被小丫鬟告發，失去寵幸的頌蓮在喬家大大小小的算計下瘋了。

2. 丫鬟雁兒告發四太太頌蓮（鞏俐飾）假懷孕，四太太頌蓮（鞏俐飾）以丫鬟房間內高掛的紅燈籠借題發揮，命雁兒跪於灰燼前認錯，因下雪凍昏，最後病死醫院。

3. 三太太與喬府醫生高先生偷情，被二太太告發，在樓臺上的小屋裡被吊死。

4. 當四太太頌蓮（鞏俐飾）意識到恐懼的時候，她瘋了。第二年，喬府大院又娶進第五位太太……。

二、市場對立原因

1. 文化背景不同：四房代表現代的大學生，大、二、三房代表的是傳統女性，本片在文化背景不同方面是指現代與傳統的衝突，有對中國傳統社會的家庭結構、對於過去的封建勢力滅殺人性和生命的行為等等。

2. 資源的稀少性：老爺（資源：金錢、權力、性慾、地位、影響力）和大紅燈籠這個中國傳統的象徵物體，不是代表著希望，而是暗喻了被控制著的人性和權力人物的存在。

3. 目標不同：大、二、三、四房都想擁有老爺和紅燈籠（兩者代表稀少性的資源），但是若站在群體觀點來看，目標（目標物）如果是相同的，則競爭更為激烈且很難達成妥協（目標物雖然相同，但是大家都想要達到獨自擁有的目的，所以目標不同）。

4. 工作上互相依賴：他們都是一家人，所以比工作上的夥伴更密切且依賴。

5. 訊息上的誤解：四太太頌蓮（鞏俐飾）遺失笛子，最後詢問老爺，老爺：「燒了，怕你分心。」（老爺怕笛子是四太太在大學生時代男學生贈予的定情物）四太太頌蓮（鞏俐飾）回答：「那是我父親給我的。」（是否是父親給的，其實也是一個大問號。）

6. 認知上的差異：隨後老爺回道：「趕明兒叫下人買一支好點的。」（我還你一支更好的，就當是補償。）四太太頌蓮（鞏俐飾）的臉上是一臉黯然的表情（在四太太的心中，那不只是一支笛子，其中所代表的無形價值，就是再好的笛子也無法取代，可能那是父親唯一留給她可以緬懷的遺物；也可能是男同學贈予，可證明大學時代的那段歲月。）

7. 權限未釐清：夢想成妾的丫鬟雁兒。

三、各對立角色的態度

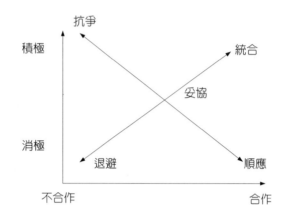

抗爭	統合
三太太梅珊（積極抗爭，四太太第一天進門時，就以生病為藉口，叫丫鬟請老爺過去，而後無法請老爺過去時，就唱戲唱一整晚，清晨一大早又起來唱戲。） 　　丫鬟雁兒（積極抗爭，四太太第一天進門時，就以生病為由不過來伺候四太太；叫她去洗衣服時吐口水；看破四太太佯裝懷孕去密告；布偶的扎針詛咒。）	二太太卓雲（本片中就以二太太卓雲的笑容最多，且積極邀請四太太到其房間聊天，並送四太太一匹布。）
退避	順應
大房毓如〔沒有一個女人願意和別人分享感情，有一幕是僕人帶四太太頌蓮（鞏俐飾）去拜見大房，轉身要出來時，大房低聲說了句:「造孽」。大房雖然不願意出現這些太太，但是其本身的態度也只能是消極，「造孽」一句應比較傾向不合作。〕	四太太頌蓮（鞏俐飾）（雖然態度有些消極，但對老爺是滿合作的，老爺叫她捶腳就捶腳，而叫她拿燈照臉時，叫她拿高點她就拿高。）

四、市場策略運用時機

	應用者	處理者
抗爭	當下的情境必須快速果決行動	面對權勢或強制，利用交易、協商的手段達到去異求同
統合	雙方利益皆很重要	在合理的情況之下容忍、支持，進而利用交易、協商的手段達到彼此的意見整合
退避	1.本身目標不可能滿足 2.是需要更多訊息	對方只是一再暫避拖延，並不想改變，強勢的要求進入程序化的處理
順應	1.本身有錯誤 2.想表現出通達	對方是弱勢一方，處理者以求取最大利益為主
妥協	時間急迫下目標重要卻又無法強制解決	1.時間點的拿捏 2.最大的利益

五、模擬市場策略

(一)老爺（買方）

1. 目標：滿足不同的需求、傳宗接代。

2. 問題或原因：單一妻妾無法滿足不同的需求。

3. 對象：目前家中的妻妾、外求再娶新的妾。

4. SWOT 分析

優勢（Strengths）	劣勢（Weaknesses）
1.掌握資源 2.掌握權力	多子餓死爹，多妻累死夫

（續）

機會（Opportunities）	威脅（Threats）
如果家中的妻妾無法滿足老爺的需求時，老爺可以再娶妾以滿足自己的需求	需外出經商，有後顧之憂

5. 建議與結論

(1)利用妻妾間的明爭暗鬥來達到一種平衡。正室擺在一個母儀天下皇后的位置，管理家中，外出經商時不會有後顧之憂；二太太擺在一個內宮總管和密探的角色，可以明瞭妻妾間的狀況，正所謂明的管理、暗的掌控，雙管齊下；三太太擺在一個你是我在家中的生活娛樂的重心；四太太擺在一個現代女性，陪老爺出入社交場合是不可取代的。

(2)賞罰分明，雙管齊下：

①利用各房的專長，派出任務。（正室：家中管理；二太太：按摩和密探，明瞭妻妾間的狀況；三太太：國劇排練新戲碼演出；四太太：加強自我的充實，以利於出入社交場合的應對。）

②獎賞：點燈臨幸、點菜、捶腳……。

③處罰：勞役、監禁、封燈……。

(3)三太太梅珊紅杏出牆的事件，其實命僕人吊死在樓臺上的小屋「死人窩」裡，並不是最好的處理方式，吊死三太太梅珊只是達到逞一時之快和警戒的效果而已。國父曾說：「人盡其才，物盡其用，貨暢其流」，三太太梅珊的價值可從二方面來說：「姨太太」和「國劇名角」。

①處罰方面：勞役、監禁、封燈……，並可達到警戒的效果。

②價值方面：姨太太可以滿足老爺娛樂和性慾。

③附加價值方面：可命其排練新戲碼演出國劇，犒賞工作努力

　　的下人，並可激勵下人更加努力工作。

(二)正室毓如（賣方老字號品牌）

1. 目標：掌握資源。

2. 問題或原因：目前競爭者的明爭暗鬥及潛在競爭者的威脅。

3. 對象：老爺、兒子。

4. SWOT 分析

優勢（**Strengths**）	劣勢（**Weaknesses**）
1.正室 2.已生子，母憑子貴	1.年紀 2.外貌（人老色衰） 3.態度行為消極不合作（退避型）
機會（**Opportunities**）	威脅（**Threats**）
1.點燈臨幸 2.祖宗的規矩 3.兒子已開始接觸家中的生意	1.目前的競爭者（二、三、四房） 2.潛在的競爭者（老爺再娶新的妾）

5. 建議與結論：

　　(1)第一要件是改善自己的態度行為。

　　(2)著墨於祖宗的規矩，建立正室的威嚴。要讓各房的妾室及下人知道，除了老爺以外，正室才是第二掌權者。

　　(3)兒子已開始接觸家中的生意，慢慢掌握權力與資源，如果可以，藉此機會慢慢架空老爺，成為家中的武則天。

　　(4)積極杜絕潛在競爭者（老爺再娶新妾）的進入；如果無法杜絕，也要找可控的聯盟。

(三)二太太卓雲（賣方第二品牌）

1. 目標：掌握資源。

2. 問題或原因：目前競爭者的明爭暗鬥及潛在競爭者的威脅。

3. 對象：老爺。

4. SWOT 分析

優勢（**Strengths**）	劣勢（**Weaknesses**）
1.按摩 2.做人處事圓滑 3.態度行為積極合作（統合型）	1.年紀 2.已生女，無法母憑子貴
機會（**Opportunities**）	威脅（**Threats**）
點燈臨幸	1.目前的競爭者（一、三、四房） 2.潛在的競爭者（老爺再娶新的妾）

5. 建議與結論：

(1)藉著點燈臨幸時，積極發揮自己的專業（按摩），討好老爺。

(2)藉著三太太梅珊紅杏出牆的事件，慫恿老爺，並在老爺心中建立內宮總管和密探的角色。

(3)積極懷孕生子，進而母憑子貴掌握權勢。

(4)積極杜絕潛在的競爭者（老爺再娶新妾）進入；如果無法杜絕，也要找可控的聯盟。

(四)三太太梅珊

1. 目標：掌握資源。

2. 問題或原因：目前競爭者的明爭暗鬥及潛在競爭者的威脅。

3. 對象：老爺、兒子。

4. SWOT 分析

優勢（**Strengths**）	劣勢（**Weaknesses**）
1.國劇名角 2.已生子，母憑子貴 3.年紀 4.態度積極	1.舊愛 2.行為不合作（抗爭型）
機會（**Opportunities**）	威脅（**Threats**）
點燈臨幸	1.目前的競爭者（一、二、四房） 2.潛在的競爭者（老爺再娶新的妾）

5. 建議與結論：

(1)改善自己不合作的行為（大部分的男人都喜歡小鳥依人型的女人）。

(2)藉著點燈臨幸時，積極發揮自己的專業（國劇），討好老爺。

(3)藉著母憑子貴的優勢，慢慢掌握權勢。

(4)積極杜絕潛在競爭者（老爺再娶新妾）的進入；如果無法杜絕，也要找可控的聯盟。

(五)四太太頌蓮（賣方新近品牌）

1. 目標：掌握資源。

2. 問題或原因：目前競爭者的明爭暗鬥及潛在競爭者的威脅。

3. 對象：老爺。

4. SWOT 分析

優勢（**Strengths**）	劣勢（**Weaknesses**）
1.年紀 2.大學生（現代女性） 3.行為合作	態度消極（順應型）

（續）

機會（Opportunities）	威脅（Threats）
點燈臨幸	1.目前的競爭者（一、二、三房） 2.潛在的競爭者（老爺再娶新的妾）

5. 建議與結論：

(1)改善自己的消極態度。

(2)藉著點燈臨幸時，積極在老爺的心中樹立「現代女性」的角色。在民初的年代，能陪男主人出入社交活動的女伴並不多見，以自己「出得了廳堂，入得了廚房的現代女性」角色，陪老爺出入社交場合，可進而達到無可取代的價值和地位。

(3)積極懷孕生子，可母憑子貴鞏固自己的地位，進而掌握權勢。

(4)積極杜絕潛在的競爭者（老爺再娶新妾）進入；如果無法杜絕，也要找可控的聯盟。

(六)丫鬟雁兒（賣方潛在品牌）

1. 目標：掌握資源。

2. 問題或原因：目前競爭者的明爭暗鬥及潛在競爭者的威脅。

3. 對象：老爺。

4. SWOT 分析

優勢（Strengths）	劣勢（Weaknesses）
1.年紀 2.態度行為積極合作（統合型）	1.丫鬟的身分 2.無專業才能
機會（Opportunities）	威脅（Threats）
1.近水樓臺先得月 2.造成事實（生米先煮成熟飯）	1.目前的競爭者（一、二、三、四房） 2.潛在的競爭者（老爺再娶新的妾可能不是我）

5. 建議與結論：

(1)近水樓臺先得月，在有好的印象下，最好可以造成事實（生米先煮成熟飯），這對於爭取成為五太太是最大的利基點。

(2)四太太頌蓮不但不是她的敵人，反而是她的合作對象。因為①剛進門不但環境不熟，且周遭敵人環伺，正是最好拉攏的合作對象；②由於剛進門，必定備受老爺寵愛，藉著床頭軟語，必可有助於自己目標的達成；③剛進門，老爺必定會常臨幸，可藉此接近目標（老爺）。

(3)二太太卓雲絕不會是她的合作對象，因為現有的競爭者不會想再增加競爭者，二太太卓雲只是一個可利用的刀子。

(4)大太太也是可以合作的對象，以「反正還會增加競爭者，不如增加一個競爭者盟友」的立場，動之以情、誘之以利。

 做中學──臺灣速食麵產業市場行銷戰略論戰

 案例三

前言：臺灣早期速食麵存在一大（統一）三小（味丹、味王、維力）的局面，其餘為細小品牌。康師傅（頂新）夾著國際及大陸知名品牌來臺，很快地占有一席之地，坐二望一，打亂原有之市場占有率，茲用本單元──行銷戰略之觀點，解析速食麵產業市場各品牌應因之道。（頂新後來發生劣油事件，已是後話。）

一、康師傅來臺前之市場分析

1. 速食麵產業前四名之市場占有率分別為統一 50%、味丹 19.5%、維

力 17.7%、味王 6.5%（其餘為細小品牌）。

　　藍契斯特的叢林法則分析，其類型為絕對獨占型——一牌獨大。

2. 類型說明：

第一名的占有率已超過安定目標值 41.7%。

前二名的占有率有 $\sqrt{3}$ 倍以上的射程距離。

3. 個案中統一企業為強者，味丹及維力為相對弱者，而康師傅就市場占有率為後發先至，其挾持雄厚的財務及中國第一光環，實不可以弱者看待！

二、行銷戰略解析康師傅速食麵回銷廠商因應之道

1. 強者戰略——統一企業

(1)大魚吃小魚：此強者戰略為優勢兵力的妥當運用。

(2)強者（統一）戰略類別：

戰略類別	內容說明	實務運用
追擊戰	模仿——康師傅做什麼，統一就做什麼	統一大碗公 2 碗 29 元
廣域戰	作戰區域範圍愈大，對統一愈有利	全通路、全產品
機率戰	避免單槍匹馬一對一作戰，盡量以眾擊寡	
達隔戰	隔開康師傅與顧客間的距離，即減少顧客與對方接觸之機會	與通路之關係
綜合戰	發揮商品力、銷售力、促銷力和形象力，以店面面積、齊全商品和知名度應戰	營業：排面、鋪貨 行銷：新品、降價、促銷、廣告
誘導作戰	避免康師傅聲東擊西作戰，統一應先下手攻擊	如 25～30 元有調理袋應搶先攻擊

(3)強者（統一）行銷組合——4P 策略

行銷策略	具體做法
產品策略（Product）	產品線要齊全、逼近
價格策略（Price）	1.採價格逼近弱者的方式 2.侵略性定價：首先發難降價，殺了對手後，再調回價格
通路策略（Place）	封殺所有銷售管道方式，阻止康師傅的產品出現在消費者眼前
促銷策略（Promotion）	康師傅打什麼，統一就打什麼

2. 弱者戰略——維力、味丹與味王

(1)弱者戰略——小魚吃大魚

即採集中一點主義；俟此特定目標獲取成功後，再轉移下一個攻擊目標，「不能全面第一，就必須作局部第一」。

(2)弱者戰略類別：

戰略類別	內容說明	實務運用
差別化行銷	1.產品差別化 2.商品差別化 3.服務差別化 4.管道差別化	1-1.維力擬將乾麵市場作大 1-2.味丹擬攻健康麵體 1-3.低卡路里市場 2-1.康師傅改變業界規格，以大碗無調理袋 16 元商品切入 4-1.鎖定非既有通路：辦公、住宅大樓、工廠；直銷：如減肥泡麵
地域戰	限定範圍內作戰（尋找利基市場）	如東部、外島…… 軍公教……

（續）

戰略類別	內容說明	實務運用
單挑作戰	一對一的作戰，即使不是一對一的局面，也要選擇同行少的戰略，弱者要盡可能傾全力與少的競爭對手作戰，對手多時，弱者也要優先攻擊	康師傅做法
接近戰	縮短顧客距離之戰	1.直銷法：高價減肥泡麵 2.展開下游作戰：掌握經銷下之重點客戶 3.鞏固根據地：總公司、營業處周邊一定要鞏固，有指標及象徵性 4.親和力決勝負：平日業務經營之在地深耕
集中一點主義	依據市場規模、成長性、競爭狀況，擇易勝、威力大的小市場進行集中攻擊，才有勝利可言	1.味丹健康概念與蔬菜麵體、生鮮麵體、非油炸、低卡麵體、生機菜包等連結，可否走出另一個領域，重塑產業對泡麵的定義？ 2.隨緣味丹為素食的第一把交椅——如何作大（這可能是利基市場），思考加了健康元素的隨緣
聲東擊西作戰	此俗稱「擾亂戰術」，作戰方法是刻意隱瞞我方真正的企圖，誘導對手作出不正確判斷，引導對手上鉤，故意做出使對方意料不及的陷阱，這就是聲東擊西的戰略目的，即搖動對手心理、士氣及資源	1.康師傅原零售價 25 元調為 16 元 2.10 月上市改為 12 月

3.「0、5、2」──「石頭、布、剪刀」戰略

產品生命週期	「石頭、布、剪刀」戰略	實務運用
引入期	「石頭」戰略 引進期策略必須採單一化產品、簡單化通路、設定特定消費層或地區	康師傅之 16 元價位碗麵紙上 CVS 做法即是
成長期	「布」戰略 進行多樣化及擴大化	如雙響泡延伸大碗、包麵……
成熟期	「剪刀」戰略 剪斷（捨去）低占有率產品、未具競爭力市場及產品	味丹品項過多，應有所抉擇，方能聚焦經營

4. 產品市場地位與戰略

市場地位	適用策略	適用戰術
第一品牌 （絕對優勢） 統一	情報戰 （防禦戰）	1.掌握市場動態，制敵於先、盡力鞏固自己地盤，使競爭者無機可乘，對來犯者予以痛擊 2.比對手更加優勢的情報
第二品牌 （強勢） 康師傅	創新戰 （攻擊戰）	1.注意第一品牌的虛實，在優點中找出弱點，以更新、更快、更好為原則，採重點攻擊
第三品牌 （弱勢） 維力、味丹	政治戰 （側擊戰）	1.採滲透價（低價）或高價，使市場區隔或對手鷸蚌相爭，隱藏實力，出奇制勝，乘勝追擊 2.第二品牌出奇制勝，可拉攏第二位，誘導戰鬥力轉向第一品牌
其他品牌 （劣勢） 味王	宣傳戰 （游擊戰）	1.以高價、蠶食、特定市場在小池當大魚，擇利而行，保持機動，製造耳語事件行銷 2.由大廠牌的弱點著手

5.康師傅回銷策略分析

　(1)以回饋鄉里說帖替代王子復仇記。

　(2)以在地生產掩飾回銷動機。

　(3)以財務操作綜效取得搶供市場占有資金。

　(4)以貨架缺貨造就暢銷假象。

　(5)以事件行銷贏得免費媒體傳播。

三、預期康師傅及各速食麵廠商市場占有率

1.市場占有率推估

廠商	統一	維力	味丹	康師傅	味王
N	50%	20%	19%	0%	7%
N + 1	48%	18%	16%	10%	4%
N + 2	49%	18%	17%	12%	0%
N + 3	49%	17%	16%	14%	0%

2.市場占有率推估說明

　(1)變數：兩岸開放進度、臺灣經濟成長狀況、購併。

　(2)競爭廠商變化：

　　‧康師傅搶下 14% 市占率，與維力、味丹勢均力敵。

　　‧味王逐出市場。

　　‧速食麵產業仍維持一家獨大狀況。

四、結　論

1.強者統一

　(1)目標「獨一無二」，做到 No.1。

　(2)透過各種行銷策略，堅守市場老大地位，盡一切可能防止其他
　　　同業入侵，緊守 45% 市占率下限。

(3)以低成本策略運用。

2. 維力、味丹策略

(1)日本經驗法則：

2V = 3/4C，即數量（Volume）增加一倍，成本（Cost）會變成原有的 3/4（降低 25%）。

(2)維力、味丹應合作，以求生存及發展，穩住現有 39～40% 市占率，進而努力竄升至 42% 市占率。

(3)合作模式：

合作模式	目　　　的
物流整合	Cost down 10%
生產整合	數量（Volume）增加一倍，成本（Cost）會變成原有的 3/4（降低 25%）
行銷整合	雙品牌、雙通路、聯合促銷

(4)發展差異化、集中特色

・嘗試改變速食麵產業定義：

──油炸至非油炸

──不健康到健康

・乾麵中的老大、素食中的老大、健康泡麵中的老大。

3. 味王策略

・與味丹、維力合作生產，以取得較具競爭力產品。

・味王資源不足以支應時，淪為弱勢企業，不得不與人結合或接受併購，失去主導權──收割也是一種策略。

　　註：書寫本文時，康師傅剛導入臺灣，事前之預估與事後之數據頗為吻合。後來頂新（康師傅）因油源之故，風雲變色，人人喊打，這是後話。有句商場名言：企業環境瞬息萬「變」，經營理念一貫不「變」，管理原則彈性可「變」。

Chapter 9

企業識別體系 (Corporate Identity System)

教中學—由老師講授,學員(生)吸收實務經驗

壹、第一部分:CIS 概述

一、CIS 組織架構

　　一個企業要經營得當,必須非常注重其商業形象,首先要把一個企業的品質、成本、交期做好,堅持「不是好貨不上市、不是精品不出廠」。如果這三項都做不好,就沒有必要做 CIS。相對地,如果把工廠的品質、成本、交期做好,再來談 CIS,那真是如虎添翼。

　　CIS 被完善的運用到企業上,是在 1940 至 1950 年間,由在美國的CBS 公司、IBM 企業、西屋家電開始。到了 1960 年代開始,可以說是CIS 普及和 CIS 相繼建立的年代。然而歐美企業 CIS 的特色在於較著重於

VI 的部分，以外部行銷及銷售為導向。但在 1970 年代 CIS 傳入日本後，卻產生不同內涵的 CIS 風格。

　　日本企業在 CIS 的建立上，頗重人性化的管理和經營，他們從傳統企業精神的立足點上，為因應市場上的激烈競爭，在 CIS 的改良上，力求配合現代企業的成長及管理，因此日本企業在 CIS 上較強調企業精神理念與企業文化的活動。至於我國企業 CIS 之引進，源於 1967 年台塑企業的創舉。隨後味全、宏碁等各企業相繼跟進，進而帶領臺灣各產業強化企業體質，凸顯企業風格及塑造企業形象的功能。

　　CIS 的種類之多，造型創意之豐，實在無法一語道盡，它無所不在，包括商業公司充斥在大樓、展示品、宣傳文件、廣告設計中醒目的 Logo，如我國知名的品牌電腦——宏碁電腦（Acer），大家都熟悉由弓型箭頭、菱形鑽石組成的宏碁電腦標誌。而我們也從這份熟悉中，接受宏碁精力充沛、具爆發力，且無堅不摧的創業理念。此外，還有大家所熟悉的 CIS，像義美的皇冠標誌、味全公司的五個圈圈、滾石的箭靶標誌和 Nike 的勾勾等。可以說企業對 CIS 的使用，絕對是一種明智的決策。身為消費者的我們，可以賞析的眼光來看 CIS 所展現的意象美，而對於可能投身於商界的我們，則應對 CIS 所含有的意義及表現手法有更深一層的認識。

　　CIS 分為三部分，即 MI——「企業理念」、BI——「企業活動」、VI——「企業傳播」，統稱為公司的企業形象，例如，談到日本人給人的感覺就是很有禮貌、很重視細節；美國給人的感覺就是積極且擁有大而化之的個性，有的國家的民情雖然默不作聲，我們只要觀察其外表舉動，就可看出他們的體制型態，所以有時我們看這個人是否接受過教育，可從他的言行舉止來了解；或是不同背景的人會表現出不同的特質，其中的道理是一樣的。

　　VI 是一種目視管理，所以製作 VI 必須掌握一個大原則，公司未來可能會添購何種物品，或增購何種交通用具……等，其 VI 都必須事先設

計，再考慮刪減，以防止出現「書到用時方恨少」的情況。臺中一信、金豐沖床為了製作公司的 VI，都曾聘請講師來教授設計的方法（中、高階以上的幹部都必須參與討論），而一般受訓大概都會 MI：「企業經營策略與理念」，它包括企業的精神、信條、口號、標語、企業特性、策略、企業歌曲、CIS 手冊。

　　‧VI：「企業傳播」

是眾人皆可看到的有形圖案，看到圖樣就會聯想到此公司，就是有一種形象移情作用。

　　‧BI：「企業活動」

一系列的企業內外部活動來展現企業的特色。

定義：即運用視覺設計與行為的表現，將企業的理念與特質視覺化、規格化、系統化，以塑造具體的企業形象與發揮體制上的管理。

二、介紹

1. 有別於 CIS 的是 PIS，即為個人行銷包裝。

2. 基本架構圖：

　　(1)企業策略（Mind Identity；MI）。

　　(2)企業活動（Behavior Identity；BI）。

　　(3)企業傳播（Visual Identity；VI）。

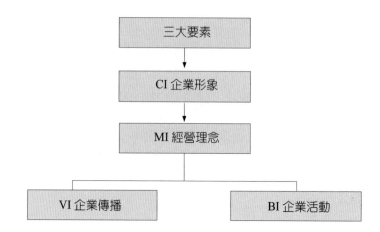

3. 三者關係圖

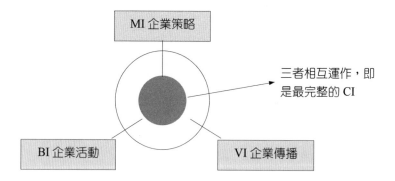

4. 主要範圍：

(1)MI 企業策略

MI 企業策略	經營理念
	精神信條、口號、標語
	企業特性、策略
	企業歌曲、CIS 手冊

(2)VI 企業傳播

VI 企業傳播	輔助系統	☞ 特殊使用規格 ☞ 樣本使用法 ☞ 其他附加使用法
	應用系統	☞ 事務用品 ☞ 廣告設計 ☞ 傳播媒體 ☞ 交通工具 ☞ 制服設計 ☞ 室內設計 ☞ 建築物設計 ☞ 包裝設計 ☞ 造形設計
	基本系統	☞ 企業標誌 ☞ 企業字體 ☞ 色彩計畫 ☞ 標準規範 ☞ 使用方法

(3)BI 企業活動

BI 企業活動	對外	☞ 公關性活動 ☞ 市場策略 ☞ 公益性活動 ☞ 行銷策略 ☞ 展示活動 ☞ 公害對策 ☞ 廣宣策略 ☞ 連鎖經營策略……
	對內	☞ 禮儀規範 ☞ 產品研究開發 ☞ 生產福利 ☞ 整體環境規劃 ☞ 作業合理化 ☞ 旅遊意識 ☞ 社團激發……

5.計畫項目：

(1)計畫緣由。　　　　　　　(6)CI 組織架構。

(2)計畫宗旨。　　　　　　　(7)計畫內容。

(3)現況問題分析：　　　　　(8)專案期間。

　　①外在因素。　　　　　(9)計畫階段。

　　②內在因素。　　　　　(10)經費預算。

(4)策略架構。　　　　　　　(11)預期成效。

(5)運作方式。

(一)MI 企業理念概述

　　以下例舉中華汽車為主之經營理念：（筆者曾擔任中華汽車協力會副會長）

　　中華汽車的經營理念是根據過去的經驗，權衡內外的因素，參考時代

的精神所發展出來的，我們希望能藉此制定策略目標、整合各種資源、配合有效的執行，使企業生命能夠綿延不絕、歷久彌新。

這套經營理念，可以用和諧、創新、卓越六個字來代表。用英文來說，和諧是「Harmony」，創新是「Innovation」，卓越是「Top」，取三個字的字首是 H、I、T，合成一個字 HIT，又有更深一層的意義。

1. 和諧（Harmony）

(1) 和諧的意義：

①透過資源之有效創造及合理分配，達到均衡而穩定的狀態。

②促進顧客、員工、股東、上下游業者、政府及社會大眾和諧互動的關係。

(2) 分配相關互動者的需求資源：

①體會相關互動者的含義。

②了解相關互動者的互動架構。

③考量趨勢，公平合理分配資源。

中華汽車始終站在「共榮共利」的立場，追求相關互動者的「雙贏（Win-Win）」結果：
　　　　　　懂得給，結果賺更多
　　　　　　捨得：有捨才有得
　　　　　　　　　財聚則人散，財更散
　　　　　　　　　財散則人聚，財更聚

---

(3) 勞資一體的精神：

①「爸爸的肩膀」、「媽媽的皺紋」──家庭的氣氛。

②關心工會。

③關心員工。

---

ex：員工→眷屬→大家庭（Family）

---

④鈔票股與生命股的平衡重視。

⑤化外部流動為內部創業。

(4) 溝通與了解：

①管理者 80% 的工作在於溝通。

②以同理心體諒對方。

③具有共識的努力才能發揮真力量。

> 公司的策略目標，每年都經過由下而上、再由上而下的廣泛討論與承諾，其目的無非是為形成共識，落實執行。

(5) 工作論理的落實：

①主管是萬能的嗎？

②從指示（Direction）到提示（Hint），從命令（Order）到建議（Suggestion）。

③尊重執行者提出的方法。

④情境領導。

(6) 發揮主動影響的角色：

①洞燭機先，身先士卒。

②找到不和諧的原因，主動化解。

③與相關互動者建立共信，切應不徇私。

> 自己訂的規矩：共同約定的準則務必遵守，以昭公信。

(7) 和諧的真諦：

①沒有聲音是不是最好？

②如何蒐集並判斷不和諧的情報。

③為組織衝突與組織和諧尋找平衡點。

2. 創新（Innovation）

(1) 創新的意義：

①透過發明、發現及改善的行動，日新又新、自強不息。

②貫徹觀念、產品、技術、製程、管理、服務等創新發展的行動。

(2) 帶動員工超越自我：

①為自己設定具挑戰性的工作目標。

> 自己有所突破，才能避免部屬「功高震主」。
> 只敢用比自己差的人，會造成「組織矮化症」。

②讓員工找尋興趣，發揮潛力。

> 在某個職位是問題人物的員工，調動之後可能成為模範生。

③遇挫時支援員工達成目標，避免單純指責。

> 解決問題重於指責過錯。

(3) 合理化→標準化→自動化→資訊化：

①合理化求徹底。

②標準化求務實。

③自動化求系統。

④資訊化求科學。

(4) 企業資訊系統與決策標準：

①決策資訊有利後續執行。

②缺乏資訊的決策易流於主觀。

③決策在達成共識前，宜先對資訊達成共識。

> 解讀資訊以及取得資訊同等重要。
> 同樣的資訊會有不同的解讀方式。

(5) 創新的起點在觀念：

　①培養水平思考能力。

　②練習從判斷中抽離概念要素（觀念化能力——化繁為簡的溝通方式）。

> 公司應獎勵新方法、新觀點。

(6) 創新與安定的斟酌：

　①沒有標準的創新，易令人疑懼。

　②教育訓練是創新的基礎。

> 如果沒有經營者及高階主管的支持，教育訓練很難做好。

　③個性開朗者較易承受創新壓力。

　④創新與安定猶如登山，三點不動一點動，思慮要周密，步驟要穩健。

(7) 如何不自我設限：

　①創新是永恆無休的精神。

　②研擬創新範圍，設定創新目標。

　③靈活推想（發明）、縝密觀察（發現）、深刻反省（改善）。

(8) 創新之後的落實：

　①觀念產生之後，應嚴謹思考可行性。

　②執行者應參與可行性評估，應提出落實計畫。

　③方案未落實前，不宜提出差距太大的新方案。

> 創新的想法可以天馬行空，但落實的方案卻必須腳踏實地，必須
> 循序漸進，並非一蹴可幾。

3. 卓越（Top）

(1) 卓越的定義：

①設定品質的標竿，精益求精。

②追求工作、生活、社會三者卓越品質的境界。

(2) 尋求生命的動機：

①馬斯洛需求層級。

②生理需求→安全需求→社會需求→自尊需求→自我實現需求。

(3) 工作 vs. 生活：

①工作的意義在於價值。

②生活的意義在於人性。

③工作與生活的結合才能發揮人性價值。

> 工作生活品質（Quality of Working Life，QWL）不僅指工作場
> 所，亦及於個人生活，企業對員工的照顧應兼顧此二方面。

(4) 社會責任：

①社會是人的集合，人的尊嚴必須在社會中實現。

②社會責任來自道德，而非法律。

> 社會提供企業生存發展的資源，因此企業回饋社會是一種「自發
> 性責任」，而非僅是「強制性責任」（法律規定，非遵守不可的
> 責任）。

③企業家必須勇敢面對社會成本。

④缺乏社會責任觀念的企業不易傳承。

(5) 永恆的價值：

①生活的目的在增進人類全體之生活。

②生命的意義在創造宇宙繼起之生命。

③經營理念宜反映業主力行的價值觀。

4. HIT

(1) HIT 的意義：

①安定、有效、有利潤。

②團隊勝利重於個人表現。

(2) 人本思想：

①為員工達成人生理想。

②體察人性弱點，發揮人性潛能。

③鼓勵團隊精神，共享群體喜悅。

(3) 不屈不撓的精神，努力追求的過程

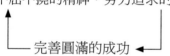

完善圓滿的成功

(二)BI 企業活動

1. 企業的形象行銷：

BI 企業活動可分為對內活動與對外活動，對內首重禮儀規範，員工應該彬彬有禮，上上下下都洋溢散發公司特有的文化氣質，接著再談公司產品的研究與發展。再者，公司的福利制度應明文列示，公司整體的環境規劃及作業動線都需有完善的設計，繼而招待員工出國旅遊及團體互動關係……等。對外則要推動公關性的活動，強調企業本身與別人不同之處，再談市場行銷策略。另外，多舉辦公益性的活動，例如：認養公園、地下道……等，都能提高社會大眾對企業的評價。不僅如此，將可能造成的公害、汙染降至最低點才是治本之道。

以臺視為例，臺視公司目前所採用的標誌，也是歷經一番審慎篩選才決定，並非草率定案的。除了基本的設計外，經由公開發表會，透過記者

先生、小姐及社會名流廣為宣傳，先讓大家都了解 CIS 的誕生經過，才能在其他對外活動中，讓大家一目了然，達成 BI 的目的。

　　企業在規劃企業活動時，必須具備創新、前瞻性，才能引發消費者的興趣與意願。同時，在規劃之前，亦應先對整體環境、消費訴求及形象等作調查，並配合現有資源，如人潮、團隊企業、局勢……等等。

2.企業活動內容：

(1) 活動意識啟蒙規劃。

(2) 經營者統御訓練。

(3) 幹部統御訓練。

(4) 員工教育訓練。

(5) 員工專業訓練。

(6) 員工禮儀規範訓練。

(7) 環境整體規劃。

(8) 產品研究開發。

(9) 市場行銷策略規劃。

(10)公共關係活動規劃。

(11)連鎖經營策略規劃。

(12)公益活動規劃。

(13)廣宣策略規劃。

(14)促銷活動規劃。

(15)展示活動規劃。

(16)獎懲福利規劃。

(17)自動化流程。

(18)生產流程合理化。

(19)電腦化制度規劃。

(20)企業年度計畫。

(21)企業經營系統建立。

(22)企業組織系統建立。

(23)企業人士系統建立。

(24)企業財務系統建立。

(25)企業總務系統建立。

(26)企業管理系統建立。

(27)企業識別系統手冊建立。

(28)企業 CIS 系統幻燈片。

(29)企業內部診斷訪問。

(30)外在環境市場調查。

(31)內在環境市場問卷調查。

(32)企業內部問卷調查。

(三)VI 企業傳播

有許多人誤解 VI 即為 CIS，並且在導入 CI 時，意識先從 VI 開始做起，這也許是難免的現象。因為根據調查，人類對外在事務的感應，80% 是由視覺傳達，而其他 20% 是由觸覺與味覺啟發。

此外，企業經營者在企業理念確立之後，除了企業活動的配合之外，必須藉著重視視覺的新形象，賦予消費大眾整體性的感覺意識。

在視覺的傳達裡，企業的精神標誌即占了相當重要的角色。企業經營是企業的理念、特性、文化等象徵，因此，企業標誌必須是有精神面的，並非只是一個簡單的圖形或標誌而已。試想，僅是一面簡單的布所印製的國旗，卻能激發全民的認同，並願意冒著生命危險去保護它，其意義就是如此。

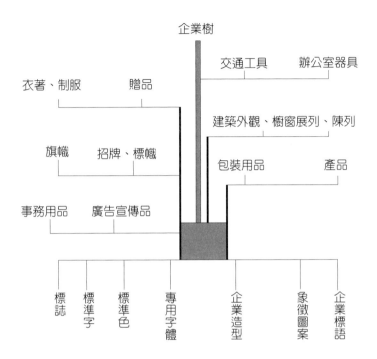

・基本系統：

1. 企業精神標誌。

2. 企業精神標誌的意義。

3. 企業精神標誌的畫法。

4. 企業精神標誌的使用規範。

5. 企業標準字體（中文）。

6. 企業標準字體（外文）。

7. 企業標準字體的意義。

8. 企業應用字體使用規範。

9. 企業象徵、應用圖形。

10. 企業象徵、應用圖形的意義。

11. 企業象徵、應用圖形使用規範。

12. 企業精神標誌+企業標準字體+企業應用圖形之組合及使用規範。

13. 企業精神標誌+企業標準文字+企業應用圖形之組合系統及使用規範。

14. 企業色彩計畫（標準色）。

15. 企業色彩計畫（輔助色）。

16. 企業色彩計畫解說。

在 VI 的基本系統裡，不僅標誌很重要，其中字體的大小、配色、使用時機及方法……等，都是很重要的，這也就是基本的影像系統。第二部是應用系統，應用範圍舉凡事務用品（例如：紙張）、廣告設計（例如：行銷 DM、傳播媒體、電視廣告……等）、公務車、制服、室內布置、建築外觀，甚至是產品或贈品的包裝……等等，都屬於應用的範疇。第三部分則是輔助系統，用來輔佐前兩項的不足之處，或是用來說明特殊的使用方法……等。

一般而言，企業著手設計企業識別體系時，會敦請專業的設計公司來做專業的設計，公司本身也會組成一個 Team 來配合設計公司，因為設計公司在媒體界或配色能力方面都較具優勢，但是卻不十分了解企業的文化，而企業內部人員並無設計的專才，所以兩個 Team 要相輔相成，互相討論，才能製作出最適合企業的識別體系。

在著手進行設計之時，字體的大小、字型、配色、形狀……等等，都是需要審慎考量評估的重要因素。

・字體

首先是字體，字體包含中文與英文，甚至是日文，或是其他外國語文，端視企業本身需要再做考量。一般而言，臺灣的企業識別體系是以中文為主、英文為輔來進行設計。字體的設計可以有高矮胖瘦，有的是橫劃較粗，有的則是直豎較粗，沒有一定的準則，但求與眾不同，如何凸顯與別人不一樣的地方，才是首要的需求。當然，若含有英文或日文字體也是一樣的。另外，也可以加上圖案來輔助。

・配色

在決定顏色時，可以配合顏色管理課程所學到的，再加上心理學中所提的，以顏色所代表的不同含義，來表達企業所處不同的定位點。

一般而言，綠色代表成長、健康、安全、可靠。具代表性的企業，如：中國信託、長榮、玉山銀行……等。黃色代表能源、動力，如：柯達軟片、麥當勞、新加坡航空公司……等。橙色代表溫暖、美味、健康，例如：ICI 塗料、唐老鴨甜甜圈。而紅色代表青春、熱情、活潑、積極，如：福樂冰淇淋、聲寶牌、味全……等。紫色代表高雅、典雅、浪漫，例如：資生堂、泰航、蜜斯佛陀。藍色則代表清潔、科技、速度，代表企業則為：和成牌、愛迪達……等。

公司在選擇顏色的時候，就要配合本身的定位來決定。舉例來說，味全公司就是代表熱情、活潑、青春的定位，剛好符合紅色所代表的含義。所以，味全的產品、包裝都是紅色系統，之後產品的整體設計，也是以紅色為主的系統來做設計。「紅色」代表了愛心、照顧、誠心與責任心，因此味全公司在廣告設計方面，不論是文字廣告或其他公開廣告，都是以紅色為主色，主要基於對國民健康的關心與熱愛，這些都是從報章雜誌中顯而易見的。

再舉個例子——長榮航空，長榮航空定位在安全、可靠，所以該公司以綠色為主色，另外，親切的服務、飛機上可口的餐點及香檳，更可以用來表現出其善解人意。諸如此類，就是充分地表現出長榮航空的 MI 與 VI。

一般而言，紅色代表食品業、石化業、交通、藥品、金融和百貨業。橙色則代表食品業、石化業、電子業及百貨業。而黃色多用於電子業、照明器材業等。綠色多為百貨業、飲料、金融及建築業等。藍色代表電子業、交通、體育用品、藥品、化工等產業。紫色則為化妝品工業、裝飾品、服裝業的代表色。諸如此類，我們大概可以慢慢從中了解自己的公司是屬於什麼定位，什麼顏色較能表現出企業本身的特質。但是，以上所述

產業與顏色的關係並非是絕對的，企業可以依照本身的主要訴求來加以靈活運用。例如：金融業適合紅色，也符合綠色的特性，因為紅色代表對客戶非常熱心，而綠色則代表著安全，所以要看公司自己的定位再決定。

舉幾個曾經獲獎的例子，西北航空是以 W 加上 N 來設計的紅色字體。冠東股份有限公司的設計則是代表辦公室自動化的公司，再加上公司的名稱所設計而成的。另外，新時代基金會雖強調新時代、新社會、新生活，卻仍設計了一個極富中國味的 Logo，以強調其不忘本的精神。而神達電腦則以電腦帶來的科技為主軸，用較抽象的形式來表現，其中又以紅色來表示其熱情的一面，是富有深刻含義的一個例子。

再以健生公司來做較詳細的說明，健生公司幾年前也曾做 CIS 的規劃。首先選定標誌，接著決定標準字體的高矮胖瘦，訂定經營理念，選擇企業標準色及輔助色，事務用品、旗幟、證書、卷宗、筆記本、車輛及制服……等設計規範，還有樣品室、室內、室外的布置與相關配備，最後是展示。

造型及手提袋……等設計，都要事先做好完善的規劃，接著就要排定時間表，以便著手進行。其實，進行設計及規劃是非常簡單的，實際進行改善時，才是真正勞師動眾的大工程，例如：舊的制服、文具用品……等，皆須報廢，再更換一批新的用品，不但費時費工更費錢，所以只能從比較重要的項目先做起，也要視公司的財力狀況，量力而為，慢慢地汰舊換新才是可行之道。因此，健生公司總共費時三年才完成整體的 CIS。

玩中學—大葉大學國際企業管理學系之 CIS 試作

 案例一

一、大葉國企系所的願景與目標

1. 在我們選定的經營領域中集中力量，在變化之前掌握趨勢而創造競爭優勢。達到「全國第一、世界一流」。
2. 全球唯一對華商東亞經營與國際化變革提供人才及知識的最專業學府。
3. 提供學生未來十年的領先空間，使他們贏在起跑點，畢業就是領先的開始。

二、未來十年我國企業的經營趨勢

1. 我國企業由國貿期全面進入國際化轉換期，但尚未達全球期。
2. 大陸、東南亞經濟區的興起進入全盛期，臺灣及全球企業未來十年生死相關的最後競技場。
3. 華商勢力快速成長，急需本土化理論與知識的支持。

三、掌握趨勢的大葉國企系所定位

　　全球唯一對華商在東南亞與大陸做國際化變革管理的知識專家及人才培育機構。

四、追求卓越的大葉國企系所經營特色

1. 全球管理系所唯一以提供東南亞、大陸經營環境資訊與區域研究的

中心。

2. 全球管理系所唯一提供企業國際化變革管理知識、訓練與研究的重鎮。

3. 全球管理系所唯一提供華商經營管理知識的人才培訓機構與知識管理專家。

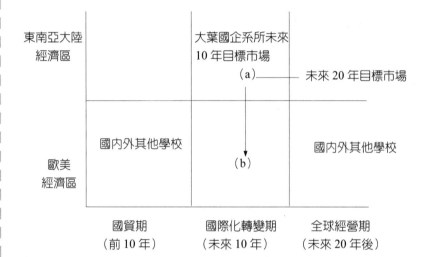

註：a 表示國企系所現在～10 年後的目標市場。
　　b 表示國企系所 10 年～20 年後的目標市場。

國企系所市場區隔與經營選擇示意圖

‧標準字：

「國際企業管理學系」，係採文鼎粗隸書體，正楷字型，由於其具端莊感，且不失活潑感，更極具象徵大葉大學國際企業管理學系的特色。

其標準色為「藍色」，而其有漸層之感，用意即為：以上為「藍天」；以下為「藍海」，而中間「白色」象徵本系學生「乘風波浪、放眼國際、奮勇向前」之意，期將國企人推向國際化的市場。

比例規範如下：

標準字間：

中文：橫式

100 級

50 級

30 級

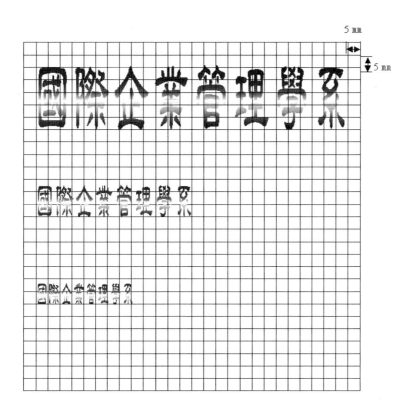

中文：直式

100 級

50 級

30 級

5 ㎜

5 ㎜

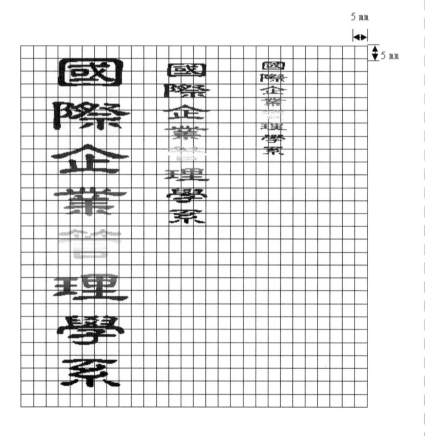

英文（註：只有橫式）：

100 級

50 級

30 級

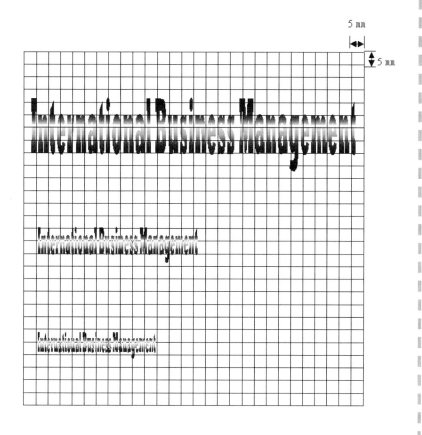

合併：中文^上英文_下

100 級

50 級

30 級

合併：中文_下英文^上

100 級

50 級

30 級

5 ㎜

5 ㎜

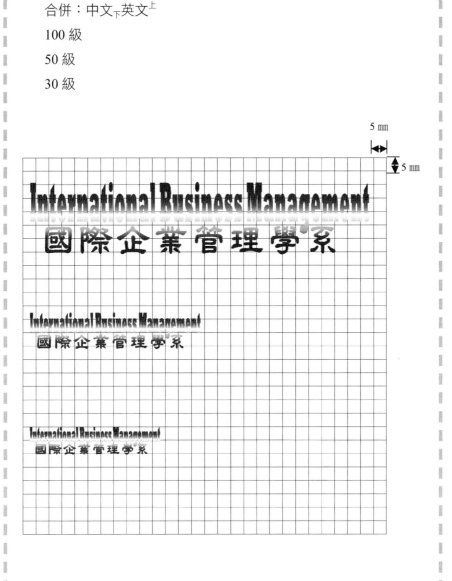

合併注意事項：

上排與下排之比率為 3：2

3h

2h

單一字出現時之注意事項：

5h
不得突出

得於突出
部分。

5h
不得突出

英文縮寫 IBM 與圖形的合併〔註：不得單獨存在，字型顏色以藍色為主，在 B 字上做變化（三種顏色：紅、藍、綠）〕，需與地球結合。其標準字如下：

100 級

50 級

30 級

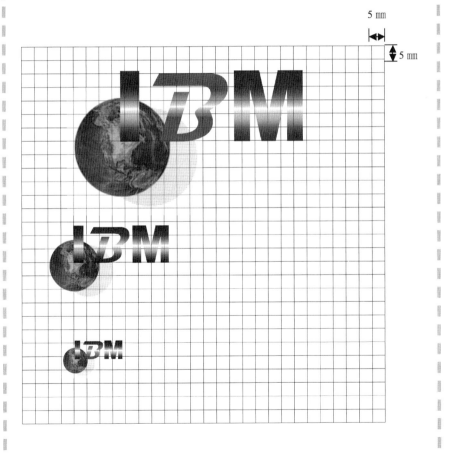

系所標準色：

基本色 Main Color

基本色 A：白色　　　　　　　　本色 B：
　　　　　　　　　　　　　　　　藍色

基本色 C：　　　　　　　　　　基本色 D：
紅色　　　　　　　　　　　　　　綠色

準基本色：Sub Color

名衡系統：

橫排：

大葉大學國際企業管理學系
515 彰化縣大村鄉學府路 168 號
TEL：(04) 8511888 轉 3191

直排：

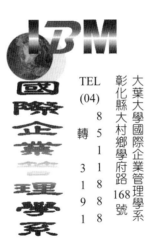

名片正面：

 國際企業管理學系
International Business Management

系主任
陳　美　玲

通訊地址：515 彰化縣大村鄉學府路 168 號
通訊電話：(04) 8511888＊3190
行動電話：0952-123456
E-mail：sprite22@ms54.hinet.net

 International Business Management

Director
Chen Mei Ling

Address：515 168, Chuang Da Chun Country University Road
TEL：(04) 8511888＊3190
CellPhone：0952-123456
E-mail：sprite22@ms54.hinet.net

信紙直式：

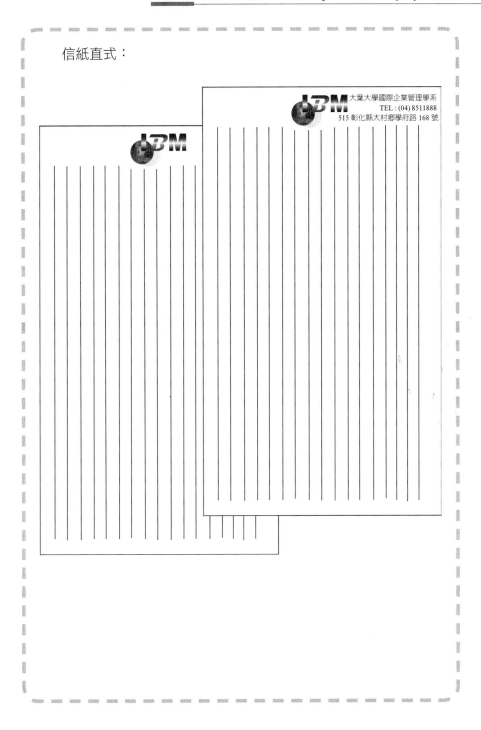

信紙橫式：

大葉大學國際企業管理學系
EL：(04) 8511888＊3191
515 彰化縣大村鄉學府路 168 號

大葉大學國際企業管理學系
EL：(04) 8511888＊3191
515 彰化縣大村鄉學府路 168 號

信封：

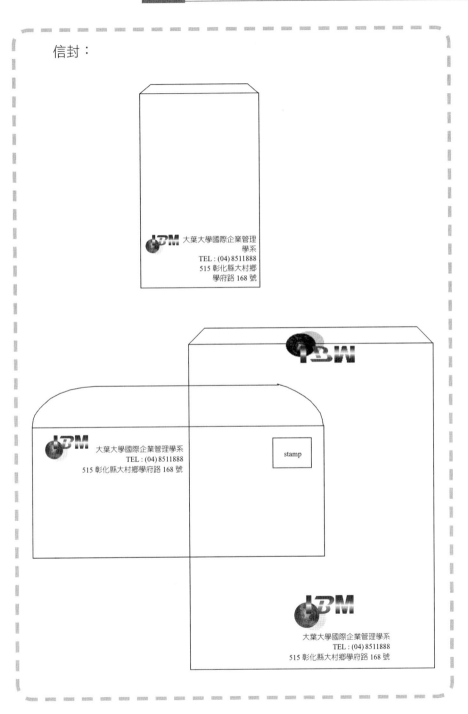

做中學—味丹食品公司之 CIS

案例二

　　幾位「味丹」企業之高階主管來修筆者的課,即用其公司為藍本做起 CIS。在本書案例中,我們都盡量不列公司名稱,但 CIS 的「做中學」不得不列出。下列案例中,和大家一起分享。

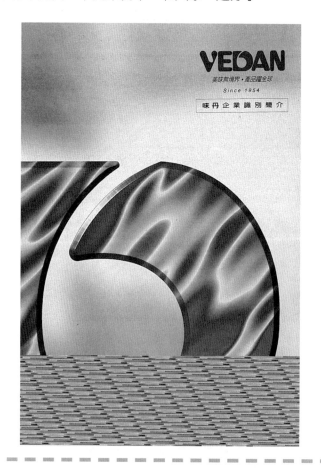

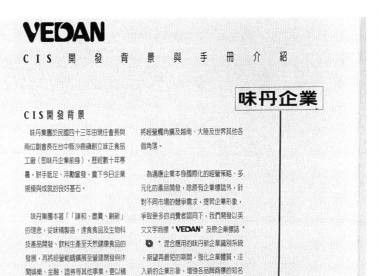

VEDAN
C I S 開 發 背 景 與 手 冊 介 紹

味丹企業

CIS開發背景

味丹集團於民國四十三年由現任會長與兩位副會長在台中縣沙鹿鎮創立味正食品工廠（即味丹企業前身），歷經數十年寒暑，胼手胝足、淬勵奮發，奠今日企業規模與成就的良好基石。

味丹集團本著「「謙和、靈賣、創新」的理念，從味精製造、速食食品及生物科技產品開發、飲料生產至天然健康食品的發展，再將經營範疇擴展至營建開發與休閒娛樂、金融、證券等其他事業。更以積極步伐邁向21世紀的國際宏觀領域，快速

將經營觸角擴及越南、大陸及世界其他各個角落。

為適應企業本身國際化的經營策略、多元化的產品開發，除原有企業標誌外，針對不同市場的競爭需求，提昇企業形象，爭取更多的消費者認同下，我們開發以英文文字商標 "VEDAN" 及原企業標誌 " 🔵 " 混合應用的味丹新企業識別系統，期望在最短的期間，強化企業體質，注入新的企業形象，增強各品牌商標的知名度。

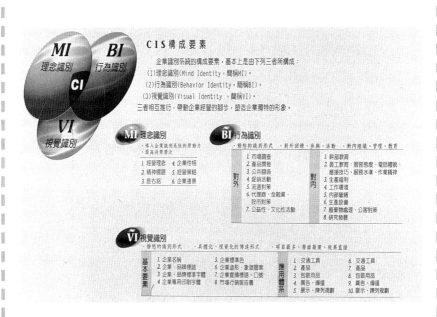

CIS構成要素

企業識別系統的構成要素，基本上是由下列三者所構成：
(1)理念識別(Mind Identity，簡稱MI)。
(2)行為識別(Behavior Identity，簡稱BI)。
(3)視覺識別(Visual Identity，簡稱VI)。
三者相互推衍，帶動企業經營的腳步，塑造企業獨特的形象。

經營理念

謙和・盡責・創新

謙　　盡　　創
和　　責　　新

企業精神

沒有感謝之念，就沒有經營
沒有體貼之心，就沒有人生

企業遠景主標

美味無境界・產品躍全球

企業遠景副標

每日求進步不斷的開發創新，
以最好的產品貢獻社會大眾。

企業標誌透過單純的造形，明確的含義，統一的應用，將企業的經營理念，正確傳達給社會大眾，並象徵企業信譽。本章透過詳細的說明，規定企業標誌的構成與各種表現形式，塑造企業標誌的權威性與信賴感。

企　業　標　誌

味丹企業為適應企業本身國際化、多角化的經營策略，擴張市場佔有率及提昇企業的形象等因素，除擁有企業標誌外，針對市場競爭需求，並採用文字商標圖形化方式設計，掌握易讀及方便視覺辨識之特性，期在最短時間建立企業及品牌商標知名度。

象徵企業的企業文字商標 " **VEDAN** "。是CI系統核心中最重要的一項基本要素，應用最廣泛，出現頻率最高者。同時為了兼顧現有的行銷策略，文字商標也可作為味精、速食麵和飲料的品牌商標。

VEDAN

企　業　文　字　商　標

企業色彩

在今日資訊媒體發達的時代，色彩在視覺傳達應用上，具有舉足輕重的分量，因具有刺激視覺，引發心理反應的作用，再加上生活習慣，周遭環境的影響，使人們看到色彩會產生各種聯想或情感。企業色彩規劃即針對這種微妙的力量，企圖建立特有的形象，作為經營策略的有力工具。

當企業的標準色彩確定後，除全面實施運用，以求視覺統合的效果外，尚需制訂嚴格的管理方法，本手冊採用國際認定的PANTONE 版本為主（適用平面印刷媒體），並標註YMCK百分比值，以使色彩在各類情況運用下儘量標準化。

● 味丹紅
PANTONE Red 032C
M100%,Y100%

PANTONE Yellow 012C
M30%,Y100%

PANTONE Orange 021C
M60%,Y100%

● 金色
PANTONE 871C
C20%,M40%,Y100%

● 灰色
PANTONE 442C
K40%

● 綠色
PANTONE 348C
C100%,M30%,Y100%

味丹企業股份有限公司
VEDAN ENTERPRISE CORPORATION

味丹企業

味丹集團
VEDAN GROUP

味丹集團

味丹企業

味丹企業股份有限公司

企業名稱

為凸顯集團的權威性，味丹企業名稱採打字體，中文企業名稱字體規範：特黑體、字寬幅120%、字距約字高十分之一且嚴禁拆字間使用。中文企業名稱字體規範：Helvetica Bold、字寬幅110%、字距約字高十分之一。

味丹企業股份有限公司
VEDAN ENTERPRISE CORPORATION

味丹企業

味丹集團
VEDAN GROUP

味丹集團

味丹企業

味丹企業股份有限公司

企業名稱

專用字體

媒體製作時，字體是主要構成要素之一，為塑造企業獨特的個性，乃設定企業的專用字體。無論傳播媒體、廣告宣傳、產品包裝等，均透過統一的字體造形，以一致的視覺符號傳達企業訊息。

味丹企業的專用字體，中文以黑體字為主，為求應用變化的考慮，另外以典雅、細緻的明體字與仿宋體搭配使用；英文為Helevtica、Helevtica Bold、Souvenir Light、Stone Informal Medium、Stone Informal Bold、Hallmarke Black。

企業專用字體　ABCDEFGHIJKLMNOPQRSTU abcdefghijklmnopqrstuvwxyz

企業專用字體　**ABCDEFGHIJKLMNOPQRSTU** **abcdefghijklmnopqrstuvwxyz**

企業專用字體　ABCDEFGHIJKLMNOPQRS abcdefghijklmnopqrstuvwxyz

企業專用字體　ABCDEFGHIJKLMNOPQRSW abcdefghijklmnopqrstuvwx

企業輔助字體　**ABCDEFGHIJKLMNOPQRS** **abcdefghijklmnopqrstuv**

企業輔助字體　**ABCDEFGHIJKLMNOPQR** **abcdefghijklmnopqrstuv**

企業輔助字體

企業輔助字體

輔助圖形

　　輔助圖形主要為協助凸顯企業標誌及文字商標，一般而言，標誌或標準字在應用要素的使用上，多採單一、完整的形式出現，以建立其權威性與信賴感。而應用要素項目眾多，往往需要較富彈性的造形活化版面，標誌或標準字則無法發揮這方面的功能，因此，具有識別與律動性輔助圖形，則活潑生動扮演此一角色。

　　味丹企業的輔助圖形由企業標誌衍生變化而來，具有補強企業標誌及文字商標視覺印象，增加設計要素的延展性，強化視覺的律動感等特性。由於輔助圖形具強烈的識別性，運用上以不影響企業標誌及文字商標視覺效果為原則。

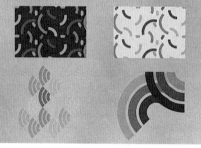

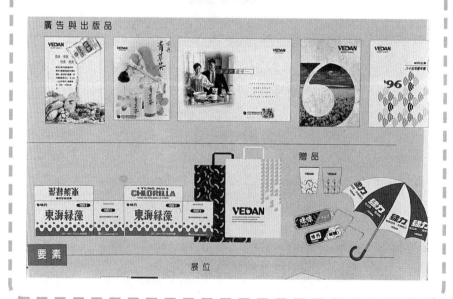

Chapter 10

企業競爭力

教中學－由老師講授，學員（生）吸收實務經驗

 壹、前 言

　　過去的臺灣是農業社會，對外貿易上依賴農產品的出口，有所謂的「ABC、RST」的稱號，即酒精（Alcohol）、香蕉（Banana）、樟腦（Camphor）、稻米（Rice）、糖（Sugar）與茶葉（Tea），歷經了農業出口階段後，臺灣開始漸漸地有了工業，不過當時的主要商業型態，仍以簡單的手工業為主；後又轉為手工業，當時的工業產品主要是以紡織業為主，原因是土地和勞力成本非常便宜，我們可以在這樣的環境下僱用便宜的勞工，以及取得低廉的土地，來從事生產的工作，雖然整體的生產毛額不會很多，但是在人民刻苦耐勞的本性之下，也慢慢有了一點輕工業的規模，隨著政府教育普及以及產業升級，終於進入了出口替代的時代，在這

個時候，企業的繁榮景色是在加工出口區，而且有許許多多的衛星工廠予以支援，臺灣在當時幾乎有許多國家的廠商到我們的加工出口區設廠，替我們賺進了不少的外匯。

直到 1960 年代，臺灣終於邁入電子業，當時的電子業主要還是由工研院輔導引進國外技術。隨著十大建設的興建，帶動國民所得 GNP 的成長，無論是就業率或者是外匯存底，都有不錯的成績，當時也被稱為亞洲四小龍之一。當然，在犧牲掉一些社會成本所形成的臺灣奇蹟下，也產生了許多社會問題，例如，人口都市化造成農村的人口蕭條；高度損耗社會成本的重工業也逐漸從 1970～1989 年代外移；雖然號稱是經濟巨人，卻換得文化侏儒的外號；房地產景氣的翻升造成股市飆漲，形成許多股市菜籃族，卻也因為股市的崩盤，造成現在臺灣的景氣蕭條。當然在過去也有許多的成就，包括解除報禁、黨禁等，而成為國內外民主的示範地。

直到今天，金融風暴儼然成形，而且失業率創新高，國際油價上漲，通膨也開始蠢蠢欲動，人民的生活痛苦指數節節升高，大陸政治因素的影響，我們已經邁入十倍數時代：進入策略轉折點，可能我們會像日本由戰敗國一躍成為經濟大國，也有可能會變成菲律賓第二，往昔勝過臺灣數倍，而今成為勞工輸出大國，在這樣一個時代，我們應該要如何因應呢？

要提升企業的競爭力，我們必須從個人、企業到國家，由小到大逐漸形成強大競爭力。更重要的是，我們也要效法古人所言的政治哲學來看待目前的政治亂象，就是從修身、齊家、治國、平天下來徹底執行。對於企業的各階層要怎麼做呢？我們應該要有以下的定位：高階主管是望遠鏡，帶領整個公司朝向更遠大的新境界；中階主管是放大鏡，要將組織制度中的問題找出來；基層主管是顯微鏡，要將組織一切的問題一掃而空，面面俱到，如此才能將經營理念架構完成，並且不斷以 PDCA 檢討，在這樣的組織全員動員之下，才可能面對未來環境愈來愈變動的挑戰。

今日企業因為環境的變化而備感壓力，所以企業要競爭，應強化內部

管理。筆者多次到日本參加經濟研討會，有一次碰到某日本企業家正在慶祝喜壽，國人是以 60、70、80、90 大壽來慶祝，而日本、韓國則喜歡以 66、77、88、99 歲來慶祝，66 歲剛好要退休，「華」字有六個「十」字、六個橫筆，也叫「華壽」；77 歲稱「喜壽」，因日本人的喜字是寫成上下兩個「七」，故指 77 的意思；88 歲叫「米壽」，因為「米」字就是由國字倒「八十八」組合而成的，以前蔣中正活到 88 歲時，日本有位首相送他一幅很大的匾額，上面寫著一個「米」字，當時國人都不懂這是什麼意思，一問之下，原來就是日本最高級的壽詞，特別是男生，88 歲是登峰造極的階段；若活到 99 歲，叫做「白壽」（百減一），一般男人活到 99 歲的實在很少，所以將 88 歲當作人生的最高境界；88÷2＝44 歲，叫做「年忌」，因為此時正逢父母年邁，常需要照顧、扶持；兒女長大，青春期的叛逆；事業到了中高階級，壓力甚大；自己的健康也漸漸亮起紅燈，過完了 44 歲，就進入「事事如意」，也就是說 44 歲是個關鍵期。另外，日本有個觀光區叫「日光」，這裡是祭拜日本幕府大將軍「德川家康」，大家將他奉為神而祭拜祈禱，希望平安度過 44 歲，一旦過了就「四四如意」（事事如意）了，因此激發本人對企業管理提出四省與四不省的創意管理策略手法。四省及四不省可轉變成數字，成為企業努力標竿，而不是口號。「經營靠策略、管理靠制度、執行靠方法」，經營策略是用來提升企業競爭力，面對未來或者金融風暴等外界惡劣環境，只要企業的體質很好，就不怕外面的風雨；臺灣過去為奇蹟，對於未來要有信心，利用四省、四不省可讓企業更有信心。

四省、四不省的管理方針

四　省	四不省
(1)省材料	(1)品質提升費用不省
(2)省人力	(2)產品研發費用不省
(3)省時間	(3)市場開拓費用不省
(4)省能源	(4)教育訓練費用不省

貳、四省——省材料、省人力、省時間、省能源

 一、省材料

(一)先進先出

利用我們先前所介紹的「顏色管理」來管理材料的先進先出，讓存貨配合顏色管理 first-in、first-out。利用顏色管理，四個月換一種顏色，若三個月內未銷出者，就得檢討及思考為什麼賣不出去的原因。首先，先將存貨搬到黃色區，再想辦法有無機會銷售或是加工，再請業務人員開清單，將存貨做促銷。另一個三個月，又將剩下的存貨搬至紅色區，將該丟的丟，該促銷的促銷。又過了三個月後，將剩下的存貨搬到紫色區（紅得發紫），這時候存貨已變成呆料，到此存貨已經無效了（或是有時效性的存貨），就將存貨報廢。而此訂單被宣布無用的方法就稱為動態儲運，才不會「料死庫中」。

(二)黃金分割率採購時機

在數字管理的黃金分割率中學到：「當無量下跌或跌多漲少時，X·0.618＝谷底，也就是止貶回升買入的好時機；相反的，當不斷上漲，漲多跌少時，Y·1.618＝波峰，也就是止升回貶賣出的好時機」，我們也將此情形再以量化表示，做為採購時機點。對於公司來說，必須要隨時利用

這個公式，了解何時應該進料、何時應該出料，以應付整個產業環境供需變動的情況。

(三)CD555

與協力廠商共做 cost down 555，而這三個「5」，即指：第一年與協力廠商協商好，第二年就要降低成本 5%，維持三年，每年都要降價 5%，連續三年共要降 15%，就是 555 的意思。這當中也要輔導協力廠商如何降低成本，讓他們經過不斷教育的了解，如何才能降低成本，大家才會互得其利。合作的廠商要獎勵，不合作的要停止發單，在威脅利誘下，成本才能大幅降低，也就可以共體時艱了。

(四)三家比貨，二家採購

在發包時，以電腦化估價，用歷史價格當參考的價格，我們稱之為「理想價格」（Ideal price）。在發包前，原則上我們要貨比三家、兩家採購。原因是一件訂單估了很多家，這麼多的廠商容易導致大家興趣缺缺，但只估了兩家，卻很容易產生圍標的情形，這樣企業會因此易失去競爭力了。所以貨比三家，就叫三國鼎立。但同類產品均要有二家承製，才不致有斷貨之虞，透過這樣的制度，可以使得公司在採購上不會有弊端，以及能真正採購到最符合公司利益的產品。

(五)殘料再生

在臺灣竹南有一家製造羽毛球的工廠，我們知道羽毛球的球頭（擊球處）是用軟木製作的，而此工廠的軟木是由葡萄牙進口，加工後做成球頭，相當有彈性，然而剩下的殘料就要當沒用的東西丟掉（因無法再重新組合製造），後來經建議，將這些剩下的軟木壓扁後，可製作汽車電瓶的絕緣體，因此工廠將原本算是廢棄物的東西再生利用後，使工廠利潤倍增，這原本要丟掉的殘料，竟然小兵立大功，額外讓公司賺了很多錢。

這也讓筆者想到公司以前梳妝臺的鏡子是整片去切割，也可以利用這些殘料，處理之後做成小鏡子，送給顧客作公關開支，替公司省下一筆錢，這些都是殘料的再利用，或將廢料賣給需要的產業，如此不但可為公

司減少處理負擔，也幫公司進帳。試想，您的公司是否也有浪費的殘料呢？

(六)價值分析（VA）／價值工程（VE）

所謂 VE 就是產品在尚未設計以前，就要設法降低它的材料成本，或是將產品功能化；而 VA 就是產品已製造出來，如何降低它的成本，相對地，這種政策要努力推動。例如：福特汽車的零件有個外殼，外殼的表面處理很重要，原本全部都要處理，後來想到將它分成兩個零件，材料壓扁後，再用塑膠外殼套上即可維妙維肖，不但重量減輕，外觀也不用再噴漆了，內部處理看不到，就以一般傳統染黑的方式製作，結果成本下降 1/2，相當驚人。所以，VA／VE 就是改變材質而不影響它的功能，透過公司的行政體系，讓大家有提出來的管道，分開發表，這就是所謂提案改善（本書另有章節說明），努力的單位，我們可加以獎勵。

(七)運用標準成本會計觀念

成本會計中分為：分批成本與分步成本制（採實際成本制）。事實上，企業在製造產品時有千萬種零件，有幾百種成品，所以利用標準成本會計來控制投入與產出、標準值的差，以了解改善的空間，這樣不但管理速度快，而且也不需要一樣一樣地展開，如此也可以找到材料損失在哪裡。運用「質量不滅定理」的觀念，若兩者有差異，則找出其差異點，並運用電腦管理，將其降低成本。

(八)一品一社

當發包時，亦要有一品一社的觀念。我們現在假設以前某一項產品須經過四道處理過程：第一階段做好就要清點數量一次，再送到第二階段加工處理，四個階段總共要處理四次，不但作業麻煩、前置時間太長，而且發生品質不良情況也高，大家都互相推諉責任，所以一品一社就是將四個階段統合，由一家廠商負責品質與數量的把關，我們多給予 10% 的管理費用，讓廠商事關自己的利益，而做好產品品質，如此，我們只要針對一家訂貨就 OK 了，不須這家催完那家催，省去不少的麻煩，無形中材料之

損耗也節省了。

一品一社的這種觀念，還可以延伸到相同類型產品的處理。例如：沖壓件、電器類、塑膠類分別發包，由固定的一家廠商負責，這樣一來，只要一張採購單，20 種零件由他廠分工組成，到我們手上已是半成品了，比起以前，整個時間縮短了，周轉率也變快了，因此這種方式亦叫做「套餐式採購」。套餐式採購，不但節省了許多人力及處理時間，使得成本大幅降低，也使得廠商更加努力做好品質的完善，是種事半功倍的好方法。

(九)不賺錢產品的改善

財務要發揮功能，最基本的即從財務報表中發現那些產品不賺錢，而數量卻多。首先就是透過改善提案制度，讓大家知道哪裡可以改善，集中火力後，集思廣益地讓大家來想辦法，我們也提撥較優厚的獎金來獎勵，除去公司內部的害群之馬，只要把這一系列類似的產品一一改善，有這些提案制度就可以降低成本。

(十)間接物料採配額制

採過去經驗的方式，其公式為 $(\overline{X}_{12}+\overline{X}_{max6})／2$，即（過去 12 個月的平均，加上 6 個月以來最低使用量加總的平均數量）除以 2，當做我們應配給的數量，並告訴員工，如果可以將這些費用省下來，一半分給員工當獎金。員工所節省的錢，一半發給各單位當做基金，員工何樂而不為？如此企業更可以省去間接物料。

 二、省人力

(一)善用短期人工

1. 現在有很多國中生利用寒暑假去工廠打工，也有高職生利用實習課到工廠實習，這些公司都可以做安排，吸收這些學生，這些零散的人力若好好利用，不但可以省去體制內的人事包袱，而且工資也比較低廉，由於這些學生還沒被社會這個大染缸所污染，心思也比較單純，

能夠虛心學習，做起事情也有年輕人的活力與衝勁，在效率上也提升不少，所以公司若能好好規劃這些人力，一定可達到事半功倍的成效。

2. 家庭手工業曾經伴隨許多家庭主婦度過無數個漫漫長夜，幫助很多家庭掙得一些額外的津貼，因此，千萬不能忽視這一群沒有聲音的婦孺。公司可以把一些較零碎或簡單的雜件，交給員工的家屬來生產，如此一來，不但可以藉由員工上下班來回運送零件，省去不少運送費用，也可當做是在照顧員工家屬，既省運費又省了僱用額外人力的高成本。另外一些工廠雜七雜八的附件，也可以利用員工家屬，交由他們來做生產動作。

(二)刷卡結合生產力紀錄

透過刷卡的計時效果，可以算出每個月的約當產量和投入工時的比例，以了解人員是否有過分怠工，或是找出提高生產力、降低生產力的其他方式，這是一種藉由刷卡的計時，來了解生產力的一種方式。

(三)組織扁平化

在扁平化的過程中，除了可以使層級縮減，另外也可以增加人員的溝通性，把當中的一個階級抽掉或是相同單位合併，多數的人放在希望改善的專案上。而一個人到底要管理幾個人才適當呢？我們可以利用數字管理中的一八理論，一個人最多管理八個人是最恰當的。至於在扁平化後產生的多餘人力，則是擺在幕僚單位，協助一般管理事宜，若有人員出缺，予以遞補。

(四)一人多機化

工業工程的研究，包括有工作研究與時間研究，透過這兩種研究，將一些不合理的動作與時間節省下來，從工業工程方面著手，可以省掉一些不必要的浪費。如早期是使用一條長長直直的傳統生產線，每個小小螺絲釘做一個動作，才能完成一個產品。但是現在這種直線式的生產線已被改為 U 型線了。所謂 U 型線，顧名思義就是英文字中的「U」字，即是

投入與生產都在同一方向。與傳統相較,這種 U 型管理不但節省很多人力,也讓每個人可多看幾部機器,達到一人多機化的省人化。

(五)七三法則與百萬省一人

在考慮是否要擴充設備時,可利用我們之前在數字管理中所學的七三法則,3.7 年回收的觀念與 100 萬省掉一人,所有的企業都在省人,而不是省力。若在自動化之後使員工做得輕鬆,這樣員工就贏了,因為老闆照樣付薪水。故以投資 100 萬省掉一個人為基礎,看能不能由三人變成二人來做,這樣員工省力,老闆也省掉一個人,達到雙贏。

(六)自動化著眼

很多倉庫利用堆高機搬運,但必要時應改為自動倉儲,即可省掉很多人力,將錢花在刀口上,充分利用自動化來節省人力。例如:火爐的火溫度很高,俗稱「3K 行業」,即是笨重的、危險的、骯髒的行業,應盡量使用機械化來操作。

(七)信賞必罰

賞罰分明,是精簡人事開銷的一個途徑。一瓶肥料、一瓶農藥,加入植物,肥料使植物欣欣向榮,加了農藥使雜草害蟲死光光;所以,必要時也要在公司內加入適量的肥料與農藥,即是「信賞必罰」。也就是說,你把一點獎勵給員工,他就會加倍努力,但如果大家都混,那整個效用就被拖垮了,所以我們要有「管理必須要有儒家的精神與法家的手法」觀念,儒家的精神是教育再教育,法家的手法就是信賞必罰,若將兩者合二為一,企業運轉就方便多了。所以,員工應該有些獎賞的制度,能晉升的我們要繼續教育,相反地,表現不好的,我們就將他停職,我想這就是公家機關最為人詬病的,努力的結果與混的結果都是一樣,一般公務人員經過高考、特考等過程,進入公家機關,很多優秀的人才就因此被埋沒了,所以企業要塑造一種觀念,努力的人受到獎勵,不努力的人會被降職,對於不適任的,應及早讓他退休。

(八)運用外勞

　　僱用外籍勞工不但工資低廉,而且不用給付退休金,加班亦可利用外勞。而我們的員工晚上加班除要補發晚餐費外,還要補發加班津貼,所以對於外勞的這一份 SUNK COST(沉沒成本),我們要加以利用,此外,他們三年就回去了,也不必付一些額外的人事費用,如年終獎金、退休準備金。不過由於文化民情不同,對於外籍勞工的管理應特別注意滿足其心理層面需求,例如管理泰勞,可在宿舍起居室及工作場所造景為泰國村,或放置四面佛像,以滿足其宗教信仰。

三、省時間

(一)運用顏色管理縮短時間

　　很多文件在歸檔、取檔時,浪費很多時間,我們可利用顏色管理,用目視的,每種顏色代表一種分類,將不同卷宗用不同線條,上上下下起伏的線條,很容易歸檔,也很容易取檔。另外,我們利用顏色管理製造了很多看板,哪裡的機器故障,顏色燈就會亮。

(二)掌握會議時間

　　不開會很多事都不能解決,但一開會又浪費很多幕僚時間。由日本松下學來的「123 法則」,開會最多一小時,報告最多二張,簽章最多蓋三個,所以開會以一小時為基礎,特別訂在上午十一點,因為十二點要用餐。以及下班前一小時開會,自然不會拖泥帶水,會而不議,議而不決。一小時內沒開完,留著下次再討論,開會之前必須有些認知,就是:現在的使命是什麼?目前的狀況如何?加以分析,兩害取其輕,兩利取其重,一起比較作成結論後,再作決策。一個錯誤的決策比貪汙還嚴重。報告以兩頁為主,例如我們派到外面學習時,最重要的學習重點寫十點,可供自己做參考的寫五點,可供公司參考的寫五點,寫的人節省時間,看的人也節省時間,時間就是金錢就是生命。又例如我們的夕陽會,利用五個 W

一個 H（Who、Where、When、Which、Why 和 How）的方法來檢討，抽絲剝繭，打破砂鍋問到底，問題就會明朗化，三個章原則為「承辦」、「主管」、「稽核」即可，否則造成公文旅行，又沒人負責，流於形式。

(三)節省電話時間

縮短電話時間也是每個公司主管殷切關心的問題之一。通常每個公司都會限定通話時間，每到一定的時間便會自動斷線，不讓員工有藉機混水摸魚的心態產生，如此一來，員工便會把握每一次與客戶的通話時間，漸漸地，便會學習提升說話品質與長話短說的能力。但有幾個特例是不能管制的，例如消費者的申訴抱怨電話、營業員和顧客的專線電話，因為消費者是我們的生財來源，他們的抱怨就是我們品質改善的管道之一，必須給予他們良好的公司形象，這樣才會繼續買你的帳，否則，消費者的心是一去不復返的。

(四)減少搬運時間

工廠排列要設計好，最好不要有籃子放在製品過程，實施無搬運的製程，以節省搬運時間。筆者曾到一家協力廠商，看到它們在製造一項零件時，要有四個步驟的沖模，A 模到 B 模，原本是 A 模做完一籃再搬到 B 模，建議它們在 A 模臺到 B 模臺間，接一條鐵線，藉由鐵線傳遞過去，節省了搬運的時間與人力。許多需要搬運貨物的地方，利用一些小技巧讓我們不用花人力搬運。

(五)快速換模、快速換件

換模的時間也要節省，每種模具要漆什麼顏色、釘什麼顏色銘板？臺車需要多少高度，一看就馬上更換，轉彎的地方，利用輪軸接運，一個接一個，很快進去，很快出來，臺灣很多公司都不會注意這種換模具的小細節，所以製作起所謂多種少量的產品，都束手無措，如果能快速換模、快速轉軸，你的時間就縮短了，就能應付千變萬化的訂單了，實驗證明原本換模需要半小時，現在只需要 6 分鐘，從改善中到改善後，這樣想盡辦法，就會有辦法解決。

(六)電腦化

　　利用電腦化可節省無謂的浪費，如企業內的電子郵件、企業間的信件、對帳單、採購單、訂單……等，不必再花費郵寄時間，另外製作網頁，可用來徵才、做廣告；或者是在缺物料的時候，可以快速地和廠商聯絡，使得公司的運作能夠更快速，並且也可在網路上進行情報蒐集、網路接單、網路下單……。

四、省能源

(一)車輛調度及管理

　　能源的成本會愈來愈貴（如水庫、核能之興廢、國際油價之上漲），許多公司因為沒有管制送貨時的流程，對於車輛的進出都沒有規劃，往往會浪費一些燃料費，所以公司要組織一個調度中心，凡是每天要出車的行程，全部都要向調度中心登記，盡量將併車的時間集中在一起，還可進行搭便車等處理，而且還要保持車內的乾淨、整潔，以去除不必要的物品，因為車裡的重物會影響耗油程度，車子的重量減輕，不要放笨重的東西，這樣一來就可將所有的車輛充分利用、統一調度，並因此節省油錢。

(二)節約能源運動

　　能源支出是企業必要付出的成本，若能節省能源支出，則可以為企業省下一筆可觀的費用。其實際可能的做法如下：

　　將馬桶改成儲水式，以節省水費。並於石綿瓦上層鋪一層金屬板，下面還多一層石綿瓦，使金屬板與石綿瓦片完全密封，中間空隙的空氣完全抽掉，形成絕緣裝置，絕緣狀況可不導電、不導熱，這樣一來可改善石綿瓦廠房的冷房效率。

　　一般辦公室的牆面都需要定期粉刷，粉刷顏色最好用最容易反射的白色，一方面可提振員工的志氣，才不會死氣沉沉；另一方面也可減少吸熱，進而節省能源損耗。所有的日光燈全都改為省電燈泡，可節省 1 / 3

的電力,另外,還有一種動力省電裝置,這種配備可節省 20～30% 的電力,這種裝置在控制電源方面可完全省電,使溫度下降 4～5℃,假設現在 30℃ 熱呼呼的,但降了 4～5℃ 後,26℃ 還可以接受。公司有很多塑膠射出,塑膠的製成需要以塑膠粒所做的原料加溫後放入模具,就形成我們要的形狀,零件剛做出來還熱熱的,我們就利用熱脹冷縮的原理,在餘溫下進行組裝,一方面產品會更牢固,另一方面也節省再加熱的能源。

(三)改善工時(6×15 與 5×24)

因機器開與關之間需花費不少前置時間及電費,因此在舊的工作時間為二班制、每班平均 7.5 小時、六天工時 6×15＝90 小時,新法是四班制、每班 6 小時、五天工時 5×24＝120 小時,後法所付出的薪資略高,但工作時間增加,使產能提升 25%、固定成本降低 25%、電費節省,電價的計算方式是隨時間而有所不同的。若能利用電價離峰時間進行生產,可降低生產的成本。由一天 8 小時縮短為 6 小時,產能也多出了 30%,由(120 小時 － 90 小時)／120 小時=25%,很多間接費用、固定成本,包括總經理、警衛薪資等等,可降低 25%,因為是 24 小時作業,亦可減少開工、收工之作業浪費。休假時機器可保養、工時較短募人容易……,因此,若採用新法會有較多的好處。若訂單減少,則可改為二班制,也是 24 小時,白天班 12 小時做四天,晚上班 12 小時做三晚,亦可達到效果。

(四)調假上班

一天 24 小時之中,電力在 7:30～22:30 是尖峰時間,22:30～隔天早上 7:30 是離峰時間,離峰時間電力的費用是尖峰的 44%,所以工廠可多利用晚上與星期假日,像筆者公司早在政府未實施週休二日前,就已將國定假日調至週六。當時假期就以心理學的角度規劃,將其整個挪到假日連休,因為如果星期四是國定假日,星期五工作一天的效率就比較不好,做一天休二天的效率比較好,而國定假日是離峰時間,這個觀念的推動,使公司節省了不少電費。(當時沒有一例一休的法令。)

(五)焚化爐運用

在推行 ISO 14000 環保時，我們就利用燃燒垃圾的火來加熱水，接上水管，一面燒垃圾，一面將水管的水加溫，然後送至需要熱水的製造單位，亦可提供住宿員工洗澡，不需再重新燒熱水，就能節省更多能源。

參、四不省──品質提升、產品研發、市場開拓、教育訓練費用不省

 一、品質提升費用不省

當我們把每一件產品交到顧客手上的同時，要確保產品的品質是否沒有問題，而且達到顧客們原本所預期的要求，這攸關一家公司整體的形象，也是延續公司生命的一大要素，問題不可說不大，學習怎麼控制品質是一大課題。

(一)品管七大手法（本書第 6 單元專章介紹）

品管圈的七大手法：善用查檢表、柏拉圖、散布圖、直方圖、管理圖、層別法、魚骨圖要因分析等方法來分析，「工欲善其事，必先利其器」。而「新 QC 七大手法」，即親和圖法、關聯圖、系統圖法、矩陣圖法、矩陣解析法、PDPC 法、箭形圖解法等七大手法。其中 PDPC 法又稱要徑分析法，這些不是用量化、數據，而是用圖形來表達的，比較適合幕僚人員。傳統上，品管七大手法是利用能量化的、數據化的，比較適合現場單位。為了鼓勵成立品管圈小組，一段時間後，定期舉行發表會，將達成舉一反三、見賢思齊效果。公司藉由定期檢查內部問題，並且以鼓勵的方式，要求大家使用這項技術應用，以找出問題，並減少錯誤，創造利益。

(二)田口式品質工程

　　田口式品質工程，可說是一種工具，在統計上亦有實驗計畫法利用漫長的時間找結論，然而日本品管大師田口玄一博士卻用了最簡單的手法找到問題的癥結。這套田口品質工程很適合在企業內推行，有立竿見影的效果。

(三)提案改善制度（本書第 5 單元專章介紹）

　　獎勵所需的花費，是不能節省的，因為這對公司而言可以用小錢賺大錢。每一個提案都可能讓公司無形中創造比獎勵所花費的還要多的利益，可藉由提案制度改善公司產品在品質上的缺失。

(四)輔導協力廠品質

　　所謂的互利共生就是這個意思，自己的協力廠商如果品質增加，間接地將會提升公司本身的其他無形品質，所以公司對於協力廠商的問題將定期予以建議，並加以改善。利用鼓勵的方式，讓協力廠商有動機去做改善的動作。對於協力廠商採取拍照方式要求品質，好的廠商給予肯定，不好的加強檢查。

(五)首件檢查、自主檢查

　　100 － 1 ＝ 99 是數學的意義，100 － 1 ＝ 0 則說明品質的意義。賣到顧客的手中，就不可有不良，要怎麼控制品質，大家都要遵守作業流程，有不良要先處理，讓不良不要再發生，做到「不收、不做、不流不良品」為品質的方針。品質要做好，就要做個品質保證的制度，這就是所謂TQM——「全面品質管理」。產品被退回的原因，也要讓員工都知道，讓他們感同身受，推行首件檢查（First Piece），第一天的生產，新人、新機器、新模具、新原料，只要是有關的變數，都要徹底檢查，第一件是很重要的，而且盡量利用儀器來檢查，因為人工始終會有疏忽，沒有機器來得專一準確，所以若有必要花錢買儀器，絕對不要省，免得因小失大，得不償失。能站在客戶的立場看自己的產品是否有所疏失，並且依檢查結果來評定員工的績效。

(六)問題解決、防呆措施

這是一種為顧客和員工著想的行為。防呆措施，這東西做好了要放個物件裝在裡面，很多忙中有錯，假如忘記放入，重量不足，標籤就跑不出來，產品包裝就無法封口，這就是防呆措施，任何人都不會做錯。如果企業能做到這樣，就不會百密一疏。對於公司的產品和設備的操作，公司必須在這方面不節省，才能創造更高的品質。

(七)挑戰國家的品質獎項

對於規模較小、層次不高的公司，建議可參加較易獲得的獎項；另外，到國外參與各項獎也是一種方式，如此可提高國外廠商對本公司的信任。如 ISO（International Standard Organization）或參加政府舉辦的品質競賽，即利用外界刺激來提高品質水準。國家品質獎已經是最高層次了，這是品質進步的催化劑，最後我們要以此作為標竿。另外我們需要得到國外的獎項，特別是美國、日本、德國特別嚴格，要國際化，讓他人承認，我們的品質就會水漲船高。

二、產品研發經費不省

(一)CAD／CAM

想要把研究發展做好，這些研究的工具包括「三次元」──CAD、CAM、CAE，產品開發技術人員最好讓他們的技術深耕，且要大量培植。不僅要做到 CAD／CAM 電腦輔助設計（製造），而且要從 OEM 做到 ODM，OEM 就是人家給樣品、圖面，照本宣科，依樣畫葫蘆；ODM就是設計讓不同的客戶用，將整個情勢反轉過來，不是顧客要求什麼，而是客戶需要什麼，我們做給他，能做到如此，我們的研究開發就成功了。

(二)設計觀念

要提升我們的產品附加價值，例如，早期車子的鏡子是手動式，現在已改為自動，如此一來，鏡子的附加價值就提高了；同樣地，由於臺灣的

道路很窄小，我們就設計可自動摺疊的鏡子，使附加價值提升十倍以上。另外駕駛人在開車時，碰到強烈的光線，鏡子就會自動反射，這些都是高層次的水準，當然附加價值也提高了。開車的人都知道，車子的左後方會有死角，有人就會在鏡子上面貼上一個小鏡子，若是賓士車這樣貼能看嗎？所以我們設計一個兩種不同的反射距離，當然其附加價值也提高了，所以研究發展更要朝這個方向前進。

外國很多地方會下雪，臺灣亦常下雨，若鏡子裡有用電動震動片，經過震動就會略微清楚，再加上加熱片就更清晰了，這就變成一個鏡子的高科技，我們裡面的鏡子完全與半導體結合，附加價值節節上升。除此之外，鏡子的外表原本是黑色的，也可以將它漆成與車體同色，所以內在美與外在美兼顧，就可提升很多。

(三)水平展開與垂直展開

公司不斷地想轉型，如早期鏡子轉向小桌鏡，背面有明星的照片，馬上轉型到摩托車、汽車的後照鏡，然後，水平地展開轉向衛浴設備的鏡子，未來還可走到光學鏡，這策略從車內要用的、建築用的、到光學用的、教學用的。水平展開與垂直展開是思考的兩種方式，隨時利用從事研發，將有助於創造力的提升。

(四)包裝設計

除了內在美以外，也要著重外在美，所以包裝設計在配色、商標、造型、陳列上，都能吸引顧客之購買慾。

(五)引進外國先進科技

真正的品質是設計出來的。有人說：「歐洲的品質是設計出來的；日本品質是製造出來的；臺灣的品質是檢查出來的。」臺灣需要一個個地檢查，品質實在不穩定。日本的品質則是 PPM（一百萬分之一的品質不良），甚至到 PPB（十億分之一的不良率）。紡織業以義大利最有名；世界最好的酒也在法國；世界最好的家具在丹麥；世界最好的錶在瑞士；最好的車子也在歐洲，他們做得不多，但都很精緻，附加價值也高。所以

真正賺錢的人是設計者,在設計時就會將產品做好。他們依照流程圖,將設計圖設計得天衣無縫,並從外國先進引進技術,因為瞎子摸象的效果不彰。研究發展還有兩套方法 FMEA(不良模式分析)和 QFD(品質機能展開),也是公司的命脈,如此多管齊下,研發將銳不可當。

 三、市場開拓經費不省

(一)運用產品矩陣圖

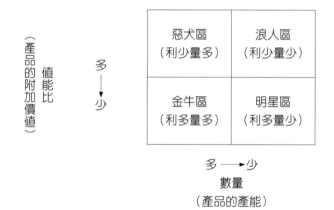

產品矩陣中,橫坐標是產品的產能,縱坐標是產品的附加價值,營業單位要與財務配合,我們發現一種量多利多的產品屬於金牛區,這種產品的行銷要確保;一種量少利多的明日之星,我們要促銷;一種量少利少的浪人區,我們暫時不管它;一種量多利少的惡犬區,這種產品要設法改善,否則會使公司失血。該如何改善呢?如之前所說的原料成本要 VA／VE,人工成本要用 IE(工業工程),品質成本要用品管圈、田口式品質工程,另外製造費用採用 TPM(全面生產保養)、管銷費用採用 IMC(間接部門效率化)等等,如此一來,劣勢產品都會改善。由公司產品在產品矩陣上的分布,可以幫助我們判斷哪一種產品對公司的貢獻為何。並

且分辨出何者才是值得發展的產品、或何者是需要開拓市場的產品。

(二)分散市場

做生意一定要先將國內的內需市場顧好，一旦國內的市場已占有一定比率以上，就應該往國外發展，而且針對不同國情的市場，有不同的做法。而最好先占領國內市場，先安內才攘外，讓產品至少有個內需市場；為了長治久安，唯有向國外發展，才是國際企業應該要走的路。國外市場中，美國就如同 OK 繃，因為其市場大，且對品質並不太在意，哪裡便宜哪裡買，故此種市場很容易進出；日本、德國如同辣椒膏（貼時頗費時、撕時皮毛撕裂疼痛），不易進入也不易出來，針對此兩種不同型態，本公司所採取之策略為：在美國自設品牌，自己有發貨倉庫，並請當地人擔任推銷員，如今本公司已為當地第一品牌；在日本請另一夥伴銷售而不自設品牌，所以根據不同的市場，要有不同的做法。

(三)海外參展／海外拓點

到國外參展，第一，可了解世界變化的趨勢；第二，可推銷我們的產品，建立人脈關係。在美國自己設發貨倉庫據點與行銷通路，對當地美國人推銷，用當地白人來促銷，如果我們不這樣做，就會被美國的 BUYER（買方）左右。相對地，日本及德國市場就不要走 OBM，要走 OEM，最重要的是注重品質成本的降低，這樣市場就保有一席之地。同樣地，他們注重品質，不喜歡換客戶，所以一旦成為他們的客戶，就不易變動了，所以德國與日本都重品質、重交情，尤其品質的確保是非常重要的。

大陸有 13 億人口，不要荒廢，另外建議的是印度市場，印度人口有 11 億，且生育率也很高，種族階級很明顯，控制少數的菁英，只要 10% 就有一億人口了，對我們而言，是個很大的市場，而且 2025 年，世界人口最多的是印度，而不是中國大陸，也不要忘了東南亞國協。在 ASEAN 體系下，貨物是可以自由流通且免稅或抵稅的。

(四)外匯操作

每個國家都有不一的匯率浮動，好好利用即期電匯，而不需要一定用 L／C 信用狀，信用狀會升值、貶值，不是我們當時能決定的，利用各國匯率的變動，可賺一些外匯差額，這是我們在做國際行銷要考慮的。如再運用各國不同之三率：稅率、利率、匯率，真是爐火純青、登峰造極。我們要把世界當市場，讓公司壯大，配合國家的政策，把世界當成世代來經營。

(五)活用藍契斯特原理（Lanchester's Law）

行銷是有戰略的，運用藍契斯特原理，所謂「石頭、布、剪刀」，當剛進入一個市場時，要像「石頭」，集中火力攻打目標市場；接著像「布」，擴大占有率，某一年齡層、某一行業……。當競爭者占有 40% 時，要檢討哪個是你的燙手山芋，要像「剪刀」，將它消除掉，敵消我長，如果你的行業位在第一名，重視情報戰（防守戰）；第二名要作創新戰（攻擊戰）；第三名要作政治戰（側擊戰）；第四名及以後要作宣傳戰（游擊戰），我們要學習《孫子兵法》：「其疾如風，其徐如林，侵掠如火，不動如山」。

 四、教育訓練費用不省

(一)充實教育訓練軟硬體

管理是不斷地對人和設備做投資，在人的方面，人是企業最重要的資產，定期讓員工了解最新的技術和知識，將有助於提升工作職場的競爭力，所以每年年底都會安排明年的目標管理。為了達到這個目標，應接受教育訓練的課程，可請外面的人來演講或到外面去受訓、到國外學習等。

(二)觀摩國內外優秀企業

我們也要安排到國外或是國內的公司去參觀，人都是眼見為真，甚至可以舉一反三，每年都安排兩次的工廠參觀。甚至在年假間可安排到國外

參觀，看到別人的進步，才會縮短我們的差距，另外可利用教學光碟片，透過動態畫面，得到更好的學習，而且當交通惡化、塞車時，都可利用教學 CD 片的播放來善用時間。

(三)師徒制

這是由德國發起的訓練方式，可以使後起之秀在老師傅的帶領下，迅速掌握工作的要點，德國工業之所以如此地發達，師徒制的功勞占了很大的因素，對健生公司來說，如何讓公司的知識能夠傳承，師徒制將是一個不錯的方式。

(四)培養子弟兵及專業教材

員工做到工作自動化、省人化，才能精簡，且必須要做輪調的工作、編列實用的書本，與大學相關科系合作，專門來為公司實習編列教材，因為很多市面上的書無法為我們量身打造，那麼我們有自己設計的書，自己來教，效果會更好。而到外面受訓時也要有成果發表，所謂一人百步不如百人一步，要讓成果分享，薪火相傳，請受訓的人轉授對公司有益的資訊，讓員工來分享，我們要讓成果分享，也要讓薪火相傳。

(五)管理遊戲

例如危機訓練就是要讓中階主管迅速了解公司的任務和突發狀況發生時，需要採取什麼行動，以增加處理狀況的能力。我們可設計一套遊戲，以各種經營的模式化做遊戲，進行生產、銷售、廣告、市場研究等，做很多合理化的工作，讓行銷人員、生管人員等身歷其境。

緊接著做「人力盤點」：有種人是不能做又不願意做，只找錢多事少離家近，位高權重而責任輕的，這種人是公司的敗類，要讓他知難而退；有一種人不能做而願意做，是個人才，要加強訓練；有一種人能做又不願意做，要加強意願，讓他人盡其才；讓能做又願意做的人愈多愈好，原則上，幹部要自己培養，這種人才能得到認同。

筆者所提的四省及四不省可轉變成數字，成為企業努力標竿，而不是口號。「經營靠策略、管理靠制度、執行靠方法」，經營策略是用來提升

企業競爭力，未來或許有金融風暴，但企業的體質很好，就不怕外面的風雨；臺灣的過去被譽為奇蹟，對於未來更要有把握，所以利用四省、四不省讓企業更有信心。

此外，由於整個大環境的快速改變，一個企業如何才能應付這十倍速時代的改變呢？這是關於企業及個人應變能力的反應。假設有一天突然遇到意外事件時，我們應該採取什麼判斷、行動呢？如果缺乏冷靜的思考，狀況判斷又不確實，就無從做適切的處置了。可是，大環境的變化並不是我們所能控制的，當面臨緊急事件時，例如在登山時迷路、房子著火、或像鐵達尼的船長，必須由冷靜的思考與判斷，才能保全性命。我們可以藉由以下的小遊戲，來做個小小的測試，看看您的決斷與小組間的意思之差異，甚至是與經驗豐富人員的判斷，是否差異甚多呢？準備好了嗎？我們一起開始來判斷，並解決這項危機吧！

登山迷途

你（們）是登山小組的成員之一，在臺灣準備征服某高山，但在登山時，不小心在森林區迷路了！此時，正是臺灣三、四月的梅雨季節，而且深山區常有亡命之徒潛伏其間，而距離最近的原住民村落則在 50 公里以外。下面有十四項物品可供小組取用，而你（們）的工作是按重要性取用，以便順利抵達安全的村落，請以 1－14 的號碼編列：（如房子著火了，在有限時間，搶救最重要的物品或文件，而不是像無頭蒼蠅亂撞，適得其反。）

項次	物品	個人	小組	登山協會	個人與小組差異	小組與山協差異
A	收音機					
B	書籍 2 本					
C	鏡子					
D	刀					
E	繩索 50 公尺					
F	火柴 4 包					
G	地圖（山區）					
H	帳篷 2 頂					
I	急救包					
J	水 2 桶					
K	罐頭食物 36 罐					
L	雨衣 3 件					
M	指南針					
N	信號槍彈 3 發					

　　做好了嗎？看看自己和小組、登山協會之間的差異，可用標準差運算，愈小愈佳，這個遊戲除了可以學習集團討論方法，另外更可以了解自己和團員間的契合度，從中更可比較個人之決斷與小組的意思決定，來學習小組意思決定過程。

　　登山協會的答案：A－7　B－13　C－14　D－6　E－12　F－5

　　　　　　　　　　G－4　H－10　I－8　　J－2　K－1　L－11

　　　　　　　　　　M－3　N－9

玩中學—管理遊戲

案例一

　　從一個公司的生產、研發、促銷、配送等管理過程，我們設計了下面這個遊戲，使大家更能了解整個流程與意義為何？

　　希望藉由遊戲，徹底地將理論與實務結合在一起，在遊戲中學習到經驗與理論。達到「學中做、做中學」的境界。

　　透過管理遊戲讓大家了解企業的經營策略，其活動如下（戲法人人會變，遊戲內容可多方設計，由於執教科系是國際企業管理系，故加入二道國際觀遊戲，組別亦用國名代替）：

1.闖十關活動項目：（其後以照片佐證，因時空更換順序）

闖關別	遊戲名稱	活動目的	活動意義	活動辦法	時間	使用道具	預算
第一關	猜地名	培養國際觀	身為國企系的一員，應具備應有的國際觀。	發給隊員地名一疊，兩分鐘記憶，猜對一題一分。	8分鐘	卡片 遊戲卡 馬錶 海報	5元
第二關	拼圖	製造	發揮團隊精神，完成品質良好的產品。	將兩塊拼圖依序完成，未完成第一片者，則不能完成第二片；除了完成外，速度也很重要。	8分鐘	兩塊拼圖 卡片 馬錶 海報	50元

（續）

闖關別	遊戲名稱	活動目的	活動意義	活動辦法	時間	使用道具	預算
第三關	射飛機	研究及開發	透過摺紙飛機的過程，讓同學了解研發在生產過程中的重要性。	兩分鐘摺紙，五分鐘時間試飛，試飛中可再加以改造，最後給予隊員一分鐘取最遠的距離為計分標準。	8分鐘	A4紙米尺馬錶海報	45元
第四關	疊積木	組裝	組裝的精確度可生產優良的產品。	關主有四個已完成的積木，請隊員依此模型也完成四個模型。以完成度來評分。	8分鐘	積木卡片馬錶海報	20元
第五關	傳圈圈	團隊合作	增加生產過程準確度。	隊員排成一列，用嘴咬吸管傳橡皮筋，看哪一組傳得最多。	8分鐘	吸管卡片橡皮筋	100元
第六關	猜價格	採購	依採購經驗購買符合廠價之產品。	依排列商品猜價格，每組有五次機會，關主會給予提示，依差距來決定優勝。	8分鐘	文具用品卡片海報馬錶	800元
第七關	二人三腳	同心協力、互助精神	團隊精神及默契可使產品順利完成。	先抽籤，看是抽到二人三腳或四人五腳，再依路線在規定時間內跑，依跑完圈數最多者計分。	8分鐘	童軍繩膠帶馬錶卡片海報	25元

（續）

闖關別	遊戲名稱	活動目的	活動意義	活動辦法	時間	使用道具	預算
第八關	疊疊樂	風險管理	依投資風險來改變決策。	請隊員用鋁箔包堆高，在一定時間內，視隊員覺得滿意的高度，作為最後評分標準。	8分鐘	飲料兩箱 馬錶 海報 卡片	365元
第九關	比手畫腳	溝通及團隊默契	增進勞資雙方的認識，增添團隊之默契。	請一隊員出列擔任題目的比畫人員，其餘隊員作答，答對一題一分。	8分鐘	卡片 馬錶 海報	5元
第十關	猜國旗	國際觀	國企系的同學需要具備國際觀，所以要認識世界上許多國家。	猜四大洲國家的國旗，前兩分鐘記，六分鐘猜，猜對一題獲得一分，最後兩分鐘一題五分，猜非洲國家國旗。	8分鐘	有國旗之撲克牌 籃子 卡片 海報	50元

2. 獎勵辦法（為鼓勵學生，筆者自行提供獎品）：

獎　項	獎　品
第一名	一幅字、一幅畫、書一套、金幣一組。
第二名	一幅字、一幅畫、高級資料夾一組、高級螢光筆一組。
第三名	一幅字、一幅畫、高級磁片一組。
第四名	一幅畫、高級資料夾一組。
第五名	高級文件夾一組。
最佳元氣獎	健康飲料二箱。

3. 分組名單：

組別	隊名	人　員
1.	美國	蘇智鈺、黃亮裕、蔡君宜、陳地詮、張簡宏良（複姓）、沈詩雯、莊楚函。
2.	加拿大	林立宇、邱耀銘、游志昇、蔡明政、蔡朝偉、歐鳳儀、施淵耀、黃惠雯、紀景文。
3.	埃及	吳宜明、謝曉荔、林宜興、王柏智、黃琪皎、王耀聰、甄施翊、朱建銘、葉雅蓉。
4.	義大利	黃琦絢、蔡秀玲、劉乃華、周毓敏、黃雅玲、邱恬如、杜陽圓。
5.	巴拿馬	詹素惠、洪儷菁、陳千慧、陳麗如、邱美芳、梁景惠、陳泓伸。
6.	墨西哥	江時賢、葛大志、徐智賢、黃瓊誼、蕭欣宜、范曉雯、李俊宜、鄭子豪、鄭心怡。
7.	法國	張雅菁、林靜雯、何玉文、謝志遠、林永貴、蔡侑霖、魏君玲。
8.	阿根廷	溫佳玲、翁曉萱、賴睦晴、李芳姿、林凱嵐、方孟淳、闕俞欣、王雅玲、陳杏如。
9.	希臘	李奐樑、吳嘉諺、臧憶蕙、陳宛臻、潘秀絨、張凱慧、賴冠宇。
10.	英國	莊欣怡、蔡佩伶、葉剛碩、陳志雄、湯慧玲、林品君、林書弘、邱淑蓉。

4. 成績總分：

組＼關	1	2	3	4	5	6	7	8	9	10	分數	名次
1	6	9	8	5	6	3	6	5	10	9	67	2
2	8	3	1	8	10	8	10	7	7	2	64	3
3	5	1	3	4	4	1	5	8	4	1	45	9
4	1	2	2	1	2	2	1	2	1	6	20	10
5	4	4	4	3	8	4	9	1	2	8	46	8
6	3	7	9	9	7	5	3	6	6	7	62	4
7	9	8	6	7	1	10	4	9	3	3	51	7
8	10	5	10	2	9	8	7	10	8	4	73	1
9	2	6	7	10	3	6	2	3	9	5	53	6
10	7	1	5	6	5	9	8	4	5	10	60	5

5. 得獎名單：

獎項	組別	組名
第一名	第八組	阿根廷
第二名	第一組	美國
第三名	第二組	加拿大
第四名	第六組	墨西哥
第五名	第十組	英國
最佳元氣獎 （精神錦標）	第二組	加拿大

6.心得感言：

林永貴	能夠和大家一起玩遊戲很高興，從遊玩當中學了很多，理論跟遊戲結合，讓我們了解得更深入，也可以培養我們的團隊精神，謝謝莊老師及全班同學的努力。
臧憶惠	每一關都有代表它的主題、意義，透過遊戲的表達方式，從中我學到很多上課學不到的東西，謝謝老師的動態教學課程，這樣的方式寓教於樂，在此，謝謝莊老師及擔任各個關主的同學。
蔡君宜	很高興能跟同學一起玩經營管理的戶外活動，我看到每一關的主題都跟我們上課學到的理論一模一樣，而遊戲的關主很認真的幫我們設計了遊戲，謝謝你們。

（以國旗為隊名，以符合國企系之宗旨）

（準備各式獎品，獎勵績優單位）

7. 活動照片剪影（一）：

第一關　比手畫腳（溝通能力）

第二關　世界觀（國際化能力）

第三關　猜國家（國際化能力）

第四關　射飛機（研發能力）

第五關 拼圖（製造能力）

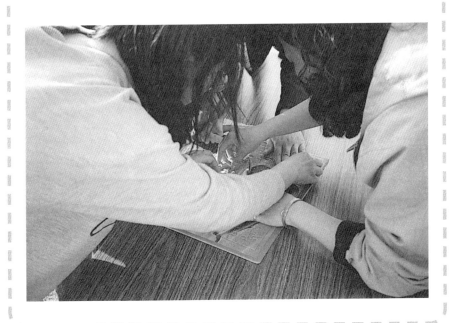

第六關　傳圈（物流能力）

第七關　積木（裝配能力）

第八關　猜價格（採購能力）

第九關　二人三腳（協調能力）

第十關　疊疊樂（倉儲能力）

8.活動照片剪影（二）：

道具準備

遊戲前打氣加油

頒獎及講評

做中學—企業競爭力之提升

 案例二

一、前　言

　　世界的環境正處於一個變化迅速且複雜的洪流中，在全球化及世界地球村的趨勢下，臺灣的企業的確需要如何因應全球競爭的衝擊及抓住機會，企業唯有認清自己、了解自己的優劣勢，抓住機會，避開威脅，才能在動盪的環境中，安身立命。

　　而提升企業本身之競爭力，乃是與全球企業競爭的基礎。本報告的基本思考邏輯為藉由上課吸收莊老師經驗、思考模式及實務運用方式，並且研讀老師相關著作，將心得發展至個案公司的改進上，藉以建議個案公司，以提升其競爭力。

二、個案敘述

(一)公司簡介

　　臺灣之 P 集團及美商國際製革公司合資成立 T 專業製革公司，專門製造天然皮革，以供給世界知名品牌之製鞋業者，產品種類有100 種以上。

　　該公司為一傳統產業，由於臺灣環境保護及人工費用成本日益高漲，在整個生產作業流程上，更需以較有規模及效率方式來運作。

(二)公司使命

　　T 專業製革公司之定位為專業製革工廠，公司使命及經營理念為「邁向品質與創意領先之國際化製革廠；經營客戶、員工、社區、環

境及供應商之夥伴關係」。致力於提供人類更舒適、便利的優質環境，並以邁向品質與創意領先之國際化製革廠為主要目標，亦致力於建立與供應商、下游廠商之互利共榮的夥伴關係。該公司為提供人們更舒適的環境，不僅供應製鞋牛皮，近二年來亦跨足沙發皮、家具皮飾、皮包、皮件、皮帶等牛皮製品市場。

(三) 經營策略

策略一：採取高價策略（追求高利潤市場吸脂最大化），由於有強勢的研發能力技術行銷等利基。

策略二：部分高汙染低技術產品生產線外移。為因應臺灣人工成本及環保成本的提高，故將大量生產低技術、低單價的產品外移至大陸廠，而臺灣以生產高單價的休閒鞋皮為主。

策略三：尋求減少汙染的化學藥品，並考慮將部分高汙染的產品移至大陸廠，完成產生汙染的製程後，送回臺灣製成成品出貨給客人。

策略四：採用密集成長市場策略。由於景氣蕭條，為因應消費者相對用於鞋子方面的支出明顯減少，故正積極開發汽車牛皮椅套、沙發皮、家具皮飾、皮包、皮帶、皮件等，以期獲得更多的顧客占有率。

(四)SWOT 分析

優勢：

1. 擁有雄厚的背景，國際性大型銀行因為 P 集團及美商國際性製革公司的關係，提供免擔保的巨額貸款。

2. 擁有技術研究發展行銷等核心利基，技術人才充裕，居於市場的領導地位。

3. 品質穩定且前置時間短，因而可以應付客人少樣多量的需求。

4. 相對於東南亞、大陸地區的皮革廠，T 專業製革公司擁有勞基法及相關人權法令，因而較具競爭優勢。

5. 組織具備國際觀且國際行銷網路健全。

6. 溼藍皮進口免關稅，因而可以降低原料購買成本。

7. 因為 T 專業製革公司大量生產皮革製品，無大量購買溼藍皮，因此與供應商議價能力高。

　劣勢：

1. 臺灣環保意識高漲，且政府制訂廢水汙染標準亦逐年提升，因而提高環保成本。

2. 為中美合資企業，受到價值觀、文化、思考等差異衝擊，因而造成組織命令系統不明確。

3. 由於生產線上僱用外籍勞工、多國技師，因而有語言與文化上之隔閡，因而提高管理上之成本。

4. 組織成長過快且工作設計不夠周延，致使制度改進速度無法趕上組織成長腳步及人員的快速擴充，使得某些工作重複或某些工作無人管轄，致使管理作業成本提高。

5. 電腦作業系統設計不夠嚴謹。

　機會：

1. 臺灣加入 WTO 後，更有利於開拓國際市場，如歐洲市場。

2. 全球運籌中心的積極推動有利於創造新的商機，使得貨物在 IB 及 OB 作業縮短、能夠更快速供應客戶需求貨物。

3. 大陸市場對於知名品牌休閒鞋之需求正在持續成長中。

4. 成功地研發變色皮，其變色皮會隨著陽光強弱、氣候、溫度等不同，而產生不同的顏色變化，符合年輕人愛炫的心態，可能會為公司創造利潤。

　威脅：

1. 大陸、東南亞的競爭者急起直追，競爭威脅日益增加。

2. 全球環保意識的高漲及政府相關法令的公布，增加環保成本。

3. 加入 WTO 後，市場更開放、競爭、激烈，威脅愈大。

4. PU、PVC 等化學合成製造技術精進，可以達到真皮之柔軟度、觸感與紋路，而化學合成皮之價格較為低廉，可能品牌商及下游製鞋業者將採用化學合成皮來替代真皮，因而威脅到真皮的生產。

5. 國際環保人士對於皮革使用之反對聲浪。

三、針對個案公司現行運作實務與提出建議

提升競爭力之四省、四不省管理方針：

四省	四不省
省材料	品質提升費用不省
省人力	產品研發費用不省
省時間	市場開拓費用不省
省能源	教育訓練費用不省

(一)省材料

方法	公司現行作業描述	建議改善方法
先進先出	個案公司目前針對製成品存貨部分，有一套製成品存貨管理系統，其乃控制製成品之進貨與出貨。但缺點為系統無法作出正確的判斷，需要人工協助分析先進先出原則。而針對原物料的管理方式，則完	(1)針對製成品部分： 由於個案公司採用接單生產及計畫生產方式（預投產，在淡季生產），先進先出的方式需應用在計畫生產部分，以補足市場預測與計畫生產之間的落差。用顏色管理的方式，將成品區分為三個月、一個月及訂單出貨三部分，生管人員必須隨時控管庫存狀態，以先進先出原則作好庫存管理。而針對庫存一年以上，業

（續）

方法	公司現行作業描述	建議改善方法
	全依賴人工作控制，故帳面庫存相當高且庫齡相當久，堆積存貨成本。 針對製成品庫存一年以上部分，會請業務人員以較低價格促銷給沒有品牌之鞋廠。	務人員才進行促銷部分，改為庫存六個月即進行促銷，根據評估，皮革在六個月後由於氣候溫度的變化，品質質感即起變化，建議改為六個月可以確保公司品質信譽。 (2)針對原物料庫存部分： 　個案公司原物料庫存壓力相當大，以較長期來講，需要建置一套完整的原物料管理系統，加上以顏色管理來區分庫齡，將過期不用的原物料退回供應商或銷毀，以免囤積庫房，積壓資金。
三家比貨二家採購	個案公司最主要的原料為製造皮革之溼藍皮，其為牛隻之皮革經過化學藥品泡製，呈藍色。目前世界牛隻以中南美洲的品質較為穩定，個案公司95%的溼藍皮由中南美洲供應。其缺點是溼藍皮的採購集中於同一家供應廠商及同一區域，例如最近的美西封港事件，個案公司就受其影響，而延遲產品之交期。	針對溼藍皮之採購，建議平時即可多加搜尋國外之供應商，除了美洲地區外，如澳洲、烏克蘭、東南亞等地，並先以少量樣品測試品質，待其品質無虞後才大量採購。以免發生類似美西封港事件，及地區狂牛病，導致有斷貨之虞。另外可以防止採購弊端。

（續）

方法	公司現行作業描述	建議改善方法
不賺錢產品的改善	個案公司有優越的新產品研發及行銷能力。然而研發能力與大量生產其品質之穩定性，並不完全成正比。故有某些產品品質較不穩定，物性測試未達品牌標準。	建議採行所謂之提案改善制度，尤其是研發及相關生產部門之同仁，鼓勵其熱衷於產品品質改善之提案，如此大家集思廣益，才能克服產品品質問題。提案制度也需要相關之獎勵措施，來增加員工的興趣與動力。

(二)省人力

方法	公司現行作業描述	建議改善方法
商品條碼化及建置完備的資訊系統	個案公司之資訊系統完全是依各部門之需求而建置，因此沒有一個完備之整合系統，從前端客戶下單、生產、倉儲、運送貨到尾端的會計帳務系統，個案公司花費許多人力物力及資訊重置之成本。	建議個案公司將目前各部門之獨立作業系統作一整合，透過介面將資訊系統做連結，讓資訊得以完整地傳達至流程的下一個部門，減少失誤之機率。 發展商品條碼是物流控管一個重要方式。建議個案公司可以將商品編製條碼，如此對於庫存的管控、原物料的採購及會計銷貨系統有莫大之幫助。
結合員工考績與激勵措施	個案公司並沒有明顯之員工激勵措施，員工表現優劣似乎與其薪資沒有直接之關係。	建議以下做法： (1)員工升遷管道透明化。明訂如年資、學歷及績效考核、提案制度表現、主管推薦等晉升條件，讓員工有清楚努力之目標。 (2)獎勵研發、提案、作業改善。

（續）

方法	公司現行作業描述	建議改善方法
		(3)辦理團體活動及精神喊話,讓員工凝聚共職。
看板管理	個案公司現場並沒有看板管理之實施,對於品質、目標、公司宣導事項等,都是藉由傳統之科層組織傳達。	建議使用看板管理,將公司經營之理念,願景、期望、及對於品質之要求,作業規則管理,目標及宣導事項,藉由看板傳達,讓員工可以時時謹記,增加工作效率,與生產力。

(三)省時間

方法	建議改善方法
運用顏色管理縮短時間	建議運用顏色管理來管理卷宗、文件、檔案資料,可以節省拿取及歸還時間。
節省電話時間	設定一定通話時間（區分 3 分鐘或 5 分鐘）,使員工把握每次通話時間及說話品質。

(四)省能源

方法	建議做法
節約能源運動	建議以下作法: (1)辦公室冬季空調在上班後二小時打開,下班前二小時關閉。 (2)馬桶改為二段式沖水。 (3)日光燈改為省電燈泡。 (4)中午休息時間需將電腦關機,同時主機房可做備份。

(五) 品質提升費用不省

方法	建議做法
提案改善制度	個案公司皮革品質檢測上有著嚴密且專業的管控，每一品牌商對於皮革的物性、柔軟度、延伸性、彈性、拉力、防水及染料等，皆有不同的標準與要求，該公司根據不同品牌商、不同的標準，做出不同質感的皮質，以符合客人要求。但某些產品其品質不夠穩定，常有客訴發生。 建議個案公司建立提案制度，不論對流程改善、品質提升，及作業方式，或發展更容易製造之產品，減少不良率的方法等。提案制度需配合相關之激勵措施，以增加員工的興趣與動力。
與品牌商共同研發	個案公司與鞋廠、品牌商間維持良好之網絡關係，因此為維護品質之穩定，甚而研發更新技術之製程，其有賴於與品牌間之充分溝通，建議與品牌商或鞋廠共同研發，讓其更清楚皮革之物性及特質，進而達到客戶對品質看法之一致性。

(六)產品研發費用不省

　　個案公司乃是由美商國際製革公司及臺灣之 P 集團投資而成。美商國際製革公司擁有將近一百年之製革經驗，其擁有實力堅強之製革團隊及技術，其會固定外派技術人員至個案公司技術轉移與指導。另外，臺灣之技術人員也定期外派至德國實習新技術。因此個案公司在產品研發上資源充裕，故成為一項優勢。

(七)市場開拓費用不省

　　美商國際製革公司同時也具有優勢之行銷網絡，其與各大品牌商，如 Nike、Adidas、Timberland、New Balance、Reebok 等世界知名品牌，建立相當良好之網絡關係。

(八)教育訓練費用不省

方法	公司現行作業描述	建議改善方法
導入在職訓練系統	以個案公司現況而言，皆以舊人帶新人的傳統方式訓練。對於技術不純熟的新人而言，所受到的壓力較大，且學習效果較有限。	如能有效率導入在職訓練系統，可以減少新人因為技術、環境等問題而離散，並且增加學習效率，安定人心。 訓練活動可以分為嵌入式訓練及見習生訓練。對新進員工以見習生方式訓練，為期二星期。對一般舊員工則以嵌入式方式訓練，每週固定時間做心得、流程改善等分享。
知識庫的建立及組織成員行為的塑造	製革產業為一個須靠技術、經驗、知識傳承之傳統產業，皮革揉製的質感、觸覺、光澤度及柔軟度，都需要經驗的傳承。如何將個人的經驗、技術等轉為組織的知識，對製革工業來說是一個重大考驗。以個案公司現況分析，距離推動整個公司的知識管理系統，尚有包括組織、資訊科技等問題需克服，故現階段而言，以建立現場製革技術之知識做管理，將個人經驗及知識轉化為組織知識為目的。	導入的相關步驟如下： (1)發展內部訪談及問卷調查，大致在於了解現場之知識管理的現狀、知識的分類及範圍，以及推動知識管理可能的障礙。問卷調查及訪談乃間接向員工宣示推動知識分享的決心與意味。 (2)取得高階主管的支持，並且獲得其承諾可以取得相關經費及資源。 (3)採取階段性導入，遴選一個單位為先導單位，並推派一位專案經理，及一位資訊工程技術人員建立知識庫。該單位高階主管及專案經理需全程參與，並強化內部共識。 (4)訂定每週三及週五晚間，每晚二個小時為知識分享時間，成員必須準備技術心得報告，共同分享，並做成心得紀錄。同時專案經理必須對該單位宣導，建立「創造工作環境」、「提升工作成就」及「累積經驗傳承」之共

（續）

方法	公司現行作業描述	建議改善方法
		享價值觀念。養成創造、貢獻及分享之文化及習慣。 (5)知識庫的建置，讓成員能夠立即取得工作上所需的訊息及知識。並在公司內部網站設置討論區，讓員工得以抒發己見，作為知識的交流。專案經理及高階主管必須能隨時掌握員工討論議題的範疇，並予以導正。 (6)建立成員績效考核標準，定期褒揚心得分享及知識分享有功之成員，並將組織內優良標竿、範例提供至組織所有成員，促進成員間學習及互動。

四、結　論

　　以現在全球之競爭態勢而言，未來不再是過去的延伸，新的科技技術會取代舊有的技術，新的產業結構會取代舊結構，原本看起來緩慢的改變，到最後有可能演變成驚天動地的改革，今日之利基市場，有可能成為明日之大眾市場。因此，如掌握未來趨勢之變動，科技、人口、環境、法規的改變等，乃是企業面對未來競爭的首要條件。

　　要提升企業之競爭力，從組織內的個人、中階主管到高階主管，都必須自我提升。高階主管可以比喻是望遠鏡，其要務在了解未來的競爭與今日有何不同，以及對於產業趨勢、環境之洞悉能力。中階主管則像是放大鏡，解決組織中的問題並組成一個具有競爭力的團隊。而低階主管及一般的組織成員是顯微鏡，需隨時發覺問題並且研擬改善之道，且隨時充實自己的專業知識，以因應環境變動的挑戰。

做中學—某人壽保險公司之企業競爭力分析

案例三

一、外部環境分析

(一)總體環境分析

1. 經濟因素：受到全球經濟衰退及東南亞金融風暴，與國內產業行銷衰退的影響，在一片經濟蕭條之際，物價上漲，通貨膨脹似乎明顯地侵襲著產業。

2. 社會因素：面對醫療科技的精進，使得全人類人口平均生命延長老化，而眾多的單身貴族及頂客族，也使得人口日趨減少；又因社會福利、健康保險、年金等因素，漸漸地影響到壽險業。

3. 政治因素：因政府頒布諸多法令，如《公平交易法》、《反托拉斯法》、《稅法》、《勞基法》、《消保法》等等法令限制，因此，在壽險業有壓縮獲利能力及加入 WTO（世界貿易組織）下，面臨了開放競爭之壓力與整體衝擊。

4. 科技因素：隨著網路科技的盛行，一些事務 e 化強度普遍，傳統行銷手法及地域限制已全然被 e 化；又利用網路科技應用到諸多金融商品上，使得百年老店的生存地位即將被取代。

5. 生態因素：壽險業是屬於金融服務業，而對心靈環保極為重要，因為現代人道德淪喪，很多經濟罪犯往往透過詐領保險金而逍遙法外，因此，道德心靈的改革及價值觀的重建，仍是當務之急。

6. 重大事件與未來趨勢：

   (1)地震：九二一大地震造成國人生命財產之重大損害，為了喚醒

大眾對地震保險之重視，財政部已規劃開辦民眾需求之地震保險制度，並將鼓勵保險業開發相關新保險商品及加強宣導大眾購買，以保障社會大眾財產安全。

(2)加入 WTO 的影響：加入世貿組織，融入國際自由經濟體系，國際經濟的發展趨勢更為自由化、國際化、全球化，享受「比較利益」原則下更佳的產業發展機會及消費者福利。保單分紅自由化，是因應市場自由化的必要工作，特別是 2002 年以來，全球金融市場的利率快速下滑，壽險業者在投資市場報酬率走低、存款利率快速下滑之際，僅能以降低保單預定利率的方式，縮小愈來愈大的利差虧損，不過，保單利率走低卻使得保費大幅上揚，業績拓展也因此面臨極大的阻礙。加入世界貿易組織之後，國內具有足夠資金的壽險業者，跨足至海外的壽險市場對保險業的影響：

‧國內消費者可有更多選擇，且享有更高之服務品質。

‧對保險公司而言，在產品開發人員素質與服務品質上皆需要具彈性及提升來因應。

‧政府方面需加強保險監理措施及維持市場秩序，以維護消費者權益。

(3)金融腔股公司紛紛成立：

新的金融六法效益已反映在國內金融集團進行整合與跨業經營的規劃上，依金融控股法規定，金控公司可投資銀行、保險、證券等金融相關事業，亦可投資外國金融機構，進行國際化發展，即保險金融化、金融保險化，故可增加銀行收益及滿足客戶之一次購足之需求，許多銀行相繼與保險業合作，成立銀行保代部門，將業務拓展到保險商品，增加經營範圍，如國泰金控、富邦金控、新光金控、開發金控等。

(4)大陸市場與兩岸經貿情勢發展：

隨著大陸市場對保險業之開放，財政部已修訂保險業前往大陸設立據點相關辦法，中國大陸壽險市場潛力大，臺灣業者有文化與語言優勢。

(二)產業環境分析（五力分析）

1. 潛在進入者：政府政策性的開放，使得過去較具保護色彩的壽險業面臨開放後的競爭，新進入者挾著帶來的資本紛紛搶進市場，期能獲得利潤，而 WTO 一開放，則國外大型企業隨即加入競爭行列。

2. 供應者談判力：相對地，因為壽險業財務資金充裕，又受到政府法令限制轉投資的困境，因此，對於轉存銀行之孳息相對談判力較低，而在轉換成本則相對較高。

3. 購買者談判力：因為壽險商品通常需經財政部核可才准予販賣，因此受到限制化的商品，購買者即有相當大的自主權，因而折讓空間相當大，又由於團保及批購盛行，因此購買者議價彈性高。

4. 替代品談判力：由於政府重視社會福利，因此，有關過去醫療保險紛紛被全民健保所取代，在儲蓄險方面，也常被老人年金及幼兒福利金等社會福利所取代，未來銷售保險不限於保險公司，相關金融機構亦可取而代之，成為銷售通路。

5. 現有競爭者：本土壽險業者往往互相削價競爭，外國業者又挾著大量資金，以有別於不同的行銷手法大肆競爭，又加上國內據點最多、最方便、最值得信賴的國營郵局簡易保險之競爭，無異是雪上加霜，限制了某些目標族群，成為最大競爭者。

二、內部環境分析（SWOT 分析）

(一)競爭優勢

1. 財務健全：因市場占有率極高，企業資產調配應用極佳，獲利來源

穩定健全。

2. 配合改造薪資結構採用變動薪，全面改革利潤中心家族制度。

3. 透過內部網路大學教育課程培育全方位的人才。

4. 無線傳訊無線學習——CSN（Cathay System Net）專屬之衛星通訊網，提供各營業單位高品質且一致的教育資源，將公司與業界最新訊息及動態，以至於保險、財經、行銷、管理等各種專業課程，以最活潑生動的方式呈現給全體同仁。

5. 多元化商品服務，為客戶量身訂做服務，提高保單附加價值。

6. 行銷通路策略聯盟，提供一次購足服務（One-stopshopping）之「整合行銷」模式。

(二)功能戰術

1. 激發人員潛能，提高榮譽制度，參加業績競賽，製造短贏。

2. 激勵運動競賽月，提出季節獎勵專案。

3. 實行新式制度，以提升人員高度戰鬥力。

4. 銷售部分商品策略，提高商品之獨特性，以招攬客戶投保熱潮。

5. 開發「企業保單」及「財稅保單」。

6. 強化 CRM 及簡訊之使用。

(三)獎酬制度

1. 比例薪資制：業績獎金採級距跳躍式的獎勵辦法。

2. 榮譽餐訴求：有特殊表現者可得到最高榮譽，即與高階主管共享榮譽餐。

3. 績優出國：達到公司目標市場占有率，即招待出國旅遊。

4. 經營績效：區／課小組成員達到績效者，可得到經營績效獎金。

(四)員工賦能

1. 透過「預付制度」的機制，充分授權，全力服務客戶。

2. 加強鄰近單位之人員教育訓練。

3. 選拔榮譽員工制度，以激勵員工優越感。

4. 縮短事務決策線，提升客戶反應速度。

5. 專業證照的取得。

(五)組織重組

1. 裁併績效差的區，將不具效率的區裁併，以求效率化。

2. 強化課的功能，職場全面重組。

3. 組織年輕化，鼓勵退休。

4. 提高人員素質，錄用高學歷員工。

(六)結構再造

1. 課長兼區主管提升戰力。

2. 提振自我管理，可影響同僚。

3. 進行「差異化行銷」，突破業績困境。

4. 克服單打獨鬥，鼓勵整體作戰。

企業診斷

教中學—由老師講授，學員（生）吸收實務經驗

壹、前　言

　　企業為求永續生存，不斷提升經營績效，使企業管理者必須不斷尋求突破與改善，而企業診斷即是經由系統性之資料蒐集與分析，依策略、程序、作業之順序找出企業之問題與缺失，並以合理性與前瞻性之方式提出具體改善方案，以達到改善企業體質，增加企業績效之目標。筆者擔任國家品質獎的評審及國家十大傑出經理的複審委員，有甚多機會對企業及經營者做診斷，並將其重點分別列舉如下：

貳、經營診斷

 一、經營理念、目標與策略

　・經營理念

1. 最高經營指導原則。

2. 獨特的企業文化。

3. 員工對經營理念的共識。

　・經營目標與執行策略

1. 長、中、短期經營計畫及目標。

2. 決定企業經營目標的過程。

3. 制定策略的過程與方法。

4. 各部門目標與經營目標的關聯性。

5. 目標與實施結果的比較。

 二、組織與運作

　・組織功能與職責

1. 組織架構之適當性。

2. 各部門責任的明確性及適當性。

3. 各階層的授權情形。

4. 對外部專家及幕僚的重視程度。

　・制度與規章

1. 制度與規章的合理性。

2. 制度與規章的完整性。

3. 制度與規章的執行情形。

- 溝通與協調

1. 縱向的溝通情形。

2. 橫向部門間的協調情形。

- 組織運作彈性

1. 組織配合環境變動與經營需求而調整的情形。

2. 委員會或任務編組。

三、人力發展與運用

- 人力計畫

1. 人力需求之規劃與執行情形。

2. 人力結構之分析與改善。

- 人力培訓

1. 階層別、機能別、能力別之教育訓練計畫與實施情形。

2. 訓練設施與經費之適當性。

3. 員工之品質意識。

- 人力運用

1. 人才任用、升遷、考核制度之適當性。

2. 員工前程規劃與輪調制度之實施情形。

- 激勵措施

1. 促進員工團隊精神及向心力活動之辦理情形。

2. 團結圈活動之推行狀況與績效。

3. 提案制度之推行狀況與績效。

4. 獎勵制度實施情形。

5. 員工福利辦理情形。

- 勞資關係

1. 勞資關係之促進情形。

2. 勞資糾紛之記錄與處理。

・工業安全與衛生

1. 工廠布置與作業環境之安全衛生狀況。

2. 勞工安全與衛生有關活動之計畫與實施狀況。

3. 工業安全與衛生法令之執行情形。

4. 三年來工業災害與處理情形。

四、資訊管理與運用

・外部資訊之蒐集、分析及運用

1. 經營環境變動資訊。

2. 產業動向資訊。

3. 主要競爭對手的產品特性及品質資訊。

4. 供應商資訊。

5. 客戶資訊。

・內部資訊之蒐集、分析及運用

1. 新產品開發資訊。

2. 製造品質資訊。

3. 成本控制資訊。

4. 生產管制資訊。

5. 物料、倉儲、運輸資訊。

6. 產品識別與追溯資訊。

7. 人力資源資訊。

8. 其他管理資訊。

五、研究發展

　・研發單位之設置與投資
1.研發單位之設置與人力、設備之充分性。
2.三年來研究發展的投資占營業額比例之成長情形。
　・研究計畫之訂定
1.訂定中、長、短期研究發展的過程與方法。
　・專案管理
1.研究發展專案的執行與管制。
2.與企業外研究發展單位之合作情形。
　・具體成果
1.新產品商品化的實績與製程技術改善的實例。
2.獲得專利的項目。
3.研究發展對建立自有品牌的貢獻。

六、品質保證

　・標準化
1.標準化制度的建立。
2.完備的品質標準。
3.產品品質標準之優越性。
　・設計品質
1.產品開發品保體系的建立。
2.可靠度工程之進行情形。
3.設計之審查。
　・進料品質

1. 進料品質保證制度與執行情形。

2. 協力廠商之評鑑、協助與輔導。

3. 最近三年來進料品質與交期之改進情形。

　・製程品質

1. 大量生產前之試作與改進情形。

2. 操作標準與執行情形。

3. 製程管制之實施情形。

4. 製程能力之分析與應用。

5. 成品檢驗之實施情形。

6. 不合格品之管制。

　・儲運品質

1. 倉儲運輸之實體設備。

2. 倉儲運輸之管理措施。

　・製造設備保養維護

1. 設備之保養維護、校正制度及執行情形。

2. 設備更新計畫。

　・檢驗儀器設備及檢驗制度

1. 充分之檢驗設備。

2. 檢校管理。

　・自動化與合理化

1. 生產設備之自動化程度。

2. 檢驗設備之自動化。

3. 防誤措施之推行情形。

4. 應用自動化於品質改善之實例。

　・品質稽核

1. 品質稽核政策與目標。

2. 品質稽核之組織與程序。

3. 品質稽核之運作。

七、顧客服務品質

　・顧客服務體系

1. 顧客服務體系之建立。

2. 合約審查。

3. 顧客服務之組織。

4. 顧客服務規劃與控制。

　・顧客需求之蒐集、分析與處理

1. 顧客需求之調查與分析。

2. 顧客服務之做法。

3. 顧客服務的稽核。

　・顧客滿意度之衡量

1. 顧客滿意度之調查。

2. 顧客滿意度之評估與改善措施。

八、社會責任

　・環境保護

1. 廢汙水、廢棄物、廢氣、噪音等汙染之管制與防治。

2. 廠區環境品質之提升。

　・社會關係

1. 對一般社會公益活動之支持與參與。

2. 與教育、學術機構之連繫與交流。

　・消費者權益

1. 消費者溝通管道之建立。

2.廣告、標示之真實性與教育性。

3.產品責任制度與推行狀況。

九、全面品管績效

‧品質改進

1.品質改進措施。

2.品質改進衡量。

‧經營成果

1.成長率。

2.獲利率。

3.周轉率。

‧品質榮譽

1.榮獲國內外獎證之實績。

2.其他優良事蹟與特殊榮譽。

‧自有品牌與形象之建立

1.品牌與形象建立之作法。

2.自有品牌與形象之實績。

 ## 參、行銷診斷

數量型診斷八大重點之名稱、目的及標準指標：

重點	人體部位	名稱	目的	標準指標
第一重點	肺部位	營業活動力（銷貨收入/營業人數）	檢查營業人員的銷貨貢獻力	愈高愈好↑
第二重點	腿部位	行銷生產力〔（銷管費用+廣告促銷費用）/銷貨數量〕	檢查每一個售出的產品需要花費多少行銷費用（包括時間成本）	愈低愈好↓
第三重點	胃部位	銷貨額經常利益率〔（經常利益/銷貨收入）×100%〕	檢查銷售利潤占總銷貨額的比重	愈高愈好↑
第四重點	肝臟部位	銷貨額營業利益率〔（營業利益/銷貨收入）×100%〕	檢查營業收益性及成長性	愈高愈好↑
第五重點	小腦部位	損益平衡點操作率〔（損益平衡點銷貨額／銷貨收入）×100%〕	檢查賺賠之間的關鍵界線	愈低愈好↓
第六重點	心臟部位	營業安全邊際率〔（銷貨收入－損益平衡點銷貨額）／銷貨收入×100%〕	檢查生意的好壞對於公司經營及生存的影響	愈高愈好↑
第七重點	腎臟	貨款回收率〔（現金收款+應收票據）／應收帳款×100%〕	檢查帳款轉成現金的狀況	愈高愈好↑
第八重點	腸部位	存貨周轉次〔（銷貨收入／存貨金額×100%〕	檢查商品在市場競爭的強弱程度及商品存貨周轉的快慢速度	愈高愈好↑

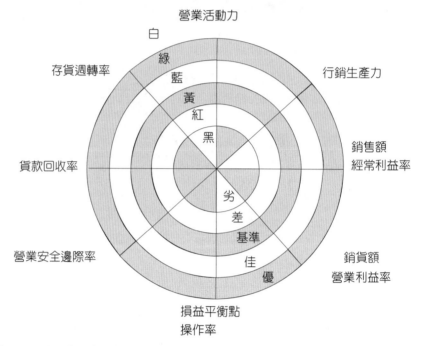

說明：1.同心圓各層由內而外，分別著上黑（灰）、紅（粉紅）、黃、藍、綠（草綠）、白色（不必著色）。

2.黃藍之圓為基準，藍綠之圓為佳、綠白之圓為優、黃紅之圓為差、紅黑之圓為劣，並列上數據。

3.將行銷診斷之八項分畫於同心圓，成等分之「米」線（愈近內圈愈差，如最內圈的黑色代表敵機臨空）。

4.第一次診斷可用紅粗線繪上，第二次診斷青粗線，第三次診斷黑粗線，各粗線間端看有否進步，是否超過基準線（安全線）。

行銷診斷分析雷達圖

肆、財務診斷

 一、公司財務五力分析讀表技巧與經營改善實務

1. 收益力分析：

分析項目	分析公式	判定標準	管制目的	應對之策
1. 營業毛利率	GP(%)=營業毛利/淨營業收入	A.輕工業25%以上 B.重工業30%以上 C.服務業40%以上 D.買賣業30%以上 E.愈高愈好	A.管制平均每一元的淨營業額中，能產生多少元的毛利。 B.即營業額與銷貨成本的差額比率大小。	A.控制進貨成本或原物料進貨成本。 B.控制原物料損失或浪費程度。 C.控制直接人工成本。 D.控制製造費用。 E.控制銷貨減項的發生（例如：呆帳、折扣、折讓、賠款等）。
2. 營業純益率	NP(%)=稅後淨利/淨營業收入	A.10%以上 B.愈高愈好	A.管制平均每一元的淨營業額中，能帶來多少的純益。 B.即稅後盈餘佔營業額的百分比。	A.控制毛利率提高。 B.控制銷售、管理之費用或比率不要過高。 C.控制財務費用不要過高。 D.控制非營業費用不要過高。 E.提高銷售單價。

（續）

分析項目	分析公式	判定標準	管制目的	應對之策
3. 投資報酬率	R.Q.I(%)=稅後淨利/平均總資產 =(稅後淨利/淨營業收入)×(淨營業收入/平均總資產)	A.銀行貸款利率以上 B.愈高愈好	A.管制企業所投入之平均總資產與所獲得的稅後淨利相較，表示平均投一元可獲得多少淨利。 B.影響百分比高低係數： 1.總資產值。 2.獲利率。 3.營業周轉次數。 4.作為投資選擇分析。 5.作為企業成長幅度決策分析。	A.提高企業獲利能力。 B.提高營業額。 C.提高營業周轉率。 D.避免財務負槓桿發生。 E.出售閒置資產。 1.結束或縮編報酬率較低的部門或者產品。 2.實施企業減肥。 3.減緩企業的成長幅度。
4. 資本報酬率	R.O.C(%)=稅後淨利/平均業主權益淨值 =(稅後淨利/淨營業收入)×(淨營業收入/平均業主權益淨值)	A.輕工業25%以上 B.重工業10%以上 C.一般服務買賣業33%以上 D.時尚業服務，買賣業50%以上 E.愈高愈好	A.控制業主權益淨值與本期稅後淨利比較，為業主投資之獲利比率，測定業主自有資金的報酬率。 B.C.D.三款同「投資報酬率」內之說明。	A~H款同「投資報酬率」內之說明。 D.開發新的產品別、新市場或新行業別，替代原已日趨沒落的產品市場和行業。 E.關閉或結束企業。

（續）

分析項目	分析公式	判定標準	管制目的	應對之策
5. 資本投資回收期	X 年=平均業主權益淨值/稅後淨利	A.輕工業 4 年以下 B.重工業 10 年以下 C.一般服務、買賣業 3 年以下 D.時尚業服務、買賣業二年以下 E.愈短（快）愈好 F.應視產品壽命、產業壽命年數及設備耗用年數而定，並在其年數以內	A.控制業主所投入資本額多久之內可以回收。 B.以作為投資選擇或改善投資效益為目的。	同「資本報酬率」之說明。

2. 安定力分析：

分析項目	分析公式	判定標準	管制目的	應對之策
1. 流動比率	X%=流動資產/流動負債	A.120～180%較適宜 B.最低不得低過 90%，當 90～120%時，要加強現金流的控制及強化調現能力控制	A.測試償還流動負債的能力。 B.測試公司的資金周轉能力。	A.提高營業額且提高外包比例。 B.改變為收現之交易方式。 C.收短票期。 D.轉換部分流動負債為長期負債。 E.延長付款票據期限。 F.凍結長期投資、固定資產增購。

（續）

分析項目	分析公式	判定標準	管制目的	應對之策
2. 速動比率	X%=速動資產/流動負債 ※速動資產＝流動資產－存貨	70～120% 較適合	同「流動比率」之說明。	A～F 同「流動比率」說明。 G.降低存貨金額。 H.呆滯、廢料之出售變現。
3. 自有資本（金）比率	X%=業主權益淨值/總資產值	A.50～70% 較佳 B.最低不要低過 40%	A.管制企業自有資金占總資產之比率是否合理，自有資金是否充裕。 B.管制企業財務結構是否健全或脆弱。 C.比率過高，則經營偏於保守，比率過低，則企業財務安全度不足。	A.辦理現金增資。 B.處理閒置資產，償還部分負債。 C.降低（減緩）企業成長速度。
4. 負債比率	X%=負債總額/業主權益淨值	A.45～125% 較適宜 B.負債比率超過 100% 以上時，其獲利率必須高過資金成本（利率），且短期負債比例不得過高	A.控制企業資本結構之負債金額（比率），若過高時則安全度低。 B.間接控制企業的資金周轉能力、償債能力等。	A～C 項同「自有資本比率」說明。 D.設法轉變短期負債為長期負債。 E.凍結長期投資及固定資產購置計畫。 F.提高企業獲利率。 G.轉換高資金成本的貸款為低資金。

（續）

分析項目	分析公式	判定標準	管制目的	應對之策
5.固定比率	X%=固定資產淨值/業主權益淨值	A.100% 以下 B.過高時，短期償債能力不足；過低時，公司顯得不夠有實力	A.控制平均每一元的淨業主權益中，有多少是用來買固定資產。	A.凍結固定資產購置計畫。 B.辦理公司現金增資。 C.改變固定資產購買為租賃取得。

3.活動力分析：

分析項目	分析公式	判定標準	管制目的	應對之策
1.總資產周轉率	X%=銷貨淨額／平均總資產	A.200% 以上 B.愈高愈好	A.管制公司總資產值在一年內可營運多少轉（次）。 B.管制公司各項資產有無充分利用、有無閒置情形、有無浪費投資之處。 C.管制（提升）公司投資報酬率或投資回收期。	A.短少現金購買的情形。 B.改變現金銷售或提高訂金比率。 C.縮短應收帳款、應收票據期間。 D.減少存貨存量。 E.減少或凍結固定資產購置。 F.暫緩擴充企業規模，提高為外包比率。

（續）

分析項目	分析公式	判定標準	管制目的	應對之策
2.自有資本周轉率	X%＝銷貨淨額／平均業主權益淨值	A.300%以上 B.愈高愈好	A.管制公司之業主權益在一年內可營運多少轉（次）。 B.C項同「總資產周轉率」之說明。	同「總資產周轉率」之說明。
3.固定資產周轉率	X%＝銷貨淨額／平均固定資產淨值	A.一般在300%以上 B.輕工業在400%以上 C.服務業在600%以上	A.管制公司固定資產值在一年內可營運多少轉（次）。 B.管制公司各項固定資產有無充分利用，有無閒置情形、有無浪費投資之處。 C.管制（提升）公司固定資產投資報酬率或投資回收期。	同「總資產周轉率」之說明。
4.存貨周轉率	A.X%＝銷貨成本/平均存貨 B.存貨周轉天數＝360天／存貨周轉率	周轉率愈高愈好，周轉天數愈低愈好（一般以90天以內獲利低，產業甚至30天以內）	A.控制企業內之存貨，全年共使用幾次。 B.控制企業存貨使用率情形。	A.降低存貨數量與金額。 B.改變進口原料為國內採購。 C.改變代料為純代工。

（續）

分析項目	分析公式	判定標準	管制目的	應對之策
	C.材料存貨周轉率=本期耗用材料／平均材料存貨 D.在製品存貨周轉率=製成品成本／平均在製品存貨 E.製成品存貨周轉率=銷貨成本／平均製成品		C.控制企業在營運過程中其存貨成本多寡。	D.停產較滯銷或短銷產品項目。 E.設法取得存貨之中、長期融資。 F.改變計畫生產為受訂生產。 G.降低損失預估比率，減少產品尾數庫存。 H.過期存貨拍賣或低價求售。
5.應收帳款周轉率	X%=賒銷淨額/應收帳款+應收票據	X%=33%以下	A.控制公司銷貨賒帳（授信）情形及收帳能力。 B.制訂公司授信政策。 C.改善公司資金周轉或應用能力。 D.帳齡分析與異常應收帳款加強處理。	A.改變賒銷為現銷。 B.提高現銷比率。 C.縮短賒銷期間。 D.加強收帳的管理。 E.對異常帳齡帳目加強處理。

4.成長率分析：

分析項目	分析公式	判定標準	管制目的	應對之策
1. 營業成長率	X%＝本期營業收入－上期營業收入／上期營業收入	A.視公司營業目標而定 B.愈高愈好	A.督促公司業務部門及全體員工追求營業成長。 B.管制公司每一期之營業績效。	A.開發新市場（新市場侵略）、新產品，替代已接近飽和的市場或產品。 B.提高營業獎金比率。 C.提高廣告或促銷預算。 D.增加行銷據點或經銷商。 E.改善產品形象、功能或包裝。
2. 淨值成長率	X%＝本期業主權益－上期業主權益／上期業主權益	A.10% 或銀行定期存款利率以上 B.愈高愈好	A.了解公司營業有無賺錢，業主權益淨值有無增加。 B.促進公司提高獲利狀況及股東股值增加。	A.提高產品銷售價格。 B.降低銷售成本、管理成本。 C.減少資金應用成本。 D.提高公司獲利能力及銷售金額。 E.避免財務負槓桿的發生。 F.辦理資產重估。
3. 總資產值成長率	X%＝本期總資產值－上期總資產值／上期總資產值	A.20~40% 較適宜 B.過低時，經營過於保守；過高時，經營過度膨脹	A.管制公司整體資產成長情形。 B.管制公司經營過於保守。 C.管制公司經營勿過度膨脹，並防止財務結構脆弱化。	A～F 同「淨值成長率」之說明。 G.企業適度的信用擴張。 H.適度引進長期借款。

5.生產力分析：

分析項目	分析公式	判定標準	管制目的	應對之策
1.每小時生產力	X（元/時）=本期附加價值/本期工作時間總數	A.依各行各業標準參考之 B.愈高愈好	A.管制企業內每一成員的投入工時，其產生之附加價值之貢獻金額。 B.促使每一位員工之邊際貢獻值提升。 C.去除公司呆人或無效益動作發生。	A.改變或研究生產附加價值產品。 B.去除無效率的動作（動作改善）。 C.去除公司內之呆人。 D.強制提高每人營業額或生產值。 E.改善營業方針或營業技巧。
2.每一員工營業額	X（元/人）=銷貨淨值／平均員工人數	A.依各行各業標準參考之 B.愈高愈好	A.管制企業內每一成員之平均營業金額。 B.促使員工努力提高業績。 C.去除公司呆人。	A.增加公司新的營業項目、營業產品、銷售市場及銷售對象。 B.去除公司內之呆人。 C.強制提高每人營業額。 D.改善營業方針或營業技巧。
3.總資本投資效率	X%=附加價值／平均資產總值	A.依各行各業標準參考之 B.愈高愈好	A.管制企業之資產總值所產出的附加價值。 B.了解公司所營業項目之附加價值低。 C.了解公司所營業項目其壽命尚有多久。	A.改善生產方式或營業方針。 B.調整生產、營業產品或項目。 C.加強產品研發，提升產品附加價值。 D.加強市場開發及消費者導引，改變行銷附加價值較高產品。

（續）

分析項目	分析公式	判定標準	管制目的	應對之策
4.資產投資效率	X%＝附加價值/平均資產淨額－未完工程	A.依各行各業標準參考之 B.愈高愈好	A.管制每一元的營業資產產生多少之附加價值。 B.測試營業資產的使用效率。	A.提高產品的附加價值。 B.提高營業資產的使用效率。
5.每一員工附加價值	X（元/人）＝本期附加價值/平均員工人數	A.依各行各業標準參考之 B.愈高愈好	A.測定公司每一員工能產生多少附加價值。 B.測定公司營業發展情形。 C.考核公司人事政策是否採「精兵政策」。 D.檢討對變動成本控制的成效。	A.提高每人營業額（產值），並提高公司產品附加價值率。 B.當每人邊際貢獻值下降時，不能再增加該單位人員。 C.提高產品附加價值。 D.產品多樣化。

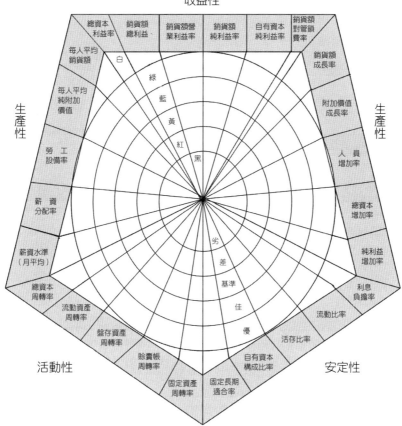

收益性

生產性

生產性

活動性

安定性

說明：1.同心圓各層由內而外，分別著上黑（灰代之）、紅（粉紅代之）、黃、藍、綠（草綠代之）、白色（不必著色）。

2.黃藍之線為基準，以上為佳、優；以下為差、劣，並在各圈列上數據。

3.經營診斷五力分析，將同心圓圍成五角形，愈近內圈愈差，順位對策（黑色代表狀況最不好）。

4.第一次診斷用紅筆繪上，第二次用藍筆，第三次用黑筆，各線之間端看期間有無進步，有否超過基準（安全線）。

經營分析雷達圖表

　　所謂經營診斷五力分析，指的是安定力分析、收益力分析、活動力分析、成長力分析、生產力分析。中小企業聯合輔導中心總經理楊益成說，臺灣銀行曾對國內二千家大中小企業做過調查，發現這五力分析當中，中小企業的活動力分析比大型企業來得好，不過，其他項目則仍比不上大企業。

二、企業虛胖 & 減肥策略

企業虛胖現象	企業減肥策略
◎設備產能未充分應用發揮。 ◎各項財務結構不佳時，還要做投資擴充計畫。 ◎公司內部出現呆人、呆事、呆物。 ◎公司內部出現呆組織架構或呆職等架構。 ◎部分部門或單位營運效果，嚴重不良。 ◎自己生產比外包效益更差時。 ◎間接人工的人數比率過高。 ◎公司每人 X 月產值偏低時。 ◎公司存貨過高時。 ◎資產（資本）營業周轉率偏低時等。	◎淘汰、合併或出售不佳之轉投資、分公司、營運所或單位。 ◎對營運不佳之單位或部門，改變為內製外包或承包經營。 ◎未達經濟規模之單位或部門，凍結設立。 ◎對公司資金短絀或外包單位成本較低時，寧可增加外包量。 ◎提高公司現有設備的稼動率。 ◎減少用人數（特別間接人工），增加加班時間。 ◎盤點與縮編下列事務： 　A.組織規模。 　B.指揮層級。 　C.事務流程及核決權限層級。 　D.人力適用性盤點。 　E.人員編制表。 ◎降低存貨。 ◎淘汰 C、D 級客戶。 ◎縮小產品品項（集中焦點）。

三、避免公司短期及中長期資金不足策略

企業經營不當	短期資金不足	中長期資金不足
判定方法	◎流動比率不足。 ◎速動比率不足。	◎自有資本比率不足。 ◎負債比率過高。 ◎固定資本>業主權益+長期負債。
發生現象	◎短期銀行存款不足。 ◎應付票據兌現出現問題。 ◎跑三點半。	◎利息負擔比率過高，腐蝕企業利潤。 ◎企業長期經營和獲利持續惡化。 ◎資金調度開始出現挖東牆補西牆現象。 ◎黑字倒閉危機。
改善策略	◎應收帳款之收款要快速。 ◎應收票據之票期縮短。 ◎降低庫存量。 ◎改變國外採購為國內採購。 ◎應付票據票期延長。 ◎降低成本、提高報價或提高營業效益（超過損益平衡點）、提高獲利率或減少收入減項。 ◎辦理銀行額度增加或股東往來（貸方）增加。	◎現金增資（原股東或召募新股東）。 ◎出售閒置資產或設備。 ◎出售、合併子公司或轉投資公司。 ◎裁撤、合併績劣（虧損）分公司或營業所或部門。 ◎凍結所有投資或轉投資計畫。 ◎延長設備汰舊換新。 ◎出售固定資產、設備轉租回使用。 ◎轉換短期借款為長期借款。 ◎立即辦理企業減肥（詳見「企業減肥策略」）。 ◎凍結固定投資，讓各項設備產能充分稼動（含接 OEM 代工，提高設備稼動力）。 ◎凍結固定費用增加，寧可用變動成本替代。

（續）

企業經營不當	短期資金不足	中長期資金不足
		◎提高營業量，提高公司生產稼動或增加外包量（因它是變動成本）。 ◎快速進行公司內部各項管理改善，提高營業獲利率（獲利金額）。

伍、生產診斷

生產績效的掌握方法，可由很多不同的表現方式，而其個別代表不同的意義。

1. 生產效率＝產出工時／投入工時或實際生產量／目標生產量。

2. 工作效率＝產出工時／實際投入工時或實際生產量／標準生產量。

3. 交貨準確率＝準時交貨數／應完成交貨數（以批或量為單位）。

4. 良品率＝良品數量／生產數量。

5. 稼動率＝實際開機時間／標準開機時間。

6. 產品周轉率＝銷貨收入／產品庫存金額。

7. 在製品周轉率＝產出量／〔（期初+期末）在製品量／2〕。

8. 平均每人附加價值＝附加價值／平均作業人數。

9. 平均每人產值＝生產金額／平均作業人數。

10. 營業率＝接單量／產能。

（亦可用雷達圖來描繪。）

陸、事業主診斷

一、特質

1. 正面思維的習慣。
2. 自我肯定。
3. 重理想、輕物質。
4. 持續的毅力。
5. 能捨能得 。

二、配套工夫

1. 健康與家庭。
2. 資金籌措與備用資金。
3. 經營團隊。
4. 廣泛的知識。
5. 國際觀。

三、規劃能力

1. 產品線的概念+利基市場。
2. 股權分配。
3. 時機選擇。
4. 銀行選擇。
5. 形成局部優勢（勿當邊際客戶）。

 **四、事業觀**

1. 堅持本業。

2. 賺取正財。

3. 勿讓大頭症纏身。

4. 多角化。

5. 成長的迷失，慎防黑字倒閉。

6. 資本公開。

7. 授權。

 **五、思想觀**

1. 耐孤獨。

2. 活在當下（追求成就而不貪求成功）。

3. 惜緣惜福。

4. 參與社團。

5. 宗教信仰。

6. 事業生命的延續。

六、董事成員

1. 營運判斷能力。

2. 會計及財務分析能力。

3. 經營管理能力。

4. 危機處理能力。

5. 產業知識。

6.國際市場觀。

7.領導能力。

8.決策能力。

七、監察人成員

1.誠信踏實。

2.公正判斷。

3.專業知識。

4.豐富之經驗。

柒、經營者診斷

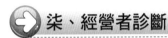

管理大師彼得・杜拉克說：「經理人的素質是企業唯一有效的競爭優勢。」

一、總經理（CEO）

1.經營績效。

2.經營理念、企業遠景及策略。

3.企業形象與企業文化。

4.經營環境偵測與認知能力。

5.制度規劃及管理能力。

6.領導統御成效。

7.衝突管理能力，對內及對外之調和。

8.危機處理能力。

9.社會責任。

二、企劃經理（Planning）

1. 整體企劃作業體系之設計、執行與改進。

2. 公司成長發展方向的總體企劃。

3. 重要經營策略之規劃，含國際化、多角化及競爭策略。

4. 政策、方案作業制度的擬定和執行。

5. 日常業務進度之管制考核。

6. 經營績效的評估。

7. 對公司發展之貢獻。

三、行銷經理（Marketing）

1. 市場情報資訊蒐集分析、預測及公司之市場定位。

2. 營業成長率及市場占有率目標。

3. 行銷策略之擬定與運用。

4. 新產品的企劃。

5. 行銷作業制度的設計、執行、控制與改進。

6. 品牌之建立與市場區隔之拓展。

7. 人員銷售管理。

8. 產品廣告與促銷活動。

9. 建立銷售通路及服務網路。

10. 電子商務及顧客關係管理。

四、生產經理（Production）

1. 生產目標之規劃（包括每人產值成長率、品質優良率、準時交貨率、

單位成本率等）。

2.生產作業制度的設計、執行、控制與改進。

3.生產規劃與控制。

4.現場操作人機、物具之管理。

5.品質管制及提升活動。

6.原材料、零配件、供應鏈採購及物料管理。

7.現場流程、設備之維護及改善。

8.工業安全衛生及環保。

9.勞工關係。

 五、財務經理（Finance）

1.財務與會計作業制度的設計及執行。

2.資金來源與運用。

3.流動資產管理。

4.信用管理之計畫與控制。

5.稅務規劃。

6.內部管理及控制制度的建立。

7.績效之分析（含獲利能力）。

8.財務會計管理之提升。

9.整體財務管理之提升。

10.整合全球或區域性財務會計。

11.整合企業資源。

 六、研究發展經理（Research & Development）

1.研發目標、資源統籌與分配。

2. 研究發展作業制度之設計、執行、控制與改進。

3. 最近二年所開發上市新產品銷售額占目前營業額的比率。

4. 最近二年新產品上市所產生的利潤效益。

5. 研發專案管理體系的建立。

6. 新產品、新品種、新原料、新設備、新製造技術、新檢驗開發情況。

7. 產品、原料、品種、設備、檢驗及製造技術的改良。

8. 研發人才的培育與運用。

9. 論文發表及專利申請。

七、人力資源經理（Human Resources）

1. 人力資源需求計畫目標。

2. 人力資源制度的設計、執行、控制與改進。

3. 人員招募與人才培育方案。

4. 士氣及員工流動率控制。

5. 薪資結構績效評估及獎懲制度。

6. 公平合理的升遷制度。

7. 員工福利與庶務行政。

8. 勞資關係。

9. 對公司重大策略的參與程度及重大建樹。

八、資訊經理（Information Technology）

1. 公司電腦、電訊、網際網路系統之長期整體規劃。

2. 電腦、電訊、網際網路硬體設備之購置、裝設、運作、維護及改良。

3. 電腦、電訊、網際網路硬體設計或購置、運作、維護及改良。

4. 公司整體電腦化作業制度（企業資源規劃 ERP）物料供應鏈及顧客

關係管理等電腦化系統之設計、購置、運作、維護、改良。

5. 電子商務作業系統之設計、營運、維護及改良。

6. 資訊科技人才之培育。

7. 電腦、電訊、網際網路技術之研發及出售。

 玩中學—組織診斷個案

 案例一

一、前　言

　　企業處於多變之市場環境，經營者須隨時面對不同挑戰。為了讓經營團隊未來能發揮更大的彈性，表現出最佳的經營績效，人力資源管理功能的發揮，即是這一波競賽中核心競爭力之來源。人力資源能否充分發揮具功效的各項人力資源管理制度，將是一切蛻變的基石。透過這一套合理、公平、公開之人力資源管理制度，能強化員工工作績效、提升工作品質、增加員工對組織之滿意度，相對地，更能提升組織效能，完成企業目標。

　　擬帶領一批修習本課程之大四學生，赴校外進行某一企業診斷，因時間所限，只能進行「組織診斷」，目的在於了解員工的想法及改善方向，及對現行之企業文化能有一概括式的面貌呈現，期能確認組織氣氛、組織效能。同時，透過組織的先期診斷，將可使未來「人力資源管理制度」專案之進行方向保持正確之經緯。雖學生經驗不足，但在不斷的交叉分析、平均數及標準差運算下，即可將課堂之知識活生生、血淋淋地烙印在他們腦海中。

二、組織診斷

　　在進行制度調整及作業辦法建立前，針對現行組織內之氣氛及同仁對組織看法做了解，透過組織診斷達到下列目標：

1. 透過診斷了解並掌握現況，更甚者研議可能之問題所在，並釐清其原因始末。

2. 對現行之各項人力資源管理制度進行盤點，確認下一階段制度調整及改變之方向。

3. 蒐集各相關人員對相關改變之意見，以供制度設計時之參考，並透過其意見投入，減少未來改變時可能之阻力。

4. 釐清各項制度所面臨問題之輕重緩急，以決定下階段制度規劃之時程及其先後順序。

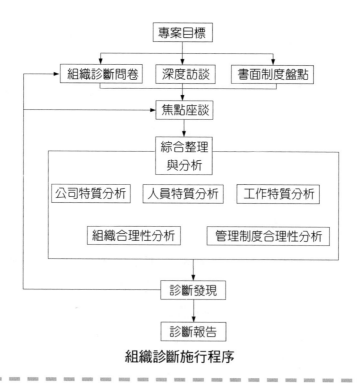

組織診斷施行程序

共識調查分析

問卷份數	158					
有效問卷份數	156					

姓別	男性		女性		未答者	
	82		62		12	

	30歲以下	30～35歲	36～40歲	41～45歲	46～50歲	51歲以上	未答者
年齡							
	42	44	20	18	12	10	10

婚姻	已婚		未婚		未答者	
	98		40		18	

教育程度	國中以下	高中(職)以下	專科	大學	碩士	未答者
	28	36	56	22	4	8

年資	一年以下	1～5年	6～10年	11～15年	16～20年	未答者
	14	76	24	16	10	16

單位	總經理室及財務部	管理部	品保部	營業部	A廠	B廠	未答者
	24	18	16	34	26	22	16

職等	一至三職等		四至十職等		未答者	
	80		64		12	

職務	主管		非主管		未答者	
	64		84		8	

基本資料

・問卷（設計題目由調查者評分）

（認知與共識水準 1～5 分，1 分為認知與共識水準最低，5 分為認知與共識水準最高）

類別	平均數	標準差
工作環境	3.82	0.53
主管領導	3.72	0.75
組織溝通	3.62	0.62
福利制度	3.50	0.75
激勵制度	3.48	0.68
參與程度	3.40	0.67
獎懲制度	3.35	0.52
升遷機會／前程規劃	3.30	0.68
制度化程度	3.25	0.69
權責關係	3.20	0.58
薪資制度	2.65	0.74
合計平均值	3.39	0.66

本調查總體認知與共識 3.39，屬中等水準。構面平均值在 3.0 以上，而以工作環境最高（3.82）。其次為主管領導（3.72），再次為組織溝通（3.62）。

在總體認知與共識平均值（3.39）以下，薪資制度（2.65）、權責關係（3.20）以及制度化程度（3.25）等，趨向於較無共識。從各項構面所顯示的狀況，可再進一步探討。

年齡分析（可辨別之有效問卷 146 份）

類別		30歲以下(1)	31～35歲(2)	36～40歲(3)	41～45歲(4)	46～50歲(5)	51歲以上(6)	顯著差異
人數		42	44	20	18	12	10	
制度化程度	平均值	3.18	3.02	2.80	3.44	3.54	2.95	無
	標準差	0.56	0.76	0.73	0.51	0.78	0.21	
薪資制度	平均值	2.71	2.50	2.25	2.97	3.29	3.40	無
	標準差	0.69	0.50	0.63	0.55	0.83	0.63	
福利制度	平均值	3.41	3.49	3.025	3.75	3.4583	4.15	無
	標準差	0.61	0.57	1.07	0.40	0.91	0.52	
權責關係	平均值	3.15	3.05	2.90	3.11	3.38	3.40	無
	標準差	0.53	0.67	0.73	0.45	0.54	0.63	
組織溝通	平均值	3.32	3.57	3.18	3.72	3.96	3.90	無
	標準差	0.72	0.58	0.59	0.79	0.10	0.22	
升遷機會／前程規劃	平均值	3.00	3.13	2.73	3.67	3.58	3.60	無
	標準差	0.49	0.77	0.89	0.33	0.41	0.38	
參與程度	平均值	3.17	3.31	2.85	3.78	3.54	3.90	無
	標準差	0.61	0.76	0.69	0.54	0.40	0.38	
激勵制度	平均值	3.49	3.35	3.00	3.42	3.46	3.65	無
	標準差	0.63	0.79	0.77	0.31	0.63	0.42	
獎懲制度	平均值	3.17	3.17	2.90	3.56	3.46	3.90	(6)>(3)
	標準差	0.51	0.47	0.52	0.50	0.70	0.45	
工作環境	平均值	3.17	3.80	3.30	4.03	4.08	4.50	(4)>(3) (6)>(3) (6)>(1)
	標準差	3.70	3.80	0.45	0.29	0.47	0.25	
主管領導	平均值	0.52	0.48	3.18	3.90	3.71	4.00	無
	標準差	0.73	3.58	0.58	0.44	0.83	0.73	
整體	平均值	3.27	3.45	2.92	3.58	3.59	3.76	(6)>(3)
	標準差	0.39	0.83	0.46	0.19	0.39	0.31	

　　以年齡分析，51 歲以上同仁比 36～40 歲同仁在獎懲度、工作環境與整體等構面上，均有較高的認知與共識；另在工作環境構面下，51 歲以上同仁比 30 歲以下同仁、41～45 歲同仁比 36～40 歲同仁之

認知與共識高。

婚姻分析（可辨別之有效問卷 138 份）

類別		已婚	未婚	顯著差異
人數		98	40	
制度化程度	平均值	3.11	3.15	無
	標準差	0.72	0.58	
薪資制度	平均值	2.75	2.53	無
	標準差	0.71	0.58	
福利制度	平均值	3.48	3.36	無
	標準差	0.76	0.51	
權責關係	平均值	3.07	3.16	無
	標準差	0.60	0.54	
組織溝通	平均值	3.61	3.33	無
	標準差	0.60	0.75	
升遷機會／前程規劃	平均值	3.21	3.04	無
	標準差	0.74	0.54	
參與程度	平均值	3.36	3.18	無
	標準差	0.73	0.64	
激勵制度	平均值	3.32	3.46	無
	標準差	0.71	0.60	
獎懲制度	平均值	3.30	3.06	無
	標準差	0.58	0.44	
工作環境	平均值	3.79	3.81	無
	標準差	0.55	0.47	
主管領導	平均值	3.60	3.66	無
	標準差	0.77	0.71	
整體	平均值	3.33	3.25	無
	標準差	0.50	0.37	

就婚姻狀況來看，無論任何一項構面，已婚與未婚者並無顯著性

差異。

教育程度分析（可辨別之有效問卷 148 份）

類別		國中以下(1)	高中（職）以下(2)	專科(3)	大學(4)	碩士(5)	顯著差異
人數		14	18	28	10	2	
制度化程度	平均值	3.34	3.15	3.07	2.90	3.50	無
	標準差	0.51	0.76	0.72	0.53	0.71	
薪資制度	平均值	3.36	2.68	2.42	2.65	3.13	(1)>(3)
	標準差	0.62	0.69	0.62	0.39	0.53	
福利制度	平均值	3.88	3.47	3.37	3.30	3.63	無
	標準差	0.80	0.77	0.64	0.54	0.53	
權責關係	平均值	3.39	3.07	3.01	3.18	2.63	無
	標準差	0.52	0.53	0.66	0.64	0.18	
組織溝通	平均值	3.82	3.40	3.42	3.55	3.88	無
	標準差	0.28	0.67	0.78	0.54	0.18	
升遷機會／前程規劃	平均值	3.54	3.19	2.96	3.08	3.88	無
	標準差	0.41	0.75	0.71	0.67	0.18	
參與程度	平均值	3.55	3.17	3.15	3.60	4.00	無
	標準差	0.41	0.78	0.75	0.56	0.00	
激勵制度	平均值	3.79	3.35	3.24	3.35	3.13	無
	標準差	0.40	0.73	0.61	0.91	0.18	
獎懲制度	平均值	3.54	3.22	3.13	3.23	3.50	無
	標準差	0.60	0.60	0.54	0.40	0.71	
工作環境	平均值	3.88	3.78	3.75	3.90	4.13	無
	標準差	0.63	3.45	0.54	0.54	0.18	
主管領導	平均值	3.78	3.65	3.62	3.50	3.75	無
	標準差	0.67	0.79	0.77	0.82	0.35	
整體	平均值	3.62	3.29	3.19	3.29	3.56	無
	標準差	0.31	0.49	0.46	0.46	0.05	

在教育上分析國中以下與專科有差異，其餘無差異。

年資分析（可辨別之有效問卷 140 份）

類別		一年以下(1)	1～5 年(2)	6～10 年(3)	11～15 年(4)	16～20 年(5)	顯著差異
人數		14	76	24	16	10	
制度化程度	平均值	3.21	3.05	3.04	3.34	3.20	無
	標準差	0.68	0.59	0.91	0.67	0.65	
薪資制度	平均值	2.79	2.52	2.94	2.91	3.30	(1)>(3)
	標準差	0.34	0.64	0.87	0.80	0.45	
福利制度	平均值	3.32	3.36	3.77	3.63	3.45	無
	標準差	0.28	0.84	0.52	0.69	0.41	
權責關係	平均值	3.39	3.14	2.83	3.28	3.00	無
	標準差	0.32	0.67	0.58	0.60	0.40	
組織溝通	平均值	3.57	3.41	3.63	3.81	3.80	無
	標準差	0.95	0.70	0.54	0.22	0.33	
升遷機會／前程規劃	平均值	3.61	2.97	3.23	3.28	3.70	無
	標準差	0.48	0.77	0.54	0.54	0.33	
參與程度	平均值	3.89	3.18	3.42	3.59	3.35	無
	標準差	0.40	0.70	0.78	0.53	0.49	
激勵制度	平均值	3.75	3.30	3.40	3.41	3.65	無
	標準差	0.38	0.65	0.73	0.68	0.42	
獎懲制度	平均值	3.61	3.20	3.27	3.22	3.05	無
	標準差	0.43	0.43	0.81	0.80	0.41	
工作環境	平均值	4.11	3.81	3.60	3.66	4.00	無
	標準差	0.48	0.52	0.52	0.57	0.31	
主管領導	平均值	4.11	3.56	3.63	3.66	3.75	無
	標準差	0.38	0.84	0.70	0.60	0.25	
整體	平均值	3.58	3.23	3.34	3.43	3.48	無
	標準差	0.27	0.50	0.52	0.46	0.14	

　　以年資做分析，無論任何一項構面，在任何年資區隔下之同仁，並無顯著性差異。

單位分析（可辨別之有效問卷 144 份）

類別		總經理室及財務部 (1)	管理部 (2)	品保部 (3)	營業部 (4)	A 廠 (5)	B 廠 (6)	顯著差異
人數		24	18	16	34	26	22	
制度化程度	平均值	3.40	2.86	2.59	3.01	3.40	3.09	無
	標準差	0.55	0.76	0.78	0.59	0.52	0.68	
薪資制度	平均值	2.67	2.56	2.34	2.35	3.35	3.00	(5)>(3)
	標準差	0.33	0.74	0.46	0.70	0.73	0.55	
福利制度	平均值	3.31	3.36	3.41	3.41	3.77	3.45	無
	標準差	0.28	0.36	0.63	0.97	0.62	0.99	
權責關係	平均值	3.23	2.81	3.03	2.99	3.13	3.52	無
	標準差	0.53	0.72	0.60	0.66	0.46	0.58	
組織溝通	平均值	3.71	3.56	3.56	3.31	3.54	3.68	無
	標準差	0.76	0.67	0.37	0.72	0.54	0.69	
升遷機會／前程規劃	平均值	3.42	2.86	3.13	2.85	3.44	3.34	無
	標準差	0.67	0.59	0.57	0.82	0.50	0.73	
參與程度	平均值	3.79	3.22	3.28	3.00	3.38	3.52	無
	標準差	0.49	0.87	0.69	0.74	0.52	0.59	
激勵制度	平均值	3.73	3.08	2.97	3.26	3.69	3.48	無
	標準差	0.72	0.52	0.76	0.59	0.55	0.39	
獎懲制度	平均值	3.23	2.89	3.06	3.31	3.44	3.36	無
	標準差	0.33	0.59	0.58	0.48	0.64	0.67	
工作環境	平均值	4.04	3.47	3.84	3.81	3.81	3.75	無
	標準差	0.28	0.43	0.61	0.53	0.48	0.67	
主管領導	平均值	3.85	3.44	3.44	3.59	3.69	3.80	無
	標準差	0.72	0.74	0.69	0.76	0.59	0.92	
整體	平均值	3.49	3.10	3.15	3.17	3.51	3.45	無
	標準差	0.32	0.44	0.54	0.48	0.37	0.56	

就單位來分析，在薪資制度構面上，A 廠同仁比品保部及營業部同仁在認知與共識程度上來得高。

職等分析（可辨別之有效問卷 144 份）

類別		一至三職等	四至十職等	顯著差異
人數		80	64	
制度化程度	平均值	3.10	3.13	無
	標準差	0.71	0.64	
薪資制度	平均值	2.70	2.76	無
	標準差	0.78	0.54	
福利制度	平均值	3.40	3.59	無
	標準差	0.83	0.52	
權責關係	平均值	3.15	3.09	無
	標準差	0.57	0.64	
組織溝通	平均值	3.46	3.65	無
	標準差	0.64	0.63	
升遷機會／前程規劃	平均值	3.11	3.26	無
	標準差	0.68	0.67	
參與程度	平均值	3.13	3.63	(2)>(1)
	標準差	0.67	0.58	
激勵制度	平均值	3.47	3.35	無
	標準差	0.63	0.64	
獎懲制度	平均值	3.23	3.27	無
	標準差	0.59	0.54	
工作環境	平均值	3.74	3.91	無
	標準差	0.54	0.50	
主管領導	平均值	3.51	3.80	無
	標準差	0.72	0.74	
整體	平均值	3.27	3.40	無
	標準差	0.49	0.43	

在該公司員工結構中，四至十職等屬於核心人力，就職等來分析，顯示核心人力在參與程度構面中，有較高之認知與共識。

職務分析（可辨別之有效問卷 148 份）

類別		主管	非主管	顯著差異
人數		64	84	
制度化程度	平均值	3.14	3.09	無
	標準差	0.82	0.63	
薪資制度	平均值	2.80	2.63	無
	標準差	0.57	0.76	
福利制度	平均值	3.47	3.48	無
	標準差	0.68	0.73	
權責關係	平均值	3.00	3.20	無
	標準差	0.65	0.54	
組織溝通	平均值	3.72	3.41	(1)>(2)
	標準差	0.58	0.65	
升遷機會／前程規劃	平均值	3.31	3.07	無
	標準差	0.75	0.61	
參與程度	平均值	3.55	3.20	(1)>(2)
	標準差	0.68	0.63	
激勵制度	平均值	3.34	3.47	無
	標準差	0.67	0.60	
獎懲制度	平均值	3.30	3.21	無
	標準差	0.30	0.53	
工作環境	平均值	3.84	3.80	無
	標準差	0.49	0.54	
主管領導	平均值	3.76	3.52	無
	標準差	0.69	0.77	
整體	平均值	3.38	3.28	無
	標準差	0.48	0.44	

　　以職務別來分析，在組織溝通與參與程度構面上，主管比非主管有較高之認知與共識。

　　綜合前項初析，顧問發現在不同群體中並未有許多顯著性差異存在，表示參與問卷調查者同質性程度相當高；亦可顯示在未來制度設計中，對於各族群不同而有差異之考量程度將減少。

・開放式問卷分析（調查者自由填答）

(1)吸引員工進入之原因是：

原因	百分比
企業規模	21.49%
企業形象	15.38%
上班地點	13.12%

(2)最令員工滿意之三件事：

原因	百分比
工作環境	21.30%
福利	14.58%
同事間相處	14.58%

(3)最令員工不滿意之三件事：

原因	百分比
薪資	16.07%
休假	10.07%
組織氣氛	8.87%

(4)結果分析：

　　參與問卷調查員工多數認為，吸引同仁進入企業的原因是企業規

模及企業形象；最令員工滿意的前三項是工作環境、福利與同事間的相處，正好呼應共識調查中認知與共識最高的前四項──工作環境、主管領導、組織溝通（此兩項可視為同事間之相處情況）與福利制度；另外以薪資最令員工不滿意，此與共識調查中薪資制度為認知與共識不謀而合，顯示薪資制度在企業中將是值得注意的重點。為進一步探討，亦可採封閉式問卷進行交叉分析。

學生赴企業進行「組織診斷」

做中學—企業病診斷法

 案例二

　　我是一名醫生，現就讀 EMBA 來學習經營管理，人會生病，企業也會生病。一個企業體就有如人體一般，需靠各個器官系統的搭配，才能健康的活下去，當這些器官系統出問題時，就會產生身體上的變化，進而形成有些看得見的症狀，而有些卻是隱而未現的症狀，而一個醫師就是要從病人所敘述的症狀再加上自己從身體檢查中所得的證據，若有需要，則再加上一些實驗檢查上的結果，綜合判斷，給這個病人做診斷，以判定此人此時可能是得了什麼病？由此診斷再決定該如何做治療計畫。

　　眾人皆知「預防勝於治療」，而現代醫療更是愈來愈強調預防醫學，因為若能及早防止疾病於成形之前，所用的力氣最小、成本最低，若是已嚴重至造成像中風所留下的後遺症——癱瘓，則此時即使做復健，也不能使身體功能完全復元，而個人、家庭、國家花在治療、照顧此人的成本，將是異常的昂貴。

　　一般一個醫師診斷的流程我們稱為「SOAP」，説明如下：

1. S=Subjective information：乃是病人主觀的消息或報告，如頭痛、咳嗽、流鼻水、喉嚨痛等。

2. O=Objective Data：乃是醫師經由身體理學檢查所得客觀的資料，如醫師檢查看到病人喉嚨發炎、紅腫，或測量體溫有發燒。

3. A=Assessment：經由上述兩步驟後所得到的初步評估和診斷。

4. P=Plan：由此診斷決定治療和進一步檢查的整體計畫。

　　「SOAP」是一個不斷的循環過程，當有新的資訊進來時，醫師

就要思考原來的診斷是否正確？是否需要再做其他檢查，以獲得更進一步的資料？治療計畫是否需做修正？此「SOAP」程序要直至病人治癒或死亡為止。

企業的經營者就如醫師一般，要常常對企業做檢查，看看是否有何毛病，若能早期診斷出企業病，才能對症下藥，避免進一步的惡化。但是醫師要能診斷和治療一個人，必須要先經過許多的學習和練習，才能熟知人體每個器官系統各有哪些疾病？這些疾病有何特徵？可以經由哪些身體檢查和實驗室檢查來確定？確定之後有哪些治療方法，各種治療方法適合什麼樣的病人？相同地，要能診斷企業有哪些企業病，也必須先學習一個企業體有哪些企業病，其各有何特徵？由於企業病的治療是另一大主題，本文將只討論企業病的種類和其診斷方法。

企業病的診斷當然不能完全等同於一般疾病的診斷，其目的只是透過一般的醫學常識，讓我們能更清楚如何去找出企業發生了什麼問題。但在正式進入企業病的診斷之前，我們應先定義什麼是「健康的企業」？「健康的企業是一個透過 SWOT 分析後，能認清企業環境變化及產業、社會的趨勢，並設定企業的定位及組織架構，使企業不僅能適應環境的變化，還能有效管理企業人、物、財三方面的資源，進而產生收益，有利於企業體繼續成長和卓壯。」

以下我們將分企業病和企業自我診斷書兩大項來討論。

一、企業病

企業病將以人類的八種器官系統疾病，分別代表企業在八個面向上的問題。

(一)腦病：經營者無能症

大腦是身體最重要的器官，如腦幹，它對五臟六腑發號施令，具

總司令之功能，丘腦則控制喜、怒、哀、樂等各種情緒的活動，大腦的新皮質則具有學習、思考、判斷、想像的高級功能，人之所以為萬物之靈，全靠此功能，一旦大腦出問題，即使其他器官仍完好，也只是個植物人，並不能做任何可見的活動。而企業經營者就如同一個企業的大腦，必須為企業定出企業願景、經營策略和經營方針，不能符合此項要求，我們就稱此企業的大腦系統有問題，罹患了「經營者無能症」。經營者無能症一般可分為以下幾種病症：

1. 經營能力不足症：此種經營者在經濟景氣時一帆風順，但一旦景氣變差或產業競爭激烈時，就手足無措，露出馬腳，在瞬息萬變的環境中，他也無法掌握正確的資訊以擬定適當的經營方針和經營策略，也許我們可說他「經營智商不足」吧！

2. 經營方針缺陷症：這種病症是經營者無法為公司擬定一明確的經營方針，以指引公司經營的方向，或是擬定的經營方針不正確，無法因應環境的變化，這種情形容易造成公司無定向感，有如繞圈子般做白工。

3. 獨裁專制症：這常出現在家族企業中，其經營權和所有權並未分開，而經營者常如獨裁者一般剛愎自用，不信任員工，以致員工在處理日常業務時，不能也不願自行判斷處理，常需事事請益，自然造成經營效率低落。就如人體中當手指被火燒到時，其馬上有反射動作縮回，若還要再把訊息經神經系統傳回大腦，再由大腦判斷決定處理方式，將會造成手指更嚴重的傷害。

4. 家族經營異常症候群：這也是家族企業常見的毛病，其主要問題有：(1)近親交配，缺乏外來刺激，因為經營者都出自同一家族，大家想法相近，久而久之，自然無法面對外界環境劇烈的變化，做出正確的回應。(2)隨著家族企業的成長擴大，家族中無法及時產生足夠的優秀人才來擔任管理者，甚至企業的繼承者本身管理能力不足以成為一位卓越的領導者，若又無法吸引外來優秀人才並交託

管理責任，自然會造成家族企業日漸衰敗。

以上所述即是企業常見的腦病——即稱經營者無能症。

(二)神經系統疾病：管理制度失調症

人體神經系統之主要功能是連結各個器官系統，並擔任傳遞資訊的角色。神經系統由以下各部分所組成：

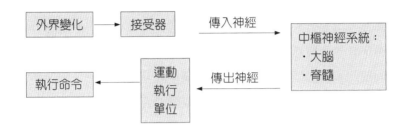

・接受器：如皮膚有冷覺、熱覺和痛覺接受器，眼睛有視覺接受器，舌頭有味覺接受器，不同的接受器專司偵測環境或人體中不同的變化，並把這些感覺變化傳給傳入神經。

・傳入神經：傳入神經主要功能是把外界或體內的訊息傳向中樞神經系統，即是脊髓和大腦。

・中樞神經系統：統合各方傳來的訊息，並做出回應的對策，並把對策交由傳出神經傳遞出去。

・傳出神經：把中樞神經系統所做對策及回應方式傳向體內各運動執行單位。

・運動執行單位：由此對外界或體內其他器官做出回應。

舉例來說，有一天你在公司內因工作忙到超過中午十二點，但你渾然不知，突然間你聞到一股飯菜香味，這時鼻子嗅覺接受器已把所偵測到外界飯菜香味經由傳入神經傳至脊髓和大腦，接著中樞神經系統可能會有幾種回應方式：由中樞神經系統主導的反射動作會經由傳

出神經，傳至唾液腺和腸胃道，造成唾液分泌和腸胃蠕動等不自主的運動，這些回應方式會進一步再傳至大腦，大腦做出「肚子餓了」的判斷，發出訊息要頭轉向飯菜香味的方向並再看看時鐘，才發覺現在已是中午吃飯時間，接下來大腦會就工作的重要性和肚子餓的程度做出判斷，決定是要繼續工作還是要出去吃飯，所以，一個簡單的外界變化就可能引發許多相伴發生的訊息傳遞、判斷和回應方式。

在企業中，與神經系統相對應的即是「管理制度」，管理制度乃是企業為了以最合理而有效率的經營方式，達成企業目的所設立的一種體系，其包含資訊、報告、指示、命令、事務處理等，規範了企業內不同部門、層級間的訊息傳遞、溝通模式及回應方式，而溝通或訊息傳遞模式可能是用書面、人際互動或電腦資訊科技。企業的「管理制度」出了問題，就如人體產生神經系統疾病一樣，不是訊息傳達出了差錯，就是回應方式不對，這會造成企業混亂。

常見的企業管理制度失調症如下：

1. 經營方針傳達障礙症：企業的經營方針無法很正確且適當地傳達給員工了解或接受，此乃傳出系統出問題，上情無法下達，這會造成底下部門抓不到企業的走向，將有如多頭馬車造成企業混亂。

2. 報告傳閱障礙症：企業內部或外部的訊息無法正確且即時地傳給管理者，這是報告傳入系統出問題，常見為時間遲延以致失去時效，杜撰情報，或中間主管對報告不做任何判斷、建議對策的批注而直接上傳，這些都將使經營者無法掌握企業內外的變化。

3. 管理制度形式化症：一個企業的管理制度必須能隨環境變化而修正，不知變化會造成制度的僵化；而管理制度是否能確實執行，也必須要加以稽核、查證，否則不論訊息的上傳或命令的下達，均會流於形式化而不能發揮連結、溝通的功能。

(三)心臟血管系統疾病：資金脈搏不規則症（或稱財務周轉失調症）

心臟的功能是以一定的速度和流量，將血液經由血管把養分和氧氣送到全身各處，並把全身各處所產生的廢物收集回來，再送到肺部和腎臟中排出，我們可以把企業組織看成是心臟，血液就如企業的資金一般，企業必須有管道取得足夠的資金，以購買原料生產各種產品，並透過銷售活動賣出產品，最後還要能收取帳款，這三步驟是一營業循環，讓企業生生不息，就如人體的心臟血管循環系統一般。企業常見的循環系統疾病如下：

1. 貨款呆帳症：又稱「資金失血症」，因為公司所賣出去的產品無法即時收回貨款，這會使得公司資金只出不進，如同人失血般，以致企業無法再付出足夠資金，以供下一波的營業循環，自然會造成公司危機。呆帳症的發生常見到下列客戶找理由延遲付款的症狀：

   (1)變更付款截止日或付款日。

   (2)要求分期付款。

   (3)變更見票即付慣例。

   (4)更改金融機關。

   當你的客戶出現這些症狀時，你就要小心呆帳的出現。

2. 資金周轉失靈症：又稱「資金需求高血壓症」，如前所述，企業的資金就如血液一般，而企業某一時點的支出額，可以看成是人體的血壓，就如血壓變化必須保持在一定的標準內，否則血壓過高會影響健康，甚至造成腦血管破裂（中風），相同地，企業資金的需求變化必須控制在一定程度內，企業血壓（某一時點的支出額或資金需求）變化必須在下圖線 B、C 間的安全區內，超過線 B 的警戒線就需處理、治療，否則等超過線 C，造成企業解體，就有如中風一般來不及了，至於線 B 的資金需求警戒線指標，需視不同產業而

定。

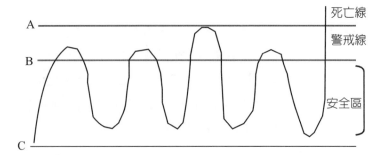

常見「企業資金周轉失靈症」的原因有：

(1)企業急速擴張。

(2)景氣不好，造成收入減少。

(3)因呆帳造成收入減少。

(4)銀行抽銀根。

(5)付款安排不當。

3. 不良資產肥大症：又稱「企業高膽固醇血症」，企業的資產就有如血液中的膽固醇，膽固醇有分好的和壞的二種，好的膽固醇可協助清除血管中壞的膽固醇，而血液中壞的膽固醇過多，卻會聚積在血管壁上，長期下來就會造成動脈血管硬化，血管腔變小，進而造成高血壓，嚴重的會造成心肌梗塞、心臟肥大或腦血管破裂（中風）；相同的，好的資產會產生收益，而壞的資產卻會減少收益，進而造成企業資金周轉失靈。

由上所述可知，資金脈搏不規則症是企業病中相當嚴重的疾病，一不小心就可能造成企業倒閉。

(四)骨骼肌肉系統疾病

人體的骨骼肌肉系統具有支撐身體、運動和保護腦、心臟、肺等

重要器官的功能，企業的組織架構就如人體的骨骼肌肉系統一般，如何形成最有效率的組織架構，以從事各種業務活動，是其主要目的，而這個組織架構就是企業內各種單位的編制。但是企業為了適應外界經營環境的變化，自然必須不斷地調整其組織架構，這就是組織變革，而在組織架構的調整中，常常會產生下列病症：

1. 組織僵化症：此乃企業在面對外界壓力時，組織架構不願或無法做修正，以舊的架構面對新產生而不合理的壓力，自然容易造成如骨折、脫臼等組織斷裂的傷害。

2. 組織改革中毒症：與組織僵化症相反的是組織改革中毒症，此病症並不是不做組織改革，而是一年到頭無目的、不停地在整頓組織，卻不加強組織的堅實，以為只要組織改革便可以提高公司業績，殊不知這種跟流行似的改革反而無法保持組織的穩定、強壯，將使企業如骨質疏鬆症般承受不起重責大任。

3. 組織肌肉痠痛症：人體的骨骼肌肉系統常會因不正確的姿勢，或因工作壓力過度使用，或因老化造成像是下背痛、五十肩、肌腱炎、退化性關節炎等骨骼肌肉的痠痛，同樣的，企業也會有這種老化或承受過度的工作壓力，導致組織過度疲勞，以致做起事來事倍功半、缺乏效率的情形發生。

(五)腸胃病：「收益機能減退症」

胃腸的主要功能是將人體吃進去的食物予以消化，並吸收其中的營養，以供身體成長、修補和活動所需的能量，而企業經營成功的關鍵，即在於如何有效率地使用「人」、「物」、「財」三種經營資源，以獲得最大的經營效益。我們可把「人」、「物」、「財」三種經營資源比擬於我們所吃的食物，而經營收益好比營養，我們吃進去後能否產生效益，就是看胃腸的消化、吸收功能，所以我們把企業經營的腸胃病稱為「收益機能減退症」，收益機能減退症有幾種病症：

1. 經營資源消化不良症：此乃公司無法將「人」、「物」、「財」三種經營資源消化，做最有效益的利用，自然無法吸收資金與收益。以人體來說，每一個人的胃腸有其一定的消化能力，暴飲暴食，超過胃腸的消化能力，不但無法吸收，反而會產生嘔吐、下痢、腹脹等消化不良的症狀；同理，一個企業的經營資源消化不良症常發生在：

   (1)訂單過多：導致公司生產力無法消化這些訂單，趕工生產的結果常造成員工疲憊，於是不良品和一些工安事件就容易產生，我們可稱此為生產消化不良症。

   (2)產量過剩：無法順利賣出（消化），造成庫存品過多，積壓資金，我們可稱此為銷售消化不良症。

2. 收益吸收不良症：此乃公司可將「人」、「物」、「財」三種經營資源消化做最有效益的利用，以形成資金與收益，但本身的吸收能力有限，無法完全吸收這些營養，而將其排出。一般常發生在：

   (1)小公司卻去承接大工程時，這就如同人體暴飲暴食一樣，自是無法完全吸收工程產生的效益。

   (2)公司本身的技術尚未成熟，或是第一次承接此項業務，手忙腳亂，沒有經驗將經營資源做最有效安排與利用，自然無法產生最大效益而吸收之。

(六)肝病：「收益結構脆弱症」

肝臟是人體的一座大型化學工廠，它本身擁有許多的功能，如：

·合成：人體腸胃道將食物中的蛋白質、醣類、脂肪分解成胺基酸、葡萄糖、脂肪酸等營養成分並吸收後，經由血液送至肝臟，在肝臟進行各種化學合成作用，將其組合成人體所需的蛋白質、醣類、脂肪，再由血液送至各處以做身體成長、修補和能源之用。

·促進消化：肝臟會分泌膽汁，貯存在膽囊內，並由膽囊收縮送

至腸內，以促進人體對脂肪的消化能力。

‧貯存：肝臟可將葡萄糖、脂肪酸轉變成肝醣、脂肪，貯存在肝臟。

‧解毒：肝臟可把身體新陳代謝或從外界吸收之物質，轉變成較不具毒性的代謝廢物以排出體外。

像這種促進吸收的營養合成轉化、貯存和分配的肝臟功能，就如同在企業經營中，把經營所獲得之收益蓄積起來，再分配至各部門做有效運用，以形成「創造收益─蓄積投入資源─再創造新收益」的「收益循環結構」。當收益結構失常，就會造成企業的肝病，導致企業日益衰弱，所以我們把企業肝病稱為「收益結構脆弱症」。收益結構脆弱症有下列三種：

1. 吸收資源排出症：這是指企業可以消化經營資源、吸收收益（資金），但卻無法把這些收益轉化成企業成長所需物質，就如肝臟無法行合成轉化作用一般。罹患此病的病理過程為企業的不當支出「財」過多，造成庫存逐漸減少，原因為：

   (1)員工報酬過高。

   (2)獎金比例設計不當。

   (3)缺乏節稅知識。

   這些原因造成資金收益外溢。

2. 資源運用閉塞症：此乃企業經營所得收益未有效運用，不是過分節省錢財，就是不將錢財花在刀口上，這會造成「創造收益─蓄積投入資源─再創造新收益」這個「收益循環結構」失常崩潰，這就如同肝臟雖能行合成轉化作用，合成脂肪，身體卻未有效利用，結果不是貯存在肝臟內造成脂肪肝，就是堆積在身體其他地方，造成肥胖。

3. 收益結構黃疸症：如前所述，肝臟可分泌膽汁，協助促進人體對脂肪的消化能力，當有膽結石或膽管阻塞，造成膽汁無法順利分泌

時，就會形成黃疸，而且會降低人體消化脂肪能力，甚至造成脂肪腹瀉。相同地，企業的收益結構就好比人體的膽汁，可促進企業在經營上解決問題和推進業務，當收益結構循環受阻時，會使資金收益降低，以致無法協助企業內各單位推動各項業務，自會造成惡性循環，使企業日益衰弱。

(七)腎臟病：「幹部機能慢性麻痺症」或「新陳代謝不良症」

腎臟是一個排泄系統，其主要功能就是監測體液的變化，並排除體內的新陳代謝廢物，身體各處產生並交由血液運送的新陳代謝廢物，在腎臟中會被過濾出來形成尿液，再經由泌尿道排出體外；此外，腎臟還具有監測並調節體內水分和電解質的功能。所以腎臟的疾病主要有兩大類：

‧因各種急、慢性腎臟病造成腎臟無法順利排出代謝廢物，這些代謝廢物在體內積聚會毒害身體組織，尿毒症即是如，此時就必須靠洗腎來排除這些代謝廢物。

‧腎臟無法排除體內過多的水分和電解質，這會造成水分積聚形成水腫，另因電解質積聚會造成體內酸中毒或鹼中毒。

同理，在企業經營中，也必須要有一個監察機構，負責監測企業體內環境的變化，看「人」和「物」的新陳代謝功能是否正常，通常是由企業內的高級幹部所組成。這些高級幹部若對企業體內環境的變化麻痺了，視若無睹，就無法協助企業經營者做監測的功能，企業體也就容易產生下列幾種新陳代謝的疾病：

1. 元老幹部障礙症：在企業內，「人」是一種經營資源，但在企業內人究竟是會產生收益的養分，還是需要排出體外的代謝廢物，要看他是否擁有企業體所需要的重要經驗和技術，以下兩種元老幹部會造成企業體內「人」的新陳代謝不良症。

(1)倚老賣老的元老幹部，他們容易形成經營者的絆腳石，這常發

生在新舊任經營者交接時。

(2)觀念、技術無法隨時代改變更新者，這種元老自然是企業體欲
排出體外的代謝廢物。

2. 赤字中毒症：這是公司內「物」的新陳代謝不良症，譬如一些老舊
的機器設備或業績不良的店鋪，這些不是堆積在企業內造成負擔，
就是無法隨著環境的變化來調整其體質，久而久之，自然造成新陳
代謝不良而產生營業額赤字。

(八)肺病：「業務改善窒礙症」

肺臟的功能是產生呼吸動作而做氣體交換，身體產生的二氧化碳
經由血液送到肺臟的肺泡中，並經由氣體交換送至肺泡的空氣中，經
由支氣管→氣管→鼻腔而排出體外，而空氣中的氧氣經相反的方向，
在肺泡中經由氣體交換移至血液中，再由血液送到身體各處利用。

肺臟的疾病很多，如肺炎、肺結核、肺癌等，但最後常會有一共
同的症狀──即是呼吸困難、氣喘，所以我們把企業經營中的肺病稱
為「業務改善窒礙症」，表示企業體內的業務活動無法圓滑運作、改
善和推廣，換句話説，其窒礙難行的程度就有如因肺病所造成的呼吸
困難一般。

所謂企業的「業務活動」乃是善用「人」、「物」、「財」三種
經營資源，以完成企業所預定之目標，而「人」常為企業的「業務活
動」不圓滑和窒礙難行的主因，這常是多面性和複合性的問題，常見
因素為：

1. 組織內成員人際關係不理想。

2. 勞動條件問題：如低工資、勤務制度不良。

3. 人事管理問題：如人事的錄用、工作分派、考核制度及教育訓練不
適當。

4. 經營方針錯誤或不明確，公司上下不完全了解。

5. 組織編制有問題，造成報告傳達、業務分擔和各單位橫向連繫間出問題。

6. 業務營運制度不適當，不符合現狀，無法提高業績。

二、企業自我診斷書

　　介紹完了企業常見的八種病，我們將提供「企業自我診斷書」，一方面做整體摘要，一方面讓企業經營者能經常對自己的企業做診斷，以提醒自己在企業經營上有何問題。

八大系統	診斷要點
一、腦系統 （經營者、經營方針）	1.經營方式：是否為家族企業？ 2.是否有做過 SWOT 競爭分析？以了解自己和對手的戰力。 3.經營方針：是否明確？ 4.經營計畫：是否有短、中、長期計畫？ 5.經營者：平均年齡？是否有培育繼任人選？ 6.經營團隊：工作分擔是否明確？能否討論對立意見？
二、神經系統 （管理制度）	1.經營方針和經營計畫：是否公司上下均了解？ 2.年度計畫業務重點：是否分層分部門以明確分配？ 3.報告傳送系統：是否流暢、迅速、無誤？分層負責且批閱人數最少。 4.內部稽核是否確實執行？ 　・傳票、帳簿的流程 　・一般管理制度
三、心臟系統 （資金）	1.是否有擬定「資金運用計畫」？ 　是否有擬定「長期收支計畫」？ 2.與主要往來銀行：是否了解公司經營方針和經營計畫？有否建立對公司的支援體制？ 3.財務、會計、管理部門：有否合力監督公司資產狀況、借貸利息壓力、收款情形？ 4.有否成立貪瀆防制機構？ 5.公司全體可否有降低成本的徹底體認和實踐？

（續）

八大系統	診斷要點
四、骨骼肌肉系統（業務機構）	1.組織編制： (1)是否與經營方針和經營計畫結合？ (2)能否回應顧客及市場需求？ (3)各單位業務重點明確、分工適當、無閒人，人人均知自己工作職責？ (4)未因人而設單位。 (5)各單位間連繫：迅速且靈活？ 2.能否裁撤虧損部門？
五、胃腸系統（收益機能）	1.商品能否推陳出新？並設立有利的交易條件。 2.能否開發新市場、新客源？ 3.公司與同行相比： (1)庫存管理？ (2)機器設備的投資效率？ (3)每一員工的勞動生產力？ (4)降低間接業務／直接業務人數比例？ (5)總資本投資報酬率？ 4.每年是否有計畫地全面降低成本？
六、肝臟系統（收益結構）	1.工資對附加價值比例（勞動分配率）是否低於同行？ 2.工資水準是否高於同行？ 3.利益對附加價值比例是否高於同行？ 4.稅前淨利成長率是否高於同行？ 5.自有資本成長是否高於總資本？ 6.是否採取合理的減稅措施？ 7.是否抑制高級職員獎金？以免壓迫內部準備金？並引進報酬分配制度。 8.是否有效運用資金而獲得收益（財務效率化）？ 9.借款能否順利償還？

（續）

八大系統	診斷要點
七、腎臟系統（代謝機能）	是否有擬定「損益衡量計算」表評量？ 1.每一商品或服務。 2.每一單位、部門或分店。 3.每一計畫。 4.每一個員工。 其績效為何？再決定其要保留或裁撤。
八、肺臟系統（業務推展）	1.能否順利開發新產品？ 2.改善業務時，是否能受公司高層支持？ 3.參與改善業務人員能否勝任？並採取適當的行動和判斷？ 4.改善業務能否結合顧客意見？ 5.組織內的溝通管道是否暢通？ 6.是否有其他人事、管理制度或營運上的問題？

除上所述之外，企業尚有下列病症：

・貪心症：當企業愈來愈擴大規模，企業主容易因為當初打拚的辛苦而貪心的想節省各種費用，但卻不曉得企業要有得有捨，才會持續成長，該省當然要省，但是該用則用，這才不會患了貪心症。

・健忘症：企業主的承諾與兌現，對全體員工的士氣影響極大，企業主若承諾給付員工績效獎金或報酬，卻經常在事後忘記兌現，則是患了健忘症。

・失衡症：若企業主不將賞罰明訂，大家即使不傷和氣，但在推行事務上容易有模糊地帶，並且沒有使員工增加做事效率的誘因，此即患了失衡症。

・狹心症：即是指企業主一方面猜忌懷疑員工的忠心，但另一方面卻又不提供部屬的基本需求，此即患了狹心症。

・敗家症：企業主若因先天的背景優越而喜好投資，但卻又不負起責任，總是以家世背景當靠山，則易在企業遇到問題時，又毫無擔

當去解決問題，則是患了敗家症。

　　‧好鬥症：競爭的意義在於表現得比別人更優異，而不是喜好鬥爭，因為常鬥爭會分化組織的團結力，企業主應對此有所警惕，才不至於患了好鬥症。

　　‧色盲症：企業主應謹慎認清環繞其身邊的人，須特防不肖之徒，因為有些會提供良計而對企業有所幫助，但也有些用意在於為自己謀財，並不是真正為企業設想，若企業主不小心防範，即容易患了色盲症。

　　‧嗜睡症：企業主容易因為小有成就而就此停滯不前，殊不知企業主必須不斷地給自己目標去達成，如此才能使企業持續地成長，進而成為上流企業，若企業主懈怠，則如同患了嗜睡症。

　　‧自戀症：在計畫目標時，企業主應多聆聽一些困難點的預防，千萬不可自我陶醉於美夢中，否則結果極容易美夢成空。企業主需慎防此點，以避免患了自戀症。

　　‧軟耳症：企業主切記勿輕信讒言而常朝三暮四，如此會使企業政策搖擺不定，並逼走忠誠度高的員工，此及患了軟耳症。

　　這些症狀常是經營者忽略的地方，必須克服這些壞習慣，才能使企業永續經營。

做中學—企業診斷個案

 案例三

一、前　言

　　連續五年獲得《天下雜誌》臺灣最佳聲望標竿企業的慶應重工股份有限公司，在臺灣機械業界已占有一席之地，雖然距離公司成立僅約十年光景。由於母集團規模龐大，且大肆擴展石油化學產業規模，提供慶應重工股份有限公司一個絕佳的成長機會。公司在這段母集團擴建期間，不僅營業額擴增數倍，也在這段期間大量引進高學歷人才，從事工程設計、管理。同時為因應基層勞工短缺情形，配合政府引進大量外籍勞工。

(一)公司歷史背景

　　慶倪企業是一家大型集團，旗下公司達二十多家，包含醫院、學校、石油化學相關產品、電廠、機械設備、紡織等，集團總營收超過新臺幣三千億元。

　　慶應重工股份有限公司原是慶倪企業集團內的慶倪塑膠股份有限公司機械事業部，負責生產機械設備，供應整個集團，之後正式獨立為一家公司。主要產品為：石化製程設備及產業機械、橡膠製品及電鍍研磨、精密齒輪減速機、自動化倉儲及物流系統、電廠建造等五大類。產品種類及占營業額比重如下頁圖。近幾年，拜集團快速擴充策略之賜，營業額大幅成長，並成為國內一百大製造業之一。

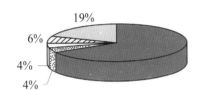

■ 石化製程設備及產業機械 67%

□ 橡膠製品及電鍍研磨 19%

▨ 精密齒輪減速機 6%

□ 自動化倉儲及物流系統 4%

▣ 電廠建造 4%

19%

6%

4%

4%

慶應重工產品及營業比重

　　慶應重工股份有限公司由集團總經理的女婿擔任協理，實際負責公司營運重任。由於公司實際負責人是集團總經理的親戚，集團內所需之設備，大都會優先交由慶應重工股份有限公司設計製作，如同其他家族企業一般。

　　慶應重工股份有限公司組織採用事業部結構，依五大產品分別設立組、處單位，而組、處各有其營業、設計、製造之課級單位（參考下圖）。其中較特殊的是，財務及採購部分由集團總管理處統一處理，而規章制度亦統一由集團總管理處負責研擬及修訂。員工薪資中除了效率獎金不一樣外，其他薪資結構全集團並無不同。也因此造成營利好壞與薪資多寡並無多大關係的現象。

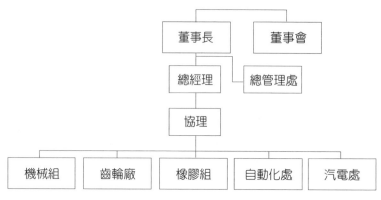

慶應重工股份有限公司組織圖

(二)生產政策

　　慶應重工公司的生產採用 BTO（Built To Order，接單後生產）形式，由於原物料的採購皆須透過總管理處統一處理，以至於備料時間動輒長達四個月至六個月。公司成立初期，所有產品 95% 以上皆銷售至集團內關係企業。隨著國內能源產業及自動化倉儲需求殷切，以技術授權（licensing）方式，分別從歐美及日本引進鍋爐及自動化倉儲系統之設計、製作能力，並且自行設廠生產，目前已是國內相關產業的領導者。生產開發採用「由內而外」模式，先供應關係企業相關產品，累積技術經驗和實績後，再對外擴展市場。在電廠興建方面，也曾標得印尼及菲律賓等國外合約。更由於電廠所需相關產品眾多，慶應重工公司也順勢展開產品多角化，將利基產品自行開發生產，取代進口，對於利潤偏低或自行生產根本無利可圖的產品，則採用外包（Outsourcing）方式解決。由於五大產品中的石化製程設備屬大型設備，體積及重量造成運輸成本比例偏高，廠址的選擇以接近客戶生產廠為主，俾能服務客戶。而橡膠製品因看中大陸地區雄厚的發展潛力，亦早在廣州地區設廠製造。另配合母集團的大陸發展策略，

逐步建立當地製造廠,作為集團發展的後盾。

(三)行銷政策

慶應重工公司的行銷採用「由內而外」策略,新開發產品皆由集團內公司先行試用,並經過改良、回饋、再改良程序建立實績,再推廣至市場。產品也鎖定「大型」、「技術層次高」作市場區隔,並積極朝向整合性產品發展。另產品定價原則上採成本加成方法(Cost Plus)計價,但對於市場上特殊產品(或基於特定策略目的),有時也會參考競爭對手定價,以取得訂單。因客戶大部分屬集團關係企業,售後服務頻率及成本較一般公司為高。且關係企業間由於稅務考慮,有時售價並未真實反映成本及利潤,而僅考慮集團之最大利益。配合政府獎勵政策引進風力發電系統,逐步建立完整的發電建造系統。下表列出慶應重工公司自 N 年到 N5 年各項營運狀況:

	營業收入(億)	資產總額(億)	資本額(億)	稅後純益(億)	員工人數	營收成長率(%)	資產報酬率(%)	淨值報酬率(%)	負債比率(%)	獲利率(%)	員工產值(百萬)
N	72.77	84.04	6	0.68	1362	−4.85	0.8	8.88	90.89	0.93	5.3
N+1	119.68	118.96	6	5.03	1127	64.46	4.22	39.66	89.34	4.2	10.6
N+2	155.9	216.93	10.2	1.37	2195	30.26	0.63	9.77	93.53	0.87	7.1
N+3	158.7	250.4	10.2	2.12	1821	1.4	0.85	3.12	72.86	1.34	8.71
N+4	161.14	271.01	60.2	3.71	1305	9.63	1.37	4.21	67.48	2.3	12.35
N+5	116.63	239.62	60.2	3.19	1282	−27.62	1.33	3.49	61.88	2.74	9.0

(四)人力資源政策

　　慶應重工公司採用制度化的人力資源政策，包括選才、育才、晉才三方面。

1. 選才：

　(1)人力規劃

　　　①1 未來人力評估預測：以實際取得之未來合約工作量繪成各廠處之負荷「山積圖」。計算出未來需求人力。

　　　②人力調整計畫：比較現有人力負荷及未來人力負荷差距，適時調整規劃人力運用。

　(2)人力招募

　　　①內部升遷：

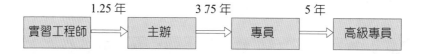

　　　②外部招募：

　　　　A.幹部除非有特殊考量，需專案核簽至公司總經理，否則不外聘。

　　　　B.由慶倪公司統一招募、訓練、分發。

　　　③人員甄選：

　　　　A.大學以上儲備幹部：由提出需求之事業部（慶應重工視為慶倪公司之獨立事業部）經（副）理級幹部擔任口試人員，擇優錄取。

　　　　B.現場作業人員：由提出需求廠處之處長級主管擔任口試人員，擇優錄取。

2. 育才：

　(1)職前訓練：由慶倪公司人事單位統一辦理，為期一週。介紹公

司產品及組織架構,各種考勤辦法及相關注意事項。

(2)職務基礎訓練:由新進人員所屬之部門訓練職務相關之基本知識。

(3)職務專業訓練:由各事業部自行辦理。針對所從事業務相關職能予以訓練。

(4)幹部儲備訓練:針對每一階段晉升前所需具備之管理職能(如管理規章、會計、統計、生產管理等)予以訓練。由總管理處辦理。

3. 晉才:

(1)每年 12 月 31 日前,將各部門人員考績送出,各部門由主管依人數比率自行考核,每 1/3 為良等,1/10 為優等,其餘分為甲、乙等。

(2)連續兩年獲得優、良等考績者,可提前一年參加晉升考試。

(3)各級幹部晉升需服務年資達到公司規定,且經由筆試及口試合格,再依晉升比率擇優提報。

(五)財務政策

　　慶應重工公司的財務調度完全由集團總管理處財務部處理,由於工廠擴建需要大量設備及資金,而原集團投資之資本額僅新臺幣 6 億元,造成負債比率一度達到 93.53%。公司因此於 N+3 年辦理現金增資新臺幣 50 億元加上歷年盈餘轉增資新臺幣 4 億 2 千萬元,使資本額擴增至新臺幣 60.2 億元,降低負債比率至 67.48%。現金增資部分並依法提撥一定比率開放員工認股,每股溢價新臺幣 13.5 元。由於母集團財務相當健全,加上從聯貸銀行得到專案低利貸款,因此慶應重工公司「子以母貴」,在財務方面一直沒遇到問題。

(六)公司整體發展策略

　　石油化學產業在臺灣由於環保因素,造成現階段幾乎無法興建新

廠，連帶使得設備供應商的商機驟減。相對地，能源產業卻獲得政府大力支持，包括汽電共生（Co-generation）及風力發電等。因此慶應重工公司採取綜合策略，部分業務（如齒輪製品）因生產成本不具競爭力，故採取縮減策略，將多餘人力移轉其他部門，以減低人事成本。而發電廠建造部門則採取成長策略，以因應業務大幅成長所需。整體而言，慶應重工公司受母集團發展策略影響很大。

(七)事業主診斷

公司的願景及使命之建立，端視創業者及後續接掌之事業主的影響而定，像他們的人格特質、對企業的規劃能力、個人的事業觀、思想等，對企業往後的發展有很大的關係，尤其在早期，對企業文化的塑造有莫大的影響。

因此，在對事業主診斷時，就從這幾個方向來著手，但是這些項目大都是個人的觀點，並沒有所謂的對與錯、好與壞之分野，這也是不同的產業、不同的企業，有著不同的企業文化之所在。所以，在做事業主診斷時，只能根據該企業的現有事實加以診斷，去尋求比較合適的說法。

1.人格特質方面：

首先，就本個案事業主的人格特質部分加以說明。該公司是由慶倪企業集團旗下的慶倪塑膠股份有限公司機械事業部所獨立出來的一家公司，因此，在創立之初，就隱含原母集團的企業文化與管理典章制度。所以，在事業主的人格特質方面，容易承襲母集團的行事風格，講求效率，一切以母集團的最大利益為考量之依據，缺乏獨立自主的考量空間。

其優點是：把母集團大型企業的經營理念與管理制度轉移到該公司，凡事講求效率及效果，追求企業及社會的利潤極大化，再加上稅賦的考量，一切以母集團的最大利益為考量重點。因此，對公司的願

景規劃比較實際，以工蜂一輩子效忠女王蜂的精神來壯大自己的族群，同樣地也擴大自己的版圖。

其缺點是：由於公司的創立是基於經濟考量因素，使得公司的願景無法宏觀，比較著眼於中、短程的前景，若是母集團的訂單需求降低時，該公司將面臨危機，雖然目前母集團所給予的訂單就足以養活該公司。

其對策是：在其穩定基礎之後，應該考量是否朝向獨立自主的方向邁進，就像老鷹一般，在其羽翼豐盈之後，飛向自己的天空，闖出自己的一片天，而不是只靠母集團的訂單過活。

2. 規劃能力方面：

其次，再談到事業主的規劃能力。由於是從母集團分離出來，其規劃能力承襲母集團原有的能力。因此，在蕭規曹隨之下，其規劃能力在早期而言，是有其優勢存在。但是，公司一旦獨立之後，不能事事皆仰賴母集團的支援，因而必須要發展出自己本身的規劃能力，如此才能永續經營，否則坐以待斃。

其優點是：在母集團所培養出來的規劃能力，可以在該公司繼續沿用，讓事業主有更多的時間發展出適合該公司的規劃能力，節省摸索時間，加速培養規劃能力。

其缺點是：容易在舊有的規劃模式之下繼續使用，降低創新的意願與動力，不容易發展出適合該公司特有的規劃能力。同時，因母集團的規劃能力很強，容易陷入自以為是的框架中，而無法思考該公司未來長期的規劃，只著眼於中、短程的規劃，若是大環境突然改變，將沒有能力去規劃與因應，而喪失先機。

其對策是：利用原有的規劃能力，自行培養新的規劃能力，針對自己公司的未來發展方向，向下紮根，除了事業主本身的規劃能力必須再培養之外，高階幹部的規劃能力之厚植，也是相當重要的，因為獨木不成林，孤木難撐大局，公司要永續經營，必須靠制度來維持，

而不是一直靠事業主一個人來支撐的。

3. 事業觀及思想部分：

　　最後，針對事業主的事業觀及思想來說明。此部分對上述兩種影響最大，因為它是一切的源頭，但也是最抽象部分，這跟事業主個人本身的成長背景、學習過程有很大的關係。有道是：江山易改，本性難移，因此，想要在短時間之內加以改變是不容易的。

　　其優點是：在母集團中培養出經營企業的事業觀與管理思想，容易把母集團經營得有聲有色的事業觀及實事求是的思想，移植到該企業，成功的經驗，將減少亂闖與實驗的失敗機率。

　　其缺點是：難以突破舊有思考模式，在母集團能夠成功的模式，並不一定適用該公司的所有經營方式。因此，當整體大環境改變之後，缺乏母集團的資助時，比較容易失去生存的能力。

　　其對策是：要融入不同背景與文化的高階幹部，使得公司更加多元化，不是只有事業主單一的事業觀與思想模式。從外界注入新的思想與觀念，逐漸地形成新的事業觀與思想，跳脫原有的框架，而這一切都必須事業主要有恢宏的氣度，一切以公司的長遠利益考量，否則一意孤行，終究改變不了，只有市場機制才能改變這個事實。

　　綜合上述三點，事業主的人格特質、規劃能力、事業觀與思想，是影響公司初期的發展以及塑造企業文化的原動力，不可否認的，這些對公司的影響力是滿大的。但是，整體大環境對公司的影響也不可忽視，因為上述以影響企業內部為主，對外界的影響並不大，想要以公司本身去影響整體環境並不容易，反而在大環境之下，如何透過本身的改善來適應大環境，才是生存具體之道。

(八)生產診斷

　　根據慶應重工公司的生產政策，其採用之生產模式為 BTO（Built To Order），幾乎沒有庫存問題，由於產品屬少量高單價之工

業設備，其優良之技術及客戶服務機制，已贏得客戶之信賴，在國內競爭力十分強勁，加上母集團之強力後盾，也逐漸拓展海外市場。從下列幾項來診斷該公司之生產績效（以 N＋5 年為例）：

1. 生產效率=實際生產量／目標生產量

產品項目	目標生產量（套）	實際生產量（套）	工作效率	原因說明
鍋爐	15	12	80%	
自動倉儲	4	3	75%	
發電廠	2	1.5	75%	
化工製程	22	18	81.8%	
齒輪減速機	150	122	81.3%	

2. 工作效率=實際生產量／標準生產量

產品項目	目標生產量（套）	實際生產量（套）	工作效率	原因說明
鍋爐	12	12	100%	
自動倉儲	3	3	100%	
發電廠	1.5	1.5	100%	
化工製程	20	18	90%	備料不足
齒輪減速機	121	122	100%	客戶增購

3. 交貨準確率=準時交貨數／應完成交貨數

（以全年度為單位）

產品項目	應完成交貨數（套）	準時交貨數（套）	交貨準確率	原因說明
鍋爐	12	12	100%	
自動倉儲	3	3	100%	
發電廠	1.5	1.5	100%	
化工製程	20	18	90%	備料不足延後交貨
齒輪減速機	122	122	100%	

4. 良品率=良品數量／生產數量

產品項目	生產數量（套）	良品量（套）	良品率	原因說明
鍋爐	12	12	100%	
自動倉儲	3	3	100%	
發電廠	1.5	1.5	100%	
化工製程	18	18	100%	
齒輪減速機	122	122	100%	

5. 稼動率=實際開機時間／標準開機時間（以 230 個工作天，每天 8 小時為單位）標準開機時間：實際生產量之開機時間

產品項目	標準開機時間（小時）	實際開機時間（小時）	稼動率	原因說明
鍋爐	1472	1840	80%	
自動倉儲	1380	1760	78.4%	停機 10 天保養
發電廠	1150	1840	62.5%	
化工製程	1672	1840	90.8%	停機 10 天保養
齒輪減速機	1484	1760	84.3%	

6. 產品周轉率=銷貨收入／產品庫存金額（以當年度為準）

產品項目	銷貨收入（百萬元）	產品庫存金額（百萬元）	產品周轉率	原因說明
鍋爐	240	0	0	
自動倉儲	630	0	0	
發電廠	7680	0	0	
化工製程	2753	275.3	10	延後交貨之庫存
齒輪減速機	368	0	0	

7. 在製品周轉率=產出量／〔（期初+期末）在製品量／2〕

產品項目	產出量（套）	在製品量（套）	在製品周轉率	原因說明
鍋爐	12	12	1	
自動倉儲	3	330	1	
發電廠	1	1	1	
化工製程	18	20	0.9	
齒輪減速機	122	122	1	

8. 平均每人產值=生產金額／平均作業人數

產品項目	生產金額（百萬元）	平均作業人數	平均每人產值（百萬元）	原因說明
鍋爐	240	79	3.03	
自動倉儲	630	167	3.77	
發電廠	7680	628	12.2	
化工製程	2753	320	8.6	
齒輪減速機	368	88	4.1	

9. 營業率=接單量／產能

產品項目	接單量（套）	產能（套）	營業率	原因說明
鍋爐	12	15	80%	
自動倉儲	3	4	75%	
發電廠	1	2	50%	
化工製程	20	22	90.9%	
齒輪減速機	122	150	81.3%	

10. 建議

(1)增加營業接單量，補足產能空檔，分擔設備固定成本。

(2)加強材料備料能力，避免因材料不足產生之工時損失。可採部分材料預先請購，以減少前置時間（Lead Time）。

(3)發電設備單價高、員工個人產值高，應列為優先發展項目，加強人員培訓及增加產能。

(九)財務診斷

　　損益意義告訴我們：企業運用股東、債權人及銀行的資金來源，其為該資金供給者創造的效益。由以上了解該公司 N＋3 年度若非現金增資，則其當年度已呈高負債狀態，因此將侵蝕營業利益。

　　故在使用企業的資產負債表與損益表時，應有相當的敏感度。事實上，那兩張報表是一體兩面，如甲公司在營業外支出列有「長期股權投資損失」，就代表著該公司在資產負債表上有資金用於轉投資事業上，惟其投資效益因子公司呈虧損，以致母公司需在損益表中提列相對比例的投資損失。在國內有多家上市公司轉投資海外子公司不當，其不僅因投資未產生效益，更使母公司的資金被凍結在該轉投資事業上，而造成資金周轉上困難。

　　如前所述，企業主要目的在充分運用現有資源（總資產），產生

損益表上的經營成果，即淨利或淨損。若企業經營的成果是賺錢，是否就意謂著該公司的財務結構已改善、體質已轉佳？答案並不一定，若企業將盈餘全數分配予股東（發放現金股利），意謂著本期淨利所增加的資金，並未蓄積於企業內以擴充經營實力，且提高自有資本比率。

企業以適當的股利政策發放現金股利，本是無可厚非，但是要注意的是，其股利政策是否過當，亦即當企業有盈餘全數分配予股東（發放現金股利）。而企業要擴充或虧損需要資金挹注時，就向銀行融資，此將造成企業自有資本比率更形下降，而其所負擔的風險愈來愈高。

另外，股東權益變動表另可清楚顯示其資本的變動情形，讓人對企業的資本擴充過程及企業沿革有一脈絡可循，並依循此脈絡，對企業組織發展過程做深層了解。企業在資本變動的過程中，有兩種增資方式，一為現金增資、二為盈餘轉增資；所以若遇企業資本不足時，企業應增改善財務結構。但現金增資才能符合上述批註條件，因為它代表股東再額外提供自己的資金投入企業，使企業可用資金增加（資產負債表兩邊同額增加）。若以盈餘轉增資，事實上並不能符合上述批註條件（改善財務結構）。其所顯示出的意義，代表股東權益（淨值）總額中科目的變動，所能產生的效果是盈餘轉增資後，公司保留盈餘減少，因此股東往後無法要求將原保留盈餘拿來發放現金股利。若企業處於建廠完成的初期，其隨著分期貸款之清償，而借貸相當的外來資金支應，而使負債比率提高，意謂著企業之擴廠計畫並未產生預期現金流入，致使財務惡化。

(十)組織及人力資源診斷

為因應未來公司整體經營策略及外部環境快速變化，組織勢必要做相對性改變。但因任何組織架構的變更都必須以集團整體考量，並

非一朝一夕或短期間內能夠實現。

在此對人力資源策略區分為：選才策略、用才策略、育才策略、晉才策略及留才策略，並對慶應重工公司人力資源策略提出改進建議。

1. 選才策略：

(1)建立內部人才資料庫：將每位員工的個人資料加上曾受過的訓練種類、名稱，建立易搜尋資料庫。當某部門需要特定人才時，能快速獲得資訊，達成人盡其才的目標。

(2)建立外在人才資料庫：將前來應徵人員之各種資料輸入電腦資料庫，並可與其他網路人力銀行合作，定期提供人力資源資訊，以便需要時縮短尋才時間。

(3)專業人員甄選時，加入像 MBTI（Myers-Briggs Type Indicator）人格特質測驗，以確保人才適性適所。

2. 用才策略：

(1)賦權管理：避免犯了以下之「授權十誡」。

①「不忍心」心態作崇，主管錯認自己角色。

②「不放心」心理限制部屬學習機會，亦侷限主管本身發展。

③主管專業技能太強，犯了「技癢」毛病。

④未善盡指導功能，導致「反授權」之荒謬。

⑤未顧及員工「成熟度」，誤用授權。

⑥授權之先未明示目標，控制失據。

⑦負向指責太多，未能激發部屬潛力。

⑧未確立「職務、職權、職責」三位一體觀念。

⑨授權又授責，形成推諉塞責之不良心態。

⑩缺乏職務說明書及分層負責表之配合。

(2)主管定期輪調，既可培養各方面能力，又可避免形成小團體而結黨營私。

3. 育才策略：

在政府及民間企業皆大聲疾呼「知識經濟」的時代，如何將員工最寶貴的經驗以合乎邏輯的方式保留下來，並透過各種訓練活動將此資產順利轉移（Transfer）到需要的員工身上，且創造出更珍貴的經驗或發明，成為企業建立競爭優勢的一大課題。

由於公司對訓練管理已自成一規章而制度化。相對於訓練內容偏向執行技術面而言，建議適度加入下列項目：

(1) 訓練需求評估：重新建立訓練項目，從技能（Technology）轉換為職能（Competency）需求。

(2) 依管理層級區分為：

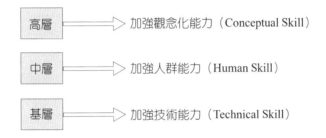

(3) 增加心理學應用、溝通技巧、人際關係等課程。

(4) 利用科技（例如網路技術）將訓練工作脫離時間及空間限制。

4. 晉才策略：

鑑於考績及晉升之主管主觀評核權限太大，加上一年中僅於年底作評核，容易陷入印象分數取代實際績效的謬誤。而各部門由於強迫按比率分配等級，容易造成各部門間齊頭式平等，而成員間卻感到不公平的現象。為改善此種情況，建議採取下列做法：

(1) 依公司五大產品為個別評分群體，群體內優、良等比率依舊為 1/3 及 1/10，群體內以課（組）為團體單位。每位成員的考績除了本身主管給予分數外，需乘上團體績效權數，即：

考績分數＝主管評核×團體績效權數

再於群體中依分數排名決定等第。

(2)加入同僚評估（Peer Rating）、複式評估（Multiple Rating）及部屬評估（Subordinate Rating），並各自設定權數。

(3)加入自我評估以及主管面談方式，達到績效評估及解決部屬困難的雙重目的。

5. 留才策略：

增加效率獎金之級距：薪資結構中的效率獎金，應適度將每月績效考核結果反映於效率獎金上。且適度讓當事人了解考核目標及獎金計算方式，達到激勵的效果。

二、小　結

1. 用人（選才 & 用才）要尚賢，才德兼備，以德為先；求賢不求全，聖人無全能，「金無足赤，人無完人」，用人難識，識人更難；為未來識人，識人於逆境。用人所長，用人不疑，幫助人才創造時勢，不失時機用英才，愛才不怕才。

2. 育才首重終身學習，提早培養人才，設身處地合情理。勵人（晉才 & 留才）必須曉之以理，動之以情；真誠的關切，嚴慈相濟；先也以身後以人，因勢利導；以身作則，以心換心，平等相待。

(一)現場診斷

1.間接單位 5S 稽核表：

1.天花板、門窗、牆是否破損、清潔、鬆動	5分	天花板、門窗、牆修繕良好且保持清潔
2.日光燈、冷氣機是否故障、清潔	3分	部分現場燈罩有蜘蛛網未清除
3.分電盤、開盤盒清潔、標示	3分	分電盤、開盤盒保持清潔、並標示清楚
4.電線是否凌亂，有無整理	5分	電線整理良好
5.櫃子、桌子是否清潔、定位、鬆動	3分	辦公室內部分桌角有灰塵未清除
6.抽屜整理、整頓、定位	3分	部分抽屜內物品未定位
7.卷宗之歸檔、檔案標示、快速取出	5分	卷宗歸檔、檔案標示清楚、且能快速取出
8.表單、傳票是否正確歸檔；有否長期滯留	3分	近期（12 月份）之表單未歸檔
9.事務器具（傳真機、電話、電腦……）定位清潔	3分	電腦桌死角未清掃，尚有灰塵
10.辦公區域的不要物品有清除	5分	大致已做好整理、整頓
11.日常清潔品之管理有否建立，責任者是否明確	3分	部分事務器具未指定負責清掃人員，如：影印機
12.文具用品之共用性是否建立，是否有定位化	3分	已有部分文具用品建立共用機制，並定位
13.滅火器是否有定位、點檢，通路有否阻塞	5分	滅火器定位、點檢確實，方便取用
14.周邊清掃狀況：牆角、桌下是否有灰塵、汙垢	3分	部分牆角、桌下有灰塵
15.流動文件之處理是否明確，待處理文件是否明確	5分	文件處理明確
16.是否建立管理看板，內容是否即時化	5分	廠區內設立管理看板，內容並即時更新

（續）

17.業務流程是否建立，業務分擔是否明確，代理制度是否建立	3分	已建立業務流程，且業務分擔明確；另代理制度雖已建立，但執行不落實
18.最近（三個月）是否有從事間接部門改善活動	5分	最近（11月份）有進行發貨流程改善活動
19.辦公區域是否明朗化	5分	辦公區域與作業區域分開
20.其他	5分	整體而言，間接單位 5S 執行良好

評分標準：合格：5分；完成 80%：3分；80% 以下：1分；未執行：0分。

總評：合計本間接單位 5S 得分 80分，整體而言，間接單位 5S 執行良好。

2. 直接單位 5S 診斷評價表：

區分	項目	評分	說明
地面	1.地面是否有油漬及切削屑？	5分	地面未有油漬及切削屑。
	2.地面是否有灰塵及其他物品？	3分	部分機臺地面上有灰塵。
	3.地面是否有放置不良品？	5分	不良品放於不良品籃內。
	4.地面是否會髒？	5分	地面保持整潔。
	5.地面是否有遭破壞及油漆脫落之情形？	3分	廠區東北角處地面遭堆高機碰損未修復。
	6.區域線定位區是否會髒及損壞？	5分	區域線定位區標示清楚良好。
臺車	7.臺車及手推車是否有管理者標識？	0分	臺車及手推車雖有指定管理者但未標識。
	8.臺車及手推車是否有損壞未修理現象？	5分	臺車及手推車保養良好。
	9.臺車及手推車是否清潔及輪子是否正常？	5分	臺車及手推車維持清潔且輪子使用正常。
	10.臺車及手推車是否有固定放置區？	5分	廠區內有劃定臺車及手推車有放置區。

（續）

區分	項目	評分	說明
流動容器	11.流動容器是否有固定放置區且排列整齊？	5 分	流動容器有固定放置區且排列整齊。
	12.流動容器排放是否有傾斜？放置高度是否有規定？	1 分	流動容器排放整齊，但放置高度不一（未規定）。
	13.流動容器是否有破損的地方？	5 分	流動容器保持良好。
	14.流動容器是否有灰塵及切削屑附著？	5 分	流動容器保持清潔，未有其他附著物。
機械	15.機械是否有機型番號及重量、功能標識？	5 分	機械機型番號、重量及功能標識清楚。
	16.機械外觀是否有被亂塗之現象？	5 分	機械外觀保持清潔。
	17.機械上及場所是否有其他雜物？	3 分	作業區放置茶杯未定位。
	18.機械上是否有不相關之標識？	5 分	機械上未有不相關之標識。
	19.機械之危險警示是否有標識？	5 分	機械之危險警示標識清楚。
	20.機械工程上是否有愚巧法之指示？	5 分	有利用模型（愚巧法）供製程檢測用。
測定儀器	21.測定儀器是否有髒汙及生鏽之現象？	5 分	測定儀器保持清潔。
	22.測定儀器金屬部分是否有防止碰撞的裝置？	0 分	測定儀器金屬部分未有防止碰撞的裝置。
	23.測定儀器是否有固定放置區且有無遵守？	5 分	測定儀器有固定放置區且遵守。
	24.測定儀器是否有定期檢定標示及是否過期？	5 分	測定儀器均定期檢定標示。

（續）

區分	項目	評分	說明
各類機器	25.轉動方向是否有標識？	1 分	大部分機器未標明轉動方向。
	26.刀具是否有定期點檢之表示？	5 分	刀具均設立點檢表，定期點檢追蹤。
	27.刀具名稱、番號是否有標識？	5 分	刀具名稱、番號標識清楚。
	28.刀具、工具是否有規定之放置區且遵守之？	3 分	刀具、工具有規定之放置區，但部分刀具未放置定位。
	29.有無防止切削屑及油漬進入限制開關之對策？	1 分	雖有防止切削屑及油漬進入限制開關之對策，但未有書面化。
錶類	30.各壓力計、油壓計、電壓計等是否髒汙？	5 分	各壓力計、油壓計、電壓計等保持清潔。
	31.各項錶類是否標識使用範圍？	5 分	各項錶類有標識使用範圍。
不良管理	32.不良品放置區是否有規定？	5 分	不良品有規劃放置區存放。
	33.作業員是否知道不良品處理程序？	5 分	經詢問作業員，知道不良品處理程序。
工作檯	34.配管、油壓管、空氣管是否有漏氣現象？	5 分	配管、油壓管、空氣管未見漏氣現象。
	35.各工作檯上是否有放置其他不要物品？	3 分	部分工作檯上放置其他物品，如：茶杯、週曆。
	36.工作檯上是否有髒汙及破損？	5 分	工作檯保持整潔。
看板	37.看板是否有髒汙及破損？	5 分	看板保持整潔且完整。
	38.看板上是否附著不相關的東西？	5 分	看板上無附著不相關的東西。
	39.看板懸掛高度是否適切及是否方正？	3 分	各部門績效看板懸掛過高，不易閱覽。

（續）

區分	項目	評分	說明
管理	40.5S 責任分擔是否明確公告標識？	1 分	5S 責任區雖有明確劃分，但未公告標識。

評分標準：合格：5 分；完成 80%：3 分；80% 以下：1 分；未執行 ：0 分。

總評：合計直、間接單位 5S 診斷評價共得 162 分，整體而言，該公司 5S 及 TPM 執行良好。

(二)經營者診斷

1. 總評

(1)慶倪企業係從事多角化之經營，經營者為謀求經營管理合理化，對於管理幕僚機能之強化極為重視，並且成立總管理處，統籌管理各公司及事業部之共同性事務，總經理室則為專業管理幕僚單位，這是一個多角化經營事業體幕僚人力資源之節省，各事業處用人可以大幅減少，而且集中管理以後，該等事務由專精人員從事，效率及品質會提升很多。

(2)慶應重工公司之重要主管專業學識豐富，於本業中皆有多年之經驗，且經過適當在職訓練，能主動發掘並反映異常，並據以改善，而且不斷追求事務之精簡、成本之降低、技術之提高，以及企業遠景之籌劃，值得效仿。

(3)總管理處、總經理室之主要機能，除制定各項管理制度，以及規劃推動各項管理電腦化外，另一個主要機能則是對各項管理作業執行情形進行稽核。

(4)在以銷售及生產為導向之原則下，各部門主管於生產會議上充分討論目標執行之情況、現行產銷配合狀況及相關部門配合執行之控制狀況等。

(5)慶應重工公司之總經理、協理及管理階層負責人皆為公司之董事，明確知悉公司之經營方向及其所負責任。

(6)慶應重工公司之組織架構係依營運作業之性質展開，並配合各項作業資訊之運作方式，兼採集權式管理。

(7)藉由企業識別系統（CIS）的導入過程，加強宣導公司之企業文化，並表達公司對員工之期許。此外，透過管理階層之以身作則，向員工傳達道德操守之重要性。

(8)本公司董事與高階管理階層重疊之比例相當高，因此對短期目標之期待程度一致。

(9)管理階層依核決權限分層處理業務，並視需要及規定，定期或不定期填製各項規定表單及編製各項管理報表，以追蹤或記錄各項未決、已決事項。

2. 總經理（CEO）

(1)生產製造部門主管升任、兼任慶應重工總經理，經營績效上負債比率降低、獲利率提升，但營業收入及成長率卻衰退很多。

(2)總經理對於重大事項皆以穩健之態度應對，在詳細評估、實地觀察並分析效益後始執行之。若有需要亦不排除召開董事會討論之。

(3)管理不是用錢可以買得到的，尤其企業要做好管理工作，慶倪企業下定決心培養對管理具有專精之幕僚人員，實屬難得。

(4)經常不斷地推動事務改善以及成本合理化之工作，每年均有數百件之多。

(5)能開放員工入股、利潤分享，而達休戚與共。

(6)致力於流程改造與降低成本，並全力導入 ERP 整合系統，有效掌握業務生產成本及財務資訊。

(7)由資料及實際訪談，對社會公益活動之參加情況微乎其微。

(8)總經理對於公司近、中、長程規劃仍在構想階段，尚未與幹部同仁共同研討。

3. 協理

(1)集團總經理的女婿，機械系學士，具有機械業二十年以上經驗，實際負責公司營運重任。

(2)規劃公司未來發展願景，但受限於集團整體發展策略及資源分配，似乎力有未逮。

4. 人事主管

(1)員工之行為都由工作規則及各項人事管理辦法規範之，其內容都符合法令規定及實際需求訂定。

(2)管理階層透過「員工考核管理辦法」，評估員工履行責任的完成度，以作為調薪及升遷之依據。

(3)有年度教育訓練計畫，但執行、追蹤仍有所偏差，以致效果有所影響。

(4)提案獎勵制度係激發員工創造，但公司提案率甚低，且質的方面也不理想，空有此一制度。

(5)管理階層之報酬非繫於短期績效之評估，未設計管理績效計畫或績效獎金制度。

5. 行銷經理

(1)行銷策略採由內而外，集團內設備大都優先由慶應重工公司設計製作，行銷經理業務壓力較輕，營業成長率衰退。

(2)鎖定大型、技術層次高的產品作市場區隔。

6. 研發主管

(1)設定改革計畫、看得見管理、知識管理之實施。

(2)落實學中做、做中學的訓練。

(3)研究計畫短、中、長期之規劃太粗略，並未與公司短、中、長期規劃相結合。

(4)在發展新產品或新作業活動前，需由各相關單位主管共同評估其可行性，包括現行之資訊系統及相關作業流程是否仍屬適

當、人員之數量及素質是否足夠等前置作業，新產品、新技術、新製程無具體累積及研發成效。

7. 資訊主管

應慶公司目前所使用之資訊系統，係採用外部專業電腦公司所設計之作業軟體，並訂有系統軟體維護合約，資訊人員則與其統籌配合。若要發展或強化資訊系統，則必先經多方評估（如人力、物力等），方予進行。

8. 生產主管

(1)近三年來，每人產值成長率逐年衰退。

(2)工業安全做到零災害，及安全衛生、環保並無遭到主管機關罰款或處分。

Chapter 12

員工教育訓練

教中學—由老師講授、學員（生）吸收實務經驗

壹、前　言

　　人力資源、天然資源、資本及企業管理能力是推動現代經濟生產的要素，而其中原料、設備、資金的短缺，皆可在短期內設法解決，唯有人力資源須經長期的培育，才能彰顯其功效。專家亦指出，有效的員工訓練發展，可增加組織的能力，激勵組織成員達成組織目標。松下幸之助曾說：「要製作產品前，先訓練人才。」，因此訓練對企業而言，是一項必要的投資，也是企業達成永續經營的關鍵。

　　健生公司對人力資源一向頗為重視，根據文獻指出，高層主管愈重視教育訓練，則教育訓練的成效愈顯著。公司大力推動下，成績斐然。績效更是臺灣地區的典範之一。曾獲教育部評定為建教合作示範工廠，以及經濟部評鑑為人才培訓練績優企業（皆有獎牌在案），引為全公司員工的榮

耀。人力資源已成為本公司最大的資產,尤其在面對產業結構快速變遷,人力價值觀念異於往昔的經營環境下,在選才、留才方面,所投入的心力與金錢,皆倍增於歷年,在育才方面,更要求彈性化,多樣化、人性化、所以本公司抱持著「教育企業」的經營目標,期望能提供公司同仁學習的工作環境,實現「企業即學校,學校即企業」的理想,因此公司不惜巨資,先後規劃三間電化教室,添購教學媒體,希望同仁在知性的工作環境中,能愈做愈愛——愛設備、愛團隊、愛公司,因為關心,所以開心;因為關懷,所以開懷。

　　教育訓練是永無止息的。它是公司達成永續經營的樞紐,本公司在高層管理者積極推動下,將來有關訓練的作業將更完備,成效將更顯著。同時也期望有能力協助各關係企業改善其教育制度,並協助各協力廠推展訓練工作,以培養更多人才,厚植公司競爭實力,進而提高產品之品質,以嘉惠顧客,回饋鄉里。但是根據美國企管專家 Jim Clemmer 在「*The CEO Refresher*」所指出:不到三成的員工教育訓練發揮功能,所以設計教育訓練必須考慮:(1)上了這種教育訓練,員工表現因此改進嗎?(2)那些課程有必要性?那些員工需參加受訓?(3)訓練的目的要明確,員工在教育訓練上得到什麼?(4)為了讓員工獲得某項知能,訓練課程應包含那些內容?(5)課程要如何傳授才可達最佳效益?(6)如何把訓練所得落實到工作崗位?(7)如何評估訓練成效?所以為達成訓練目標,必涵蓋:(1)訓練名稱;(2)訓練目的;(3)訓練時間;(4)受訓者資格;(5)訓練內容;(6)學習活動大綱;(7)如何將學習落實到工作上;(8)課程訓練成果方法;(9)公司如何獲取外界訓練資訊;(10)不斷運用 PDCA 手法以趨於完美。

貳、教育訓練簡介

　　本公司在教育訓練方面,就內容而言,可分為管理職系及技術職系,就對象而言,又分為一般員工及技術生二類,現僅就目前公司實施教育訓

練的類別及歷年實施後所歸納的優缺點簡述如下：

一、公告式教育

目的：使員工對公司政策、措施及語文教學等，均能一目瞭然。

方式：布告欄，每週一句（中英日文）、績效看板、提案看板、模範看板、5S 漫畫……等。

優點：有文字圖片為輔，可多次學習，增加印象，產生「共識、共鳴、共行」之作用。

缺點：篇幅有限，易占空間須經常更新，此外，對不識字人員無效。

二、測驗式教育

目的：知道員工對公司政策及專業知識的了解程度，並作為選拔優秀人員的依據。

方式：日常抽考及學科考試。以分數來提高學習之壓力，並與升遷、調薪結合。

優點：加強員工對公司政策及專業知識的了解。

缺點：每個人的程度不同，用此種方法有失公平。

三、在職訓練

目的：從工作中學習，認識有關工作之作業，從經驗中學習或從實驗中學習，有助於各單位間的配合。

方式：工作輪調，新進人員訓練。

優點：參與中學習、速度快、效果佳，如此可「訓用同步」，讓學習成本降至最低。

缺點：生手參與正常組織，會使原有功能無法發揮，而且部分人員會有不久即將輪調之心態，所以對工作職位不知珍惜。

四、會議室教育

目的：面對面溝通，促進知識的交流。

方式：經營會議、品質會議、VA/VE 會議、夕陽會。

優點：有關人員均列席，對問題探討有較客觀而深入的了解，產生創造力與解決能力。

缺點：所花費的時間與人員較多，容易偏離主題。

五、個人充電式教育

目的：利用上下班開車時間或者下班以後的閒暇時間，來充實自我的經營實務知識。

方式：錄音帶、錄影帶、光碟等視聽教學，或以 e-mail 將相關知識寄到個人電腦。

優點：時間可充分利用且不影響上班時間。

缺點：無汽車及放影機、網路人之人員，即無法使用，投資較大。

六、刊物教育

目的：使員工能依自我的需要，選擇刊物閱讀，常藉助中小企業處每年精選之「金書獎」（http://bookshow.management.org.tw），以期帶動讀書風氣，提升經營管理水準，進而升級轉型。

方式：健生圖書館、健生月刊、各種期刊雜誌及「金書獎」套書、金石堂暢銷排行十大書籍，借閱或由專人傳送至各單位輪流閱讀。

優點：保管儲存方便，費用節省，教育內容豐富。

缺點：此種方式乏味無趣，效果欠佳。

七、精神講話教育

目的：使員工了解公司的經營狀況及目前需要改善之處。

方式：朝會、月會、週會。

優點：整廠人員皆可參加，人數不受限制，漸收潛移默化之效。

缺點：影響上班時間，易受環境影響，颱風下雨或雜音多時，不易聽清楚，不懂國語的人無法吸收，而且不易記清楚全部內容。

八、廠外訓練

目的：吸收專家學者寶貴的技術與經驗。

方式：參加汽車廠、生產力中心、中衛中心、同業公會、外貿協會、技術中心、顧問公司……等講習。

優點：員工反應最良好、最樂意參加的一種教育訓練，使員工有更大成長空間。

缺點：上課內容與工廠實際狀況出入很大，易流於空談，且受訓人員有限。

九、課堂式教育

目的：使現場員工有接受新知及重新受教育的機會。

方式：於週三、週六在廠內進行再教育，或選書（絕大部分為「金書獎」書籍）作為讀書會之素材，挑重點講述，是內部成長之動力。

優點：能在短期內將最多的知識傳給最多的人。

缺點：上課氣氛沉悶，而且優良師資難求。在訓練上，僅能錦上添花之效果。

十、參觀式教育

目的：參觀先進工廠，加快學習速度。

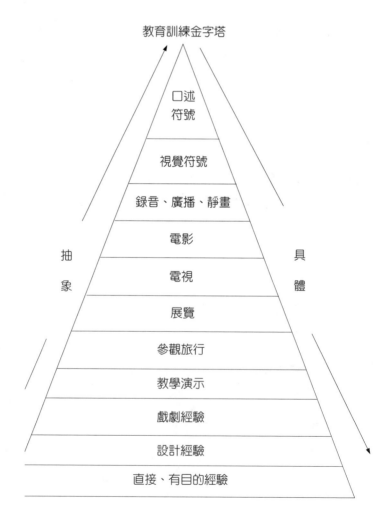

教育訓練金字塔

口述符號

視覺符號

錄音、廣播、靜畫

電影

電視

展覽

參觀旅行

教學演示

戲劇經驗

設計經驗

直接、有目的經驗

抽象　　　　具體

方式：參觀國外廠、國內優良廠，做事後之檢討會。

優點：實際與理論相互印證，並且可向先進工廠學習其經驗與技術。

缺點：時間及費用高（尤其參觀國外工廠）。在公司的立場，不在乎你擁有多少，只在乎你能發揮多少！就如像在學校上課，許多科目原理、原則似乎明白清楚了，但要會做習題，才算真懂。

若員工學科能力不足，則用上課方式來補強；若術科能力不足，則採實作方式來彌補，使人材（材料）變人才，再變成公司的「人財」。倘若員工既沒能力，又不願意學習，就成了「米蟲」，則公司便採行「壯士斷腕」！

 參、教育訓練的架構

在本公司的教育訓練架構方面，謹先將教育訓練的體系、組織彙整如下：

一、教育訓練的體系：健生公司教育訓練運作體系

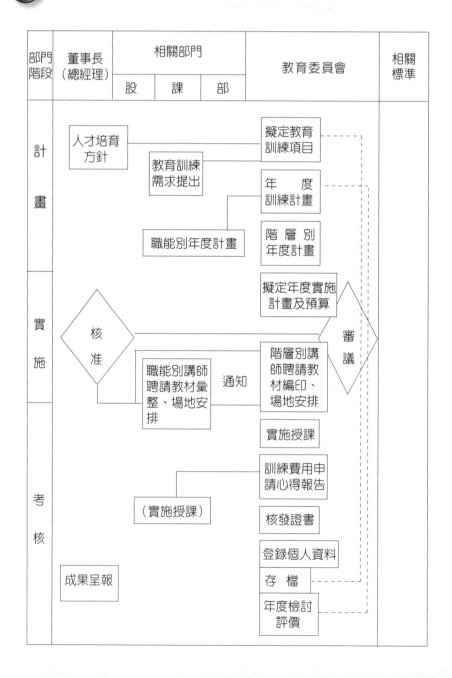

二、教育訓練的組織及任務

(一)教育訓練組織系統

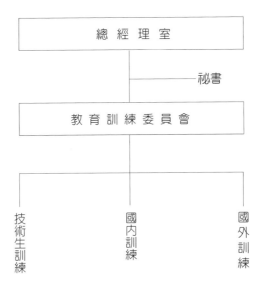

(二)任務

　　教育訓練委員會設置專員一名，負責教育訓練工作的安排、協調等工作，茲將教育委員會的任務，列舉如下：

　　(1) 教育訓練年度計畫之擬訂及保存。

　　(2) 教育訓練年度預算之編列及追蹤。

　　(3) 教育訓練成果之評估報告及追蹤。

　　(4) 教育訓練資料及報告之轉存及催繳。

　　(5) 專題演講之策劃辦理。

　　(6) 建教合作業務之辦理。

(7)技術生之生活、學業輔導。

(8)訓練課程的發展,訓練教材的編製。

(9)公司內部師資的培訓。

(10)訓練檔案及個人受訓履歷之建立、運用及維護。

(11)訓練實施績效統計、分析、檢討,並定期提出報告。

肆、教育訓練的運作

　　茲將教育訓練的運作,分為需求評估、規劃與執行、成效評估等三方面,分述如下:

 一、需求評估

1.在組織構面:根據年度經營目標,編訂年度訓練計畫。

2.在作業構面:由現場主管會同人事單位決定訓練內容,並具體列入訓練計畫中。

3.在人員構面:由現場主管填報訓練需求申請單,明列何人應受何種訓練,交由公司教育委員會專員逐級審核。

　　除了上述三個構面,有關企管公司或政府單位所舉辦的公共教育訓練,亦由專員將訊息傳遞給相關單位,或由教育委員會簽報應受訓人員參加受訓。

 **二、規劃與執行**

(一)在教材發展方面

　1.一般員工:

　　(1)就廠內訓練而言:本公司以電化教學為主,目前有教學光碟 430

片，錄音帶 700 卷。

(2) 就廠外訓練而言：本公司派外受訓人員返回公司後，除了撰寫心得報告外，攜回教材歸公司所有，並須轉授公司相關同仁。

2.技術生：本公司與秀水高工合作辦理，其訓練教材亦由本公司自行發展。

(二)師資方面

1.就廠內訓練而言：各級幹部皆負有訓練之責，從日常的夕陽會議到一般的專業訓練，70% 以上的師資，均由公司幹部充任；至於新觀念、新技術、新知識的導入，則以外聘師資為主，惟以不超過 30% 為原則。即內部講師和外部講師以七：三為原則。外聘老師中，其特質包括：(1)系統能力；(2)創新能力；(3)組織能力；(4)實務經驗；(5)補充講義並時時更新；(6)運用教學媒體；(7)唱作俱佳者且受員工歡迎。而透過內部講師訓練，使員工升格為講師，則可節省外聘講師巨額費用。

2.就技術生訓練而言：在一般課程方面，由秀水高工派教師支援，在專業科目及專業實習方面，則由本公司現場主管充任。

(三)訓練的種類及方式

為進一步說明本公司的訓練課程種類及方式，茲再進一步將其彙整如下：

新進員工的訓練

1.一般員工：

(1) 職前講習：到職日起 3 日內完成，由教育訓練專員負責執行，以了解公司的政策及文化為重點。

(2) 基礎訓練：到職日起 10 日內完成，由用人單位負責執行，以增進基本工作能力為重點。

(3) 實務訓練：到職日起 90 日內完成，由用人單位負責執行，教育訓練專員協助完成，以增強工作所需的技能、知識、態度為重點。

2. 一般職員：

(1) 職前講習：到職日起 2 日內完成，由教育訓練專員負責執行。

(2) 基礎訓練：到職日起 7 日內完成，由用人單位負責執行。

(3) 各部門觀摩：到職日起 30 日內完成。由教育訓練專員協調相關部門，安排觀摩時間及工作內容。

(4) 實務訓練：到職日起 90 日內完成，以用人單位為主、教育訓練專員為輔完成。

3. 技術生方面：

(1) 集體講習：到職日起 1 日內完成，由教育訓練專員負責執行。

(2) 基礎訓練：按教育部之規定辦理。由教育訓練專員協調公司各部門，並會同建教合作學校共同完成。

(3) 工作崗位輪調實習：由教育訓練專員協調各相關單位完成。原則上以一梯次輪調一次為原則。

同時為輔導新進員工，熟悉及適應工作環境，本公司特別推動大哥大姊制，並製作活動看板，使新進員工在前輩指引下，配合公司的知性看板，提早適應工作環境。其次，上述各階級訓練，均由教育訓練委員會會同有關部門，針對每一階段加以考核，受訓員工亦應於每一受訓階段結束後，提出心得報告。

‧在職員工的訓練茲彙整如下：

(1) 教育訓練課程種類：

①技術專業性教育訓練：為增進工作能力，提升開發、工程、製造、品質、生產力、加強工作安全所需之專業知識及技術訓練。

②經營專業性教育訓練：為降低採購成本、生產成本、提升營業績效，以增進獲利力、競爭力之相關專業知識。

③管理技能教育訓練：為協助各級主管增進管理技巧、能力，以激發全員工作潛能，建立向心力及團隊精神，並塑造健生企業

文化及人性化管理風格，分別依需求自行舉辦或派遣主管參加訓練課程。

④儲備人才教育訓練：為配合本公司未來中、長程發展所需，及員工前程規劃所擬定之儲備性技術、經營及管理人才所需訓練。

(2) 訓練方式

內部訓練：

①自派講師自辦訓練

②外聘講師自辦訓練

外部訓練：

①國內訓練：建教合作訓練課程、政府單位公共訓練、財團法人教育訓練課程、中心工廠訓練課程與企管訓練課程。

②國外訓練：新設備使用、保養技術訓練課程；開發工程訓練、製造工程訓練。

(3) 新進員工訓練計畫包含下列七項：

①訓練項目名稱

②訓練指導者

③訓練對象、地點

④預計訓練期間及日程

⑤訓練項目內容概述

⑥訓練項目與部門業務需要配合情形

⑦預計訓練後之效果

(4) 訓練設施

①專用訓練教室 3 間，約可容納 100 人

②兼用訓練教室 5 間，約可容納 600 人

③專用實習工廠 1 間，約 15 坪

④兼用實習工廠 2 間，約 30 坪

⑤訓練設備有錄放影機、POWER POINT、電動螢幕。

⑥視聽圖書館有教學光碟 430 片、錄音帶 700 餘卷。

⑦圖書室目前有圖書 800 冊，並有管理性、專業技術等雜誌數種。

(5) 訓練計畫：

日本經營之神松下幸之助曾說：「製作產品前，先訓練人才」，訓練對產品的關係實在太重要了，但訓練也不是無的放矢，為訓練而訓練，對訓練本身而言是一種傷害，因此本公司在每年十月份即針對需求，徵詢各主管的意見，排定訓練計畫，公司依個人職務及工作種類，訂出個人每年必須受訓的時數。

階層別之管理教育訓練課程表（專業課程另表安排）

階層別	職別	課程名稱及時數	
決策層	總經理 副總經理 協理	經營策略研究（12H） 決策分析研究（12H） 時間管理（6H） 品質管制高階層經營管理 （12H）	統御領導（6H） 經營理念（6H） 勞資關係（3H）
經營幹部	經理 副理 廠（副）長	經營決策分析（12H） 決策方法（12H） 問題分析與解決（6H） 品質管制經營管理 （18H）	資訊管理（12H） 統御領導（6H） 目標管理（6H）
中堅幹部	課（副）長	品質管制講座（12H） 目標管理（12H） 成本管理（6H） 資訊管理（6H）	工作研究（6H） 統御心理學（6H） 科學管理（6H） 創造力啟發教育（6H）
基層幹部	股（副）長	現場管理教育（12H） 現場改善教育（12H） 人際關係（6H） 品質管制教育（12H）	大眾心理學（6H） 數字管理（6H） 顏色管理（6H） 創造力啟發教育（6H）

（續）

階層別	職別	課程名稱及時數	
基層人員	一般人員	品管圈推行講座（6H） 統計品質手法（6H） 安全衛生教育（6H） 數據收集與分析（6H）	基礎技術教育（6H） 人際關係（6H） 目標管理（3H）
	新進員工	人際關係教育（6H） 團隊精神教育（6H） 安全衛生教育（3H）	公司經營理念的了解 （3H） 工作改善教育（6H） 自我啟發教育（3H）

註：1.階層別教育訓練最好與年度目標相結合。

　　2.教育訓練時數是工作時間的 3%～4%。

　　3.愈高階愈要接受教育訓練。

辦法：

①上課以精神為準，最多給 0.6 小時，交心得或考試良好給予 0.4 小時。

②主管上課先報備，經點名，交心得或考試，及格後算時間。

③外訓須交報告後始算時間，不交報告上課時數不計。

④提案 9 級以上，1 件可抵 0.5 小時。

⑤自修有關學科經評審後，可抵免上課時數。（含廠內教學光碟、錄音帶、雜誌或廠外如文化中心講座等。）

⑥訓練成績依所修時數與應修時間相除×100，即為訓練成績，最高 100 分。

⑦訓練單項若未達最低時數，則該項成績不計；若超出最高時數，則以最高時數計算。

⑧訓練成績未滿 60 分不得晉級。

⑨外訓包含參觀工廠、國外考核等，須交報告。

⑩訓練成績一年結算一次，不得保留。

(6) 強調月：

為提高員工對訓練的共識，公司將訓練的內容分出六大項，每項在強調月中，各種場合以不同方式給予員工學習，此六項分述如下：

強調月英文代號	強調主題	強調副題
C	提案	成本
P	效率	產量
Q	品質	經營理念
M	士氣	福利
S	安全	整理整頓
D	交期	機器保養

強調月以六大項為重點，以二個月為單位，輪流強調，強調月期間，公司有一系列的活動配合推出，除朝會月會加強宣導，公司的看板為強調月的重頭戲，公司的看板隨著強調月的更替而改頭換面，公司屆時另有一番新面貌，代表強調月英文代號的旗幟、看板將到處林立，教育訓練也推出相關教育項目，訓練的內容為看板製作的主題，每週一句（中英日文）日常抽考，也將配合強調月，強調內容列入抽考每週一句的題材。此外，強調月將隨著強調的主題，而舉辦代表各種主題的活動，例如：強調月 M 的主題是士氣，也代表福利及勞資和諧，公司旅遊、勞資會議及趣味競賽也將及時推出，強調月 Q 的主題是品質代表品管圈活動、品管圈發表大會隨之展開，強調月 S 的主題是安全，代表整理整頓，將推行零災害運動。

(7) 在訓練成效評估方面：

依據學者 Kirkpatrick 的看法，評估有四項基準，即反映水準、學習水準、行為水準、成果水準等四項，本公司因礙於人力、物

力，僅就反映水準及學習水準評定學習成效。

①在反映水準方面：結訓學員須填具心得願意書、訓練意見調查表，經由教育訓練專員彙整後，送交教育訓練委員會審核。

②在學習水準方面：由教育訓練委員針對受訓內容編製測驗內容，以實作測驗為主，筆試為輔。同時為了解員工在廠外受訓情形，請施訓單位提供受訓員工在訓期間表現情形，並建立員工受訓紀錄卡，以作為升遷之參考。

③在工作場合、應用方面：學員以提案的方式，將學習應用於現場，提案的質與量為學員訓練成績的評量之一。

④在學習轉述方面：外訓回來需將所學轉述給屬下或同僚，內訓可作發表，如提案發表、品管圈發表、日常管理發表，發表成績亦列入個人訓練評量之一。

⑤訓練成績需達 60 分以上才考慮升級或調薪，未達 60 分之個人不予考核，60 分以上訓練成績占個人考核成績 20%。

 ## 伍、訓練績效簡述

所謂「沒有衡量，就沒管理」（No Measurement, No Management），全面教育訓練體系執行後二年，可看到下列績效：

降低廢品率：由 5% 降至 3%。（爾後降至 PPM，並獲國家品質獎及全國團結圈金、銀、銅塔獎數十座。）

降低員工離職率：由 3% 降至 1.5%。┐

減少材料浪費：由 15% 降至 8%。├（在不景氣中，依然邁進！）

增加工作效率：由 80% 升至 95%。┘

增加業績：15%。

降低機械故障率：24 次／月→10.18 次／月。（不斷改善，獲日本 PM 優秀賞。）

提案率：由每人 0.22 件／月，升至每人 0.86 件／月。（目前維持每人 1 件／月。）

陸、結　論

有句話說：「一人百步不如百人一步」，臺灣更有句諺語說：「蟳無腳不行」。這兩句話都在表達團體的重要性，如何使每人均走一步，如何使腳能按照大腦的計畫行事，這些都是管理成敗的關鍵，而教育訓練正是連繫管理者與被管理者間的最佳橋梁，教育訓練的功能透過做中學習（Learning by doing）、觀察中學習（Learning by observing）及思考中學習（Learning by thinking）之不同階段，造成學習型組織，「人在江湖身不由己」，由強大的群體力量，推波助瀾，人人可激發無限之能量。則能使「思想改變行動，行動改變習慣，習慣改變性格，性格改變命運」。每個人都有夢，健生也有六個夢，那就是能成為「教育的公司、數據的公司、品質的公司、整潔的公司、素養的公司、花園的公司」，我們也衷心地希望能藉由教育訓練的方式讓美夢成真。居禮夫人曾說：「弱者坐著等待機會，強者主動製造機會。」當機會來臨時，你準備好了嗎？能夠抓住機會嗎？莫讓那風風雨雨的歲月，帶走你那似水的流年，不要放棄每一個學習的機會，學習永不嫌晚。畢竟機會一逝永不回，一旦未把握，將永遠不再有相同的機會了。

玩中學—教育訓練常用之視聽媒體對記憶保持的驗證

 案例一

一、前　言

　　如何幫助學生記憶事物，是教和學的大問題之一，今日的教師們面對遺忘問題時，均考慮到目前所使用的教學方法和教學資料，包括作為視聽傳遞用的新媒介物在內，是否能把教室內的教學，轉化成整套豐富而「可予記憶」的經驗。為了培育這種經驗，並且減少遺忘，現代的教育家們，乃從事研究一套新的、且具有挑戰性的教學制度，利用許多新的媒體和技能，發展成可記憶而有趣的演示和闡釋。包括電影、電視、電腦、幻燈機、錄音教材、圖表、掛圖、實物投影機、模型、標本、自我教學課本等，以及其他許多教具（如遠距視聽教學），只要學生能記憶它們所呈現的訊號，並加以運用的話，則都會達成完滿的效果。

　　根據法國心理學家艾賓豪士（Hermann Ebbinghaus）研究統計：講演式的口述法，只讓學生用耳聽，則三小時後的記憶保持率是70%，三天後僅 10%；若只閱讀，讓學生用眼看，則三小時後的記憶保持率是 72%，三天後為 20%；如採用視聽媒體，讓學生眼耳並用時，三小時後的記憶保持率是 85%，三天後是 65%，其差距在五倍以上，可見眼耳之間的管道密切相關，同時使用眼睛與耳朵，比只使用耳朵聽來得有效。

二、實驗教學方式

　　第一階段——採板書式教學，即傳統口述式演講法，僅藉黑板和

書本之間的講述。

第二階段──採幻燈式教學，即利用幻燈片媒體輔助教學。

第三階段──採投影式教學，即利用投影片媒體輔助教學。

第四階段──採錄影式教學，即藉由錄影帶媒體輔助教學。

每一階段的教學皆循下列步驟進行：

(一)教材規劃：包括內容準備、教材製作、模擬研習等。

(二)內容解說：先引經據典，再旁敲側擊，並與現實環節結合。

(三)示範演練：由教師帶領學生練習，再隨機抽問，反覆演練。

(四)成果測驗：印製相關範圍的測驗卷，考後批改，再計算平均成績。

（國人常對少部分國字會意而不會精確發音，福至心靈，以此為實驗教材，當然你也可用其他教材，運用之妙、存乎一心。）

三、研究工具

本研究所採用的工具為：自行編製的「特殊國字發者測驗卷」

前述四種實驗教學方式各以講授三次為一單元，每上完一次課均舉行隨堂測驗，其內容安排如以下簡表所示：

隨堂測驗內容分配表

題數＼週次	當日	隔週後	二週後	合計
測驗（Ⅰ）	20 題（第一次上課）100%			20 題
測驗（Ⅱ）	10 題（第二次上課）100%	10 題（第二次上課）100%		20 題

（續）

題數　　週次	當日	隔週後	二週後	合計
測驗（III）	10 題（第三次上課）100%	10 題（第三次上課）100%	10 題（第三次上課）100%	30 題
記憶及遺忘程度	求出當日隨堂成績	求出隔週後成績	求出二週後成績	
成績計算	$\dfrac{\overline{X_1}+\overline{X_2}+\overline{X_3}}{3}$	$\dfrac{\overline{X'_1}+\overline{X'_2}}{2}$	$\overline{X''_1}$	

亦即(1)測驗（I）的二十個題目，全為當日所授內容。

(2)測驗（II）的二十個題目，其中十題為該日所授，另十題為上週所講授者。

(3)測驗（III）的三十個題目，其中僅三分之一為該日所授，三分之一為上週所授，另三分之一為前二週所授。

所測驗成績依項可做為一週後和二週後的記憶與遺忘百分比，據此結果判斷何種教學方式為優。

視聽教學實驗計畫表

視聽工具	行程	二月				三月				四月				五月				六月			
	週次	1	2	3	4	1	2	3	4	1	2	3	4	1	2	3	4	1	2	3	4
板書式	教材規劃	─	─	─	→																
	測驗編製	─	─	→																	
	課堂上課				─	─	→														
	隨堂考試					─	→														
圖像 ppt檔	教材規劃				─	─	─	→													
	教材製作					─	─	─	→												
	測驗編製					─	─	→													
	課堂上課								─	─	→										
	隨堂考試									─	→										
文字 ppt檔	教材規劃									─	→										
	教材製作									─	→										
	測驗編製									─	→										
	課堂上課												─	─	→						
	隨堂考試												─	─	→						
DVD式	郵購									─	─	─	→								
	試播（預讀）												─	→							
	測驗編製												→								
	課堂上課														─	→					
	隨堂考試													─	─	→					
統計分析																		→			
撰寫報告																		→			

四、教學編製與實施過程

(一)板書教材的規劃與講授

教材內容：

例(1)字形相近，字音、字義不同者，如「斐」然、「蜚」語、「裴」某、「蜚」蠊、「俳」優、「悱」憤、「菲」薄、「誹」謗、

門「扉」、「緋」紅。「鮪」魚、「洧」水、「賄」賂。豆「豉」、戰「鼓」。「緩」堂、罰「鍰」。過「咎」、日「晷」、一「綹」髮等。

例(2)字音相近，字形、字義不同者，如「抨」擊、「砰」砰、「怦」怦。飄「蓬」、斗「篷」。「胴」體、「恫」喝。急「遽」、「醵」飲等。

例(3)一字多音，字義不同者，如「解」元、押「解」、「解」縣。「叨」擾、嘮「叨」。「鬈」髮、「卷」藏、試「卷」。「蛻」變、蛇「蛻」。「洗」塵、「洗」姓、「洗」馬等。

同學在書寫過程中，一方面注意到該詞語的字形，另一方面寫出讀音與解釋該語詞含義，並帶領同學反覆練習。

(二)圖像ppt教材的製作與使用

1. 教材內容：

例(1)常用成語，採古典畫面者：如「彤」管揚芬、三審定「讞」、沐猴而「冠」、鳳冠霞「帔」、冬溫夏「凊」、「楮」墨齊備、命運多「舛」、一「抔」黃土、一「爿」小店、一「幀」名畫、「輦」金馱帛等。

‧古典畫面常用成語：

彤管揚芬

三審定讞

鳳冠霞帔

楮墨齊備

一爿小店

恚怒不已

・採現代畫面者：

如歐風東「漸」、「鳶」飛魚躍、羈「縻」籠絡、「參」商不和、名山大「剎」、令人發「噱」、大要「噱」頭、「阢」陧不安、「拾」級而上、一葉「扁」舟、「饔」「飧」不繼等。

參商不和

拾級而上

一葉扁舟

例(2)常用易誤詞：

如「耆」儒、「蓍」龜、直「裰」、拾「裰」、「膜」拜、民「瘼」、「髫」齡、憤「懑」、及「鏖」戰、玳「瑁」、「枸」杞、「佝」僂、「蛤」蜊、靜「謐」、「祕」辭等。

・常用易誤詞：

鏖戰

2. 選定適用畫面：

事前須妥善的設計與規劃，耐心的收集資料，所選用的畫面圖片均考慮其客觀、完整、優美、簡潔和吸引力。今古畫面的交互應用，一方面讓同學領略現代知識，不與社會脫節，另一方面亦發思古之幽情，沉浸於古代忠孝節義的情操。

(三)文字ppt檔教材的製作與使用

1. 教材內容：

例(1)常用成語（字形相近者）：易「簀」之際、功虧一「簣」。入其「彀」中、請君入「甕」。良「莠」不齊、「秀」外慧中。海市「蜃」樓、「唇」亡齒寒。初「綰」雲鬢、罪無可「逭」。「熒」然獨立、「巍」巍大樓。「僭」越本分、「潛」移默化。

「韜」光養晦、重「蹈」覆轍。

　　例(2)常用易誤詞（字形相近者）：「參」雜、「孱」弱、「沏」茶、「砌」牆。溫「暾」、「惇」厚。混「沌」、餛「飩」。「猝」然、「淬」礪。「郤」地、退「卻」。遠「岫」、「妯」娌。「岑」樓、「芩」草。

　　例(3)一字多音：「稽」查、「稽」首；「拗」折、「拗」強，脾氣很「拗」。「筅」席、「筅」姓，「筅」爾。

2. 製作經過

　　ppt 檔之文字、底色均加以配色，賞心悅目。

(四)DVD教材的製作與應用

1. 教材內容：選用華視教學節目「每日一字」為主，以郵購方式購得DVD。

2. 課堂放映：「每日一字」首先出現的畫面，是以毛筆正楷書寫出該字的形，一面由播音員讀出正確的讀音，再來解釋它的意義，因「每日一字」的播出，係以社教為對象，故採一般性的文字介紹，頗能做到合乎大眾化的準則，然而作為課堂教學之用，則需略加補充，借題再發揮。它的表現技巧多以靜態的名畫、實景或文字敘述出現。

DVD教學節目「每日一字」及二位主播

五、驗證結果

　　依研究計畫，將各實驗教學的隨堂測驗成績加以統計分析，採不記名方式，排除其事前充分準備之動機，可靠性較大，以了解何種方式的媒體輔助教學對學生的吸收程度和能「記得久、忘得慢」。茲將各種教學方式的效果比較如下：

1. 圖像 ppt 檔教學對學生當日的記憶吸收力平均高達 93.3%，隔週稍降為 81.4%，第二週尚能維持在 71.4%，可見它的記憶效果，的確優於 DVD 式、文字 ppt 檔投影式和板書式的表現。

2. DVD 教學的吸收力當日亦能達 86.2%，隔週後則降至 68.6%，二週後再降至 57.4%，可見其富動感的目視效果，確有其發揮的潛力，但由於影像稍縱即逝，即使當時印象深刻，仍難免事後遺忘，且時間愈久，差距也愈大。

3. 文字 ppt 檔教學當日的吸收率為 84.3%，隔週後降至 66.6%，二週後則僅占 59.8%，遺忘率甚快，可見純文字的表現，若無生動的畫面加以陪襯，仍為之遜色。

4. 板書式教學當日的吸收率亦能達 83%，但隔週後即降至 62.6%，一週後僅為 55.1%，遺忘曲線的快速下降，證明板書式教學有必要加

強改善不足之處。

綜合言之，不論從同一媒體、不同時間所得的平均成績，或同一時間、不同媒體的成績比較，均可獲得下列結果：

板書式教學 ⟶ 臨場記憶少，遺忘多

圖像 ppt 教學 ⟶ 臨場記憶多，遺忘少

亦即四種媒體的記憶效果依序為：

幻燈式>錄影式>投影式>板書式

←記多忘少　　　記少忘多→

六、結　論

對每一位教師和學生而言，輕鬆、活潑、生動和有趣的教學一直是大家的理想，尤其希望能夠在自然、愉快的情境下學到更多的知識；教師賣力的表現，殷殷的期許，學生更盼望上課的過程刺激、回饋迅速，儘快從結果中發現自己的錯誤，從親身經歷中讓知識留下難忘的印象。過去傳統式閱讀單調冗長文字的教法（講光抄 ── 蔣光超、背多分 ── 貝多芬），已不適合時代的需要，教師的教學正面臨許多衝擊和壓力，教學內容必須講求有效果、高效率，教學亦應與時並進，不能執一不化，宜從「黑板時代」邁向「螢幕時代」，從「單元」的講述演進到「多元」的媒體。認真的老師最美麗，認真的學生最可取。（本「玩中學」單元承蒙彰化師大中文系顏綠清老師協助，謹此致謝。）

玩中學—海外參訪——EMBA 跨國學習之旅、讓視野更加開闊

案例二

　　MBA 是把研究生轉成企業儲備人才，英國金融時報在最近全球商學院排名，特別重視畢業生工作的發展現狀，排名結果是哈佛大學重回王座，和連續三年蟬聯冠軍的賓州大學華頓商學院並列第一，其餘排名為哥倫比亞大學、史丹佛大學、英國的倫敦商學院、芝加哥大學、達特茅斯學院、法國的 Insead、紐約大學、耶魯大學、西比大學。而 EMBA 則成把高階主管轉型成領導人，而 EMBA 的全球排名又如何？它是杜克大學（美）、洛桑管理學院（瑞士）、哥倫比亞大學（美）、倫敦商學院（英）、LESE 商學院（西班牙）、Insead（法／新加坡）、史丹佛大學（美）、雷鳥學院（美／法）、Babson（美），它特別重視「未來前瞻性」。

　　在臺灣最早創辦 EMBA，在國立大學是臺灣大學，私立則為元智大學，短短幾年中，已有四十間以上學校提供相關課程。一般而言，知名企業高階主管大多在國立大學修習，中階主管在私立大學，在中南部則屬中小企業，且各種職位、各種需求的學員混在一起上課。EMBA 應該落實學以致用、終身學習、教學相長三個核心觀念，但 EMBA 的師資較缺乏實務歷練，所以學校課程往往是知識導向，而非問題導向，學生學以致用的情況不多，而且課程較少整合性，無法培養高階經理人整合解決問題的能力。但可由 EMBA 海外參訪、拓展學生視野，並藉此通過聯絡學員感情，跨國進行學習之旅，老師「教」的角色可以淡化，來加強「導」的部分。在出國前的

資料蒐集，訪談中的 Q&A 設計，在搭遊覽車途中幫忙系統性思考、個案分析，使之成為模組性、整合性的動態課程，返國後母公司或同質企業再行參訪作比較。

　　高階主管的再學習，只有課堂教材的傳授絕對是不足的，把教室變成電影院，或搬到戶外，或搬進企業，甚至海外教學，則是近年的趨勢，政大是 EMBA 龍頭之一，他們就利用暑假前進美國華盛頓大學，它位在西雅圖，創校於 1861 年。研修課程有「跨文化管理」、「跨國策略與領導」、「廣告與促銷」等，除了教授授課外，都有採取分組進行專案報告及個案研討，並安排星巴客咖啡及波音飛機之企業參訪，由企業高階主管親自解說，能貼身認識國際企管大師及國際級企業 CEO 思維，了解美國的思考模式及方法，並體會美商如何運作管理，這絕非在本地課堂可以學到的，將身歷其境的一切成果帶回工作崗位，必有一番豐碩的成果。

　　筆者所執教的大葉大學國際企業管理研究所，開宗明義掛著「國際」二字，每年的寒暑假中，都會有海外參訪，「行萬里路勝過讀萬卷書」，茲就 EMBA 學員最近幾次造訪心得分別節錄於下，並附上參訪照片，以茲參考。

一、韓國經貿參訪記

EMBA 學生／陳瑞平／黃明華

　　2 月 18 日，一個風和日麗的日子，搭乘豪華班機飛往韓國，抵達後，轉乘浪漫海鷗船欣賞仁川港的景色，離開永宗島國際機場，當晚下榻華克山莊。

　　第二天早上前往三星企業拜會，三星集團自 1938 年成立迄今已達 65 年，並躋身全球第五大集團，旗下 27 個大公司分屬各項頂尖高科技產業；三星旗下的三家企業，被美國《財星》雜誌收錄於世界五百強企業之列。為了成為 21 世紀名副其實的世界超一流企業，三

星將電子、金融及服務業確定為其核心業務，並且憑藉其在相關領域掌握的核心技術，開展全球性的品牌資產管理。傍晚，參觀韓劇「明成皇后」拍攝地「景福宮」，1395 年創建朝鮮王朝的皇帝李成桂命令建築的第一個正宮，原是兩百棟以上的殿閣構成的建築群，富麗堂皇，那份寧謐之美，令人心曠神怡。接著是韓國總統府「青瓦臺」巡禮。夜晚欣賞了「世界來打秀」，將韓國的傳統打擊樂與西洋表演劇結合，以體態和鼓點表達寓意，開創了韓國啞劇的先河。

第三天，參觀了 UNIMAX，是專門銷售電器電子的商城及從事電子電器進口的公司，從 1 樓至 8 樓共有 200 多個櫃檯，和休閒設施、打折商店連接在一起，形成一個大型購物娛樂中心。

Chno Techno Mart 銷售的最尖端電器電子商品、電腦、音響、資訊通訊工具、音樂影像製品，都比市價便宜，並且保證售後完善服務。地下 2 層有大型書店和打折商店，這裡銷售服裝、雜貨、生活日用品、食品等，價格低廉，質量和百貨公司一樣。另外，10 樓的 CGV 江邊有 2 間電影院，是韓國國內最具模規且最早的綜合電影院。還有類比和體驗虛擬現實的遊戲設施，在這裡不僅可以購物，還可以享受豐富的文化生活。下午到 38 度線瞭望臺，可一眼看到北韓的平康高原、宣傳村及金日城高地，到處都可感受韓戰的歷史遺跡。

第四天餐後，前往 1886 年由美國監理教傳士夫人 Mary Scranton 女士設立的梨花女子大學，也是韓國第一所女子大學，並擴建為綜合大學。梨花女大前街是一條有名的購物街，街上遍布時尚感敏銳的服飾小店及各種飲食店，也匯集不少首飾店、服裝店、鞋店、餐廳、咖啡廳、美髮廳等。接著驅車前往滑雪場，韓國的滑雪場積雪量多、雪質好、設施先進，大受滑雪愛好者的好評。可搭乘空中纜車，沿途欣賞雪嶽山之奇岩怪石，觀賞美輪美奐的風景，爾後在初學者專用滑雪道磨練滑雪技術，並享受滑雪之樂趣；接著農地考察採蔘之旅，更是精彩有趣，在一望無際的田園自由參觀，並在當地農夫及導遊的教導

下，親身體驗採收高麗蔘的樂趣，再將收成之高麗蔘製成人蔘果汁享用，充分養顏美容保身健體。為了抓住最後的韓國夜晚，又驅車前往華克山莊欣賞融合傳統朝鮮民族舞蹈和美國拉斯維加斯秀場的大型歌舞秀演出。觀賞一段東方色彩濃郁的朝鮮傳統舞蹈之後，緊接著上演的則是純西式的歌舞秀。走出秀場，大夥發現時間竟然過得如此快，尚未享受到「瞎拚」的樂趣。於是當晚又殺到漢城市其中一個頗具特色的地方──東大門綜合市場，以物美價廉的皮革衣服為主，《守護天使》劇中的飲料試喝會，就是在近市中心的東大門市場百貨，也是韓國最大的百貨公司及露天市場。

第五天，離情依依，專車前往參觀歷史上首次由韓日兩國聯合舉辦的 2002 世界盃足球賽開幕戰會場，透過現場大量圖片等，可實際感受到當日「韓國打入前四強」的喜悅及榮耀，並與 2002 世界盃吉祥物拍照留念。為了不虛此行，促進經濟繁榮與發展，結束了五天韓國參訪之旅，滋味無窮。

二、印尼經貿參訪記

EMBA 學生／蘇建綺／洪淑華

8 月 25 日清晨六點，一群大葉大學國際企業管理研究所 EMBA 的同學，在美麗與智慧兼具的美玲所長及莊銘國、呂勝瑛教授帶領下，不畏艾莉颱風襲臺的威脅，仍秉持勇往直前、排除萬難、未達目標不終止的精神，按既定行程浩浩蕩蕩搭乘豪華大巴士，由臺中往中正國際機場出發。想到此次活動難能可貴之處及協調連繫的艱辛過程，讓大家在短短幾分鐘內，即拉近彼此間的距離，更使車內的氣氛無比融洽。

時間隨著車子急速奔馳於中山高而消失，八點鐘大夥頂著惡劣天候，到達了中正機場第二航站，抬頭往飛機時刻表一看，各航空公司的班機一大半都取消了，很慶幸我們搭乘飛往印尼的華航 C1677 號

班機只是由 8：30 延後至 11：30，之後大家發揮絕佳的自我情緒管理，克服萬難、耐心等待，飛機才在下午 17：30 順利逆風起飛，展開我們的印尼商務參訪之旅。

當飛機脫離艾莉颱風暴風圈威脅，竄升至三萬呎高空往南疾飛六小時後，一行人帶著歷經時間折磨疲憊不堪的身軀，於當晚 11：30 抵達印尼雅加達機場，完成通關入境手續後，隨即搭乘旅行社安排的一輛中型巴士，前往我們進用晚餐的餐廳，在倉促用完餐後，接著又披星戴月的趕赴位於萬隆的飯店 Grand Aquild Hotel（由雅加達開車至萬隆約五小時），終於在 8 月 26 日凌晨五點到達我們參訪目的地萬隆（1997 年亞太經合會議的開會地點），此時此刻每個人身心疲憊幾近崩潰，不過最難能可貴的是，誠如所長所說，大家雖然在一天當中遭遇這麼多波折，但沒人有半句抱怨的話，反而只聽到互相安慰鼓勵的語言，這種能夠珍惜共患難之情，就是大葉人以後做人做事能成功的利基。

8 月 26 日早上七點半在飯店電話 morning call 叫喚下，全體團員用完早餐體力稍微恢復後，啟程駛向我們這次主要的參訪目的地：豐泰公司印尼廠。當我們抵達時，豐泰公司印尼廠總經理王琨樹先生親自帶領重要幹部，以高規格方式接待我們，之後引領我們到會議室做公司簡報，依簡報內容，讓我們深入了解豐泰公司背景，公司成立於 1971 年（董事長為王秋雄先生），專事運動鞋的製造生產，為全球頂尖的製造工廠之一、股票上市公司，排行全國一百一十九大製造業。1977 年豐泰公司開始與 NIKE 合作，生產高級的 NIKE 運動鞋，三十年來豐泰公司不斷地成長，目前在臺灣有豐泰、豐帝、豐瑞、國星等廠設於雲林縣斗六市，並擁有海外關係企業，包括大陸、印尼、越南、墨西哥等子公司。

豐泰公司的經營理念係採穩健踏實方式，在工作上講求團隊默契，技術上重視研究與開發（與美商 NIKE 於 1992 年共同創立亞洲

地區開發中心）、生產上堅持品質的提升，過去三十年來始終如一，所以才能愈來愈茁壯且屢創佳績，並成為製鞋業的楷模。

09：30 簡報結束，即在王總經理親自帶領解說下，展開工廠的參觀行程，印尼 IW 公司共有 25 個廠房，員工八千餘人，17 條生產線，月產量約 65～70 萬雙，是豐泰公司一個很重要的海外子公司，另特別值得一提的是，該廠非常重視生產效能外，更在環境保護及勞工衛生安全方面，建立一套環境稽核系統，且備有完善的健康管理、醫療、緊急救護措施，此種對環境及勞工的保護觀念，應可作為各企業的典範。

接著下午 13：30 在陳所長代表大葉國企所參訪團贈送紀念品給 IW 廠後，我們本著受人點滴湧泉以報的同理心，由本校的管理學大師莊銘國教授講授一場有關顏色管理的實務管理課程，回饋給 IW 廠的重要幹部，獲得王總及重要幹部不小的回應，由此可見我們大葉的師資可不是蓋的。18：00 講座結束，就到了大家期待已久的晚餐時間（因為從臺灣出發迄當時，大家好像還沒好好吃過一餐），晚餐是由王總及夫人精心設計符合我們臺灣人口味的歐式自助餐（還附加當地傳統的歌舞秀表演），大家就在那種燈光好、氣氛佳，賓主盡歡的情境下，結束了一天快樂的參訪行程。

第三天參訪地點是 IW 公司印尼大股東所經營的成衣廠（龍鳳成衣廠），該廠員工約三千餘人，主要生產項目是各型睡衣，銷售地點以歐美各大百貨公司為主，參訪過程中均由該公司新任董事長陳先生陪同講解他父親成立該成衣廠的始末、曾遭遇的困境，以及如何安全度過的點點滴滴，不僅讓我們更深一層了解華人在印尼經營事業的辛酸與成功的訣竅，並拜會在印尼的大葉之姊妹大學。

第四天 10：00 大家帶著愉快心情，參觀完印尼相當有名的覆舟火山及用完中餐後，即由萬隆啟程往雅加達，晚餐則是在 HILIFE 夜總會，以邊吃飯邊與香港團、大陸團飆歌，並宣揚臺灣國威方式，結

束了一天行程。

　　第五天大家帶著大大小小的行李、印尼各種土產及快快樂樂、依依不捨且很充實的心情，又搭乘華航班機回到臺灣這一塊屬於我們的土地。

企業參訪 Q&A 紀實

　　問題：豐泰企業和寶成企業均為 NIKE 在臺灣代理製造生產的龍頭公司，為何豐泰企業和寶成企業在跨國投資工廠設立的地點選擇不同？例如：在中國大陸的投資地點，豐泰企業選擇較落後的福建省浦田和福州。寶成企業選擇高勞工密度繁榮的廣州市、東莞和中山等地區。

　　例如在印尼的投資地點，豐泰企業選擇偏遠的萬隆市，而寶成企業選擇靠近印尼首都雅加達的地區。

　　王總經理的回覆是，據中國官方統計資料廣州市有八百萬人口，外省流動人口占廣州人口約一半。勞工來自他鄉，異鄉工作的勞工為的就是賺錢回家好過日子，所以廣州勞工的流動率高，勞工工作不穩定。員工工作以賺錢多為目的，對公司失去忠誠度和向心力，而企業的技術更會快速的流失，企業對員工培訓的人力成本居高不下，使企業失去競爭優勢。這種企業與員工無深厚的家庭情感，各取所需對企業而言是需要付出很高的成本。豐泰企業的經營文化是很重視員工的福利。員工與家人團聚的家庭情感是地點選擇的考量，而公司需要當地居住的勞工為公司工作，也降低員工的流動率。在地的員工占公司員工比率約 90% 以上。

　　豐泰企業的創辦人王秋雄先生是一位非常注重家庭情感有責任的人。

　　他認為員工辛勤工作一天，可以回到家裡和家人享受晚餐，家人互相照顧，而家人也分享員工在公司所得的喜悅，這是生命最快樂的

事情。「爸爸回家吃晚飯」，愉快安定的生活會帶給公司更好的工作效率。

　　這就是豐泰企業的員工「在地化經營策略──降低員工流動率」雙贏的策略。對員工而言，獲得工作穩定和就業安全有保障、享受到照顧家人的責任。對公司而言，減少人力資源培訓費用和技術流失的風險，而且提高工作的效率。

　　在企業和員工長期穩定經營下，會使得城鎮得到好的發展，當地政府稅收增加，政府有資源改善地方基礎建設，如交通道路的開發都會使企業受益，莊教授說：「我好、你好的雙贏策略」，就是企業使社會穩定成長的力量。

　　問題：豐泰的單一品牌經營和寶成多品牌、多角化經營模式的比較？

　　我們都知道在鞋業製造業中，寶成占有世界最大鞋類製造的龍頭地位，號稱世界鞋類生產工廠。而豐泰卻是 NIKE 在臺灣最大的研發中心、生產製造夥伴並非寶成企業。豐泰的經營模式是遵循 NIKE 的企業文化，以領導全球市場、技術研發、生產製造、銷售策略和品牌價值，創造人類健康運動的經營模式。

　　豐泰企業和寶成企業都是經營成功的上市公司，兩者之間成功的經營策略是很難比較的。豐泰企業的唯一 NIKE 品牌製造經營模式和寶成多品牌製造分散風險的經營模式，哪一個好？

　　豐泰企業和寶成企業各有不同的經營策略，它們都是鞋類製造業的佼佼者。而企業領導者的個性，也造就企業的文化和目標走向差異化。

　　寶成和豐泰的共同性：

　　相關多角化經營策略──垂直整合鞋業原物料加工廠經營，非相關多角化的經營策略──鞋類製造以外的工廠設立。

多角化和非多角化經營策略優點：利用剩餘的資源創造價值和分散投資的風險。

1. 範疇經濟整合

2. 事業間能力的移轉

3. 購併和重整

多角化和非多角化經營策略缺點：企業官僚成本的增加和多角化的限制。

1. 多角化的事業數量分散

2. 事業單位間的協調溝通問題

3. 多角化投資組合的限制分散管理效率

在多角化和非多角化的經營策略中，如何運用企業的競爭優勢再創價值，而取得企業的平衡風險？豐泰企業和寶成企業長久以來各自暗中較勁，誰贏呢？是朋友也是敵人。你說呢？

三、中國大陸經貿參訪記

EMBA 學生／陳柏堅／盧玉娟

懷著負笈千里只為探求生命真理的玄奘精神，由陳美玲所長及莊國銘教授、呂勝瑛教授所帶領的本屆海外參訪團，在一群求知若渴的同學們期待下終於成行了，由於年關之前，各個同學無不拚了力的完成手中繁重的工作，期待在無後顧之憂的情況下能真正的有所收穫。因為此次將千載難逢參訪財經雜誌評鑑為國內十大品牌企業中的三家，正新橡膠（中國）有限公司、捷安特（中國）有限公司、明基逐鹿（蘇州）公司，更難得的是，我們將進入上海的百年學府同濟大學做直接的學術交流，此次行程同學們無不懷著興奮及忐忑不安的心，不僅透過各種來源蒐集各公司的資訊預先了解，更事前演練整合同學的問題，不僅要達到做有深度的專訪，更要表現出國企所研究生的學術風範，畢竟大家都背負著大葉大學國企所的招牌，及所有未能親自

參與此次行程同學的期待。

就在 1 月 19 日，本團浩浩蕩蕩從中正機場出發，從飛機上往下望一路浮雲千里，在澳門轉機後，我們就在千層雲浪中抵達上海浦東機場，廣大新穎的航廈讓我們見識到，這幾年中國因經濟發展所帶來的繁榮，隨後我們搭上交通車，立即驅車前往同濟大學，一路上上海彷彿是一處大工地，到處都在建設，一到達同濟大學即進入演講廳，由該校經濟金融系吳建教授講授「中國對外貿易發展的分析」，介紹中指出，目前中國經貿的成長概況及發展瓶頸，其工業化造成原物料上漲，其投入等值之原物料與其他國家產值的不成比例，其更深切指出目前中國企業的問題中心，一為工業標準差異，二為企業家精神不足，三為研發實力薄弱，四為熟練技工之短缺，皆在在制約了本身的國際競爭力，其實從中亦可反觀臺灣企業不也遭遇到相同的問題，可見在全球化的思維下，企業競爭到最後殊途同歸的一致性，由此可見，各位同學進入大葉大學國企所就讀的前瞻性及所學的重要不言可喻。

第二天歷經一晚的休息，在享用完豐盛的早餐後，即風塵僕僕地前往正新橡膠（中國）有限公司。一早本所優秀學長李進昌副總就期待我們的到來，在他熱情的接待下，由總經理親率一級主管為我們介紹正新公司當初在中國草創的艱辛，到目前榮獲中國知名商標的殊榮，不僅產品滿意度在中國排名第一，品牌價值更達到 94 億，使我們有幸成為學弟妹者更是與有榮焉，在參觀生產流程後，更是不厭其煩的解答多位同學提出的問題，中午則由另一榮獲十大傑出經理人獎的優秀學長楊震成副總招待午餐後，前往捷安特（中國）有限公司，透過學長李進昌副總的安排，該公司總經理亦親自接待，該公司生產採店面式管理，每一流程就像自負盈虧的商店，去爭取最大之產能，並將生產導向轉移至顧客導向，以銷售掌管生產，以生產支援銷售的理念，造就了該公司在自行車業龍頭的寶座，也讓參訪同學見識到企

業的成功並非僥倖，而是眾人努力的結晶。

　　第三天在明基逐鹿（蘇州）公司，更讓我們見識到科技業的管理模式，其人性化的管理模式，做到了讓工作、娛樂、學習已無界限，該公司致力激發員工的創造力與培養員工的人文素養，處處可見以人為本的經營理念，就像該公司的標語所稱「企圖決定版圖、思路決定出路、態度決定高度、格局決定結局」，就在同學欲罷不能的熱烈討論中，該公司總經理亦針對各問題做各種詳答，在會後得知總經理公務繁忙，但仍撥冗陪伴我們的參訪行程，且讓我們能成為首次進入該公司的參訪單位，由衷感激真是溢於言表。此次參訪行程，不僅獲得了滿滿的知識，同學亦建立了濃濃的情誼，我想大家將永遠記得在上海新天地那一杯零度的戶外咖啡，在上海灘十里洋場的夜景及串起來拍照的一致心，還有磁浮列車三百多公里時速的快感，當然還有襄陽市場雨中的血拚、拙政園的點點雪花、水鄉雪雨中的三輪車初次經驗，另外不能不提的是，為了分享各個同學的見解，大家成立了以炫全大哥為首的香串串讀書會共同研讀，來消化吸收參訪中的心得，最後得感謝主辦同學辛苦安排此次的行程，及所長、教授們抽空全程指導，這次成功的參訪就像所長最後講的：「同學們我真是以你們為榮」，畫下了完美的句點，以上為我的一點感想，雖不足道出此次行程的萬分之一，但行囊中滿滿的知識及回憶，必將成為我一生中追求成功的活力泉源。

注：明基逐鹿為臺灣第五大國際知名品牌

　　正新橡膠為臺灣第六大國際知名品牌

　　捷安特為臺灣第七大國際知名品牌

圖一　拜訪印尼姊妹校

圖二　於印尼 NIKE 廠留影

圖三　印尼 NIKE 製鞋廠一景

圖四　著者為 NIKE 廠高階主管授課

圖五　於印尼龍鳳成衣廠留影

圖六　印尼龍鳳成衣廠內景

圖七　參觀印尼某大紙盒廠

圖八　印尼紙盒廠內景

圖九　拜訪中國同濟大學

圖十　同濟大學吳教授專題演講

圖十一　於中國昆山正新輪胎廠留影

圖十二　中國正新輪胎內景

圖十三　於中國昆山捷安特留影

圖十四　中國捷安特內景

圖十五　參觀蘇州明基電通

圖十六　明基電通總經理講解

圖十七　參觀東京大學

圖十八　東京大學經濟博士賴文魁教授隨隊解說

圖十九　參觀日本 Hello Kitty 總部，社長親自解說

圖十九　參觀 2005 年愛知世界博覽會

圖二十　參觀日本汽車工業──豐田汽車及五十鈴汽車

做中學—某資訊公司的教育訓練

 案例三

前　言

　　有鑑於「人才」是企業長期成長的命脈，公司對人才培育的工作多年來均不遺餘力的推展，在此特別將人才培育的經驗作一簡單介紹：

一、人才培育理念與訓練之方針、策略

(一)人才培育之理念

1.為厚植企業之競爭力，要建立獨立自主的人才開發系統。

2.人才之培育以透過工作之實踐為重心。

3.各種訓練要能激發工作上的應用與行動。

4.專業化能力之發揮，是個人成長與發展之憑藉。

(二)教育訓練方針

1.教育訓練之實施要與工作實務相結合。

2.短期速效與長期培育並重。

3.啟用企業專才擔任企業內講師。

4.教育訓練是公司與個人的共同投資。

(三)訓練之策略

1.成立訓練體系課程開發委員會，藉由委員會自主開發課程，確切掌

握部門之真正需求，使人才之培養符合組織企業實際需要，並使訓練目的與組織發展有效結合。

2. 企業政策性調訓採從上到下（Top Down）方式，以經營方向及管理重點為主導，明訂訓練項目及內容。

3. 人才培育需分工合作完成，包括：組織、上司、同事、員工本身、教育訓練、人事管理等，其中尤其重視透過主管在工作上之教導，達到培育有用人才之目標。

二、人才培育之特色

(一)在高階領導階層之支持下，激發各級主管重視訓練與努力投入。

(二)發展出自主獨立之人才開發系統，建立教育訓練體系整體架構。

(三)教材以經驗與個案為基礎逐漸自立開發，重視傳薪工作。

(四)企業內主管與專才擔任講師約占七成，訓練成為工作的一部分。

(五)強調專業化能力之培育是員工前程發展的第一步。

三、健全的訓練體系及訓練方式

(一)訓練體系

1. 新進人員訓練體系

訓練目的：

(1)介紹企業的沿革、組織與未來展望，以使新進同仁建立對公司之正確認識。

(2)引導同仁認識公司的規章制度，並明瞭本身之權利義務。

2. 職能別專業訓練體系

訓練目的：

針對各功能人員的分類對象，施以不同階段的訓練課程，提升各職能別人員之專業知識與技能，以增進其在專業工作上的績效。

3. 管理才能訓練體系

訓練目的：

(1)了解政策、方向，執行公司規章，貫徹公司紀律。

(2)增進領導技巧、人際能力，以發揮溝通協調功能。

(3)培養做決策、制定策略的能力。

(4)增強企業國際化之經營策略與管理能力。

4. 內部師資培訓體系訓練目的：培育企業內有實務經驗之主管與專業人才為優良講師，作為企業內教育訓練主幹，進而提升訓練之品質。

5. CWQI 訓練體系訓練目的：

(1)運用各種訓練方式與活動，以促進品質教育之成效。

(2)加強同仁之正確品質觀，並促使 CWQI 理念與行動深入各階層同仁工作上。

6. 管理資訊訓練體系訓練目的：

(1)配合 MIS 新系統之上線運作，提供必要之訓練（系統概念及運作方式），以增進系統運作與使用效能。

(2)推動 OA 電腦軟體應用之普及化。

7. 國際化專才培育訓練目的：

(1)協助派駐海外同仁於派駐前在心理、環境適應上預作準備。

(2)建立一般同仁之國際觀，以為世界公民之準備。

8. 進修教育訓練體系訓練目的：擴展同仁在科技工程、管理方面之知識領域，以配合組織發展之需要。

(二)訓練方式

1. 工作現場外（OFF JT）訓練：

(1)全企業統籌辦理：以全企業員工為對象，如新進人員訓練、管理人能發展訓練、進修教育……等。

(2)各部門自辦：以該部門內員工為對象，由部門主管發動，主持訓練。

(3)各部門委託教育中心辦理：由各部門提出需求，委託教育中心專業人員設計、規劃、執行。

(4)派外訓練：凡企業內訓練需求無法由內生性專業滿足，或需求人數未達經濟規模時，得經由主管推薦，參加企業外單位（含國內外）所舉辦之訓練課程。派外訓練費用由各部門訓練預算中支出，但受訓後需繳交心得報告，必要時需向內部同仁講授受訓內容。

(5)技術移轉訓練：凡本企業所需技術需由外界單位提供移轉時，得選派適當人員赴外接受移轉訓練。

2. 工作現場訓練（OJT）

(1)會議

(2)職務代理

(3)專案指派

(4)影子見習

(5)小團體活動（如 QCC）

(6)工作輪調

(7)工作指導

四、訓練組織及任務

員工教育訓練業務依課程之共同性及專業度不同，兼採集權制及分權制，教育中心為研究與推動單位，負責共通課程之規劃、開發、

執行與評估以及訓練資源之統合,各事業單位設有行政公關部,負責推動所屬單位個別需求之各種教育訓練,同時,為使各類訓練達到實質效果,也有常設的各種教育訓練委員會,由高、中階主管擔任委員,協力推動。

五、具體成果

(一)各階層主管對員工教育訓練已建立共識,主動掌握部屬之能力需求,參與訓練計畫之安排,並身體力行擔任講師。

(二)由各級主管擔任講師,一方面可增加主管與同仁的溝通機會,另方面由於講授內容均以相關實務經驗為基礎,可與工作需求相結合,故學員較易吸收與運用,增加訓練效果。

(三)內部教育訓練之實施,均採由上而下方式為之,因此教育訓練之最高指導原則在於配合公司經營策略,企業文化以及工作條件之要求,在此明確的方針下,訓練工作較易落實,而且課程內容之掌握也較紮實,是凝聚內部員工向心力之一大助力。

六、結 論

教育訓練是企業培育、運用人才與增進競爭力之重要手段,「教育訓練很貴,不教育訓練更貴。」唯有企業用心投資,自主開發出人才培育系統,才是企業長期生存發展之道。

教育訓練體系表

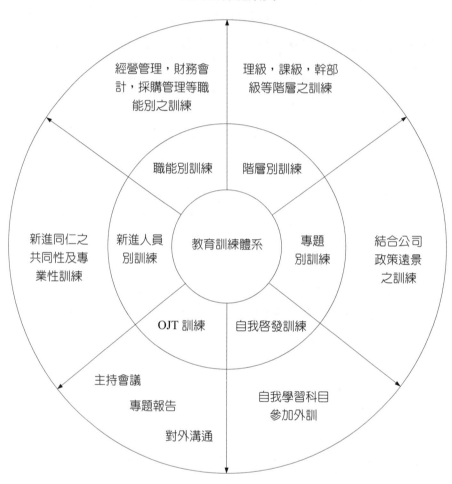

教育訓練之申請（報）流程圖——辦理教育訓練申請

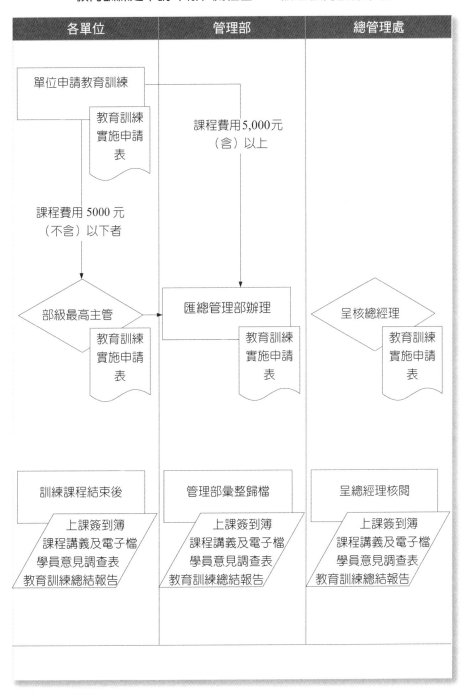

_____股份有限公司

_____年度教育訓練計畫表（內訓）

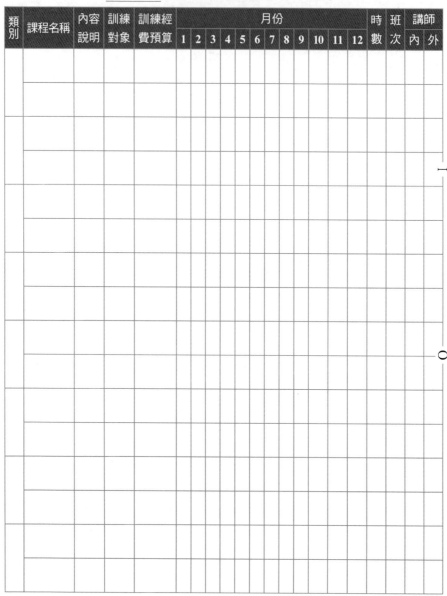

類別	課程名稱	內容說明	訓練對象	訓練經費預算	月份												時數	班次	講師	
					1	2	3	4	5	6	7	8	9	10	11	12			內	外

_____股份有限公司

_____年度教育訓練計畫表（外訓）

營業所級單位	編制人數	每人預算經費	年度外訓經費預算	備註

說明：

_____股份有限公司
訓練學員意見調查表 A

課程名稱：

學員姓名：

謝謝您參加本次課程，為了將來能夠舉辦更多好的訓練，我們竭誠地希望您對這一次課程提供一些意見，以為將來改進的參考。謝謝！

一、依您現在完成訓練之後的感覺，在下列每一對形容詞之間，在適當的位置打「✓」

	1	2	3	4	5	6	7	8
不愉快的→愉快的	☐	☐	☐	☐	☐	☐	☐	☐
氣氛沉悶的→氣氛活潑的	☐	☐	☐	☐	☐	☐	☐	☐
不好的→好的	☐	☐	☐	☐	☐	☐	☐	☐
沒有價值的→有價值的	☐	☐	☐	☐	☐	☐	☐	☐
沒有收穫的→有收穫的	☐	☐	☐	☐	☐	☐	☐	☐
內容空洞的→內容充實的	☐	☐	☐	☐	☐	☐	☐	☐
不滿意的→滿意的	☐	☐	☐	☐	☐	☐	☐	☐
沒有用的→有用的	☐	☐	☐	☐	☐	☐	☐	☐
浪費時間的→值得的	☐	☐	☐	☐	☐	☐	☐	☐
乏味的→有趣的	☐	☐	☐	☐	☐	☐	☐	☐

二、請就下列問題作簡短描述。

　　1.我參加此次訓練最大的感受：

　　2.我參加這次訓練最滿意與最不滿意的地方：

　　3.此次訓練對我工作的幫助、啟發為何：

謝謝您給我們的意見。祝您工作愉快！

_____股份有限公司

訓練學員意見調查表 B

課程名稱：

學員姓名：

謝謝您來參加本次課程，為了將來能夠舉辦更好的訓練，我們竭誠地希望您對這一次課程提供一些意見，以為將來改進的參考。謝謝！

A. 您認為本節課程的內容 ----------------- 太多　剛好　不夠
　　1.理論方面 --------------------------- □　　□　　□
　　2.實務方面 --------------------------- □　　□　　□

B. 您認為本節課程內容的層次 ----------- 太淺　剛好　太深
　　　　　　　　　　　　　　　　　　　　□　　□　　□

C. 您認為講師的表達情形 ----------------- 特優　很好　好　普通　差
　　1.目標說明 ------------------------- □　　□　　□　　□　　□
　　2.課程進行中段落摘要 ---------------- □　　□　　□　　□　　□
　　3.重點解釋說明 ---------------------- □　　□　　□　　□　　□
　　4.講義 ----------------------------- □　　□　　□　　□　　□
　　5.其他教學輔助器的使用 -------------- □　　□　　□　　□　　□
　　6.課程生動有趣 ---------------------- □　　□　　□　　□　　□
　　7.溝通能力 ------------------------- □　　□　　□　　□　　□
　　8.態度友善與熱心 -------------------- □　　□　　□　　□　　□

D. 演講者的整體表現如何 ----------------- □　　□　　□　　□　　□

E. 您對本節課程有何建議？

F. 將來若再舉辦類似題目的課程，您對時間、地點、講師或其他行政工作的安排上有何建議？

※謝謝您給我們的意見。祝您工作愉快！

　　　　　　　　＿＿＿＿＿股份有限公司

　　　　　　　　　受訓心得報告表

□國內受訓心得報告
□國外受訓中間、綜合報告　　　　　　　　　　年　　月　　日

受訓人員		員工編號		單位		職稱	
課程名稱							
進修受訓機構		進修受訓地點					
受訓期間	年　月　日　時　分　～～～　年　月　日　時　分						
課程重點							
受訓心得							

核　　示	覆　　核	主　　管	受訓人員	管理部	

核決權限說明：1.理級（含）以上人員：受訓人員＞單位主管＞管理部＞總經理＞管理部
　　　　　　　2.課級人員以下人員：受訓人員＞單位主管＞部級最高主管＞管理部
P.S.：本表如不敷使用，請另行以 A4 紙張書寫。

_____股份有限公司

教育訓練總結報告表

報告部門：報告日期：　　　　　　　　　　年　　月　　日

課程名稱						
訓練時間			訓練地點			
主辦部門			協辦部門			

<table>
<tr><td rowspan="2">到課狀況</td><td>訓練對象</td><td>感到人數</td><td colspan="2">實到人數</td><td>到課率</td></tr>
<tr><td>其他異常狀況說明</td><td></td><td></td><td></td><td></td></tr>
<tr><td rowspan="3">受訓人員意見匯總</td><td>講師表現</td><td colspan="4"></td></tr>
<tr><td>課程安排</td><td colspan="4"></td></tr>
<tr><td>其他建議</td><td colspan="4"></td></tr>
<tr><td colspan="2">訓練成績</td><td colspan="4"></td></tr>
<tr><td colspan="2">改善對策及追蹤事項</td><td colspan="4"></td></tr>
</table>

	項次	項　目	預算金額	實際支出	差異說明
費用支出明細	1				
	2				
	3				
	4				
	5				
	合　　計				
備註					

核　示	覆　核	管理部	報告部門	主　管	經　辦

本表流程：報告單位＞單位主管＞管理部＞總經理核示＞影本送管理部

企業電子化與
電子商務

教中學──由老師講授，學員（員）吸收實務經驗

壹、前　言

　　電子商務（E-Commerce）事實上與企業電子化（E-Business）在本質上有其根本之不同。電子商務一般認定為利用電子媒體於網路上從事交易之商業行為；而企業電子化，其領域包括企業前端至後端之電子媒體應用，甚至含括企業間利用電子媒體與資源整合，重新界定企業之經營模式，以創造顧客價值。由實質內涵而言，電子商務改變了有形與無形商品間之交易行為；而企業電子化則改變了企業與企業、顧客甚至內部員工間之關係。

　　比爾‧蓋茲說，1980 年代企業的競爭主題是品質。1990 年代企業的競爭主題是企業再造。2000 年後企業的競爭關鍵是速度、價值。企業身處網路經濟十倍數時代，經營環境快速變遷，加速整合企業內、外部資

訊，運用網路科技，創造新服務價值，提升公司形象。

．windows95 & Internet 造就數位經濟時代

經濟趨勢專家斯坦・戴維斯指出，全球正處於一個世代交替的新世紀，競爭的速度由期間轉變為持續，空間也經由網路的連結而更加無遠弗屆，有形資產的價值比不上無形資產，企業應善用這些轉變，作為企業進步的動力。

．全球五千大企業，每年都有 10% 消失於商業社會中。

．知名網路設備公司思科（Cisco）現在只要花 1 小時，就可完成全球分支機構的帳。

．美國線上（AOL）彈指間即可完成 1,700 萬顧客的訊息通知作業。

網際網路的現況：

1.全球超過 1 億 9,000 萬人上網。

2.臺灣超過 500 萬人上網。

3.電子商務環境成熟，商業模式改變。

4.「i 世界」、「e 服務」的數位經濟時代正式來臨。

貳、企業電子化

一、全球運籌（Global Logistics）的興起

「全球運籌中心」在這幾年於國際企業經營中興起，主要是透過物流、資訊流、商流及資金流的整合，將產品的訂購、製造、銷售與存貨管理作最佳的組合，藉此提升全球化營運的整體績效；這也是企業在面對顧客講求快速、彈性、多樣化的環境下所產生。因此，運籌管理在企業全球化（Globalization）的競爭趨勢下，愈來愈受全球企業的重視，著名的國際公司如 DELL、IBM、COMPAQ 及宏碁集團，均已採取此模式運作，

並也獲得極大的成功，「98% 的商品，在下單後三天內，將商品交到客戶手中」，即是最明顯的例子。

麥肯錫企管顧問公司：「卓越的運籌管理將成為大幅超前競爭者的新利器」。隨著國際地球村的形成之發展趨勢，運籌管理顯然已逐漸形成新的策略核心，它創造新的顧客價值，且明顯快速的節省成本，亦是彈性生產不可或缺的延伸。國內更多企業陸續建構全球運籌中心，「全球運籌管理」資訊系統之重要性亦可想而知。

二、全球運籌管理系統（GLM SYSTEM）

全球運籌作業模式由圖 13-1 來說明，其中組成的個體有企業體本身、供應商與顧客等，形成一個供應鏈；而任何企業內、企業間上下游的運籌作業及運籌管理功能，均須如鏈條般環環相扣、緊密結合，才能降低整體的成本，提供更好的服務給客戶，共同創造出競爭優勢。但是，供應鏈中的重要關鍵，仍然要回歸個體本身，個體具備的資訊系統整合能力與運籌管理能力，決定整個供應鏈的強與弱。

三、全球運籌管理系統規劃與管理重點

全球運籌管理要清楚優勢供應鏈的所在，將最有利於顧客與公司的供應鏈組合起來。就是要打破地理疆界，將全球市場的行銷、產品設計、顧客滿意、生產、採購、後勤補給、供應商及庫存等管理體系緊密地結合。然而，要成為世界級的製造業全球性公司，除了躋身在國際化與全球化的產業環境中，更需建構無時間差、無文化差的內外串聯資訊系統，推展以顧客為核心的創新運動，且整合全球的後勤系統以及運作各種網路型態的虛擬團隊。其管理重點如下：

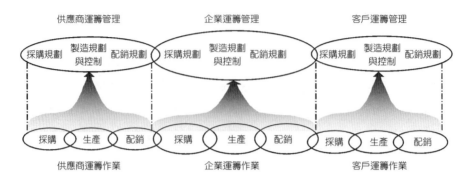

圖 13-1　運籌作業與管理模式（Supply Chain Council, 1997 & 王立志博士）

1. **快速反應**：一個全球化的企業，需要有一個運籌中心來統籌管理，以確保訂單能即時確認及產銷協調，全球資源的調整立即產生對策、立即反應。

2. **彈性的生產需求預測及規劃**：使企業生產有一定的依循指標，以減低供不應求或供過於求的風險。

3. **零庫存貨管理**：掌握市場對產品的反應，即時調整供應鏈的資源，即時回應不同的客戶需求，減少庫存積壓的風險。

4. **運用產品通路管理**：要將產品與服務視為一體，依據不同通路的需求去建構與執行，如此才具有競爭力。

5. **差異化供應鏈**：規劃供應鏈策略，要整體性考量並且兼顧到長短期獲利狀況、變現能力及成長發展等經營面，才是運用差異化邁向成功之路的供應鏈。

6. **策略聯盟**：供應鏈上的夥伴，跨越組織間的界線，構成策略聯盟體系，主動分享資訊，創造一個雙贏的局面。把全球各據點形成一個團隊，結合供應商、通路產品等新的思考模式。

四、有效的企業資訊管理

1.企業資源規劃系統（ERP）必須貫穿經營體制且緊密結合

　　企業經營由整體面來看，就以圖 13-2 的 E 公司為例說明，公司之經營活動、日常業務運轉（產、銷、人、發、財），透過 TQC、TPS、TPM 三位一體的方法提升全面品質，以目標管理作為明確管理方向，以目視管理來確保管理行為為有效之管理，且及時化、自動化為基本要求。管理循環 Plan- >Do- >Check- >Action 從決策、執行，不斷修正對策，確保目標之達成，此乃動態歷程下的企業永續經營。

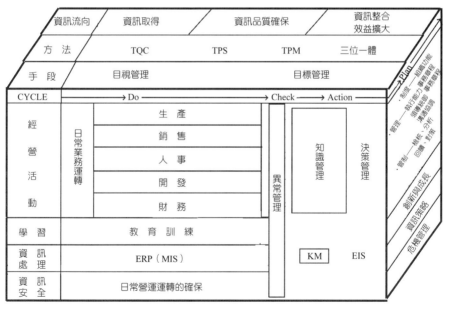

圖 13-2　E 公司經營管理車（動態歷程資訊策略訂定，賴清源）

　　公司將企業資源規劃系統（ERP）與資訊安全視為企業之底盤，由下而上貫穿整個組織結構；在右區塊，從狹隘短期來看，為目標達成之檢視、目標執行差異分析、調整修正及對策；從機能提升廣義角度來看，即是利用組織的知識能量與資訊整合利器，採行更有競爭力的決策（決策管理）；從資訊系統面來看，即是由 EIS 資訊系統（知識管理 KM 為其中一部分），提供有價值之隱性知識轉化為顯性知識之管理機制，讓知識管理紮根，展現倍數成長的知識擴張能量與 MIS 資訊整合效益，來建構強化決策平臺，達到資訊整合效益的再擴大。

　　然而公司之經營活動透過制度（組織功能、事務流程、章程標準）、管理（執行能力、領導統御、溝通協調）、管制（檢核、分析、回饋、對策）來進行，並透過採用有效的資訊策略，提升企業經營效率，不斷的創新與成長以確保經營的競爭力，日常營運運轉的確保，則有賴危機管理機制的建立。

2. 企業資訊經理人（CIO）的專業能力，扮演中長期企業資訊策略規劃與資源整合角色

　(1) 當企業對資訊依賴程度愈高時，更需培育或擁有專業的資訊經理人，進行有效的資訊管理，確保投資報酬與企業核心競爭力的能量累積。

　(2) 資訊經理人依據企業經營方向及企業目前之資訊技術能力、資訊整合效能，訂定資訊策略，並且根據環境的變化，適時調整資訊策略。

　(3) 資訊經理人對企業資源如何有效整合，進行謹慎正確評估，且與企業經理人（CEO）能保持充分溝通與理解。

3. 資訊系統建置或導入時的五大原則

　(1)「簡單能管理」是基本想法：流程的規劃若複雜，則導入實施不易被遵守；過於簡單而未能掌握管理管制點，喪失管理之目的。

　(2)「由大到小」是系統架構建立的考量方式：應用系統建置考量由

主架構先行著點，猶如下圍棋先占要點；又如畫樹先畫樹幹再畫枝。

(3)「正確掌握系統開發導入真正目的」，電腦是工具的運用，絕非為電腦化而電腦化。

(4)「掌握管理管制點」：系統分析設計及系統導入時，要掌握管理管制點，避免落入 80/20 的迷思中。

(5)「考量資源整合性與擴充彈性」，避免資源之浪費。

4. 建立可衡量、有效之資訊績效評價機制，以確保中長期持續獲利。

評估衡量資訊績效，應以企業整體績效為考量，即端視其「卓越、創新、掌握未來」的程度：

(1) 卓越：資訊投資報酬，資源整合（管理精度、品質、效率）。

(2) 創新能力：技術的整合創新與應用。

(3) 掌握未來的能力：速度、彈性、環境變動調整能力。

5. 做好資訊安全管理與危機管理工作

管理的資訊數位化，同時也帶來資訊安全問題，銀行 ATM 盜領事件、花旗銀行網路銀行客戶資料外洩事件、理律客戶股票盜賣事件外，捷運公司員工盜刷悠遊卡與健保局員工盜賣健保資料等，顯示損及資料安全問題的嚴重性。

資訊安全並非僅是駭客入侵、病毒危害、垃圾郵件等等，嚴格說，「資訊」對於組織而言就是一種「資產」，因此企業營運時所產生及運用的資訊，必須得到妥善規劃與運用，不可以有「不安全」的現象產生，否則企業將陷入危機而不知。

(1) 外部威脅：駭客入侵、病毒危害等是普遍現象，資訊策略規劃時，應納入全盤考量。電腦病毒的傳播，以 2001 年的「紅色警戒」病毒為例，初期 156 台主機感染，不到 24 小時就超過 34 萬台主機遭到感染；而 2003 年發病的 SQL SLammer 病毒，更是在發病短短五分鐘之內，造成近 7 萬 5 千台主機遭到感染，電腦病

毒的傳染一次比一次嚴重，不得輕忽之。

(2) 濫用公司資訊：資訊運用效率不彰之問題，反使正常業務運轉無法取得足夠的資源。資訊濫用中，據統計又以「轉寄公司內部文件」為主，根據汎亞人力銀行調查，有 54% 的企業曾因員工不當使用網路或電腦，而懲處過員工，其中以「轉寄公司內部文件」58% 高居第一位。而根據美國聯邦調查局（FBI）調查，美國有 80% 的企業內部報告遭到濫用，公司資訊濫用問題可見一斑。

(3) 垃圾郵件：對企業而言，垃圾郵件除了會大量浪費網路頻寬，並且占用主機儲存空間、影響區域網路安全等，由於系統效率降低，連帶也會造成組織生產力降低，而隱含的資安危機更是不可忽視。根據 IDC 2002 年統計，在美國有超過 70% 的郵件被視為垃圾郵件。2003 年處理垃圾郵件的成本，美國將高達 89 億美元，歐洲各國也有 25 億美元之譜，對於企業資訊安全的影響不容忽視。

(4) 危機管理：除做好資訊安全的工作外，平時更需做好資料資訊之備援工作，以提升危機發生時的回復能力。企業已過度依賴資訊系統，一旦危機產生，則考驗企業危機管理之能力，龐大的企業體一日坍塌，在資訊時代下是很可能發生的事。如之前產生 SAS、駭客或病毒癱瘓企業資訊系統等事件。

參、電子商務

一、何謂電子商務（E-Commerce）？

1. 形成背景：企業發現利用電腦的運算、資訊整理及通訊能力可以更加改善與外部客戶的互動，以及內部流程的自動化。

2. 從資訊的角度：電子商務是利用電話線、電腦網路來傳遞資訊、產品

或服務。

3. 從企業流程的角度：電子商務是商業交易及工作流程自動化的技術應用。

4. 從服務的角度：電子商務是企業為降低服務成本，並且加快服務之傳遞速度的一種工具。

5. 從上網的角度：電子商務提供網際網路上購買、銷售產品和資訊的能力。

　・Amazon 書店三年內營業額 6 億美金，亞馬遜的伺服器記錄 1,800 萬位客戶資料。

　・AOL 美國線上 ISP 1,700 萬會員→ICP 廣告收入→電子購物中心→最有競爭力企業。

　・Dell 電腦網路上電腦直銷，每天 1,000 萬美金的生意，股票 11 年漲了 600 倍。

　・Yahoo！雅虎「搜尋引擎」，臺灣小孩楊志遠身價超過 40 億美金。

　・Cisco 思科公司 73% 的營收來自網路交易，過去三年成長 500%，員工只增加了 1%。

二、企業電子商務的運用

1. 企業與顧客間的電子商務（B2C 或 C2B）：
   透過網路達成的商業交易行為，透過網路進行詢價、報價、訂購、付款與售後服務等作業。企業透過互動式網站完成一切交易行為。
   例如：(1)產品的買賣、(2)服務的提供、(3)資訊的交換。
   ・大同醬油互動式網站
   ・裕利藥廠

2. 企業間的電子商務（B2B）：
   就是將上游供應商及下游經銷商透過網路連結在一起，使供應鏈間的

資訊透明化並且串聯起來，而達最佳效益。

(1) 康柏電腦邀請國內十六家供應商共同簽訂 e 商網（e-supply chain），成為國內第一個電子化供應鏈體系。

(2) 克萊斯勒汽車利用網路和供應商共同開發產品，產品開發速度從 18 個月降低為 12 個月，節省了 25 億美元。

3. 企業內部的電子商務（Intranet）：

企業透過網路工具發送電子郵件、視訊會議或電子布告欄和員工溝通，更進一步利用這樣的工具來出版與傳送管理手冊、會議紀錄、產品規格等公司重要資訊，除可快速準確傳遞資訊外，並可減少印刷及收發文件的成本。

4. 顧客與顧客間的電子商務（C2C）：

虛擬社群社團、社區虛擬化，形成強大的集體採購力量和議價能力，透過網路使廣大顧客間凝結一種新的消費力量和市場型態。

例如：(1)集體採購；(2)拍賣網站。

三、知識經濟與網際網路關係

$$創新知識 \ k = (p + I)^S$$

p：人才　I：資訊　k＝創造知識　S：次方分享

在網際大未來中，知識經濟興起，企業必須隨時隨地進行員工教育訓練，才能掌握網路時代稍縱即逝的新商機。透過知識型內部網站之應用，企業與員工間的知識分享、教育訓練（E-learning）可以在任何時間、任何地點進行。

1. 企業 30% 成本花在人事上，節流的最佳法則應該是強化個人的生產力。

2. 知識浪費所造成的損失，遠大於任何實質上的資源浪費。

3. 建立企業知識分享與整合機制，等於為企業強化知識的再利用率。

四、電子商務時代對企業策略影響

1. 地理疆界消失，企業競爭無地域差別。

2. 從顧客滿意到顧客價值，進而顧客作主。

3. 迅速變革取代逐步改善。

4. 顧客要求企業主動提供更多的客觀資訊。

5. 人力資源價值的重新定位。

　‧專家警告：企業若未儘速加入電子商務浪潮，企業將被排除在未來的競爭之外，甚至連入圍的資格都沒有。

五、企業對網際網路應有態度

1. 網際網路不是一個事業，它是一個科技、一個工具。

2. 電子商務從來都不是一種技術，它是一種企業經營的方法論。

3. 網路經濟四種無形資產，形成企業最重要的資源：(1)人才；(2)知識；(3)品牌；(4)關係網路。

4. 網路產業不是泡沫，盲目的網路股價才是泡沫（企業追求的是本益比非「本夢比」）。

六、電子商務可為企業做什麼?

1. 企業從此無大小之分。

2. 成本降低、效率提高。

3. 員工變少、客戶變多。

4. 庫存減少、產能增加。

5.電子商務導入，有效阻絕競爭者進入。

　．電子商務終將回歸到以實體企業為中心的經營模式，這就是傳統產業新契機。

七、電子商務帶給企業的利益

1.讓採購與存貨的成本降低。

2.庫存的產品比較少。

3.生產的作業時間變短。

4.對客戶的服務更有效率。

5.降低行銷的成本。

6.增加新的銷售機會。

八、物流未來趨勢

1.宅配服務為主要趨勢。

2.定點取貨為宅配的變奏曲。

3.物流成本控制為物流中心成功的關鍵。

4.社區型賣場導向的小型物流中心成立。

5.多趟次運送服務。

6.即時監控系統為必備需求。

7.逆物流需求提升。

九、電子商務時代行銷新觀念 4C

　以 4C 取代 4P，走出傳統的行銷做法。

1.Customer Needs and Wants 取代 Product。

2. Cost of the Customer 取代 Price。

3. Convenience 取代 Place。

4. Communication 取代 Promotion。

肆、企業的明日世界

1. 資訊透明化和即時化，產業競爭日益白熱化。

2. 企業必須有能力快速反應。

3. 企業必須建立屬於自己品牌的獨特性，在顧客心目中創造差異。

4. 企業不只在實體接觸面，更要在網路上的虛擬空間內，達成客戶滿意、創造顧客價值。

5. 未來的產業競爭跳脫企業間競爭，而成為供應鏈與供應鏈或商圈對商圈的競爭。

6. 企業必須合作互惠，才能為彼此創造最佳利益。

 玩中學─全球運籌中心實驗室

 案例一

　　企業界紛紛設立全球運籌中心，學校為迎合此國際環境快速變化，為了讓學生能在更真實的模擬環境下學習，成立「全球運籌管理實驗室」，並編訂教學教案，進行一系列課程教學設計，同時建置完整的「全球運籌模擬系統」，讓老師、學生得以利用此系統進行相關全球運籌之研究、模擬學習操作。

一、全球運籌中心的系統架構

為建置全球運籌中心的實驗平臺，底層以學校網路為基礎，設置應用伺服器與資料庫伺服器。

應用伺服器：ERP 系統、全球運籌系統、通關系統。

資料庫伺服器：SQL 資料庫（企業電子化所產生之所有資料）。

企業資源規劃系統（ERP 系統）為企業日常營運之系統，從客戶接單開始，到採購、生產、通關出貨、收款，為模擬企業實際業務系統之運轉，其產生的資料與全球運籌中心的戰情室（行銷、生產、採購、物流與主管戰情室）連結，觀察全球運籌中心連動資訊變化狀況，模擬企業專業經理人運籌帷幄的實際狀況。

二、全球運籌實驗室目的

1. 培育企業未來所需之人才：

在校學生基礎教育的紮根、實務電子化、模擬化。

2. 協助企業快速建構 GLM 基礎平臺：

GLM 解決方案、Cost 低減、策略聯盟

3. 協助企業所需的員工教育訓練（產學合作、人才培訓）。

4. 研究、創新、產出企業所需的新價值需求：

　　創新、附加價值、未來性、擴張性（※教師、學生參與研究）。

三、公司國際集團全球運籌模擬環境說明

1. 主要產品：家庭用縫衣機，約 80 種產品。

2. 全球運籌中心：臺灣臺中負責統一採購、資源運籌、訊息中心。

3. 製造生產：臺灣、中國、泰國。

4. 營運中心：臺灣、美國各一處。

5. 研發中心：美國。

6. 倉儲中心：美國與歐洲各一處。

7. 主要客戶有 5 家，分布為 5 家（美國 2 家，歐洲 2 家，美洲 1 家）。

8. 主要零件供應廠商 20 家（臺灣、中國、泰國、美國、日本）。

9. 客戶與零件廠商每年由 GLM 中心依據國際情勢適度增加或調整。

四、全球運籌運實驗平臺運作方向與規劃

1. 老師依據教案講授企業電子化的流程。

2. 實習（根據不同交易條件，完成所有產出過程與報表之報告）。

   (1)給予每班學生實習條件資料

      ·交易事項：1～5 項訂單（客戶、交貨日、產品）。

   (2)完成從接單至出貨整個作業流程。

   (3)觀察戰情室之連動資訊變化。

3. 全球運籌學術研究與創新（專題與研究）運用。

4. 全球運籌管理中心模擬環境規劃。

   (1)年度營業景氣環境設定（每年每班營業額度）。

   (2)全球據點的擴張與緊縮。

   (3)研究方向及環境趨勢的結合與調整。

五、學生實際實習演練範例說明（以國貿實務為例）

1. 實習目的：透過實際實習操作演練，了解企業業務運轉狀況，包括從接單、採購、生產到出貨通關等流程，並且觀察全球運籌中心各戰情室情報訊息之變化，進行解析。

2. 分組：各組以 5～6 名學生組成，各組互選產生組長，組長負責工作分配與統籌事宜。

3. 成績評比：

項　次	內　　容	評比%
1	各流程處理完成之結果	30
2	各流程結果之正確性	20
3	正確產生異常訊息	15
4	戰情中心連動報告解析	15
5	結果彙整報告（含最近三個月的觀察，並找出問題點與解析對策說明）	20

4. 演練時間：依據 GLM 中心發給的資料，進行流程實際操作三次，每次 3 小時，共計 9 小時。

5. 資料整理：整理匯總二次，每次 3 小時，共計 6 小時。

6. 小組報告：以小組為單位，每人上臺報告 5 分鐘，每組以 40 分鐘為限。

7. 領取模擬訂單：每組由運籌中心發給模擬訂單，並請組長抽出狀況單，模擬訂單有五筆訂單，並抽出五種狀況單（狀況燈號）。

第一組為例，模擬訂單及抽出狀況單如下：

訂單號碼	客戶NO	產品編號	訂購數量	下單日期	預計交貨日期	運輸條件	狀況燈號
TC001	0001 JP	EZ1 670001-ABE11	2000	03.10	04.02	CIF 海運	3
TC002	0001 JP	EZ1 670001-AGB10	600	03.10	04.05	CIF 海運	2
TC003	0002 US	SL4-4DE-201	1500	03.12	04.07	CIF 海運	4
TC004	0002 US	SL4-4DE-601	130	03.12	04.07	CIF 海運	1
TC005	0005 UK	SL5-5DEH-201	150	03.15	04.06	空運	5

狀況單（狀況燈號）情境如下：

狀況燈號	採購納入	製造生產	通關交貨	備　註
1	如期	如期	如期	
2	如期	如期	50% 延遲	
3	如期	20% 延遲	20% 延遲	
4	20% 延遲	如期	如期	
5	50% 延遲	如期	20% 延遲	

8. 操作注意事項：接單後，先確認庫存狀況（產品與零件），不足時可下單採購，並注意安全量，同時決定由何處生產、出貨。

六、學生實際實習演練步驟說明（以國貿實務為例）

1. 老師上課解說：老師依據特別編訂之教材，授課一一說明企業如何利用電子商務進行接單，如何於全球運籌中心掌控來自企業各地之資訊訊息，及如何進行全球資源之調整。

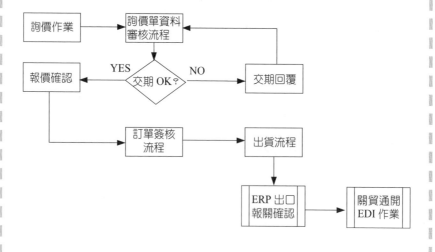

老師講授全球採購作業流程

學生逐項實際操作，演練每一作業

2. 教材操作練習：學生聆聽老師講解外，並依據教材進行實際操作演練，以熟悉企業之業務每個階段流程。

3. 正式分組實習演練：關鍵重點則是分組模擬演練，經分組 5 人一組，依 GLM 中心發給之模擬訂單資料，開始進行實際上線操作演練，並依據系統模擬企業狀況，進行資源調度與運用、調整庫存狀況、查詢訂單排入生產的日程、MRP 計算後，哪些零件要發出訂單之需求、安排出貨的時間是否有問題……等等。

分組進行接單與採購作業演練

全球運籌中心戰情室為訊息傳達中心

4. 全球運籌中心訊息連動：結合預先設定的狀況燈號規劃，若企業因故未能如期交貨，此現象會被異常預警系統所掌控，即時與全球運籌中心的戰情室連動，系統適時透過 OA 設備（手機、PDA、電子看板）發布，讓全球運籌中心及時掌控狀況，從容的調整對策，同時透過視訊系統及時與生產廠經理進行狀況了解。

警示系統將重要訊即時傳至
PDA 或手機

警示系統將交貨遲延的訊息,即時送
到大型電子看板

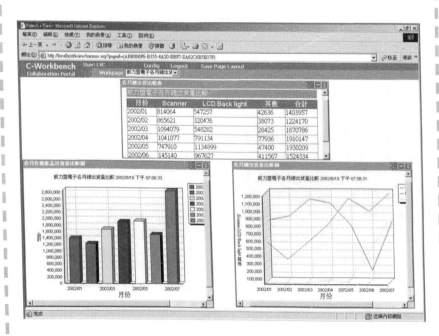

全球運籌中心的機制是:動態、自動、即時反映資訊,提供主管快速決策。

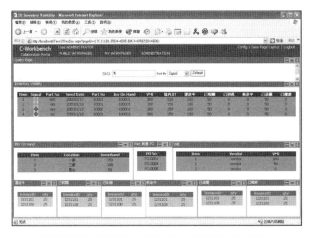

貨況追蹤系統清楚地將貨品及時交到客戶手中

5. 結果匯總報告：完成模擬資料的操作演練，將最後結果彙整，並根據戰情室的各項指標，分析企業顯露的種種跡象，或系統不足的問題，並且對發現之企業管理問題或現象予以整理，並與組員探討，最後在老師規定的時間內提出解析報告之書面資料，小組妥善分配報告人員順序，於報告會中提出小組實習結果。

小組對於發現企業各項疑點與問題予以整理，並與組員探討

6. 老師提問與問題探討：各小組製作電腦投影片，依抽籤順序逐一分別報告，每一個人均應上臺報告；每組報告完畢由老師及同學提出

問題（約 2~3 個），並由老師隨機指定同學回答，以確保每位同學均充分參與，以達實習演練的目的；同時，老師進行評分，最後小組成績即是該組每一成員的分數，讓同學學習團隊分工的重要，因為全球運籌中心的核心展現，亦是企業內每一位成員努力的成果。

（本「玩中學」承蒙慧國工業公司管理部賴清源經理全力協助，謹此致謝。）

 做中學—D 公司在全球運籌規劃下，推動企業體系電子化策略

 案例二

上市的 D 公司，受惠於美國、歐洲及大陸等主力市場銷售熱絡，加上 OEM 訂單大幅倍增，預估全年每股稅後盈餘有 8.3 元水準。該公司以生產汽車車燈為主，目前生產基地除位於臺灣的彰化廠、新營廠及永康廠外，尚有大陸昆山廠，並在美國洛杉磯、亞特蘭大、紐澤西、芝加哥，以及加拿大等地設有發貨倉庫。近年來因市場營運範疇不斷擴大，加上產品線齊全，受到客戶青睞，業績逐年遞增，年營收達 150 億元，年成長 25% 以上。其為典型的跨國國際公司，有如今之輝煌的成就，得歸功於公司為應變環境變化及營業版圖擴張，便開始積極成立全球運籌中心，及全面推動企業體系電子化，因而能夠逐漸、全面提升其國際競爭力，同時已展現其資源整合能力。

一、體系電子化推動的當時狀況與問題

1. 推動前之運作流程

(1)客戶訂單：

　①業務部門自行開發。

　②配合海外代理商：以 e-mail 及 FAX 為主。

(2)銷售預測：

　①市場環境評估。

　②代理商客戶反應。

　③歷年銷售分析，為生產需求之參考。

(3)研發設計：

　①以樣品分解，建立 BOM，評估舊有零件之適用性，決定開模之零件；進行 CCD 量測、展開 CAD Model 合作建立及零件機構 CAD Model 確認。

　②與車廠及車燈配件製造廠商根據車體造型，車燈部分以合成之影像檔確認外觀造型，再配合法規及機構原則設計機構 CAD，並重複確認車燈之外部及內部機構，再以 RP 作最終開模前之整體確認。

(4)模具製作／外包：以確認之 CAD Model 轉成 CAM 及模具 CAD 設計，委由內部及外部模具廠進行模具加工製作。

(5)模具試模／確認：製作完成之模具，委由內外部射出廠進行模具之結構及成品尺寸之試模修改、確認。

(6)生產計畫：於模具及成品尺寸確認完成後，透過營業單位進行量產評估，決定生產數量及交期。

(7)零件採購：採購單位依研發單位移交之 BOM 及製造廠商配合生管排程，進行零件下單及採購跟催。

(8)生產：生產單位依生管之排程，排定不同之工作站組成之排程，進行零件組立。

(9)銷售出貨：依客戶訂單及銷售預測，出貨到各經銷據點。

2. 推動前之運作流程產生的問題

(1)產品需求特性為每年全球各地均有新車型問世，必須配合新車型開發，速度、品質、成本是最主要的競爭因素。

(2)車燈之發展已漸漸科技化，若無先進技術並加以整合，將難以生產科技化車燈。

(3)客戶分散全球，產品規格以圖片、圖面、樣品透過 FAX、e-mail 傳遞，時效反應漸不敷需求，規格確認完整度不足，設計變化頻繁。

(4)全球經銷據點上班時間不一致，下單只能以 FAX、e-mail 或短暫重疊的時間以電話聯絡，影響時效。

(5)OEM／ODM 客戶，產品開發時程逐年縮短，產品交貨配合度要求嚴謹，甚而要求掌握產品開發及生產進度，現有運作模式已無法滿足需求。

3. 推動前之運作流程產生之問題（供應鏈）

(1)體系間無法共用 D 公司已有之電子化資源，造成重複建置成本。

(2)牽涉模具、機構、電控等相關技術，設計變更成本高，且管理不易。

(3)工程圖面及研發資訊以紙本發行，影響開發時效且常造成加工錯誤。

(4)委外加工零件種類繁多、加工時間長、T1 時間無法掌控，且管理不易。

(5)採購資訊大多以 FAX 或電話聯絡，浪費時間人力且嚴重影響交期。

(6)庫存狀態及生產排程未開放供應商查詢，常造成關鍵原物料需求無法即時反映，造成停工待料。

(7)品質檢驗結果由紙張傳遞，無法即時反映，徒增失敗成本。

(8)模具製作加工時間長，並經過多重供應商，委外管理及運送管

理不易，常發生資料錯誤或遺失等嚴重問題。

(9)對帳作業大多以人工作業，程序繁雜，曠日廢時。

(10)付款作業由資訊系統計算後，再由人工開立支票及郵寄，程序繁雜。

(11)分包商規模不大，對資訊科技的投資比較保守，資訊應用能力較弱，需適度提供誘因，並花費比較多時間給予教育訓練。

4. 主要客戶車廠對 D 公司是否取得訂單提出評鑑要求

(1)是否有產品設計／研發能力及專案管理能力。

(2)是否有設計變更及流程的管制系統。

(3)是否有同步開發管理能力。

(4)是否有與車廠合作設計開發新產品或改進其零件之能力。

(5)對協力廠商的管理能力。

二、面對公司擴張轉型需求及環境變化，解析問題重新定位策略規劃

1. 體系間問題分析

(1)現有產品發展已受限於市場規模。

(2)OEM／ODM 整體能力尚不足。

(3)車燈專案開發時程不易掌控。

(4)零件重複開發，增加成本。

(5)協力廠商類別與分布廣，管理不易。

(6)資料未經完全整合，掌控及決策不易。

2. 營造企業新願景與企業目標

(1)企業願景：世界布局、遠矚全球。

(2)經營目標：5 年營業額成長一倍，3 個生產工廠（含海外），2 個發貨倉庫。

(3)營運策略：積極轉型，全力邁向 OEM／ODM。

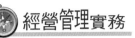

3. 產、銷、人、發、財新策略規劃展開

(1)研發策略：設立研發中心，建立電子化研發平臺。

① 結合經驗和專業知識，製作電子化設計規範。

② 研發設計人員素質的提升，各項設計開發工具的導入。

③ 圖面／設計履歷／公用件電子化管理以利應用。

④ 與學術研究機構合作發展新技術。

(2)生產策略：整合各生產基地，成立生產中心協調運作。

① 推動協力廠提升其資訊化程度。

② 供應鏈和生產作業流程之合理化。

③ 生產管理電子化。

④ 設備及製程提升。

(3)行銷策略：強化自有品牌，策略聯盟，拓展行銷通路。

① 強化行銷陣容，建立客戶關係管理系統。

② 加強高附加價值產品行銷。

③ 強化國內外銷售服務據點。

④ 設立發貨倉庫。

(4)管理策略：塑造人本、勤奮、創新的企業文化。

① 實施策略方針及流程績效管理。

② 提升組織能力，以徹底降低成本。

③ 企業全球電子化，以快速反應滿足企業內部管理及外部客戶需求。

④ 各國安規，產品認證及 TS16949 標準的推動。

(5)財務策略：公開募集資金，擴大經濟規模。

① 積極推動股票申請上市。

② 加強財務規劃、管理、反應能力。

※加框者為需電子化部分

三、全球運籌營運構面與體系 e 化系統導入

　　為了達到中心車廠對 OEM／ODM 廠商協同作業之迫切要求，強化體系整體研發能力，建立跨區域內部研發、生產整合及結合供應商與客戶端的「產品協同研發設計系統」（PDM）、「供應鏈管理系統」（SCM），有效提升體系供應優勢，縮短產品上市時程，擴大市場占有率等目標，建構全球運籌管理、有競爭力的機制，已是必然的趨勢。

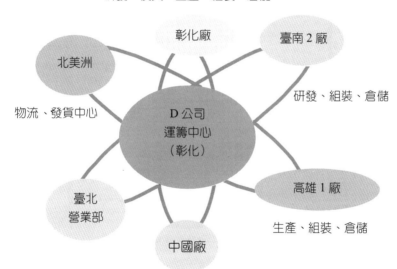

研發、模具、生產、組裝、倉儲

彰化廠　　臺南 2 廠

北美洲

研發、組裝、倉儲

物流、發貨中心

D 公司
運籌中心
（彰化）

高雄 1 廠

臺北
營業部

生產、組裝、倉儲

中國廠

研發、生產、組裝

D 公司全球運籌架構圖

　　D 公司體系電子化規劃、推動，希望能達到（如上圖全球營運模式的運作），有效整合體系間的資源，快速反映客戶的需求。整個資訊系統策略規劃分 5 年，逐項導入；有 ERP 系統、PDM 系統、SCM

系統、KM 管理系統、APS 等等。如 SCM 系統而言，則分二期進行導入，第一期先行導入存貨、訂單、採購，第二期則為客服、開放詢價、服務等（作業流程如圖）。PDM 系統亦分兩期進行，第一期為協同研發、研發流程管理、研發知識管理等，第二期則為設計製造系統、供應商產品知識管理、客戶產品知識管理等等（作業流程如圖）。

全球營運模式作業流程

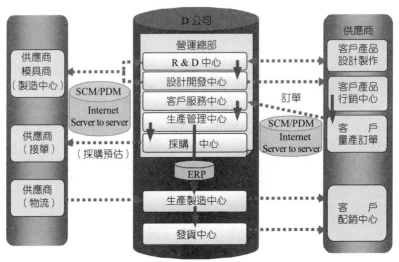

D 公司全球營運模式的運作流程圖

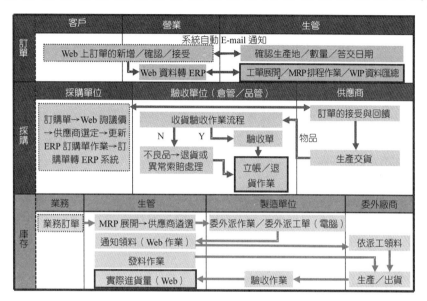

供應鏈管理（Supply Chain Management, SCM）作業流程

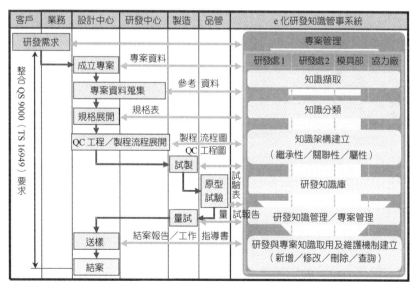

產品資料管理（Product Data Management, PDM）作業流程

此若為大系統的導入，企業必須付出龐大的資金與精力，故在只許成功的決心下，導入過程亦相當謹慎，委任專家顧問進行評估與策劃，導入流程如下圖，經過先期的準備階段（專案計畫小組成立、確立專案計畫內容），經專案計畫定案決議，進行流程的調整與改造（BPR），建立最適合的流程訂定，再進行系統開發階段與最後導入上線階段。

系統從先期準備開始，一直至上線導入，每一階段都很重要，若有疏忽，均可導致最後的失敗，其中又以 BPR 階段最為重要，許多組織變革產生，便是此階段的工作沒做好，導致組織部門的抗爭與抵制，最後無法達到當時規劃的目標。

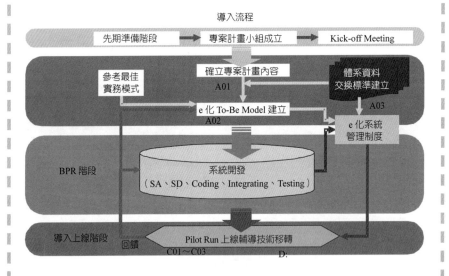

D 公司導入流程

如圖，BPR 的工作首先需要總經理全力支持與決心，並且結合企業的經營理念及營運目標，訂定有效的關鍵績效指標 KPI，對流程進行規劃與調整。

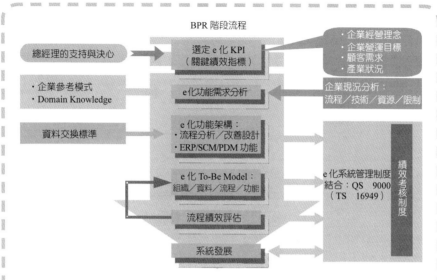

D 公司 BPR 作業流程

四、體系電子化的效益

1. 有形效益

　　此次 D 公司 E 化的推動持續進行著，經初步觀察，就有形的效益部分如下圖，除了這些效益外，若換算為金額，D 公司每年將產生 6 千萬的效益，體系廠商亦會因此產生每年 5 千萬的效益。

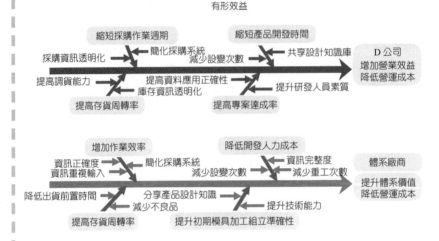

D 公司有形效益

2. 無形效益

　　除了有形效益外，無形效益更是豐碩：

(1)D 公司：

　　①由 AM 市場，轉型 OEM、ODM，更具國際競爭力。

　　②提升公司企業形象及層次，可吸引優秀人才加入。

　　③有效納管工程資料，使工程知識及經驗得以累積共享，增進設計與製造能力。

　　④可整合供應商納入生產體系，更準確地掌握模具加工、生產進度與庫存資料。

　　⑤簽核文件儲存於資料庫中，有助於歷史資料查詢、提升資料透明性及共享性。

(2)體系廠商：

　　①提升體系間整體反應能力，促進體系間競爭及業務量升級。

　　②完整記錄所有專案過程及相關資料，保證資料使用之一致性及即時性。

③資料關聯化，相關資料網狀連結，降低資料搜尋時間，提高工作效率。

④提升供應商的電子化程度及運用能力。

⑤專案流程及流程電子化管控，大幅縮短工程文件傳遞時間。

財務管理操作

教中學──由老師講授，學員（生）吸收實戰經驗

壹、財務與會計作業制度的設計、執行、控制與改進

　　有鑑於內部管理制度是公司成長之基礎，藉由內部流程效益，使公司減少管理成本，提升服務品質，範圍包括銷售及收款循環、採購及付款循環、薪工循環、生產循環、融資循環、固定資產循環、投資循環、電子計算機循環及研發循環等九大循環。其中以銷售及收款循環、採購及付款循環、薪工循環、生產循環尤為顯著，茲分述如下：

1. 銷售及收款循環：

　(1) 內控修訂前，以前採代銷制，後改內控修訂後，本公司分別設立北、中、南三區營業所，使財務、業務獨立，減少中間商剝奪，方便公司統一指揮管理，銷售方式改變調整後，近幾年來營業額大幅度成長。

(2) 內控修訂前，客戶別信用額度以人工記錄且較粗糙，內控修訂後，依客戶別建立信用額度，利用電腦建檔管理，方便定期檢討客戶別信用額度，超過額度者須預收貨款，否則管制出貨，近三年來應收帳款之呆帳率平均在 0.03% 以下，應收帳款呆帳率相當低，足證實效顯現。

(3) 最近五年度應收帳款周轉率表現良好

單位：NT$／%

年　　度	N+4 年度	N+3 年度	N+2 年度	N+1 年度	N 年度
周轉率	9.4	8.2	7.5	8.2	7.9

說明：主要係因制定良好的收款政策
　　　a.內銷：出貨後票期一個月。
　　　b.外銷：出貨前收到即期 L／C 或出貨前 T／T。

(4) 最近五年度呆帳金額控制良好

單位：NT$／%

年　　度	N+4 年度	N+3 年度	N+2 年度	N+1 年度	N 年度
金　　額	575,346	426,451	457,349	1,178,406	2,725,666
占營收比	0.02%	0.02%	0.02%	0.05%	0.12%

說明：內部控制完備，國內 2,000 多家客戶分別建立信用額度，利用電腦建檔管理。

2. 採購及付款循環

(1) 內控修訂前，停留人工作業狀態；內控修訂後，利用電腦作業，資料輸入一次，經確認即傳輸到財務部門整理付款，請購單部分簡化作業，更改為請購日報表，有效簡化作業、減少大量表單，以及便於利用電腦資料比價、分析。

3. 薪工循環

內控修訂前，每逢支薪前一星期，需投入很多人力幫忙計算；內控修

訂後利用電腦作業，依個人基本資料建檔管理，平時異動資料維護至每月支薪時，正確、快速，產生效益：財務部門審核後，利用電腦自動轉傳票，發生錯誤低、結帳速度快，迅速且正確提供人工分析表比較分析，還有人工資料自動傳至成本結帳檔，便於月結。

4. 生產循環

內控修訂前，採人工作業階段，效率差；內控修訂後，首先由原料、在製品、製成品代號編訂、規劃成本相關各系統連結，資料自動傳輸，避免重複作業、提供生產管理、交期追蹤查詢。

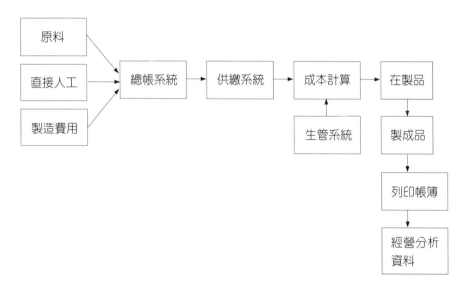

生產循環——成本結帳流程

　　因明確劃分權責、表單流程簡化，業績逐年提升，營業收入 10 年增加近 5 倍，就財務部人員而言，從 15 人降至 11 人，且依目前實施之制度，預算業務量增加 1～2 倍，尚可運作自如。

貳、資金之來源與應用

　　本公司為一成長型之企業，擴廠、增置機器設備均需龐大資金以為支應，為健全財務結構並符合公司穩健成長之經營目標，首將資金依其期限明確劃分長、短期，依其不同資金用途，籌措適於公司使用之資金，協助公司在財務健全中，穩定成長。隨著公司營運規模持續擴大，且 N 年度推動公司股票上市成功，更奠定公司未來成長之基石，未來籌資管道更順暢充裕。

　　N+5 年度計畫發行新臺幣十億元公司債，用以償還銀行借款，可有效改善結構，並減少利息費用。

參、流動資產管理

1. 本公司流動資產（主要為現金及約當現金、應收帳款、存貨）所需的資金的來源，包括流動負債（主要為短期借款與應付帳款）、長期負債（主要為長期借款）及股東權益（包括增資及保留盈餘）等來源。並秉持以下三個考慮因素：

   (1) 公司必須有能力籌措足夠的資金來源，否則可能必須修正營運計畫集資的需求。

   (2) 所籌措的資金必須符合短期資金來源，不得供長期使用的原則（即以短支長的原則）。

   (3) 所籌措的資金中，外部資金來源與自有資金來源必須維持適當的財務結構，以確保在取得最低資金成本的同時，還能兼顧維持適當財務風險的衡量。

2. 存貨管理：近年來因經營環境改變，企業欲增加額外利潤，只有降低存貨與配送成本一途。存貨管理的理論，始自「經濟訂購量」

（EOQ）、「物料需求規劃」（MRP）、「存貨 ABC 分類管理」，到近年來的「即時性存貨管理」（JIT）、「快速反應」（Quickly response）、「看板管理」（Kanban）與「零貨存觀念」等，其目的均在於使存貨管理更具效率。

本公司為二次加工業，存貨為公司主要營業活動與獲利來源。存貨一般占公司流動資產之 40%～60%，因此，存貨的規劃與管理不當，將使公司蒙受重大損失。存貨過多，不但造成資金積壓，且易導致存貨過多、損壞、倉儲成本增高；存貨過少，則可能因缺貨而喪失銷貨之機會，並產生影響公司形象等不良後果。

本公司存貨管理依以往營業實績設定安全庫存量，當上游原料廠短線報價偏高時，公司採購原料安全存量之下限部位；當上游原料廠短線報價偏低時，則採購原料採安全存量之上限部位，以降低風險。

肆、信用管理之計畫與控制

本公司信用管理單位，採跨部門控管方式，連同營業部門主管，針對外銷與內銷客戶進行信用額度之授信與控管，具體實施項目如下：

1. 外銷收款及裝船文件管制：

    針對外銷客戶以信用狀（L/C）、電匯（T/T）、承兌（D/A、D/P）或記帳付款 O/A 付款交易方式，分別訂定管制要點，例如依客戶別訂定授信額度，並對正本裝船文件（B/L）寄交客戶提貨，訂定相關緊密的控管程序。

2. 內銷客戶信用額度授信管制：

    內銷客戶依以往交易實績與客戶營業規模，分別訂定授信額度，並由電腦控管該客戶之未兌現支票、未收款項，嚴格控管其信用額度，及可出貨數量。

3. 各項合約簽訂前之信用管制

與公司法律顧問共同擬定、修改各項重大合約,如購料合約、銷售合約、工程承攬合約、短期人員招募……等,以供各單位使用,所有對外簽訂合約,均須符合公司規定並列檔管制。

伍、中國投資與稅務規劃

1. 為配合公司中國投資案,分別於 N+1 年及 N+4 年,向經濟部投審會申請投資中國許可,並獲核准。隨即設立海外兩岸三地子公司與孫公司,並依當地主管機關規定,輔導公司之設立,並隨時分析現在及未來的稅務風險。

海外資公司資料

海外第三地	被投資公司	投資金額(USD)	持股(%)	投資大陸
英屬開曼群島	ABC 國際公司	3,400,000	100.00	蘇州
英屬維京群島	IJK 國際公司	2,801,00	100.00	無錫

2. 配合最近三年公司擴充生產規模,以及增購機器進行汰舊換新,依經濟部工業局「促進產業升級條例」,申請辦理購置生產自動化設備投資抵減專案,抵減當年度營所稅,獲核准率 100%。

最近三年申請投資抵減

單位:NT$

	N+2 年	N+3 年	N+4 年
申請案件	18 件	6 件	12 件
抵稅金額	13,451,260	1,578,143	18,578,765

3. 完成營業稅之採媒體申報,有效節省人力物力,並利用電腦檢核程

序，有效降低錯誤率。

4. 完成薪資及股利之採網路申報，可節省表單印製及申報時間。

 陸、內部管理及控制制度的建立

本公司依「公開發行公司建立內部控制制度處理準則」，建立內部控制制度如下說明：

1. 內部控制之定義：

根據會計研究發展基金會公布之審計準則公報第五號第三條之解釋：

(1) 內部會計控制——為保護資產安全，提高會計資訊之可靠性及完整性之控制，稱為內部會計控制。

(2) 內部管理控制——為增進經營效率，促使遵行管理政策，達成預期目標之控制，稱為內部管理控制。

內部控制為企業所採取之一種制度，用以確保各管理功能之確實發揮。由於各種管理辦法、程序、規章、手冊散見於企業內各部門之中，須藉內部控制制度加以貫穿，形成一個整體，以界定各單位及部門之職責範圍，結合群體之力量，達成企業經營之目標。

2. 內部控制目標：

內部控制為公開發行公司管理階層所設計，並由董事會、管理階層及其他員工執行之管理過程，以合理確保下列目標之達成。

(1) 營運之效果及效率

(2) 財務報導之可靠性

(3) 相關法令之遵循

前項營運之效果及效率目標，包括獲利、績效及保障資產安全等目標。

3. 內部控制包括下列組成要素：

(1) 控制環境

(2) 風險評估

(3) 控制作業

(4) 資訊及溝通

(5) 監督

4. 內部控制之內容：

為便於內部控制制度之建立，宜將企業內部之主要活動做系統性之劃分，以相互關聯之各作業形成交易循環，建立彼此之關係。依據財政部證券暨期貨管理委員會之規定，將企業之一般經營活動劃分為下列九大循環：

(1) 銷貨及收帳循環

(2) 採購及付款循環

(3) 薪工循環

(4) 生產循環

(5) 融資循環

(6) 固定資產循環

(7) 投資循環

(8) 電子計算機循環

(9) 研發循環

5. 內部控制制度之設計：

內部控制制度之建立，須針對各企業之特定情況設計。參與設計人員應包含企業之最高主管、各部門主管、企劃幕僚、稽核人員及所涉相關人員。其設計的工作包含：

(1) 編組內部控制制度設計作業小組

(2) 制定各交易循環之範圍與流程

(3) 選定控制點

(4) 設計使用之表單

(5) 頒布施行，並不斷地檢討修正

6. 實施內部控制之條件：

內部控制係為整合企業內各項管理活動而成，其實施之成敗，端賴下列各項因素之配合：

(1) 合理之組織規劃與管理結構

(2) 最高主管之重視與支持

(3) 健全之內部稽核功能

(4) 高度熱忱與訓練成熟之員工

 柒、成本之計畫及控制、績效分析

1. 由於早期缺乏公司預算制度，更應建立即時分析檢討調度，增加公司面對外在環境迅速變動的能力，有效掌握分配公司之經濟資源，提供經營者有效運用資源，創造更高效益，以最近三年來本公司總資產周轉率平均約 1.0 來看，均較同業上市（櫃）公司為高。

2. 提供各部門別每月費用資料，召開預算檢討會，檢討每月各項費用與成本支出金額之必要性與合理性，並與預算計畫相較，作為未來預算編製之參考。

 捌、財務會計管理人才培訓暨整體財務管理提升

財務會計管理人才之培訓，一般分內部訓練及外部訓練，分述如下：

1. 內部：

(1) 新進人員施予職前教育訓練，除財務會計專業知識項目外，電腦化作業訓練更是重要，因目前各系統流程皆利用電腦運算，故電腦作業係人人必備專業知識之一。

(2) 採工作輪調制，使每個人都有接觸新工作的機會，激發工作潛能。

(3) 每週會報，針對個人工作項目提出檢討報告。

2. 外部：

(1) 定期或不定期赴外訓練，課程如：兩稅合一、預算制度、成本結帳流程、普通會計作業等皆是。

(2) 配合主管機關更新相關法令，尤其上市後法令規章更嚴謹、更複雜。

　　隨著公司快速成長，必須積極培訓、儲備財務會計管理人才，以提升整體財務管理能力。

玖、財務系統

(一)建置歷程

1. 購置 IBM AS400 B30 微電腦級主機，並進行公司制度化、合理化、電腦化，自行開發資訊管理系統。

2. 完成固定資產管理系統、總帳會計系統、票據管理系統。

3. 完成應付帳款管理系統、成本會計管理系統。

4. 完成財務管理系統、預算管理系統，並整合其他系統，如：銷售系統、採購系統、薪工系統等。

5. 完成媒體申報系統，簡化公司自動報繳營業稅之申報手續，並減少資料錯誤。

(二)目前財務管理系統

1. 總帳會計系統

2. 票據管理系統

3. 固定資產管理系統

4. 應收帳款管理系統

5. 成本會計管理系統

6. 財務管理系統

(三)未來財務管理系統發展方向

1. 建立符合兩岸三地交易特色

2. 針對產業特性強化管理

3. 具多公司別、多幣別等特性

4. 各式報表能輸出整合至桌上型工具

5. 視窗化圖形操作介面

6. 支援多國語言操作介面

7. 規劃與建置

(1) ERP 系統規劃開發

(2) 購置 EPR 財務模組，整合 ERP 相關模組

(3) 導入 ERP 財務模組

8. ERP 財務模組之落實

(1) 總帳會計

①多公司處理及多公司合併報表

②多事業體或分支機構處理

③沖銷方式彈性設定

④彈性財務報表設定工具

⑤財務比率分析

⑥會計師調整分錄處理

(2) 應收帳款

①處理各種收款方式

②處理各種沖銷型態

③外幣作業

④帳齡分析

⑤可於上線前針對不同收款沖銷型態設定結轉傳票的分錄內容

⑥日常由系統結轉票至會計總帳管理系統，無須重複輸入

(3) 應付帳款

　　①單筆付款／批次付款

　　②處理各種沖銷型態

　　③外幣作業

　　④可針對特定對象或某一發票，進行止付作業

　　⑤各項銀行費用處理

　　⑥代扣費用處理

　　⑦可於上線前針對不同付款沖銷型態設定結轉傳票的分錄內容

　　⑧日常由系統結轉傳票至會計總帳管理系統，無須重複輸入

(4) 票據管理

　　①處理各種應收票據的異動

　　②處理各種應付票據的異動

　　③可選擇設定依據票據到期日入帳或依實際兌現日入帳，以適用
　　　不同流程所需

　　④應收票據預計兌現分析

　　⑤應付票據預計兌現分析，或於上線前針對各種異動設定結轉傳
　　　票的分錄內容

　　⑥日常由系統結轉傳票至會計總帳管理系統，無須重複輸入

(5) 固定資產

　　①各種資產的異動處理

　　②處理稅法所規定之固定資產及非固定資產的雜項購置或其他資
　　　產

　　③資產的盤點：供列印資產盤點表

　　④可自行規劃大分類、中分類，並可建立資產圖片，以利資產管理

(6) 資金管理

　　①銀行額度管理：可輸入各銀行所核准額度，由電腦控管額度使
　　　用有無逾期

②處理銀行貸款、還款付息及發行票券

③資金收支預計：結合應收帳款、應付帳款、票據管理系統及還款付息各資訊，可以日、週、旬、月為單位，列印資金收支預計表

④可於上線前針對各種異動設定結轉傳票的分錄內容

⑤日常由系統結轉傳票至會計總帳管理系統，無須重複輸入

 拾、其他財務管理改善事項

項目 1.：外銷零稅率清單

　改善前：外銷零稅率清單以手工書寫製作，人工成本高且書寫會產生錯誤。

　改善後：以電腦化製作外銷零稅率清單，可節省人工成本、正確性高，有益於營業稅報稅。

項目 2.：營業稅申報

　改善前：營業稅報稅採用人工方式，報稅前須將整月進項及銷項發票，以手工計算進項及銷項稅額，有時與總帳進項及銷項稅額不合，需花費時間查帳。整月進項及銷項發票，須以手工裝訂成冊，至國稅局報稅時，需攜帶至國稅局，以利報稅順利完成，相當耗費人工成本。

　改善後：營業稅報稅以媒體申報方式，不需花費時間查帳，至國稅局報稅時，只需準備一片磁片、申報書、外銷零稅率清單，便可完成營業稅報稅。

項目 3.：中國子公司控管

　改善前：至中國投資，設立子公司，對於採購及付款、銷售及收款、薪工流程、生產及存貨管理、資金控制、財務會計等方面，投入很多人力。

改善後：經不定期前往輔導，進行各項缺失改善，現在各方面已正常運作。

項目 4.：存貨管理

改善前：早期一年盤點一次，常發生存貨管理失當，致庫存表錯誤率高。

改善後：近年除安排每年 6 月及 12 月二次大型盤點外，並規劃每月盤點，對於外銷發貨場並安排每週二、五兩次盤點，達到庫存零誤差目標。

項目 5.：應付票據作業

改善前：人工開立支票填寫支票回條，耗時費力且容易出錯。

改善後：由電腦直接印出支票與回條，不但正確且節省填寫與郵寄作業時間。

項目 6.：票據託收作業

改善前：由人工填寫託收表，連同支票送銀行託收，票據兌現後，再至銀行補摺，逐筆做票據兌現作業。

改善後：將票據連同票據託收磁片送交銀行，票據兌現則由銀行寄兌現票據資料，完成票據兌現作業。

項目 7.：客戶匯款與銀行帳戶餘額查詢

改善前：由人員依銀行分別以電話查詢。

改善後：透過網路銀行查詢，隨時掌握最新資訊。

項目 8.：海運費比價作業

改善前：由人工作業方式，依個別出貨資料，以電話逐筆向承攬公司（forwarder）詢價、比價。

改善後：每月 20 日依次月外銷出貨排程以及貨櫃數量、櫃型、外銷國別資料寄船公司或承攬公司（forwarder），以總量且全面性報價，迅速取得最低運費成本。

拾壹、未來努力方向

製造方面進行 BPR，增進機器設備，引進新技術，進行流程改造。在行政方面進行 ERP，引入電腦新技術，行政作業整體流程重新規劃，以速度、效率為主，可大幅提升公司行政效率。有計畫的培訓人才，引進新觀念，加強研發新技術、產品，朝向垂直水平方向發展，並藉由整體財務管理的參與，繼續維持市場領導地位。

玩中學—理財遊戲

 案例一

遊戲是一種高度學習自主、極度自動自發的行為，有賴於來自學習者的內在動機驅動與外在動機的激發。「現金流」（Cash Flow）進行時，有的人在遊戲中總是遇到支出而開始擔心身上的現金是不是足夠應付隨時會發生的狀況；有的人借貸購置不動產，創造每月現金流，在市場風雲之中，獲取更高的機會。專家生手的經驗分享與貴人相助，也構成現金流跳出老鼠圈的重要訊息來源。

想要創造出不一樣的理財思維嗎？就和我一起去探討吧！

一、遊戲步驟

1. 選一位玩家做銀行家掌管銀行。

2. 在遊戲板相應位置上，放好機會卡（小生意卡和大買賣卡）、市場風雲卡和額外支出卡。

3. 發給每位玩家一張遊戲紀錄卡（損益表／資產平衡表）。

4. 每位玩家抽一張職業卡。

5. 每位玩家將職業卡上的信息抄錄到各自的遊戲紀錄卡上。

6. 同您的審計師（坐在您右邊的玩家）見面。

7. 銀行發給每位玩家現金，現金數額為月現金流量加上儲蓄額（記住：一旦收到這筆現金，應立即從遊戲紀錄卡上註銷儲蓄額）。

8. 選擇您的遊戲塑料件，包括：老鼠、奶酪和代用籌碼（每個人的各種塑料件必須選用同樣的顏色）。

9. 在「快車道」上選擇您的「夢想」，並將奶酪置於「夢想」格之上。

10. 把您的老鼠放在「老鼠賽跑」的「開始」箭頭旁。

11. 擲骰子決定誰先開始。

12. 「現金流」遊戲正式開始了！

記住：

☆只有當您的非工資收入超過了總支出時，您才能從「老鼠賽跑」中跳出來。

☆購買能帶來正向現金流的資產，才能增加您的非工資收入。

☆大聲讀出機會卡、市場風雲卡和額外支出卡上的內容，每張卡片都可能對您的財務狀況有所影響。

☆當心破產，明智地處理每一筆投資。

☆根據市場變化隨時調整自己的策略。

二、遊戲規則

「現金流」分為「老鼠賽跑」和「快車道」兩部分。

(一)第一部分：「老鼠賽跑」

「老鼠賽跑」在遊戲板的內環線上進行（我們當中大多數人每天

就是在「老鼠賽跑」中備感困惑）。

您的目標就是從「老鼠賽跑」的內環線跳出去，進入到「快車道」。

為了達到這個目標，您必須購買能給您帶來正向現金流（即非工資收入）的資產，從而使您的非工資收入大於總支出。

(二)第二部分：「快車道」

「快車道」在遊戲板的外環線上進行（「快車道」是富人玩的金錢遊戲）。

一旦您從「老鼠賽跑」中跳出而進入「快車道」，您的下一個目標就是以下兩者之一：

1. 購買您的「夢想」（這些「夢想」位於「快車道」的粉紅色格子上）。
2. 增加您的月現金流量。

三、如何獲勝

(一)贏取遊戲的勝利，可以有兩種辦法

1. 最先購買到「夢想」。
   如果有玩家在「快車道」上購買到「夢想」，那麼他就是贏家，遊戲結束。
2. 通過購買「快車道」上的企業（綠色格），第一個使現金流量增加了 50,000 美元的玩家，即為贏家。

(二)如何進行遊戲

1. 選擇一位玩家充當銀行家。銀行家必須具有較好的數學計算能力，並能夠快速處理現金交易，如果銀行家也作為玩家之一參加遊戲，那麼必須將銀行的錢與自己的錢區分開來。銀行家負責收、付玩家

的現金。

2. 將機會卡、市場風雲卡和額外支出卡進行洗牌，然後將每疊卡片正面朝下，放置在遊戲板標明的位置上。

3. 給每位玩家分發損益表／資產負債表，也就是「遊戲紀錄卡」。簡單地瀏覽一下紀錄卡。熟悉損益表／資產負債表用於遊戲的「老鼠賽跑」部分。紀錄卡背面上端標有「恭喜！」字樣，紀錄卡的背面供您進入「快車道」後使用。

4. 將職業卡洗牌，正面朝下隨機分發給每位玩家。分給每位玩家一枝鉛筆。然後每位玩家翻開自己的職業卡，準確地將職業卡上的信息抄錄到自己的紀錄卡上。注意：每位玩家在開始遊戲時，都沒有獲得銀行貸款，也沒有銀行貸款需要償還。遊戲開始時，每位玩家都沒有小孩。

5. 會見您的審計師。審計師坐在您的右邊，他（她）的角色是協助並監督您進行正確的計算。每次當您更改遊戲卡時，審計師都會檢查您的工作。

6. 銀行分發現金給每一位玩家。每位玩家在遊戲開始時收到的現金分為兩部分：

(1)玩家的月現金流量（等於您的紀錄卡上的總收入減去總支出）。您的月現金流量就是必須與銀行結算的部分。

(2)玩家的儲蓄額（列示於紀錄卡上）。您的儲蓄額僅在遊戲開始時支付，一旦收到儲蓄額，必須立即從紀錄卡上註銷儲蓄額，儲蓄額不屬於每月結算的部分。

四、「現金流」遊戲可以開始啦

開始遊戲：

1. 每位玩家選擇兩個同色的塑料件：一個老鼠和一個奶酪。每位玩家同時得到一套同色籌碼。

2. 將各自的奶酪放在自己希望到達快車道的粉紅色格子（代表「夢想」）內。可能會有兩位玩家選擇同一個「夢想」，這時就要考慮這樣做的風險與收益比。把您的「老鼠」放在「老鼠賽跑」內圈的「開始」箭頭上。

3. 每位玩家擲一顆骰子，點數最高的玩家最先開始，然後是其左邊的玩家，依次類推。（這個順序一旦決定，從「老鼠賽跑」到「快車道」都應保持不變。）

4. 參加「老鼠賽跑」的玩家按順序擲一顆骰子。第一個玩家擲骰子，並且以順時針方向前進，其餘的玩家依序跟進。若與其他玩家同時停在同一格，相互不會有影響。

5. 如果停在機會、市場風雲或額外支出格上，應相應地抽取一張卡片，並將卡片上的內容大聲讀出。

五、「老鼠賽跑」圈中的各種遊戲格

(一)銀行結算日

　　每次當您停在或經過銀行結算日時，您就能從銀行收到每月現金流量。如果此一金額為負，則應支付款項給銀行。從銀行結算日到下一個銀行結算日之間的時間跨度為一個月，您獲得的現金會增加您手頭的現金供給。（在現實生活中，現金變動將反映在資產負債表上，而在遊戲中為求簡便起見，我們無須對此進行記錄。）

　　如果您經過銀行結算日，卻忘了要求進行銀行結算，您將失去這次機會！

(二)機會卡

1. 小生意卡和大買賣卡就是您的機會卡。這兩種卡片包含一些投資機會，這些投資機會能夠幫助您實現從「老鼠賽跑」中勝出的願望。

2. 當您停在「機會」格時，您可以選擇小生意卡，也可以選擇大買賣

卡。小生意卡的最高交易金額為 5,000 美元，大買賣卡的最低交易金額為 6,000 美元。

3. 大聲讀出機會卡中的內容。有些交易可能允許其他玩家參與買賣。

4. 資產只有在機會卡所允許的情況下或因破產而必須出賣時，才能出售。

5. 資產不能隨意賣給其他玩家，只有當機會卡上規定允許出售時，才可以將獲得的機會卡轉賣給其他玩家，價格由雙方議定（玩家是在出售投資機會的「選擇權」）。買入機會卡的玩家必須隨即按照當時機會卡上所指名的價格購入該項資產。

6. 當下一個玩家前進時，上一個機會失效。

7. 玩家只能出售自己擁有的資產。

8. 玩家不得與其他玩家一起出資進行投資。

(三)市場風雲卡

通過市場風雲卡，您可以找到希望購買您投資品的買主。市場風雲卡也包括那些可能影響您的財務狀況的經濟事件。

當您停在「市場風雲」格子時，請抽取一張市場風雲卡，並大聲讀出卡上內容。擁有在市場風雲卡上所提及資產的每一位玩家，都可以按特定的價格出售這種資產。如果出售的話，請記住相應地調整您的紀錄卡。同時，您將透過銀行從買者那裡獲得相應的現金。

(四)額外支出卡

1. 額外支出卡是指那些計畫之外且不必要的資金支出。

2. 當您停在「額外支出」格時，您需要抽一張額外支出卡，並應按卡上的指示進行消費。

3. 額外支出是強制而非可選擇的。您可以向銀行借款支付額外支出（見銀行貸款部分）。

(五)慈善事業

慈善事業是可以選擇的。當您停在「慈善事業」格子時，可以選擇將自己總收入的 10% 捐贈給慈善事業（透過銀行支付），同時換取再接下來的連續 3 輪中，同時使用兩顆骰子的機會。

(六)小孩

您家添了一個小寶貝！當您停在「小孩」格子時，應進行以下幾個步驟：

1. 在您的紀錄卡上增加小孩的數目（最多三個）。

2. 把「每個小孩支出」項目加在紀錄卡中的「小孩支出」項目裡。

3. 把「每個小孩支出」項目加在總支出裡。

4. 相應地減少您的月現金流量。

5. 將您的紀錄卡提交審計。

每位玩家最多只能有三個小孩。

(七)失業

遇到「失業」，意味著您將暫時失業！請向銀行支付您的總支出，並輪空兩輪（這將同時使「慈善事業」失效）。

玩家在「老鼠賽跑」中可供選擇的項目如下：

‧銀行貸款

您可以向銀行借款，除非您被宣布破產。貸款數額以千元為單位，每月利息為 10%，如您借 1,000 美元，每月的利息支出（銀行貸款支出）即為 100 美元。

向銀行貸款時，您應當：

1. 從銀行取得借入款項。

2. 將銀行借款記入資產負債表的負債項下。

3. 將須支付銀行的利息款項（借款數額的 10%），記入損益表的支出項下。

4. 調整總支出。

5. 調整月現金流量。

6. 將所記數據提交審計。

・償付債務

在每一輪裡，您都可以選擇償付債務以減少總支出。除了銀行貸款的其他負債您必須一次性償還，銀行貸款可分次償還。

注意：「稅收」、「其他支出」和「小孩支出」不能清償，這些為長期支出。

如果您要清償遊戲卡上的債務，必須：

1. 註銷或調整負債項下的債務項目。

2. 調整損益表上的相關支出金額。

3. 調整總支出數目。

4. 調整月現金流量金額。

5. 提交審計。

銀行貸款的償還應以千元為單位，每償還 1,000 美元單位的銀行貸款，應相應減少您的貸款利息支出 100 美元。在支付部分銀行貸款時，請記住調整資產負債表上的銀行貸款金額和損益表上相關支出項目裡的金額。

・破產

如果您的月現金流量在任一銀行結算期間為負值，而您手頭又沒有足夠的現金支付到期款項，那麼您就破產了。

如果您被宣告破產，您應當：

1. 以首期付款的一半向銀行出售您擁有的所有資產。

2. 利用這筆資金償付債務，直至您的收入大於支出（即月現金流量為正值）。

3. 輪空 3 輪。

您在出售了您所有的資產後，如果您的月現金流量仍然為負值，

那麼,您的購車貸款、信用卡和額外負債及其款項支出的一半將被註銷,而您的住房貸款和教育貸款將保持不變。

此時,如果您的月現金流量仍然為負,您就正式出局了。

六、「快車道」

只要您的非工資收入大於總支出,您就可以在任一輪的開始,從「老鼠賽跑」進入到「快車道」。

1. 首先要更換您的紀錄卡,將紀錄卡翻到背面,此為「快車道」紀錄卡,請填好如下項目:

   (1)姓名及審計師。

   (2)計算您的財產及在初始時的「現金流量日」收入;當您從「老鼠賽跑」中勝出時,將獲得 100 倍的非工資收入(即您的財產),也就是您在「快車道」初始時的「現金流量日」收入,您可以停在或經過「現金流量日」時得到。

   注意:為什麼您可以得到非工資收入的 100 倍呢?這是因為您已經證實了您的理財天賦。您在「老鼠賽跑」中的投資已經呈倍增值,您又將自己的所得用來再投資,並獲得了巨大的成功。這樣,您的非工資收入就增長了 100 倍!

   (3)計算現金流量日收入需要達到多少,才能獲得最後勝利;您的新的現金流量日目標收入=起始現金流量日收入+$50,000。

   (4)在您的現金流量日收入紀錄上,記下您的初始現金流量日收入。

2. 進入「快車道」前,將您的「老鼠」置於外環線的「在此進入」箭頭上。

3. 在「快車道」上,每次擲兩顆骰子,除非遊戲規則允許增加或減少。

4. 進入「快車道」以後,曾在「老鼠賽跑」中使用的機會卡、市場風

雲卡、額外支出卡及損益表／資產負債表將不再使用。

5. 在「快車道」上，您可以不用向銀行借款。

七、「快車道」上的各種遊戲格

(一)現金流量日

每當您停在或經過「現金流量日」格子時，您就可以從銀行得到「現金流量日」的收入。您不必非得在「現金流量日」取得收入，如果本輪您停在或經過「現金流量日」時忘了獲取收入，您仍然可以要求得到這筆收入。

(二)企業投資

在「快車道」上有許多綠色的格子，您停在這種格子的時候，可以購買這個企業，同時支付所需的首期付款。一旦購買，其他玩家就不能再行購買。

當投資一家企業時，您應當：

(1)在所購買的地方放一塊您的籌碼。

(2)在您的紀錄卡上加入企業名稱，增加您的月現金流量，計算出您的新月現金流量日收入。

(3)提交審計。

注意：如果「企業投資」格子內包括擲一次骰子，那麼其他停在這格的玩家也可以擁有這個機會，直到有人成功為止。一旦有人成功了，其他人就不能再獲得這樣的機會了。

(三)夢想

當您停在「夢想」格子時，如果您有足夠的現金，您就可以選擇將其買下，並在您購買的「夢想」上，放一塊您的籌碼。

如果您停在並買下另一個玩家選定的「夢想」上，您就增加了

該「夢想」的成本，增加數額是該「夢想」原始成本的 100%，在該「夢想」上，放一塊您的籌碼，但您並不擁有這個「夢想」。

例如：您停在另一個玩家的「夢想」上，該「夢想」的原始成本是 100,000 美元。原來選擇這個「夢想」的玩家，現在必須支付 200,000 美元（100,000+100,000）才能購買這個「夢想」。第二個玩家停在同一個「夢想」時，則再一次增加了這個「夢想」的成本，這樣，選擇這個「夢想」的玩家就得花費 300,000 美元（100,000 + 100,000 +100,000）來購買這個「夢想」。

(四)慈善事業

慈善事業是可以選擇的，如果您選擇了慈善事業，那麼在餘下的比賽中，每一輪您都可以選擇擲 1、2 或 3 顆骰子。

(五)稅務審計

如果您停在「稅務審計」格子上，就意味著您因被審計而須支付一半的現金。

(六)離婚

如果您停在「離婚」格子上，就將因財產分割而喪失所有的現金。

(七)官司

如果您停在「官司」格子上，您將因為被起訴而喪失一半的現金。

(八)遊戲中的辭彙

1. 抵押：當您為您的房地產融資時，該房地產作為抵押品。抵押是一種金融工具。

2. 1031 遞延納稅交易：一項允許對資本利得延遲納稅的房地產投資

交易方法。

3. 額外支出：不必要的、意外的支出，往往只會減少您手中持有的現金量。

4. 房地產信託投資公司：類似於共同基金，專門經營房地產。

5. 非工資收入：不付出或只付出少量工作得到的投資收益，如利息分紅和房租等。

6. 負債：將錢從您的口袋裡拿出來的東西。

7. 共同基金：指一種股票、債券等組合，由基金投資公司管理，劃分股份供投資者購買。擁有基金股份不直接擁有公司的所有權。

8. 股份：股份代表公司的所有權，股東（擁有公司股票的人）是公司的真正所有者。

9. 股利：公司支付給股東的利潤分紅。

10. 股票分割：一種使您擁有股票數量增加而價格下降的公司行為。

11. 價格範圍：投資品價格的一般波動範圍。

12. 取消抵押品贖回權：因無力償還抵押貸款而被貸款銀行或個人取走抵押財產。

13. 市場：商品交易的場所。

14. 首次發行：公司第一次向大眾發行股票。

15. 首期支付：投資者投資時必須支付的部分，其餘部分可通過其他手段籌集。

16. 稅收留置權（資產）：一項因未納稅而對資產的合法要求權。

17. 損益表：反映一定期間收入與支出情況的表格，也叫收支平衡表。

18. 通貨膨脹：因貨幣貶值而造成消費品價格上漲的經濟現象。

19. 投資收益率：投資回報與投資的比率。如：一棟房屋總成本為 50 萬美元，首期支付 10 萬美元，每月現金流入 2,000 美元，您的投資收益率為 24%（2,000×12÷100,000）。

20. 現金流：現金流入（收入）和流出（支出）。現金流量的方向決定

了收入與支出、資產與負債的差別。現金流能揭示「富」與「窮」的奧祕。

21. 現金支付與融資支付：所有款項都用現金支付；一部分用現金支付，另一部分透過融資支付。

22. 有限合夥：擁有資產的合法實體。允許有限合夥人只負有限責任。

23. 資本：現金或具有公認價值的東西。

24. 資產：能最省力地將錢裝入您口袋裡的東西。

25. 資產負債表：關於您的資產與負債的一張「快照」，這張表在您的遊戲紀錄卡的最下面。

26. 資本收益（虧損）：某項投資的投入與產出差價（扣除維護費用）。

27. 自動化企業：一種主要由技術而不是人來控制的企業。

28. 政府儲蓄債券：個人通過儲蓄發放給政府的債券，個人從中獲取利息收入。

八、如何在 3 小時內獲得百萬富翁的智慧

獲取快樂只是我們進行遊戲的一個理由，更重要的是，要從遊戲中增加知識。教您的朋友或所愛的人玩有意義的遊戲，是最好的學習方法。通過教授別人，您對遊戲的理解能力會突飛猛進。「現金流」被設計成紙板遊戲的主要原因是，這樣可以使所有參與遊戲的人都成為老師。我們每個人都有優勢和不足之處。「現金流」遊戲使每位參與者不僅可以教授技能，又能學習。

課程以願景形繪、遊戲規則、大小機會、市場風雲等場景展開活動，團隊學習讓我們藉由模擬接近真實，啟動體驗財富自由的境遇；從歡笑、比賽、取得地位優勢、謀略行動力戰鬥力，到擲注金錢時間與策略，一天的活動，深化了我們自身持有的財務流動概念。

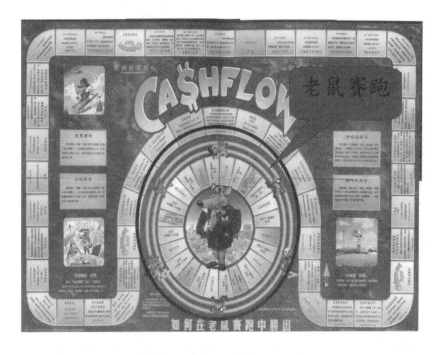

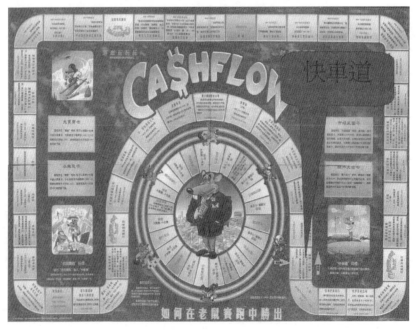

做中學—合資企案財務管理——企業資源有效運用

案例二

由一家與日本合資企業為例看財務管理。

一、營運循環之管理——流動資產與流動負債

交易循環簡言之就是自採購、付款、生產、銷售存貨到收款等業務的活動，就財務管理而言，流動資產與流動負債之管理乃配合交易循環有效地完全交易及減少風險，其中風險如：現金流量風險、信用風險（呆帳）等管理。

首先以營運資金管理模式簡述如何控管。

(一)營運資金方面

1. 計算現金循環天數，制定營運現金保存量：

   從訂購付款到銷貨收款之營運周轉天數管理。其主要目的在於：應收帳款之周轉率提升、現金轉換期間縮短，以提高資金管理效率。更訂出支付日期，統一每月 10 日及 25 日支付，且減少出納人員外場處理現金交易之風險。減少方式：由配合銀行到場服務處理相關存放款、提款業務；統一支付日期及收款日期，便利放款作帳等作業。轉換期間之計算：

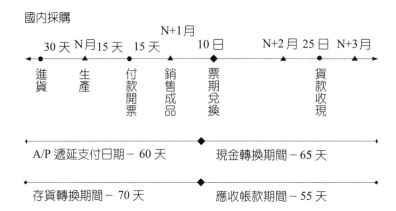

現金轉換期間＝70 天＋55 天－60 天＝65 天。

因此正常而言，營運周轉金在國內部分，約 2 個月之營業額營運周轉金。但因國外進貨延期支付是 120 天，國外部分現金轉換期約 5 天，以自製率之權數比 65×43%＋5×57%＝29.82，故正常周轉金以一個月之期限為管理範圍。

2. 現金流量明細表之設計：

收入與支出之細項每月每年匯總，主要目的在於了解各項支出、收入之管理與分析，作為預算之基準。其現金流量表編製方式，採直接法為主、間接法為輔。其直接法包括至各型別、零件別，如進口件或國外產件；及費用別：如薪資、租金、推廣費用……等。其現金流向及費用明細之管理，可以作為降低成本之依據。

3. 外匯管理：

組裝進口零件以日幣報價，外銷零件以美金報價，因此受到外匯之匯率變動影響成本甚大。為避免因匯率變動巨大而產生巨額之外匯損失，因此採取遠期外匯操作避險。先以 1/3 進行遠期外匯契約，再以利率評價理論（IRPT）為計算基礎，評價是否有兌換損益。匯兌累計利益為數甚巨。

4. 融資政策：

(1)融資銀行及往來銀行以日商銀行為主，在臺灣之企業宜以本土化政策較佳，部分銀行往來業務由日系銀行轉為本土銀行。其中創造之優點為：

①效率提升，本土銀行審核作業迅速，原因是日系銀行之業務需再呈報日本母公司。

②本土銀行之利率較日系銀行為低。

(2)負債比率方面：從負債比率 72%，降至目前 44%。因無銀行負債，從資金面控管外，盡可能降低需支付之負債利息。

(二)存貨方面

存貨於財務報表中，雖列入流動資產項目之下，不過實際上該項目並不是真正屬於資產，有可能帶來負債及資金負擔，如倉管費用、資金流動性、未來變現能力，其中存在許多產生損失的負面因素，因此對於經濟庫存量之計算仍須重視。

1. 自二個月之周轉日數降至 47.44 日。

2. 以經銷商與生產管理密切配合，除本公司廠內之庫存外，經銷商之庫存亦列入管理範圍。未來周轉管理目標為一個月。

3. 滯銷品之管理：周轉率低之物品仍採損失評價，採保守原則處理。並嚴格要求滯銷品之管理，以半年、一年、二年、二年以上之滯銷品做分析。

二、租稅政策──營業稅、所得稅、關稅、貨物稅

企業稅務以營業稅、所得稅為主，租稅規劃之目的乃以節稅、減少稅賦支出為目的，並以遵循相關法律之規範、作業為首要任務。

1. 在營業稅方面：

以進項稅額、稅項稅額進行媒體申報，提升作業效率，且以增加出

口業務，增加零稅率之業務。稅捐處評為優良納稅廠商，任何銷售行為皆開立發票。

2. 在所得稅方面：

(1)以每年度預算及事業計畫為主，規劃符合所得稅法第 39 條規定，建立完整之會計制度，以利享有虧損扣抵之規定。主要方法採加強折舊，前三年則以營業損失為策略，後三年級即開始獲利。

(2)外國人之所得稅申報方面：外國人在臺申報個人所得稅，由分析後執行之分析公式，以國稅局核定或實際所得申報兩者較有利之方式申報之。

3. 關稅方面：

高關稅之進口零組件，盡可能在臺開發零組件，以降低關稅成本及交貨時程，並符合國內產業升級。租稅規劃仍是在長期、合法之精神下進行，以符合臺灣法律規範進行各項交易視為公司內部重要方針。

4. 貨物稅方面：

貨物稅申報作業除了效率提升外，規劃方面以出廠價格之計算，如何與經銷商協議享受合法之節稅為主。且法令租稅委員會小組會議中提出有關貨物稅不合理之地方，如經銷毛利或採核定標準計徵公式，因此最終以經銷毛利扣除之。原公會政府提案之完稅價格計算公式說明如下：

完稅價格＝（出廠價格－同業核定標準利潤率）／（1+稅率）
貨物稅額＝完稅價格×稅率

三、事業計畫與整體財務分析

1. 事業計畫：任一企業乃以永續經營為目的，其基礎乃有營利、獲利方能存在，因此事業計畫（2～5 年）與預算之結合是為重要經營目標，每年事業計畫與預算報告與日本公司之連結，以利日本公司對各項業務了解與支持，並給予公司內部同仁有共同之目標邁進及控制各項成本與費用。

2. 整體財務分析：如損益分析、零組件損益、費用分析、營業外收支……等與預算之差異，以利經營者判斷及控管。尤其對股東大會及董事會之報告，利於全球運籌之運用，如對東南亞零組件之開發輸出及臺灣新開發之效益等。除了對財務報表分析外，仍積極地與各部門之運作管理結合，如銷售政策、售後政策等，除了數字管理外，仍以與實際交易結合運用最為重要。

四、結　論

　　銷售乃指營業循環活動第一階段，因在競爭市場中須保持高度之競爭力外，對市場變化、動脈敏感度仍需不斷地加強與訓練。誠如大家所了解，財務報告之資訊，往往是反映經營結果，而非經營之始，因此亦體會如何提供良好之財務報告，以利經營銷售之判斷，乃為重要之使命。

Chapter

15

企業人自我成長

教中學──由老師講授，學員（生）吸收實務經驗

　　本文曾在多處文化中心公開演講，並經公益電視臺數次播出，係「口語」化之筆調，別有一番風味，願與君分享之。

壹、前　言

　　在企業已逾四分之一世紀，最終能發光、發熱。我願意以個人的經驗跟各位分享。年輕時身體不是很好，讀書也並不順利，想當年高中畢業就去參加大專聯考，第一年竟然落榜，非常的懊惱，第二年發憤圖強，沒想到榜單從頭看到尾，也沒看到一個同名同姓的，連隔壁的鄰居還問我爸爸，你兒子考上什麼大學，我爸爸想不出來，記起曾聽我說過要在家裡蹲，於是跟對方說「佳里敦大學（美國一所大學譯名）」，什麼系啊！主修「吃飽等死（系）」，輔系歹勢死（系）二個系」。那時候有點自閉，甚至覺得前途一片黑暗；第三年拚了老命，終於考上輔仁大學，也不是一流

的名校。

　　讀大學時，我高中的同學都變成我的學長，於是決定要把失去的歲月追回來，很慶幸的從一個讀書一直波折再三，聯考考了三年才考上輔大，於是進了大學就比別人認真一倍的在讀書，莎士比亞說：「斧頭雖小，但多劈幾次，就能將堅硬的樹木伐倒。」在大二那年就考上了高等檢定及普考；在大三就以高等檢定資格參加高考，成為企業管理人員高考的榜首；後來退役前一年「一不小心」又考上了中央銀行特考，全國最難考的都被我一一地考上，但最讓我自豪的是不去公家機關上班，而是跑到故鄉健生公司，一待就待到二十五年退休；也證明我的實力在全國競技場上奪標。

　　我在企業投入也很認真，在 1992 年推行顏色管理、數字管理、情境管理，正面影響了很多企業，於是當年就被推薦而當選了國家十大傑出經理，也因此以兼任講師身分晉升為副教授。在企業界能夠推行一個新的制度，受人肯定，這份榮耀是值得炫耀的。1996 年健生公司也在我的帶領下，得到最難得的國家品質獎；這也是全國企業界最高的一個榮譽，還承蒙行政院長、總統頒獎召見。這是一份榮譽、一份責任，也代表了全公司同仁上下的努力學習，1997 年我也受聘為國家品質獎評審。我在教學上，也相當投入，《管理雜誌》每年都會選拔全國管理名師，我幾乎年年上榜。甚至應聘到香港理工大學、山東企管顧問公司去講學。並為教育部聘任為專科及技術學院評鑑委員。「只要緣深，不怕緣來得遲；只要找到路，就不怕路遙遠。」

貳、學　識

　　何以從一個讀書不如意到變成受到企業界及教學界的肯定，這麼大的蛻變，我只能講是我努力認真學習的成果。在學習的學識上我善用圖書館，購買書籍，充實我的知識（像教學錄音帶就可以利用開車的時間重複來聽）。在這裡我講個故事，有一隻老鼠，貓要吞食牠，於是老鼠就躲到

小洞裡去，在洞裡又黑又暗，又飢又渴，忽然敏銳的耳朵聽到狗的叫聲，狗跟貓是世仇，貓只好開溜，老鼠覺得八年抗戰已經結束，於是探頭出去，竟然被貓捉個正著，老鼠含著眼淚對貓問，剛才有聽見狗叫聲，狗怎麼不見了，貓哈哈大笑露出四顆大門牙，說在這個世界上不懂得第二外語就沒飯吃了，剛才的狗叫聲是我裝的。就像在挪威這個國家，連一個賣魚的小販都懂得七個國家的語言，如果你是外交官、是貿易公司的人員，懂幾個外語沒什麼，可是一個小販竟然會七國的語言，就不是那麼簡單了。這是全球的時代，多懂一種語言，就多開一扇窗。

　　貓跟老鼠的故事是一個寓言，讓各位知道，現在不懂外語，就真的沒飯可吃了。這裡還有一個要注意是「無網、無夢、無望」（用閩南語唸才會傳神），換句話是利用網際「網」路及人脈「網」路，也是我們要學習的。還有「養樂多」哲學：「養」——「養」成良好習慣；「樂」——「樂」在工作、樂在生活；「多」——「多」方面學習。雖然我現在是大學、研究所的教授，應該讀很多書，可是我還是很喜歡當學生，每一個月我都會利用二個晚上的時間，到彰化國際工商經營研究社去充電，也參加臺中企業經理協進會的主管研習會，學習成長，一個好的演講，有充分的準備，那老師一定會給我們有如沐春風的感覺。就像那「臺上三分鐘，臺下十年功」；「千點萬點，不如名師一點」。一個叫好叫座的演說，可以縮短了悟的效果。「水如逆水行舟，不進則退」，我們要划著雙槳，「雙槳」理論是：第一個槳就是多聽「講」，第二個槳叫多得「獎」，所以想要多一些見識、多一些學識，那麼就多聽講準錯不了。唯有不斷挑戰自己，以得獎鞭策自我，才是生存之道。終極目標——雙「袋」理論：把我的腦袋注入你的腦袋，把你的口袋放入我的口袋。

參、見　識

　　「學識」講完，我們來講「見識」，所謂「行萬里路勝讀萬卷書」，很早因為公司業務的關係，被派往國外，像北美、中國大陸很多地方、東南亞幾乎全部國家、中南美、南亞、中東、歐洲，各地方不同的民情風俗都是我人生難忘的境界。也到過鳥不生蛋、狗不拉屎、烏龜不上岸的非洲大陸，至今也已跑了 80 國以上，有人問我要走到幾國，我說 99 國，為什麼不乾脆走到 100 個呢！我說第 100 國是天國，最後一天才要去的。誠言：「困難困難困在家裡就難；出路出路出走就有路。」

　　臺灣很多人出去旅遊的品質不好，各位大概聽過「上車睡覺、下車尿尿、逢店買藥、晚上 KTV 哇哇叫、回去通通忘掉」。其實到處都有學問；就上述的「尿尿」，像有時候我們出去玩，尿快要忍不住了，廁所剛好都有人站滿，這時我們要找 40 歲左右的後面排隊，為什麼，因為年輕的膀胱很會忍，一上廁所就會上很久，那 60 歲的中老年人攝護腺腫大，要慢慢滴也很久，所以排在 40 歲的後面最快了。就「買藥」來講，有次到了英國，一位同行者旅途受便祕之苦，要我替他到藥房買藥，一時便祕英文單字「Constipation」忘了，支吾良久，他用身體語言說：「In Yes, Out No」，藥房老闆居然會意。

　　在旅途中也有不少見聞，我們臺灣的電線桿是圓的，我在緬甸卻發現他們的電線桿是四角形的，在了解原因後才知道，以前每到夏天時，有些飼養的蛇會爬到電桿上的變電箱而觸電，因而破壞電筒而停電，於是就把電線桿改成四角形的，蛇就不容易爬上去了。所以你看緬甸的人也會用頭腦，不要看人「一元垂垂」，人家也會改成四方形的電線桿。有一次我到德國去參展，那裡的電視錄影表示，太陽能汽車一小時跑 110 公里（相當於我們高速公路的最高速），這個還在實驗階段，我希望有一天變成量產。那臺灣太陽大、日照時間又長，以後石油危機就會解除。

在巴西，他們是講葡萄牙語，點菜時「魚」叫「SADINHA」，「雞」叫「GARINHA」，稍一走音，極像閩南語的三字經，屢試不爽，為之捧腹。

肆、膽 識

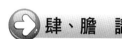

一、垂直思考

除了「學識、見識」外，也要有「膽識」，首推「垂直思考法」，兵來將擋，水來土掩！例如：

你目前的使命是什麼，目前的狀況又是如何，你在分析案一、案二、案三，各案可能招致的後果，比較「兩害取其輕，兩利取其重」。做使命狀況分析比較結論，然後再加上所謂的 PDCA，英文叫 Plan「做計畫」，要去執行（Do），然後去查核（Check），看這二個有何差距，然後修正（Action）或者利用「歸納、分析、演繹」，這叫垂直思考。薑是老的辣，走過的橋比吃過的飯還多，來增加你的歷練，舉例來說，有一個稍有「顏色」的笑話，話說有一獵人打獵迷路了，總不能在山上過夜，看到有一民宿，急往前敲門暫住一晚，屋內有老中青三個女人，開出條件要發生一夜情，獵人也列一條件，每人僅能數到個位數就要結束，年輕女人第一個出來，「一、二、…九」還算輕鬆；再來是中年女人：「一～二～……九～」每個數字都拉得很長，好不容易才完結，最後老年女人，獵人想每一數字不知又要拉幾拍，沒想到她很乾脆，「一、二、三……八」接著「二、三、四、……八」、「四、二、三、四、五、六、交換」，沒完沒了，表示年輕人喊做就做，不計成敗，中年人懂得事緩則圓，老輩的善用計謀策略，但是有時候，事情用垂直思考想不出來，就要用「水平思考」。

二、水平思考

　　像最近景氣這麼不好，我們打從進入社會第一次碰到這麼不好，幾乎束手無策，所以這時候水平思考要出來。這是英國 Bono 所提出的，他是位哲學與醫學博士。（桂冠出版社及遠流出版社也都有翻譯這一套 18 本的書。）

　　它大概的故事是：古羅馬帝國有個富翁，借了四兩銀子給一位農民，到期時還不出來，他有個長得不錯的女兒，於是富翁跟農民說，我們來玩一個遊戲，這遊戲怎麼玩呢？我的袋子放一個黑石頭和一個白石頭，請你的女兒來抽，如抽到白石頭，我們的債就船過水無痕，一筆勾銷；若抽到黑石頭，你女兒就必須嫁給我當小老婆（以前納妾是合法的），人在屋簷下那能不低頭，於是父女兩人就去參加抽獎，遊戲典禮在富翁家的後花園舉行，還請了親友來見證，那富翁蹲下去拿兩個石頭就放下去，那一刹那之間，這女孩看到好像都是黑的，但是她的第六感是，第一個抉擇思考，「我不願抽」，可是結局是她的爸爸要被抓去關，「因為這個叫互斥事件」，要不然倒出來看看，就拆穿他的騙婚計，「見笑轉生氣」，惱羞成怒，她的後果也是不堪設想。第三個真是要抽，一生的命運，百般不願，萬般無奈，命運的枷鎖就架置她身上，也就是我們碰到問題，什麼辦法都一籌莫展。這是垂直思考的盲點。水平思考告訴我們這個女孩子，一臉錯愕，蒼白的臉，冷汗直冒，顫抖的手，結果石頭不小心掉到地上，滿地的石頭，她很汗顏的說，我怎麼笨手笨腳的，這樣好了，袋子裡面如果是黑的，那麼我抽的就是白，如果是白的，那麼我抽的當然就是黑的，我的命運完全交給上帝，一場風暴，大事化小，小事化了，這個是用故事的說明。

　　這位 Bono 先生在一次與會的人面前拿了 4 個杯子，杯子的距離略大於筷子，3 根筷子還要放在 3 個杯子的上面，第 4 個杯子盛滿了水，再放

在筷子上面，與會的人交頭接耳，認為不可能，各位如果學過簡單的邏輯學，大前提不對，子前提就不對了，所以杯子距離大於筷子距離，筷子怎麼能放上去，這最後一次的結論，這個假設不成立，是不可能的事情，這位 Bono 先生很從容地擺設了筷子，杯子一樣大於筷子，終於架上去了（如同童子軍架帳篷），它裡面有很多十幾種遊戲慢慢導入，把不可能的事變成可能。

各位知道彰化中山國小那裡有一間何嘉仁美語，何嘉仁據說剛開幕當然是親身教導，她的確有兩把刷子，所以彰化很多人都把小孩子送到何嘉仁美語。何嘉仁總不能都在彰化啊，她二個禮拜以後就轉到別的地方去了。就請一個洋妞來教英文，那時有一位女家長不講道理地撞椅撞桌，你叫「何嘉仁美語」，何嘉仁不來，掛羊頭賣狗肉，我要告你，要你們賠償。那旁邊一個會計小姐說，「小姐、小姐，妳看過那『長頸鹿美語』，難道也要叫長頸鹿來教英文嗎？」這叫水平思考，一個比較好的啟示。

其實水平思考是有些方法，運用英國 Bono 所著《六頂思考的帽子》，這六頂思考的帽子，第一個它就是要白帽，白帽就是代表中性客觀，也就是你要用理性的方法來分析。第二個紅帽代表熱情，就是感性，所以是客觀感性的觀點。黑帽就是以負面的觀點來看，也代表黑暗消極。黃帽代表積極光明，代表樂觀的觀點，所以這個都是對稱的。綠帽代表生生不息，有一些創意，藍色代表冷靜，運用綜合、鳥瞰的思考。所以靠這六種方法思維，當然這個要經過訓練。

三、逆向思考

除垂直思考、水平思考，還有逆向思考，是一百八十度的轉變，各位看這位鼎鼎有名的李敖。我在臺中企經會擔任首任會長，我請他來演講，演講完後，接著發問請益時間。這些紙條問題有問說，如何買你的全集、你的婚姻關係等。有一個看不順眼寫著紙條：「王八蛋」，一般人看到這

樣就破口大罵，我是來這裡演講的，不是來給人糟蹋的，那一個「夭壽死囡仔」給我滾出來，這是第一個可能。第二個可能：大人大量，得人錢財，與人消災，算了啦。可是他用逆向思考說，所有人都發問題沒有寫名字，只有這個人寫名字竟然不發問題，想要將他一軍，反而被他將了一軍，這是一個逆向思考的一個典型。

　　我們再講另外一個《讀者文摘》舉過的一個逆向思考，在倫敦的一個地下鐵，倫敦的地下鐵是乘客自行剪票，不像我們這裡是用機器或人工剪票。有對猶太人父子，猶太人是很節儉的，二人買一張票，就跑到最後一個車廂，在那車廂，就很巧地碰到剪票，小孩子很緊張，問爸爸怎麼辦，爸爸說，簡單啦，到廁所去躲。於是二人就躲到廁所裡去了，到了廁所以後，查票員到了廁所看門關著，爸爸知道有人「查票」，他從裡面塞了一張「喀嚓」又拿回去了，總算有驚無險。他們從容地回到座位。真沒想到，無巧不成書，在第二站又一個稽核員上來要查票了，小孩子更緊張，爸爸怎麼辦，一樣啊，躲到廁所裡面，沒想到，廁所裡面有人。我們剛才講過，最後一個車廂，前無去路，後有追兵，普天下之大，竟無容吾之身，那他就逆向思考，當做查票員「叩叩」敲門「查票」，那底下果真塞了一張票出來。他們一下子變成「上來一張票、下去二張票」。裡面那人褲子穿好出來，卻不知道「查票人」跑去那裡了，這叫逆向思考。此外，奧斯朋（代倒組似他大小）思考法、曼陀羅思考法、心智繪圖思考法皆可運用之。

伍、溝　通

　　學識、見識、膽識以後（順口溜：沒有學識，也要有見識；沒有見識，也要有膽識；沒有膽識，也要看電視；不看電視，也要會逛夜市；不逛夜市，也要懂得掩飾），我們還要學習什麼呢？學「溝通」，有一個人在腳旁邊畫一個圈，什麼意思呢？我們請教老師，就問他英文老師

說 NOPQ 的 O，不對，第二數學老師說 0、1、2、3 的 0，也不對。幾何老師說圓形的圓，也不對。公民老師說圈叉的圈，也不對。最後化學老師說氧氣的氧，答對了。「香港腳癢得要死」，標準答案！同樣一個圓，居然有這麼多答案。換句說話，我們很多事情的想法不一樣，你走你的陽關道，我過我的獨木橋，那中間就不能共事、共鳴、共行，產生人的誤會，身為現代人還要學習、懂得溝通。

　　我現在要講一個小故事，這故事是我在澳洲發生的，我們去澳洲，每天他們都請我們吃西餐，真無聊，每天吃西餐，吃到最後已經厭煩了。有一天禮拜六，他說他不陪我們了，西方人是不陪週末的。我只好自己去一個香港人開的餐廳（到澳洲，各位記得要點這個大龍蝦，真的好吃），看旁邊別人在吃飯，哇！好久沒吃到香噴噴的米飯，真懷念，於是跟香港的服務生說：「飯先來。」他知道了，馬上把桌上的果汁收走，換了一杯牛奶過來，我火大了，我說飯你換牛奶，他說對啊「換鮮奶。」你這樣講啊，因為澳洲的鮮奶，新鮮又便宜「巷子裡內行的」。我說「飯先來是飯先來」（我哈飯哈得要死），你以為我哈鮮奶哈得要命，這樣陰錯陽差。另外，我跟太太幾年前到長江三峽、黃山、杭州那一條路線去玩，第一站到重慶，你知道到重慶會去吃什麼嗎？鴛鴦麻辣火鍋，哦，辣得要命，那旁邊有些小菜，各位知道貓熊是喜歡吃筍子，難怪貓熊愛吃，真的好吃得不得了了，我太太說，再來一盤怎樣，當然沒問題，於是大陸的服務生過來說：「再來一盤。」沒問題就去準備了。我太太說裡面辣得要命，「不要辣！」可以嗎？於是我再叫回服務生過來說：「不要辣」，他說知道了。我們這一餐吃快完了，這一盤又不來，於是我責問服務生，我一盤怎麼不來，他說：「你自己手指不要啦」，我當然不要來。（我說不要辣，他說不要啦。）那這二個故事一個在澳洲，一個在中國大陸，讓我每次用這個故事告訴我們需要「溝通」的要領。

　　那溝通有它專門學習的方法，就是我們這個時間講的要懂得在社會立足，在學習溝通是滿重要的。溝通的要領是 AIDS（不是愛滋病），而是

要對方產生注意、興趣、需要和滿意的第一個英文字,而且要以客為尊 PMPMP(「拚命拍馬屁」)的羅馬拼音第一個字母),萬不可用命令口吻,同時要 KISS(Keep it short and simple)。

 陸、自我推銷

再來我們要提到的,在社會上要懂得自我推銷,自我表現,才能夠出人頭地,怎麼做呢!爭取說話的時間,譬如開會的時候或利用演講的時間,讓自己成為談話的主題,或是利用文字的管道,比如建議書、備忘錄、報告書或公司有什麼內部的出版物,主動積極地參與公司內部活動。例如臨時性的委員會或公益活動或服務性的工作。事實上你很熱心,讓人家也慢慢對你刮目相看。我們特別講現代要懂得演講,把這知識放出去,平常要把感情、將精神融入演講中,要廣博的閱歷,要不斷地閱讀,所以我建議要買一些書,而且你自己要蒐集資料,比如剪報,預備參考,同時把這些資料活化,讓它變成機會,很有知識性,而且可以被大家接受,同時讓大家聯想。

最後就是敏銳的反應力,去吸收別人長處,這方法是去聽演講就對了,真正上臺,服裝要得體,總不能穿得很邋遢或者牛仔褲就上臺。眼光要像電風扇一樣涵蓋到每個人,你的肢體語言也要豐富,你的音調必要高低起伏、抑揚頓挫,運用視聽道具,譬如說單槍投影機或實物投影片。

柒、記憶術

我在維也納旅遊,看一個人化裝成樂聖「貝多芬」,什麼叫貝多芬呢,是「背了分數就很多」,他的意思就是記憶要好,各位說畢業後還要記憶嗎!要。產品的知識,不管這產品是服務業或製造業的,你對你的客戶也要了解,對上司下屬及周邊的人際關係,你記得越多,越得到「人

顏」，而且對你的行銷或是拓展都是無往不利的。

所以這裡提供一些記憶的方法，在這裡很大膽的講，很多考試是考記憶力比賽，會考試不一定會做事，但是沒有辦法，所以我把我的方法提供給各位，首先我要講的第一個就是抽取法。

抽取法：就是把中間重要字抽出來，它如果第一點、第二點、第三點你可以抽裡面的字，如果沒有洋洋灑灑的文章，你可以把 Keyword（關鍵字）抽起來。譬如說，中美七小國，這是我們建交最多的國家。我們怎麼記呢！有一個電視主持人名字巴戈，在那邊裝瘋賣傻，你就罵他：「巴戈你很傻瓜吧」，「巴」就是巴拿馬，「哥」是哥斯達黎加，「你」是尼加拉瓜，「很」是宏都拉斯，「傻」就是薩爾瓦多。「瓜」是「瓜地馬拉」，「吧」是貝里斯。想忘都忘不了，這就是我的抽取法。

地方自治有那六個要領？你看到有人拿一把刀要犯案，於是你大聲喊：「請立定刀放下」，「請」就是清戶口的清；「立」機關的立；「定」就是定地價的定；「刀」就是闢道路的「道」；「放」就是墾荒地的「荒」；「下」是設學校的「校」。「請立定刀放下」就這樣很容易記起來。就這樣一回生二回熟，熟者生巧。

第二個方法叫歌訣法：像十二生肖，鼠牛虎兔龍蛇馬羊猴雞狗豬，或九九乘法，像老奶奶在念金剛經、大悲咒，太多的歌曲都是歌訣，都能琅琅上口。現在舉個例子。八國聯軍是那八國，可能各位記到五、六個就記不太起來，那我們怎麼記「肚子餓的時候，一天烓一隻鸚哥來吞」，就這樣「俄德法、美日奧義英」（餓的話每日熬一鸚），你想忘記都很困難。其實國語記完，閩南語也可以；我們以前在記戰國七雄，怎麼記「烘爐起火煮煙腸」就是韓、趙、齊、魏、楚、燕、秦，這樣就記起來了。諸如此類，就用這樣的記憶法。

第三個叫聯想法，我們來講數字或文字；像是：羅馬帝國滅亡時發生的，「一臺車坐五人你擠六個」出車禍一死五傷，1453。光榮革命時：一流的爸爸（1688）。法國跟中國的一樣「好吃！一次吃八、九碗」

（1789）。辛丑條約，回憶光榮的歷史，因為是清朝最後一個不平等條約 1901（憶舊領域）。各位知道 $\sqrt{2}$ 是 1.414（意思意思），$\sqrt{3}$ 是（一妻三兒）「一個某三個子」（1.732）。$\sqrt{6}$ 是 2.449（餓介速速叫），諸如此類。你甚至可以去聯想電話號碼，臺北未加 2 之前，5711438「我的某（妻）一個一個是三八」，有 2886449「你爸放尿速速叫」。連電話也可聯想，這叫聯想法。

我曾經到美國哥倫比亞大學去參觀，那裡的黑板是往上升的，看到繁文瑣碎的數學運算，看了就討厭，事實上這是可以記憶的，譬如；有一個人在騎馬，馬的聲音是「叩落」、「叩落」Sin（A±B）＝sinAcosB±cosA-sinB，殺敵人聲「殺」就「叩落」和「殺」，這樣就可以了，比方「殺叩落叩落殺」、「殺一個敵人騎個馬又殺另外一個敵人」，cos（A±B）＝cosAcosB±sinAsinB，可是「叩落叩落」敵人在前面「殺殺連續殺二聲」，這樣敵人就應聲而倒。cos3α=4cos3α-3cosα（1.3 元=4.3 元-3 元）是四元三減三元很簡單等於元三，這樣就記起來了。

第四個方法是圖像法：把抽象變成圖像法，例如「如何讓部屬心手相連」，這角色我們可以訓練學生反覆用不同的方法。怎麼讓部屬跟我們心手相連呢：有一塊岩石，岩石上面放了一個牙齒，牙齒咬著一本書，書的上面有一個指揮家，指揮棒上有一個女孩子在跳有氧舞蹈，女孩子的頭用白毛巾綁著，白毛巾上面掛一個勾勾，勾勾再掛一臉譜……「竹竿裝菜刀」。事實上當一個領導人需要這幾個特性。這些都很抽象。岩石代表堅定的信心，讓大家眾志成城。牙齒代表溝通能力，讓一盤散沙能夠共體時艱。書，要比別人更有求知欲，把光跟熱散播出去。指揮家代表領導統御，把不同領域的人群策群力。有氧舞蹈代表做事要彈性，不要一板一眼。白毛巾就是包容反對的意見。勾勾代表問號，不要用命令指揮，讓人家口服心不服，而用請問的（問號）。臉譜顧全部屬的面子。就是抽象變成實體的。再舉一例，臺灣的原住民是那九族呢？利用圖像法來記憶——阿妹（張惠妹）的男朋友是泰山要去比賽，所以拿一杯子，煮了粥，裡面

有排骨、鴨頭、滷蛋，最後還吃了布丁。將劃線部分一一寫出（同音）──阿美族、泰雅族、賽夏族，卑南族、鄒族、排灣族、雅美族、魯凱族、布農族。不管產品的特色，客戶的要點都是很多抽象的。把抽象變圖形，讓我們回想很容易，時間更為縮短。是一個非常有效的慎思慎慮的方法，這個要練習，漸漸就能駕輕就熟。（我高考就是用這種方法，大部分都記起來的。）

 捌、幽默感

　　緊接著就是要有幽默感，它是人際關係的潤滑劑，贏得友誼進而爭取商機。年輕的時候，我們開玩笑說，我是蔣經國第四個兒子（姓章的不算），奇怪！蔣經國只有三個兒子，那來第四個，第一個蔣孝文，第二個蔣孝武，第三個蔣孝勇，第四個「講笑話」。意思就是我們人際關係在疏離、太冷漠、太嚴肅，有時候，適當的幽默是一個潤滑劑，甚至可以引起大家的共鳴。大家都不是幽默、笑話的天才。我的個性是聽到就把它記下來或稍做集思，記下來自己把它改編，變成青出於藍。我就舉幾個例子：

　　我一個美國客戶，也在大陸做生意，懂得中文字，但還不能體會出來。有一次到我們公司以後，就請我帶他去看我們公司的一個協力廠，我說沒問題就開車到鹿港去，轉了幾圈，他忽然跟我講，莊總經理你們鹿港有一個姓施的很有名、很有錢，「對啊，施振榮一定是的」，「不是啊」，「不然是施崇棠華碩股王嗎」，「不對」，「那是誰」，他就指給我看是「施工中」，因為每個大樓都是他的，一定很有錢（懂這些字卻不懂它的意思）。晚上我開車到彰化飯店下榻，他說要去逛夜市，喜歡吃小吃，於是我就帶他過來，經過南瑤路，忽然看到一棵老榕公（拜介霧煞煞），你們拜一個耶穌太寂寞了，原來是這樣，各屬自己的教派。再走到彰化夜市他忽然大叫，你們對神怎麼這麼不尊敬，他指給我看「四神湯」，「把神泡湯」，對神那有尊敬。認得那些字有什麼用，拼都拼不起

來。所以這也是滿有趣的笑話。

同樣那一年我們到長江三峽，路過一個叫鬼城酆都的地方有十八地獄的模擬實景。那中國的女導遊非常的幽默風趣，她說一個小故事，閻羅王旁的白無常笑嘻嘻，笑臉迎人；黑無常「臭吼吼」，一臉不高興的樣子，閻羅王就跟這個黑無常說，你怎麼不跟白無常一樣笑嘻嘻呢，他說：「我笑不出來啦！不公平。」他說這樣啦，給你三個願望，不要像阿拉神燈一個一個來，我們三合一；第一個願望，我要像他一樣白白的，惹人喜愛。第二個要吸紅的血，中外的鬼都要吸血的！第三個做鬼也風流，要泡在女人堆裡。閻羅王再重複一遍，白白的，要吸很多血，要泡在女人堆裡，「不要後悔」，說完，啪地把他變成「衛生棉」，因為這個最符合這三個願望。這是那女嚮導講的一個笑話，我覺得很有趣就把它抄起來。

現在也很流行檳榔笑話，賣檳榔的寫著三粒一百「夭壽貴」，有一個司機就買了一百，內裡只有一粒，「怎麼一粒」，那西施說兩粒用看的，這是檳榔笑話。還有更貴的三粒一千「哇貴死人那麼貴」，「含稅」，檳榔又不是什麼，扣那麼多稅，不是啦，聽不對啦，是睡覺的「睡」，不是稅金的「稅」。其實賣檳榔的冷笑話各位還聽說過「買檳榔送親親」好好好，送二罐津津蘆筍汁。「買檳榔摸一下」好，買了可摸彩，統統是謝謝惠顧。

有時候我們在中南部，實在有比較鄉土味，所以閩南話的笑話也要有。有一個女孩子麻點很多，麻點很多跟三種物接近「貓比巴」（音）「貓、鱉、豹」，「天黑黑」猜三種草食動物、三種肉食動物——象、馬、鹿；獅、豹、虎（音似閩南語——像要下西北雨），同樣的動物用國語猜，十二生肖有那三種動物最可怕，有人說怕蛇、有人怕老虎、有人怕老鼠，標準答案：豬、龍、雞，是大陸那個「朱鎔基」。再回到閩南語猜謎，有一個先生出遠門，那太太有一個情夫，為了避嫌，擺了清香四果，有那四種呢！紅柿、棗啊、李啊、梨啊；「尪去隨你來」暗語。我覺得這笑話也很有趣，但如果要拍攝就很困難，因為紅柿是冬天的水果，李子是

夏天的水果，合不起來。所以夏天的時候買李子包裹放在冷凍庫，春去秋來，秋天紅柿上市了，趕快買來照相，照完了不敢吃，怕吃壞肚子，為了拍攝這個足足準備了半年，所以不同季節的水果是很不好同時拍攝的。

　　我們小時候住鹿港，鹿港是我出生的地方，以前的房子很小，我們三個兄弟共睡一張榻榻米床，當阿姨來、姑姑來，要讓床給親戚睡，我們則去跟長輩睡，我常被派去跟「阿嬤」睡，「孫子跟阿嬤睡」，跟一個行政機關很接近，叫「鎮公所」指小孩子睡（占）阿公的所在。這閩南語的冷笑話也滿有趣。

　　其實所有的幽默最高級的就是自我幽默，因為有些人稍微說一些笑話就受不了，以為被影射。像白冰冰有一則廣告說，「矮肥短（everyday），又矮又肥又短」講自已沒有關係，講別人矮肥短就可能被打被揍。所以幽默最高級的就是自我幽默。那自我幽默則要自我培養，我來講幾個小故事；我以前在士校（現稱中正國防預校）當教官時（不是職業的教官，是服兵役的教官），學生有些人，實在是鋼鐵般的頭腦，每次考試都用猜的（因為都很難），不是都猜 2 就是都猜 3，像這種被當掉的機會就很大，於是主管就要我們出一些簡單一點的，不要會被當掉的題目；那時候我邊出邊笑自我幽默，我舉個故事，讓大家笑一下。外國歷史題目：發現萬有引力的是誰？(1)牛頓、(2)馬頓、(3)豬頓、(4)羊頓。發現新大陸的是：(1)哥倫布、(2)弟倫布、(3)姐倫布、(4)妹倫布；在本國史：引清兵入關者是：(1)吳一桂、(2)吳二桂、(3)吳三桂、(4)吳四桂。同樣中日甲午戰爭訂定什麼條約：(1)牛關條約、(2)馬關條約、(3)豬關條約、(4)羊關條約。還有臺灣割讓給日本，在中部抗日的是誰？(1)邱逢甲、(2)邱逢乙、(3)邱逢丙、(4)邱逢丁。要不會都很困難。這是自我懂得幽默，統統 ALL PASS。（出一、二題簡單，出 50 道題，功力了得！）

玖、達觀與樂觀

　　最後，要學會達觀與樂觀，先講一個故事：有一年我到南京城，南京城正表演科舉制度。於是我聯想到一個笑話，以前在縣城考上叫秀才，三年苦讀到省都考舉人，三年後進京再考進士。話說有一個人考上秀才經過三年的勤學，準備考舉人，要考試前幾天夢到三個夢，不知道夢到底好不好，於是去請教他的岳母（他岳母是有名的解夢專家），正巧岳母不在，小姨子說，長江後浪推前浪，前浪死在沙灘上，聽本姑娘幫你解夢吧！好吧！無魚，蝦也好；第一個夢夢到牆上種樹，哇！這一定不好，樹長在地上你長到牆上，這是「白種」（白中），我看是不會中；第二個夢，夢到穿雨衣又打雨傘，這樣不是多此一舉嗎，這一舉舉人不會中，想也知道；第三個夢，不太敢講，小姨子說「要我解夢，怎麼不講」，於是說，夢到跟小姨子妳睡覺。你已經娶了我姊姊，沒有指望了，三個土，「土土土」排在一起。忽然間所有的努力都化為灰燼，所以很傷心欲絕，走過田埂，邁過小溪，走走走，碰到岳母迎面而來。賢婿啊！要考試了，怎麼不振作呢？我想振作，可是想到三個夢都是歹夢，怎麼也提不起勁。岳母說怎麼回事呢！你不在，我請小姨子解夢都是不祥之兆。岳母說薑是老的辣，你說給老娘聽，第一個，夢到牆上種樹；好耶！高中，高高種在上面（哇！從「白中」到「高中」差那多），第二個夢是穿雨衣又打雨傘，「錦上又添花，雨傘開花」，這一定是前幾名，不會敬陪末座，絕不名落孫山。第三個夢，夢到跟小姨子睡著；「哇！卯死了，鹹魚翻身，強迫中獎，不上也難。」這也告訴我們同樣一個夢，用顯微鏡看很醜陋，用望遠鏡看很美麗，全壘打跟高飛球就是一牆之隔，看我們如何去對待人生。同一個案件，不同人的思維是不一樣的，不能影響環境的人多半悲觀，相信可以影響環境的人多半樂觀，邱吉爾說：「成功要看你失敗時卻毫不氣餒的能耐而定。」所以這就是我們強調的達觀、樂觀。它不一定能塑造成功的人，但無疑的是必要條件。

⊙ 拾、結　語

　　各位可能學過宋詞，像蘇東坡的一首詞——〈定風坡〉：
　　「莫聽穿林打葉聲，何妨吟嘯且徐行，
　　竹杖芒鞋輕勝馬，誰怕？一蓑煙雨任平生。
　　料峭春風吹酒醒，微冷，山頭斜照卻相迎，
　　回首向來蕭瑟處，歸去，也無風雨也無晴。」

　　好像在描寫風景，事實上是人生境界。人生走過風雨，走過歲月，又有很多變化，你要用平常心去看，歸去也無風雨，也無晴。「飆風不終朝，驟雨不竟日」。跟各位講做總結，我們終身學習要學會學識；「學識」是看書、聽演講、網路甚至多種語言。「見識」，行萬里路讀萬卷書，垂直思考、水平思考、逆向思考等，學會溝通的能力和表達的能力，懂得各種記憶技術，如抽取法、歌訣法、甚至圖像法、聯想法，會懂得幽默，最重要的是自我幽默，對於事情要達觀、樂觀，這樣就能改變你的一生。所謂「格局決定結局，態度決定高度，企圖決定版圖，思路決定出路。」

　　人生是可以品味的，看看這段順口溜：「二十看體力、三十看學歷、四十看經歷、五十看腦力、六十看病歷，七十看日曆、八十看黃曆、九十看舍利。」告訴我們人生在 20 歲體力要特別鍛鍊好，到 30 歲要把書讀完。不像有些學生到了「七老八老」，才再來讀，還要寫報告是很累的，所以書要一鼓作氣讀完。40 歲要看經歷，這段時間要力爭上游、晉升職位。到 50 歲時要慎謀速斷來做腦力決策。到 60 歲的時候身體走下坡，要注意保養身體。70 歲已經退休了，日子要平平安安過一天，實實在在過一年，恩恩愛愛伴一生。到 80 歲要看黃曆，身後事情要看開、交代好。到 90 歲，大概都不在人世了，「舍利」是做功德，遺愛人間。

玩中學—為未來企業生涯做規劃

案例一

一、確認人生目標

※遠程目標：在資訊產業的某一公司中擔任主管，可以有機會使自己的經營理念發揮在公司上。如開拓海外市場，進行跨國性的策略聯盟……等。

※中程目標：在某一資本額約 5 億以上的資訊廠商擔任管理階層，且在三年之內深入了解該產業的特性，從上級的指導及自我進修的過程中，學習資訊業的經營之道，為晉升主管的目標做準備。而選擇資本額為 5 億的公司的原因是，其具有海外投資的能力，以便發展自己向海外（尤其是只開發中國家）推廣業務的雄心。

※短程目標：1. 研習研究所課業。

2. 儲備為達中、遠程目標應具的能力。

3. 了解現今企業經營概況。

4. 了解現今臺灣企業對外貿易情形。

5. 培養語文能力。

二、外在環境分析

（以資訊產業的發展及向海外發展而言）

1. 產業結構的改變——朝向附加價值高的產品製造。

2. 臺灣地小人稠，在經濟上頗為依賴對外貿易。

3. 各行業漸漸改採自動化設備，因此對資訊電子產品需求增大。

4. 商業經營環境的日趨複雜化，使管理決策方面多依賴資訊產業輔助。

5. 近年來國際經濟發展的重要趨勢：企業經營國際化的結合。如臺灣、香港、中國東南沿海地區，因經濟利益的自然結合，已逐漸形成華南經濟區。

6. 我國擁有世界名列前茅的外匯存底及全球第二十位的對外貿易額，加上多年來累積的經驗，已使我們無論在資金、技術及人才方面都有足夠的能力對外投資。

7. 新臺幣不斷的升值，所以對外投資有利。

8. 國內土地成本高、民間環保意識提高、社會要求嚴格，使產業的投資和發展不但增加新的成本，也受到更多限制。

9. 製造業工資上漲，缺工情形未見改善。

就以上的環境分析而言，資訊業未來是一項發展潛力極高的產業（以 1～4 而言），且公司向海外投資更是時勢所趨的必然現象（以 5～9 而言）。

三、機會／威脅分析

（以資訊產業及向海外投資而言——尤指開發中國家）

(一)機會

1. 國內產業結構的改變，使得資本密集的資訊產業仍為明日最具發展潛力的產業。

2. 隨著科技的發達，資訊科技愈普及化，所以潛在市場大。

3. 辦公室、工廠自動化促使廠商對資訊電子產品需求增加。

4. 要使臺灣成為亞太營運中心就必須發展一套策略聯盟，即國際化經營。所以資訊產業向海外投資發展是順應潮流。

5. 開發中國家的土地、勞力都較臺灣便宜。

6. 開發中國家對智慧財產權觀念未建立。

7. 開發中國家的環保壓力較小。

註：1～4 為資訊產業的機會；5～7 為海外投資的機會。

(二)威脅

1. 資訊產業有競爭愈來愈激烈的趨勢。

2. 要到海外投資會受本國法律的限制。

3. 對開發中國家（投資對象）的法律、人文不了解，會產生許多管理上的障礙。

4. 海外投資受到投資對象的政治影響很大。

5. 投資當地的員工素質較低落，管理不易。

註：1～2 為資訊業的威脅；3～5 為海外投資的威脅。

　　基於機會／威脅的分析，知道我的中、遠程目標──進入資訊產業。在企業中執行至開發中國家進行海外投資的目標，是順應時代潮流且切合實際的，其可行性很高。

四、自我分析

　　（以自己的興趣、能力、價值觀，去分析是否適合在產業中擔任管理者。）

　　所謂「知己知彼，百戰百勝」，只有對自己有深入之了解的人，才知道如何對自己做規劃，又如何來做規劃。

(一)興趣：我這個人喜歡什麼？

1. 喜歡有關財務、會計方面的事務。

2. 喜歡有自己想像的空間且能獨立思考。

3. 喜歡探究問題的根柢。

4. 喜歡聽音樂、旅行、閱讀。

5. 與好友分享心中的甘苦。

(二)能力

1. 在知識背景上：

(1)早在高一時就不斷地接觸有關資訊方面的訊息，對它不會感到陌生。

(2)高職、二專都是就讀會統科，對於會計、財務方面熟悉，且保持濃厚的興趣。在高職、專科時，個人皆以前二名的成績畢業。

(3)在企業管理這方面的知識，已在大學時期打下紮實的基礎。

2. 在其他方面：

(1)經過大學一年半的訓練，對於分析環境、找出問題、解決問題等方面的能力已有了穩固的基礎。

(2)在擔任社團負責人的過程中，體會了如何管理、經營一個組織，所以在領導、管理方面的能力，在大學時代已有了預先磨練的機會。

(三)**價值觀：我願意做什麼？即我對一件事情的意義及重要性，所做的一個自我判斷。**

　　我的工作價值觀：

1. 知性的刺激：工作能提供獨立思考、學習與分析事理的機會。

2. 成就感：由工作中得到做好一件事的成就感。

3. 獨立性：工作能允許以自己的方式及步調去進行。

4. 利他主義：工作的價值在為他人或大眾服務。

＊經過以上的分析，知道自己是適合在資訊產業，且從事管理工作的。

五、優勢／劣勢（S／W）分析

　　（以從事資訊業，且擔任管理者而言。）

(一)**優勢**

1. 對於財務、會計方面的工作深具信心。

2. 對於行銷方面，在大學一年半中已受過多次的策略架構、邏輯思考訓練。

3. 多次工廠、公司訪談，增進應對進退的能力。

4. 有強烈的企圖心，將行銷、財務、會計及結合資訊產品的特性，融合研擬出一套海外投資計畫案。

5. 求知慾強烈的我，會不斷充實自己的新知，這對未來投入科技產業的我是很合適的。

(二)劣勢

1. 雖接觸資訊產業的訊息頻繁，但不是很深入的了解。

2. 對於電腦的硬體設備及其功能不是很清楚。

3. 非資訊科技系畢業，所以對這方面的專業知識較欠缺。

4. 身為女性要從事海外投資事業會受到較大的阻力。

　　經過四、五點分析後，想要達成自己的目標就要對優勢加以維持及創新，劣勢加以改善，否則在競爭激烈的環境下，想要輕易達成自我目標，實在是不可思議的事。

六、欲加強的能力

　　經過 S／W 分析後，知道了許多自己研究所畢業後從事資訊產業且擔任管理者角色時，所具備的優勢／劣勢。因此要在競爭激烈的環境中脫穎而出，除了在專業知識上多下點工夫，也需加強自己在下列幾項的能力。

1. 維持既有的優勢，創造新優勢的能力。

2. 培養自己掌握策略性的機會，甚至自己積極爭取及創造。

3. 對於威脅和劣勢，可以利用現有資源將之換為優勢，化阻力為助力。

4. 培養獨立思考、發掘問題、解決問題的能力，以克服傳統對女性的

柔弱、依靠、保守等刻板印象。

5. 訓練冷靜的頭腦。身為管理者每天面臨多變的經營環境，若不能臨危不亂，那又怎能化危機為轉機呢？

6. 培養管理職務上之規劃、執行、控制的能力，這是欲擔任管理者應具備的最基本能力。

　　這些能力的培養絕非一蹴可幾，但我相信經過指導教授的指導及自我的努力，這些能力將為己所具備。天下無難事，只怕有心人。

七、自我評估

　　（欲達成短期目標——研習研究所課業的自我評估）

(一)在學識背景方面

　　自認為專業科目在學校所受的訓練頗為踏實，雖在統計學這一門科目上，自己曾較感生疏，但已利用暑假努力充實這方面的知識，成果還算令人滿意，學識這方面是有能力去修習企研所的課程。

(二)在研究能力方面

1. 找資料做論文的能力：

　　在大三的課程訓練中，不論是口頭報告或是書面報告的機會不少，為了使報告能切合實際並追求完美，自己曾至中央圖書館文化中心、雲林警察局、雲林縣政府、省立雲林醫院、台糖虎尾廠、愛爾蘭詩股份有限公司的企劃部……等地實際進行資料蒐集及訪談，經過多次親自採訪，已讓自己懂得如何發掘問題及蒐集資訊。

2. 歸納整理能力：

　　在過去的一年中，豐富的撰寫報告經驗，已訓練出自己歸納、整理資料的能力；不管是訪談或書面資料的蒐集，自己均會先對相關問題做一定程度的了解，並將問題做有系統的分類與擬出架構；而後再從所蒐集的眾多資料中，篩選出所需要的部分，並加以整理、歸

類，不管是在從事問題研究或日常事務的處理。

3. 分析能力：

經過一學年課程的訓練與社團的歷練後，對自己分析問題的能力確實助益良多。例如在「大學生交通安全宣導企劃」比賽中，個人對交通安全的問題點曾多方面去考量，進而分析大環境找出機會及威脅，再擬定因應的對策，也因此該企劃案能在多人的討論與合作下順利完成並獲選。

(三)在實務方面

1. 組織領導能力：

從會統科轉到企管系，雖然在學識背景無較大障礙，但應具備的專業技能是截然不同的。身為企管人不僅要有厚實的理論基礎，更要有組織領導的能力。為了要讓自己在這方面有磨練的機會，於是在大三時便積極的參與各種社團活動。

在諸多社團活動中，以擔任中商校友會會長一職獲得最多最寶貴的經驗，不但使自己能將所學過的種種管理理論實際運用在組織與會務的經營中，更在夥伴們集體的努力下，使會務的成果更令人滿意，同時頗獲校友們認同與指導老師商設系陳主任的支持。就在這種多方面不同角色扮演的歷練與自我的要求中，已讓自己漸漸具備這方面的能力。

2. 溝通協調的能力：

人事／組織這方面課程給了我學識上的基礎，而在擔任會長、組長、副班代的期間，給我印證和訓練的機會。從擔任幹部的過程中，使自己深深領悟到事情能順利達成目標是需要靠團體合作，而欲使團體合作，就須有良好的溝通與協調。

3. 時間管理的能力：

一個成功的企管人，應能善於利用自己的時間。在大三下學期時，

個人雖身兼中商校友會長、桌球社美工組組長二職，但在課業上仍維持令人滿意的成績。

經過詳細的評估之後，認為自己是有能力去達成短期目標，而短期目標又為達成中、長程目標的必經之路，唯有踏實的完成短期目標，才可進行下一步。

八、結語

在執行規劃的過程中，可能會遇到困難，如：環境的變遷使得目標或規劃有窒礙難行時，就須重新考慮、評估自己的目標或規劃是否需要修正，若否，則克服困難為追求自我、實現自我而努力。

生命只有一次，不會重來，而這一次我不是要如何的飛黃騰達，也不是要如何功成名就；而是要構築每一個美麗的夢想，再逐一把每一個夢想踏實。我認為所謂有意義的人生，就是在每一個階段立定好適切的目標，再根據目標，努力去做，最後才能夠真正的實現自我，擁有屬於自己的人生。

做中學—紅海浪裡‧藍山頂上

案例二

一、前言

具規模的企業人力資源部分，普遍採用一套「待遇試算」的分析模組。它著重於員工的知識功用能力，除了語言、電腦等職能外，包括領導能力、策略思考、提案表達、創意發想等，均是衡量重點，頗

具參考價值。

在全球化、知識化的職場當中，自己的職能究竟能值多少錢，更清楚的窺見自己面對未來適當補強方向。

首先了解步入社會，各項學經歷對找工作的幫助：

（單位：%）

	毫無幫助	略有幫助	很有幫助
主修科系	5.2	27.2	67.7
通識教育	20.3	46.5	33.2
畢業學校	9.9	30.3	59.8
輔系、雙學位、相關學程	7.5	34.3	58.3
社團經驗	14.3	40.0	45.6
國家考試證書	3.4	17.0	79.6
相關證照	3.6	18.6	77.8
相關工作經驗	3.8	24.1	72.0
遊學經驗	9.7	39.0	51.3

二、量表

1. 首先，在 A 到 J 的 10 個題目中，找出最符合現況的一句描述，並在選項上打圈。

2. 接下來，依自己打圈的號碼，在「年薪判定表」上找出相對應的分數。

3. 再將 A 到 J 的分數填入「市場價值計算公式」，便能算出最符合你的能力的薪水。

4. 最後，根據薪資數字，對照「工作能力層級表」，找出你的工作能力屬於哪個階級。

A. 專業技能

1分：雖然多少需要經驗，但你所負責的專業門檻並不高。

2分：專業上你能滿足公司所要求的知識與能力成果。

3分：專業經驗豐富，公司裡沒幾個人能取代你的工作。

4分：專業上在公司屬於指導階層，甚至受邀到公司外做指導。

5分：曾寫過專業書籍、或為專業雜誌撰稿、或應邀至公司外演講。

B. 領導能力

1分：至今仍未帶過下屬。

2分：已有少數下屬，且目前負責對他們進行指導

3分：懂得如何引導下屬或工作同僚發揮出他們最大能力。

4分：能帶領下屬成功振興業績，深受下屬信賴。

5分：決定公司未來走向，有參與公司管理的資格。

C. 策略能力

1分：只做被指派的工作，沒有主動做任何新提案的能力。

2分：雖然在會議中會積極提案，但被採納的機會不多。

3分：有能力整理出具體方案，有時會為上級所採用，並付諸實行。

4分：有找出業務上的問題點，因此大幅度改善業務的經歷。

5分：有提出公司未來發展方向，制訂短、中、長期策略的能力及經歷。

D. 情報蒐集力

1分：甚少接觸工作相關情報。

2分：每天都仔細看報章雜誌及電腦資訊。

3分：透過媒體或自己人脈，便能取得大部分資訊。

4分：擁有多數搶在媒體公布前便能為你提供情報的人脈。

5分：擁有多數為你提供媒體不會公布的情報之人脈。

E. 提案溝通能力

1分：極少且不擅長在人前發表及談話，又談話常遭誤解。

2分：有能力精準、毫無遺漏地做報告。

3分：常與公司內外的許多人做交涉，和任何人都能圓融溝通。

4分：常與公司內外的許多人做交涉，並擅長為對方提供協助。

5分：常與公司內外的許多人做交涉，並曾處理過許多大案子。

F. 創造力

1分：不擅長自己發想。

2分：懂得從過去經驗中，找出解決問題的方法。

3分：一天裡至少從日常業務中，找出一小時從事創意性活動。

4分：被譽為「創意高手」，想法常被採納或付諸實行。

5分：有自己提案的商品或服務大受歡迎，並獲高度評價的經驗。

G. 時間管理能力

1分：常因工作量增加就時間管理失調，而無法及時完工。

2分：工作雖能及時完工，但無暇確定，常導致品質低落。

3分：即時工作量增加，仍能游刃有餘完成工作。

4分：每天以優先順位安排工作順序，並照安排逐一完成。

5分：懂得將雜務委外（委下），讓工作環境容許做創意思考。

H. 情緒管理能力

1分：情緒低落或不安，工作也常出錯。

2分：對壓力雖有感覺，但不至於構成對工作上的障礙。

3分：對壓力幾乎沒有感覺，總是能積極愉快的完成工作。

4 分：關心下屬或周遭人的精神狀況，看到別人情緒低落加以勉勵。

5 分：擁有強韌的毅力，一旦決定目標，便全力以赴。

I. 電腦能力

1 分：幾乎不會用電腦。

2 分：雖然會利用電腦收發電郵，但極不擅長做文書處理。

3 分：擁有職場要求最低限度的基本操作能力。

4 分：有文書處理軟體、表格運作軟體，與簡報軟體製作圖文並茂的能力。

5 分：知識與技術足與軟體工程師匹敵，熟悉公司內部網路環境。

J. 語言能力

1 分：對英語毫無自信。

2 分：雖然英語資料大半看得懂，但自己對會話能力缺乏自信。

3 分：有出差海外的經驗，擅長以英語做溝通。

4 分：曾因分駐海外一年以上，對英語頗有自信。

5 分：曾因分駐海外三年以上，除了英語，還通曉其他外語。

三、評分

根據問卷所圈選的選項，找到相對應的分數

年薪判定表

	1分	2分	3分	4分	5分
A. 專業能力	1.3	2	2.6	3.7	4.7
B. 領導能力	1	1.1	1.2	1.4	1.6
C. 策略制定力	1	1.1	1.2	1.3	1.4
D. 情報蒐集力	1	1.02	1.04	1.06	1.1

年薪判定表					（續）
	1分	**2分**	**3分**	**4分**	**5分**
E. 提案溝通力	0.8	1	1.1	1.2	1.3
F. 創造力	1	1.05	1.1	1.15	1.2
G. 時間管理能力	1	1.05	1.1	1.15	1.2
H. 情緒管理能力	0.8	1	1.05	1.1	1.2
I. 電腦能力	0.9	0.95	1	1.05	1.1
J. 語言能力	1	1.02	1.04	1.06	1.1

「市場價值」計算公式

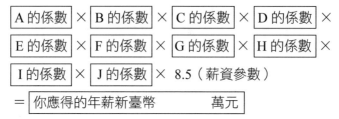

A 的係數 × B 的係數 × C 的係數 × D 的係數 ×

E 的係數 × F 的係數 × G 的係數 × H 的係數 ×

I 的係數 × J 的係數 × 8.5（薪資參數）

= 你應得的年薪新臺幣　　　萬元

四、步入職場的基本功

(一)內部盤點階段

第一步：從天賦與喜好下手

　　Q1：從過去到現在，我做什麼做得最好、最受到稱讚？

　　Q2：每當要做什麼事情時，我會很開心？

　　例：1. 我表達、辯論、談判好，也很會「喬」團隊，讓不同背景
　　　　　的人一起合作。

　　　　2. 我的歸納、演繹、分析能力強，擅長單打獨鬥的企劃案。

第二步：挖掘內心真實渴望

　　Q3：我想成為怎樣的人，如果到 60 多歲，雜誌要報導我，希望
　　　　它怎樣形容我？

　　例：1. 我想成為出色的整合者，在產業界與學術界建立合作平

臺，讓兩端知識有效分享，對社群做出貢獻。

2. 完成心願──暢遊天下名山大川，廣交天下英雄豪傑。博
　覽天下奇聞雋語，翰書天下悲歡離合。

(二)外部盤點階段

第三步：列出可能的路（路找到了，就不怕路遠）

　Q4：我要到達目標有幾條路？

　例：我有三條路：一、繼續擔任行銷經理，引導學術資源進入企
　　　　　　　　　　　業。
　　　　　　　　　　　二、進入學術界。
　　　　　　　　　　　三、進入公部門。

第四步：展開 SWOT 分析〔優勢（Strengths）、劣勢（Weaknesses）、
　　　　機會（Opportunities）、威脅（Threats）〕

　Q5：我的優缺點對應外界環境有何機會與威脅？

　例：「我的個性在企業發展會有瓶頸，而實務界中出色的行銷人
　　　　才又太多了；如果進入學術界，我的機會是隨著臺灣中小企
　　　　業成長，會更需借助學術界的國際視野，威脅反而較少。」
　　　「分析 SWOT 後，再使用 USED 技巧，即：
　　　　優勢（Strengths）如何擅用（Use）
　　　　劣勢（Weaknesses）如何停止（Stop）
　　　　機會（Opportunities）如何成就（Exploit）
　　　　威脅（Threats）如何抵禦（Defend）」

第五步：評估風險做出抉擇

　Q6：找出最有利的戰場後，思考如果在戰場上失敗會如何，其
　　　　結果我能不能承受？

　例：若進入學術界失敗後，我就得在產業界重新找工作。「天花
　　　　板在何處？地板在何處？」

第六步：擬定學習目標策略

Q7：針對抉擇的方向，我能否下決心，設立學習目標，把所有資源集中，並且定期評估進度？

例：「目前，我先以四年時間拿到博士學位做為目標，並進入大學任教。」

「考上高普特考進入公部門或考上專業證照進入私部門。」

第七步：隨時回頭檢視調整（PDCA——Plan 計畫、Do 執行、Check 檢核、Action 修正）

Q8：我能確定自己站在「主導」位置？對戰場仍有熱情？如果沒有，如何重新修正方向。

例：「我每天起床都迫不及待的想上班，覺得還有好多事情可以做⋯⋯。」

「平平安安過一天，實實在在過一年，恩恩愛愛過一生。人生如是，夫復何求。」

五、步入職場五件事

1. 剛步入社會，什麼都不太會，第一件事是「少不、多是」，也就是不問任務有多難，只問要如何去達成而已。經年累月，你就會感覺自己在快速成長。

2. 晉升到基層主管，第二件事是「少說、多聽」，也就是可以聽的時候絕不開口，不斷學習如何掌握重點與分析邏輯，自然而然學會講話只需講重點的智慧。

3. 爬到中階主管後，第三件事是「少我、多你」，也就是多想別人，少想自己，凡是以別人的角度來想，必然培養出更大的雅量。

4. 有幸成為高階主管時，第四件事是「少舊、多新」，也就是不再重複做已經成功做過的事，否則不可能有新的突破，就會不斷產生新的創意。

5. 當自己變成了經營層（或老闆），第五件事是「少會、多讀」，也就是要求自己重新從什麼都不會的階段再開始要求自己、放空自己。勤加閱讀，書讀多了，自然會領悟還有很多該謙虛的地方。

六、結論

1. 成功方程式：知識 ＋ 努力 ＋ 態度（Knowledge ＋ Hardwork ＋ Attitude）

2. 格局決定結局，態度決定高度，企圖決定版圖，思路決定出路。

3. 思想改變行動，行動改變習慣，習慣改變性格，性格改變命運。

五南圖解財經商管系列

成本與管理會計
書號：1G92
定價：380元

會計學 IFRS
書號：1G89
定價：350元

經濟學
書號：1MCT
定價：350元

財務報表分析
書號：1G91
定價：320元

創業管理
書號：1F0F
定價：280元

管理學
書號：1FRK
定價：360元

行銷學
書號：1FRH
定價：360元

定價管理
書號：1FW5
定價：300元

物流管理
書號：1FS3
定價：350元

投資管理
書號：1FTH
定價：380元

生產計劃與管理
書號：1FW7
定價：380元

組織行為學
書號：1FSC
定價：350元

通路管理
書號：1FW6
定價：380元

人力資源管理
書號：1FRM
定價：320元

財務管理
書號：1FRP
定價：350元

策略管理
書號：1FRN
定價：380元

領導學
書號：1FRQ
定價：380元

企業危機管理
書號：1FS5
定價：270元

整合行銷傳播
書號：1FTG
定價：380元

金融行銷
書號：1MD2
定價：350元

顧客滿意經營學
書號：1FS9
定價：320元

作業研究
書號：1FRG
定價：350元

企劃案撰寫
書號：1FRZ
定價：320元

網路行銷
書號：1FSB
定價：360元

企業管理(MBA學)
書號：1FRY
定價：350元

顧客關係管理
書號：1FW1
定價：380元

品牌行銷與管理
書號：1FSA
定價：350元

供應鏈管理
書號：1FTR
定價：350元

保險學
書號：1N61
定價：350元

五南文化事業機構
WU-NAN CULTURE ENTERPRISE

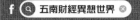
f 五南財經異想世界

職場專門店

五南文化事業機構
WU-NAN CULTURE ENTERPRISE

書泉出版社
SHU-CHUAN PUBLISHING HOUSE

國家圖書館出版品預行編目資料

經營管理實務／莊銘國著. －－七版.－－臺
北市：五南, 2017.10
　　面；　公分
　ISBN 978-957-11-9204-8（精裝）

1. 企業管理

494　　　　　　　　　　106008499

1FF4

經營管理實務

作　　者 ─ 莊銘國

發 行 人 ─ 楊榮川

總 經 理 ─ 楊士清

主　　編 ─ 侯家嵐

責任編輯 ─ 劉祐融

文字校對 ─ 石曉蓉

封面設計 ─ 盧盈良　姚孝慈

出 版 者 ─ 五南圖書出版股份有限公司

地　　址：106台北市大安區和平東路二段339號4樓

電　　話：(02)2705-5066　　傳　　真：(02)2706-6100

網　　址：http://www.wunan.com.tw

電子郵件：wunan@wunan.com.tw

劃撥帳號：01068953

戶　　名：五南圖書出版股份有限公司

法律顧問　林勝安律師事務所　林勝安律師

出版日期　2003年 2 月初版一刷
　　　　　2005年10月四版一刷
　　　　　2007年 4 月五版一刷
　　　　　2011年10月六版一刷
　　　　　2017年10月七版一刷

定　　價　新臺幣900元